■ 高等学校理工科数学类规划教材

大学预科数学（第二版）

COLLEGE PREPARATORY MATHEMATICS

金正国　编著

U0245344

大连理工大学出版社
DALIAN UNIVERSITY OF TECHNOLOGY PRESS

图书在版编目(CIP)数据

大学预科数学 / 金正国编著. -- 2 版. -- 大连 ：
大连理工大学出版社，2021.12(2023.7 重印)
ISBN 978-7-5685-3131-3

Ⅰ．①大… Ⅱ．①金… Ⅲ．①数学－高等学校－教材
Ⅳ．①O1

中国版本图书馆 CIP 数据核字(2021)第 154666 号

大连理工大学出版社出版

地址：大连市软件园路 80 号　邮政编码：116023
电话：0411-84708842　邮购：0411-84708943　传真：0411-84701466
E-mail：dutp@dutp.cn　URL：https://www.dutp.cn
大连雪莲彩印有限公司印刷　　　　　　大连理工大学出版社发行

幅面尺寸：185mm×260mm　　　　印张：19　　　　字数：459 千字
2011 年 8 月第 1 版　　　　　　　　　　　2021 年 12 月第 2 版
2023 年 7 月第 2 次印刷

责任编辑：王　伟　　　　　　　　　　　　责任校对：李宏艳
封面设计：宋　蕾

ISBN 978-7-5685-3131-3　　　　　　　　定　价：49.00 元

第二版前言

《大学预科数学》(第一版)作为普通高等学校少数民族预科班数学教材于 2011 年出版,教学实践表明本书符合国家对普通高等学校少数民族预科班学生的培养目标,适合普通高等学校少数民族预科生(理工类)的数学教学要求,定位和内容安排恰当.这次根据新形式的教学改革精神,参照近期修订的《普通高等学校少数民族预科数学教学大纲》,并吸取使用过本教材的教师和学生的修改意见,为了更适应当前少数民族预科数学的教学实际需要,编者做了较全面的修订,形成了《大学预科数学》(第二版).

《大学预科数学》(第二版)在保留第一版的结构、内容和总体风格的基础上,继续努力反映教材系统完整性、科学性,体现创新教学理论,有利于激发学生自主学习,有利于提高学生的综合素质,进一步突出了各阶段知识的衔接.根据教学实际需求,本次修订增加了第 8 章"行列式"的内容.第 8 章首先介绍了二阶、三阶行列式,并把它推广到 n 阶行列式,然后给出行列式的性质和计算方法.根据使用过本教材的教师和学生的建议,给出了部分习题的参考答案,以便于学生自学.相对于第一版,第二版的文字叙述也更简洁.

衷心期望使用和关心本教材建设的师生,继续提出宝贵的意见和建议.

金正国
于大连理工大学
2021 年 3 月

第一版前言

为了适应普通高等院校民族预科教学的需要,根据国家教委和国家民委颁布的《普通高等学校少数民族预科文科教学计划》《普通高等学校少数民族预科理工科教学计划》《普通高等学校少数民族预科数学教学大纲》,我们编写了这本《大学预科数学》教材.

本教材的基本出发点是:符合国家对普通高等院校民族预科学生培养的目标,加强基本技能训练的要求;符合教学实际,有利于提高教学质量;通过数学理论的学习和训练,提高分析问题和解决问题的能力;体系完整,体现科学性,较好地解决各阶段知识的衔接.

本教材的前期工作是从 2008 年秋季开始的,当时根据国家教委民族教育司、国家民委教育司召开的全国普通高等院校民族预科基础教程教材修订会议的精神,我们编写了"初等数学改革试点讲义",并在大连理工大学民族预科班从 2008 年使用至今,教学效果非常好. 在此基础上,我们设定《大学预科数学》的编写目标是内容系统、现代、实用,适合普通高等学校少数民族预科生(理工类)的数学教学要求.

本教材在编写过程中突出如下特点:

1.遵循认识规律,揭示数学发现

对于概念、定理、公式,尽可能从直观背景出发,提出问题,分析问题,得出结论,然后再抽象论证. 将数学的基本思想融入各教学环节,引导学生学会从量化的角度思考和处理问题.

2.加强综合应用数学知识能力的训练

各章节的例题和习题比较丰富,特别是适量选编了一些综合性的题目. 对于难度较大的题目,我们注意推敲再三,对运算技巧做了淡化处理,因为此类技巧并未涉及基本的数学思想和方法.

3.培养应用意识,提高应用能力

数学课程教学不仅要教会学生如何解题,还要教会学生如何使用数学,进一步认识到数学是解决包括工程技术、金融经济、人文社科等诸多领域问题的强有力工具,从而使学生开阔眼界、活跃思想,同时提高学习兴趣.

4.融入数学演进历史

教材中适量融入了数学发展过程中的一些重要思想,结合相关章节介绍相关原理产生的背景,展示数学先驱们的重大贡献,使学生在学习的同时,从数学的发展足迹中受到启迪.

在本书编写的过程中,得到大连理工大学数学科学学院各位老师的重要指导和建议,也得到了大连理工大学教务处的大力支持,在此一并表示衷心的感谢.

限于编者的水平,书中不妥甚至错误之处在所难免,诚恳地期盼有关专家、各校同行及广大读者批评指正.

您有任何意见或建议,请通过以下方式与出版社联系:

邮箱 dutpbk@163.com

电话 0411-84708462

金正国

2011 年 8 月

目　录

1

第1章 整 式

整式运算是代数中最常见和最基本的运算,是其他代数式运算的基础,由它所导出的乘法公式和二项式定理都很重要,应用极广.本章将介绍集合,实数集,整式的加法、减法与乘法运算,数学归纳法以及二项式定理等.

1.1 集 合

1.1.1 集合的概念

在科学技术与日常生活中,除了要考虑个别的对象和事物外,有时还需要把它们作为整体来加以考虑,这种具有某种属性的对象和事物所组成的全体就构成一个集合.例如,学校图书馆的藏书构成一个集合,一间教室里的学生构成一个集合,从 1 到 10 的所有偶数构成一个集合等.一般地,所谓**集合**(简称**集**)是指具有某种特定性质的事物的全体,组成这个集合的事物称为该集合的**元素**(简称**元**).

集合是数学中的一个基本概念,通常用大写英文字母 $A, B, C, \cdots$ 表示集合,用小写英文字母 $a, b, c, \cdots$ 表示集合的元素.如果 a 是集合 A 的元素,就说 a 属于 A,记作 $a \in A$;如果 a 不是集合 A 的元素,就说 a 不属于 A,记作 $a \notin A$ 或 $a \overline{\in} A$.若一个集合只含有有限个元素,则称其为有限集;不是有限集的集合称为无限集.

所谓给定一个集合,就是给出这个集合是由哪些元素所组成.通常用两种方法表示集合.一种是列举法,就是把集合的所有元素一一列举出来.例如,从 1 到 10 的所有偶数所组成的集合 A 可以表示为

$$A = \{2, 4, 6, 8, 10\};$$

另一种是描述法,就是把集合中元素的公共属性描述出来.例如,所有在直线 $y = 2x + 1$ 上的点的集合 B 可以表示为

$$B = \{(x, y) \mid y = 2x + 1, x \in \mathbf{R}\},$$

而 $C = \{x \mid x^2 - 1 = 0\}$ 表示方程 $x^2 - 1 = 0$ 的解集.

习惯上,全体非负整数集即自然数集记作 $\mathbf{N}$,即

$$\mathbf{N} = \{0, 1, 2, \cdots, n, \cdots\};$$

全体正整数集为

$$\mathbf{N}^+ = \{1, 2, \cdots, n, \cdots\};$$

全体整数集记作 $\mathbf{Z}$,即

1

$$\mathbf{Z}=\{\cdots,-n,\cdots,-2,-1,0,1,2,\cdots,n,\cdots\};$$

全体有理数集记作 $\mathbf{Q}$,即

$$\mathbf{Q}=\left\{\frac{p}{q}\mid p\in\mathbf{Z},q\in\mathbf{N}^+ 且 p 与 q 互质\right\};$$

全体实数集记作 $\mathbf{R}$,$\mathbf{R}^+$ 为全体正实数的集合.

定义 1-1 设 A、B 是两个集合,如果集合 A 的元素都是集合 B 的元素,则称 A 是 B 的子集,记作 $A\subset B$(读作 A 包含于 B)或 $B\supset A$(读作 B 包含 A).

定义 1-2 设 A、B 是两个集合,如果集合 A 与集合 B 互为子集,即 $A\subset B$ 且 $B\subset A$,则称集合 A 与集合 B 相等,记作 $A=B$.

例如,设

$$A=\{1,2\},\quad B=\{x\mid x^2-3x+2=0\},$$

则 $A=B$.

若 $A\subset B$ 且 $A\neq B$,则称 A 是 B 的真子集,记作 $A\subsetneqq B$.例如,$\mathbf{N}\subsetneqq\mathbf{Z}\subsetneqq\mathbf{Q}\subsetneqq\mathbf{R}$.

不含任何元素的集合称为**空集**.例如

$$\{x\mid x^2+1=0 且 x\in\mathbf{R}\}$$

是空集,因为满足方程 $x^2+1=0$ 的实数解是不存在的.空集记作 $\varnothing$,且规定空集 $\varnothing$ 是任何集合 A 的子集,即 $\varnothing\subset A$.

1.1.2 集合的运算

集合的基本运算有以下几种:并、交、差.

定义 1-3 设 A、B 是两个集合,由所有属于 A 或属于 B 的元素组成的集合,称为 A 与 B 的**并集**(简称**并**),记作 $A\cup B$,即

$$A\cup B=\{x\mid x\in A 或 x\in B\};$$

由所有既属于 A 又属于 B 的元素组成的集合,称为 A 与 B 的**交集**(简称**交**),记作 $A\cap B$,即

$$A\cap B=\{x\mid x\in A 且 x\in B\};$$

由所有属于 A 而不属于 B 的元素组成的集合,称为 A 与 B 的**差集**(简称**差**),记作 $A\backslash B$,即

$$A\backslash B=\{x\mid x\in A 且 x\notin B\}.$$

两个集合 A、B 的并、交、差可以用图形直观表示,如图 1-1 所示的阴影部分.

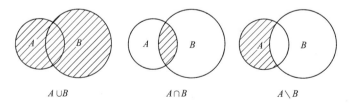

$$A\cup B \qquad\qquad A\cap B \qquad\qquad A\backslash B$$

图 1-1

例如,设 $A=\{1,2,3,4\}$,$B=\{3,4,5,6\}$,则

$$A\cup B=\{1,2,3,4,5,6\},\quad A\cap B=\{3,4\},\quad A\backslash B=\{1,2\}.$$

另外,当研究集合与集合之间的关系时,在某些情况下,所研究的这些集合都是某一个给定集合的子集,这个给定的集合就称为**全集**或**基本集**,记作 I.这就是说,全集含有所研究的各个集合的全体元素.

定义 1-4 设全集为 I,集合 $A \subseteq I$,由 I 中所有不属于 A 的元素组成的集合,称为集合 A 在集合 I 中的**补集**或**余集**,记作 $\overline{A}$ 或 A^c,即

$$\overline{A} = \{x \mid x \in I \text{ 且 } x \notin A\}.$$

图 1-2 中正方形内表示全集 I,圆内表示集合 A,阴影部分表示集合 A 在 I 中的补集 $\overline{A}$.

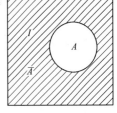

例如,在实数集 **R** 中,集合 $A = \{x \mid 0 < x \leqslant 1\}$ 的补集为

$$\overline{A} = \{x \mid x \leqslant 0 \text{ 或 } x > 1\}.$$

由补集的定义可知,对任何集合 A,有

$$A \cup \overline{A} = I, \quad A \cap \overline{A} = \varnothing, \quad \overline{\overline{A}} = A.$$

图 1-2

1.1.3 集合的运算法则

法则 1 设 A、B、C 为任意三个集合,则下列法则成立:

(1)交换律 $A \cup B = B \cup A, A \cap B = B \cap A$;

(2)结合律 $(A \cup B) \cup C = A \cup (B \cup C), (A \cap B) \cap C = A \cap (B \cap C)$;

(3)分配律 $(A \cup B) \cap C = (A \cap C) \cup (B \cap C),$
$(A \cap B) \cup C = (A \cup C) \cap (B \cup C)$;

(4)幂等律 $A \cup A = A, A \cap A = A$;

(5)吸收律 $A \cup \varnothing = A, A \cap \varnothing = \varnothing$.

法则 2 设 $A_i (i = 1, 2, \cdots)$ 为一列集合,则下列法则成立:

(1)若 $A_i \subseteq C (i = 1, 2, \cdots)$,则 $\bigcup\limits_{i=1}^{\infty} A_i \subseteq C$;

(2)若 $A_i \supseteq C (i = 1, 2, \cdots)$,则 $\bigcap\limits_{i=1}^{\infty} A_i \supseteq C$.

法则 3 (对偶律或 De Morgan 律)设 A、B 为任意两个集合.则有

(1) $(A \cup B)^c = A^c \cap B^c$;

(2) $(A \cap B)^c = A^c \cup B^c$,

即两个集合并的补集等于它们的补集的交,两个集合交的补集等于它们的补集的并.对偶律可以推广到有限多个集合的情形.

以上这些法则都可根据集合相等的定义验证.现就对偶律的第一个等式:"$(A \cup B)^c = A^c \cap B^c$"证明如下:

因为

$$x \in (A \cup B)^c \Rightarrow x \notin A \cup B \Rightarrow x \notin A \text{ 且 } x \notin B \Rightarrow x \in A^c \text{ 且 } x \in B^c \Rightarrow x \in A^c \cap B^c,$$

所以

$$(A \cup B)^c \subset A^c \cap B^c.$$

反之,因为

$$x \in A^c \cap B^c \Rightarrow x \in A^c \text{ 且 } x \in B^c \Rightarrow x \notin A \text{ 且 } x \notin B \Rightarrow x \notin A \cup B \Rightarrow x \in (A \cup B)^c,$$

所以

$$A^c \cap B^c \subset (A \cup B)^c.$$

于是

$$(A \cup B)^c = A^c \cap B^c.$$

注意 以上证明中,符号"⇒"表示"推出"(或"蕴含"). 如果在证明的第一段中,将符号"⇒"改用符号"⇔"(表示"等价"),则证明的第二段可省略.

定义 1-5 设 A、B 是任意两个集合,在集合 A 中任意取一个元素 x,在集合 B 中任意取一个元素 y,组成一个有序对 (x,y),把这样的有序对作为新的元素,它们全体组成的集合称为集合 A 与集合 B 的**直积**或**笛卡尔**(Descartes)**乘积**,记为 $A \times B$,即

$$A \times B = \{(x,y) \mid x \in A \text{ 且 } y \in B\}.$$

例如,$A = \{1,2\}$,$B = \{3,4\}$,则 $A \times B = \{(1,3),(1,4),(2,3),(2,4)\}$;又如,$\mathbf{R} \times \mathbf{R} = \{(x,y) \mid x \in \mathbf{R}, y \in \mathbf{R}\}$ 即为 xOy 面上全体点的集合,$\mathbf{R} \times \mathbf{R}$ 常记作 $\mathbf{R}^2$.

1.1.4 区间和邻域

区间是用得较多的一类实数集.

定义 1-6 设 $a,b \in \mathbf{R}$,且 $a < b$,定义:

(1)闭区间 $\qquad\qquad\qquad [a,b] = \{x \mid a \leqslant x \leqslant b\}.$

a 和 b 称为闭区间 $[a,b]$ 的端点,这里 $a \in [a,b]$,$b \in [a,b]$;

(2)开区间 $\qquad\qquad\qquad (a,b) = \{x \mid a < x < b\}.$

a 和 b 称为开区间 (a,b) 的端点,这里 $a \notin (a,b)$,$b \notin (a,b)$;

(3)半开区间 $\qquad\qquad (a,b] = \{x \mid a < x \leqslant b\},$
$$[a,b) = \{x \mid a \leqslant x < b\}.$$

以上这些区间都称为**有限区间**. 数 $b-a$ 称为这些**区间的长度**. 从数轴上看,这些有限区间是长度有限的线段. 此外还有所谓的无限区间,引进记号 $+\infty$(读作正无穷大)及 $-\infty$(读作负无穷大),则可定义**无限区间**.

(4)无限区间 $\qquad\qquad (-\infty, +\infty) = \mathbf{R},$
$$(-\infty, b) = \{x \mid -\infty < x < b\},$$
$$(-\infty, b] = \{x \mid -\infty < x \leqslant b\},$$
$$[a, +\infty) = \{x \mid a \leqslant x < +\infty\},$$
$$(a, +\infty) = \{x \mid a < x < +\infty\}.$$

区间在数轴上的表示如图 1-3 所示.

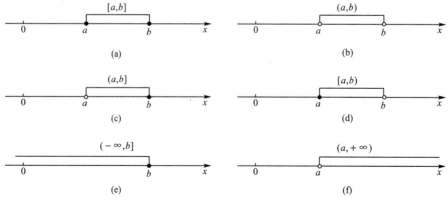

图 1-3

以后,在不需要辨明所讨论区间是否包含端点,以及是否有限区间还是无限区间的场合,我们就简单地称它为"区间",且通常用 I 表示.

邻域也是一个常用的概念.

定义 1-7 设 δ 是任一正数,称开区间 $(a-\delta,a+\delta)$ 为点 a 的 **δ 邻域**,记作 $U(a,\delta)$,即
$$U(a,\delta)=\{x\,|\,a-\delta<x<a+\delta\}.$$

点 a 称为**邻域的中心**,δ 称为**邻域的半径**.由于 $a-\delta<x<a+\delta$ 相当于 $|x-a|<\delta$,因此
$$U(a,\delta)=\{x\,|\,|x-a|<\delta\}.$$

因为 $|x-a|$ 表示点 x 与点 a 间的距离,所以 $U(a,\delta)$ 表示与点 a 距离小于 δ 的一切点 x 的全体.

有时用到的邻域需要去掉邻域中心.点 a 的 δ 邻域去掉中心 a 后,称为点 a 的**去心 δ 邻域**,记作 $\mathring{U}(a,\delta)$,即
$$\mathring{U}(a,\delta)=\{x\,|\,0<|x-a|<\delta\}.$$

这里 $0<|x-a|$ 就表示 $x\neq a$.

为了方便,有时把开区间 $(a-\delta,a)$ 称为 a 的**左 δ 邻域**,把开区间 $(a,a+\delta)$ 称为 a 的**右 δ 邻域**.邻域和去心邻域如图 1-4 所示.

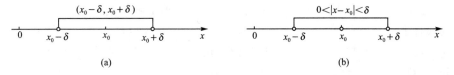

图 1-4

习题 1.1

1. 已知 $A=\{1,2,3,4\}$,$B=\{2,5,6,8\}$,求 $A\cap B$,$A\cup B$.

2. 设 $I=\{1,2,3,4,5,6\}$,$A=\{1,2\}$,$B=\{1,3,5\}$,求 $A\cap B$,$\overline{A}$,$\overline{B}$.

3. 设 $I=\{1,2,3,4,5,6,7,8\}$,$A=\{3,4,5\}$,$B=\{4,7,8\}$,求 $\overline{A}$,$\overline{B}$,$\overline{A\cap B}$,$\overline{A\cup B}$.

4. 设 **N** 是全体自然数的集合,且 $x\in$ **N**,列举下列集合所含有的元素:

(1) $A=\{x\,|\,2\leqslant x\leqslant 4\}$.   (2) $\{x\,|\,x-1=0,x-2=0\}$.

5. 用适当的集合填空:

(1)

$\cap$	$\varnothing$	A	B
$\varnothing$			
A			
B		$B\cap A$	

(2)

$\cup$	$\varnothing$	A	B
$\varnothing$			
A	A		
B			

6. 设 P 为平面内的点,属于下列集合的点组成什么图形?

(1) $\{P\,|\,|PA|=|PB|\}$(A、B 是定点).

(2) $\{P\,|\,|PO|=R\}$(O 是定点,R 是正常数).

7. 若 P 是空间中的点,而 A、B、O 是空间中的定点,问上题中集合的点组成什么图形?

8. 设 $A=\{$过点 M 的圆$\}$, $B=\{$过点 P 的圆$\}$, 求 $A\cap B$.

9. 证明 $(A\cap B)^c=A^c\cup B^c$.

1.2　实数集

1.2.1　有理数与无理数

数的概念是随着实际需要逐渐发展起来的. 根据计算和测量的结果, 人们引入了自然数、正分数、负整数、负分数和零, 它们统称为有理数. 有理数可以表示为 $\dfrac{p}{q}$ 的形式 (其中 $p\in$ $\mathbf{Z}$, $q\in\mathbf{N}^+$ 且 p 与 q 互质), 也可以表示为有限小数或无限循环小数的形式. 除了这些形式的数以外, 还存在着不能表示为上述形式的数, 即无限不循环的小数称为无理数. 如 $\sqrt{2}=$ $1.414\,2\cdots$, $\pi=3.141\,59\cdots$ 就是无理数. 有理数与无理数统称为实数. 为了形象地表示实数, 我们画一条直线

图 1-5

(图 1-5), 在上面取一定点 O, 将 O 称为原点, 并规定出正方向 (从左向右), 再取一个单位长度, 这样规定了原点、正方向和单位长度的直线叫作**数轴**. 原点 O 对应实数 0. 这样, 任何一个实数都对应数轴上唯一的一个点. 反之, 数轴上任何一个点都有唯一一个实数与之对应. 因此, 实数集 $\mathbf{R}$ 与数轴 Ox 上的点是一一对应的. 实数集的这一性质称为实数集的**连续性**或**完备性**. 正因为这样, 今后我们对实数与数轴上的点不加区分. 实数集也叫**一维点集**, $\mathbf{R}$ 中点的集合称为**点集**.

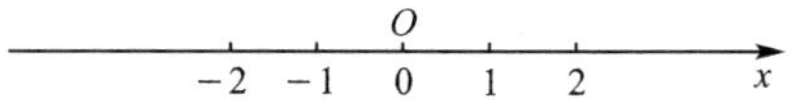

【例 1-1】 设 $A=\{x\mid-1<x<2\}$, $B=\{x\mid 1\leqslant x<3\}$, 求 $A\cup B$, $A\cap B$.

解
$$A\cup B=\{x\mid-1<x<2\}\cup\{x\mid 1\leqslant x<3\}$$
$$=\{x\mid-1<x<3\};$$
$$A\cap B=\{x\mid-1<x<2\}\cap\{x\mid 1\leqslant x<3\}$$
$$=\{x\mid 1\leqslant x<2\}.$$

【例 1-2】 设 $I=\mathbf{R}$, $A=\{x\mid 1\leqslant x\leqslant 2\}$, 求 A^c.

解
$$A^c=\{x\mid x<1\}\cup\{x\mid x>2\}$$

或

$$A^c=\{x\mid x<1\ \text{或}\ x>2\}.$$

1.2.2　实数集的基本性质

实数集的下述性质的严格证明很烦琐, 需要用到实数的理论, 在此从略.

性质 1 实数集对四则运算 (即加、减、乘、除) 是**封闭的**, 即任意两个实数进行加、减、乘、除 (除法要求分母不为零) 运算后, 其结果仍是实数.

性质 2 实数集是**有序集**, 即实数集内任意两个数可以比较大小. 实数的大小可以按它们在数轴上对应点的位置来比较, 点的位置越往右, 表示的实数越大. 任意两个实数 a 与 b 必满足且仅满足下列关系之一:

$$a<b,\quad a=b,\quad a>b,$$

且若 $a<b,b<c$,则 $a<c$.

性质 3　实数集是**稠密集**,即在任意两个不同的实数之间,必存在另一个实数.特别地,有理数和无理数在实数集中是稠密的,即任意两个有理数之间必有有理数,任意两个无理数之间必有无理数.

实数的运算规律:

(1)交换律　$a+b=b+a,ab=ba$;

(2)结合律　$(a+b)+c=a+(b+c),(ab)c=a(bc)$;

(3)分配律　$a(b+c)=ab+ac$;

(4)指数律　设 m,n 是正整数,则

$$a^m \cdot a^n=a^{m+n}, \quad (a^m)^n=a^{mn}, \quad (ab)^m=a^m \cdot b^m.$$

习题 1.2

1. 设 $I=\mathbf{R},A=\{x|x+1>0\}$,求 $\overline{A}$.

2. 设 $A=\{x|x+2>0\},B=\{x|x-3<3\}$,求 $A\cap B$.

3. 设 $S=\{x|x\leqslant 3\},T=\{x|x<1\}$,求 $S\cap T,S\cup T$,并在数轴上表示出来.

4. 求 {有理数}$\cap${无理数};{有理数}$\cup${无理数}.

5. 设 $I=\mathbf{R}$,且 $S=\{x|1\leqslant x\leqslant 2\}$,判断下列命题哪些是真的:

(1)$1\in S$.　(2)$2\notin S$.　(3)$2\in S$.　(4)$4\in \overline{S}$.

6. 用列举法表示下列集合:

(1)$A=\{x|5<x<8,x\in \mathbf{N}\}$.

(2)$B=\{x|x-3=0,x\in \mathbf{R}\}$.

(3)$C=\{x||x|<5,x\in \mathbf{Z}\}$.

7. 求下列集合所含有的元素:

(1)$A=\{x|x+1<6\}\cap\{x|x>3,x\in \mathbf{N}\}$.

(2)$B=\{x|x+2<10\}\cap\{x|x+1>5,x\in \mathbf{N}\}$.

8. 设 $I=\mathbf{R},A=\{x|x\leqslant 6\}$,求:

(1)$A\cap\varnothing,A\cup\varnothing$.　(2)$A\cap\mathbf{R},A\cup\mathbf{R}$.　(3)$\overline{A}$.　(4)$A\cap\overline{A},A\cup\overline{A}$.

1.3　整式的加法、减法与乘法

我们把代表数的字母与数进行加、减、乘运算所得的式子称为关于这些字母的**整式**.关于 x 的整式可用 $f(x),g(x)$ 等表示,例如

$$f(x)=2x+5, \quad g(x)=3x^2-x+1.$$

关于 x,y 的整式则可用 $F(x,y),G(x,y)$ 等表示,例如

$$F(x,y)=x^2+2xy+2y^2-3x+5y+1,$$
$$G(x,y)=3x^3-y^2+2x+3.$$

当 $x=1$ 时,整式 $f(x)=2x+5$ 所对应的值记为 $f(1)$,即 $f(1)=2\times 1+5=7$.同样,当

7

$x=1,y=2$ 时,整式 $F(x,y)=x^2+2xy+2y^2-3x+5y+1$ 所对应的值可记为 $F(1,2)$,即
$$F(1,2)=1^2+2\cdot1\cdot2+2\cdot2^2-3\cdot1+5\cdot2+1=21.$$

就整式的项数是一项、二项或二项以上来说,又分别把这些整式叫作**单项式**、**二项式**或**多项式**.

1.3.1 整式的加法与减法

有关整式的加法与减法的法则可归纳如下:

(1)同类项相加(减),可把它们的系数相加(减),并把共同的字母部分写在后面.

(2)多项式相加,可连接写出它们的一切项,而不改变符号,再合并同类项进行化简.

(3)多项式相减,可改变减式各项的符号再相加.

(4)括号法则:括号前是"+"号,可以去掉括号,括号中各项符号不变;括号前是"−"号,可以去掉括号,并且括号中的各项都变号.

【例 1-3】 求 $4x^3-3x^2-5x-1$ 与 $2x-4x^2+7-5x^3$ 的差.

解 先将各多项式按 x 的降幂排列,再进行计算.
$$\begin{aligned}
原式&=(4x^3-3x^2-5x-1)-(-5x^3-4x^2+2x+7)\\
&=4x^3-3x^2-5x-1+5x^3+4x^2-2x-7 \quad (去括号)\\
&=9x^3+x^2-7x-8. \quad (合并同类项)
\end{aligned}$$

【例 1-4】 求 $(a^3+a^2b+b^3)-(2a^2b-ab^2+b^3)$.

解
$$\begin{aligned}
原式&=a^3+a^2b+b^3-2a^2b+ab^2-b^3\\
&=a^3-a^2b+ab^2.
\end{aligned}$$

【例 1-5】 求 $(x^3+ax^2y+2ab^3)+(bx^2y-5ab^3)$.

解
$$\begin{aligned}
原式&=x^3+ax^2y+2ab^3+bx^2y-5ab^3\\
&=x^3+ax^2y+bx^2y+2ab^3-5ab^3\\
&=x^3+(a+b)x^2y-3ab^3.
\end{aligned}$$

1.3.2 整式的乘法

整式的乘法的法则为

(1)两个单项式的乘积,等于系数的积乘字母因数的积,再用幂的运算法则把字母的积进行化简.

(2)两个单项式同号,乘积取"+"号;两个单项式异号,乘积取"−"号.

(3)单项式或多项式乘多项式的积,根据乘法分配律,可用乘式的每一项乘被乘式的每一项,再把所得的积相加.

【例 1-6】 计算 $(x^2+x+1)(x-1)$.

解
$$\begin{aligned}
&(x^2+x+1)(x-1)\\
&=x^2(x-1)+x(x-1)+(x-1)\\
&=x^3-x^2+x^2-x+x-1\\
&=x^3-1.
\end{aligned}$$

当项数较多的多项式相乘时,为了便于整理,通常用竖式来计算,但首先要把多项式按

某一字母的降幂(或升幂)排列,且以项数较多的一式作被乘式,当被乘式与乘式有缺项时,留出空位或补上零.

【例 1-7】 求 $3x-2x^2+x^3-5$ 和 $x-2x^2-1$ 的积.

解 按 x 的降幂排列.

$$
\begin{array}{r}
x^3-2x^2+3x-5 \\
\times)\ -2x^2+\ x\ -1 \\
\hline
-2x^5+4x^4-6x^3+10x^2 \\
x^4-2x^3+\ 3x^2-5x \\
+)\qquad\qquad -x^3+\ 2x^2-3x+5 \\
\hline
-2x^5+5x^4-9x^3+15x^2-8x+5
\end{array}
$$

所以

$$
(3x-2x^2+x^3-5)(x-2x^2-1)
$$
$$
=-2x^5+5x^4-9x^3+15x^2-8x+5.
$$

【例 1-8】 计算 $(a+b)(a^3-a^2b+b^3)$.

解 按 a 的降幂、b 的升幂排列.

$$
\begin{array}{r}
a^3-a^2b+0\ \ +b^3 \\
\times)\ a+b \\
\hline
a^4-a^3b\qquad +ab^3 \\
+)\quad a^3b-a^2b^2\qquad +b^4 \\
\hline
a^4\qquad -a^2b^2+ab^3+b^4
\end{array}
$$

所以

$$
(a+b)(a^3-a^2b+b^3)=a^4-a^2b^2+ab^3+b^4.
$$

1.3.3 分离系数法

1.3.2 节中例 1-7 和例 1-8 的计算说明,当按竖式计算两个多项式乘积时,各项排列的位置完全可以表示它们所含字母的次数,所以可以略去字母而只写出系数,以化简计算. 多项式有缺项的就补上零,这种方法称为**分离系数法**.

【例 1-9】 求 $2x^4-3x^3-4x+1$ 和 x^2-6x-9 的乘积.

解 按 x 的降幂排列,只写出系数,缺项处补充以 0,在最后的结果中填入 x 的适当方幂(从 x^6 开始,因为积的最高次项的次数是 6).

$$
\begin{array}{r}
2\ -3\ +0\ -4\ +1 \\
\times)\ 1\ -6\ -9 \\
\hline
2\ -3\ +0\ -4\ +1 \\
-12\ +18\ +0\ +24\ -6 \\
+)\qquad -18\ +27\ +0\ +36\ -9 \\
\hline
2\ -15\ +0\ +23\ +25\ +30\ -9
\end{array}
$$

所以

$$
(2x^4-3x^3-4x+1)\cdot(x^2-6x-9)
$$
$$
=2x^6-15x^5+23x^3+25x^2+30x-9.
$$

【例 1-10】 证明恒等式：

$$(a^4+a^3b+a^2b^2+ab^3+b^4)(a-b)=a^5-b^5.$$

解 按 a 的降幂、b 的升幂排列.用分离系数法,最后结果中乘积的最高次项的次数是 5.

$$
\begin{array}{r}
1+1+1+1+1 \\
\times)\quad 1-1 \\
\hline
1+1+1+1+1 \\
+)\quad -1-1-1-1-1 \\
\hline
1+0+0+0+0-1
\end{array}.
$$

所以

$$(a^4+a^3b+a^2b^2+ab^3+b^4)(a-b)=a^5-b^5.$$

习题 1.3

1. 求 $2x^2-4x+3$ 与 $4x+3x^2-2$ 的和.

2. 求 $4x^3-3x^2-5x-1$ 与 $2x-4x^2+7-5x^3$ 的差.

3. 求 $(8ab^2-7a^2b+a^3)-(5a^2b-2b^3-7ab^2)$.

4. 化简：

(1) $x+[x-(x-y)]$.

(2) $m-\{n-[m+(m-n)]+m\}$.

(3) $(5a^2-3b^2)+[-(a^2-2ab-b^2)+(5a^2-2ab-3b^2)]$.

5. 化简：

(1) $a(a+b)-b(a-b)$.

(2) $-3(a-b)-2(a+b)-(3a-2b)+5(a-2b)$.

(3) $6m^2-5m(2n-m)+4m\left(-3m-\dfrac{5}{2}n\right)$.

6. 计算：

(1) $(2x+3y)(3x-2y)$.

(2) $(a^2-5ab+3b^2)(a^2-2ab)$.

7. 利用分离系数法计算：

(1) $(24x+6x^2+x^3+60)(12x-6x^2+12+x^3)$.

(2) $(x^3+3x^2y-3xy^2+4y^3)(2x+3y)$.

(3) $(-5x+2x^2+1+2x^4-3x^3)(x^2-1-2x)$.

(4) $(3x^5-2x^4-x^3+7x^2-6x+5)(2x^2-3x+1)$.

1.4 乘法公式与因式分解

1.4.1 乘法公式

利用整式乘积法则,可以得到常用的乘法公式,用它们求某些特殊形式的多项式的乘积非常简便.现把最重要的七个公式列举如下：

$$(a+b)^2=a^2+2ab+b^2; \tag{1}$$

$$(a-b)^2=a^2-2ab+b^2; \tag{2}$$

$$(a+b)(a-b)=a^2-b^2; \tag{3}$$

$$(a+b)^3=a^3+3a^2b+3ab^2+b^3; \tag{4}$$

$$(a-b)^3=a^3-3a^2b+3ab^2-b^3; \tag{5}$$

$$(a+b)(a^2-ab+b^2)=a^3+b^3; \tag{6}$$

$$(a-b)(a^2+ab+b^2)=a^3-b^3. \tag{7}$$

以上结果为多项式的乘法提供了便利途径.

【例 1-11】 求：$(1)(3x+2y)(2y-3x)$；$(2)(-2x+1)(-2x-1)$.

解 （1）
$$(3x+2y)(2y-3x)=(2y+3x)(2y-3x)$$
$$=(2y)^2-(3x)^2=4y^2-9x^2;$$

（2）
$$(-2x+1)(-2x-1)=(-2x)^2-1^2=4x^2-1$$

或

$$(-2x+1)(-2x-1)=[-(2x-1)][-(2x+1)]$$
$$=(2x-1)(2x+1)=4x^2-1.$$

【例 1-12】 求 $(x^2+xy+y^2)(x^2-xy+y^2)$.

解
$$(x^2+xy+y^2)(x^2-xy+y^2)$$
$$=[(x^2+y^2)+xy][(x^2+y^2)-xy]$$
$$=(x^2+y^2)^2-(xy)^2$$
$$=x^4+2x^2y^2+y^4-x^2y^2$$
$$=x^4+x^2y^2+y^4.$$

【例 1-13】 求：$(1)\left(4x+\dfrac{1}{3}\right)^3$；$(2)(2x^2+5y^2)^3$.

解 （1）
$$\left(4x+\frac{1}{3}\right)^3=(4x)^3+3(4x)^2\left(\frac{1}{3}\right)+3(4x)\left(\frac{1}{3}\right)^2+\left(\frac{1}{3}\right)^3$$
$$=64x^3+16x^2+\frac{4}{3}x+\frac{1}{27};$$

（2）
$$(2x^2+5y^2)^3=(2x^2)^3+3(2x^2)^2(5y^2)+3(2x^2)(5y^2)^2+(5y^2)^3$$
$$=8x^6+60x^4y^2+150x^2y^4+125y^6.$$

【例 1-14】 求：$(1)(2x+3)(4x^2-6x+9)$；

$(2)(x+1)(x-1)(x^2+x+1)(x^2-x+1)$.

解 （1）
$$(2x+3)(4x^2-6x+9)=(2x+3)[(2x)^2-3(2x)+3^2]$$
$$=(2x)^3+3^3=8x^3+27;$$

（2）
$$(x+1)(x-1)(x^2+x+1)(x^2-x+1)$$
$$=[(x+1)(x^2-x+1)][(x-1)(x^2+x+1)]$$
$$=(x^3+1)(x^3-1)$$
$$=x^6-1.$$

【例 1-15】 证明 $(a+b+c)^2=a^2+b^2+c^2+2ab+2bc+2ac$.

证明
$$(a+b+c)^2=[(a+b)+c]^2$$

$$= (a+b)^2 + 2(a+b)c + c^2$$
$$= a^2 + 2ab + b^2 + 2ac + 2bc + c^2$$
$$= a^2 + b^2 + c^2 + 2ab + 2ac + 2bc.$$

例 1-15 中的等式是三项和的平方公式, 以后可作为公式来用.

定义 1-8 把各项次数都相同的多项式称为**齐次式**.

若对换多项式中的任何两个字母后, 多项式不变, 则把此多项式称为关于这些字母的**对称式**.

例如, $x^2 + 2xy - y^2$, $x+3y$, $a^3 - 3a^2b + 3ab^2 + 5b^3$ 等都是齐次式. $a+b$, $a^3 + 3a^2b + 3ab^2 + b^3$ 都是关于 a,b 的对称式, 而 $a^2 - b^2$, $a^3 - 3a^2b + 3ab^2 - b^3$ 不是对称式. 又如, $a+b+c$ 是关于 a,b,c 的一次对称式, $2(a^2 + b^2 + c^2) + 3(ab + bc + ca) + 5(a+b+c) - 2$ 则是关于 a, b, c 的二次对称式.

显然, 两个对称式的积还是一个对称式, 两个齐次对称式之积还是一个齐次对称式. 例如, $x^2 + y^2 + z^2$ 与 $x+y+z$ 分别是关于 x,y,z 的二次齐次对称式与一次齐次对称式, 它们的积

$$(x^2 + y^2 + z^2)(x+y+z) = x^3 + y^3 + z^3 + x^2y + y^2x + z^2x + x^2z + y^2z + z^2y$$

是一个关于 x,y,z 的三次齐次对称式.

1.4.2 因式分解

整式的乘法是将几个整式相乘来求它们的积. 反之, 将一个整式化成若干个整式相乘的形式称为**因式分解**, 因式分解与乘法恰好是相反的运算. 常用的因式分解有如下四种基本方法:

(1) 提取公因式法;

(2) 分组分解法;

(3) 应用公式法;

(4) 十字相乘法.

【例 1-16】 分解因式:

(1) $10ax - 15xy + 5x$;

(2) $5(x-y)^3 - 10(y-x)^2$.

解 (1) $\qquad 10ax - 15xy + 5x = 5x(2a - 3y + 1)$;

(2) $\qquad 5(x-y)^3 - 10(y-x)^2 = 5(x-y)^3 - 10(x-y)^2$
$$= 5(x-y)^2(x-y-2).$$

【例 1-17】 分解因式:

(1) $a^2 + ab + ac + bc$;

(2) $ax^2 + bx^2 - bx - ax + cx^2 - cx$.

解 用分组分解法.

(1) $\qquad a^2 + ab + ac + bc = (a^2 + ab) + (ac + bc)$
$$= a(a+b) + c(a+b)$$
$$= (a+b)(a+c);$$

(2)
$$ax^2+bx^2-bx-ax+cx^2-cx$$
$$=(ax^2+bx^2+cx^2)-(ax+bx+cx)$$
$$=x^2(a+b+c)-x(a+b+c)$$
$$=(a+b+c)(x^2-x)=(a+b+c)x(x-1).$$

【例 1-18】 分解因式：

(1)$9x^2-12xy+4y^2$；

(2)$x^2-y^2-z^2+2yz$；

(3)x^4+y^4.

解 用公式法.

(1)
$$9x^2-12xy+4y^2=(3x)^2-2(3x)(2y)+(2y)^2$$
$$=(3x-2y)^2;$$

(2)
$$x^2-y^2-z^2+2yz=x^2-(y^2-2yz+z^2)=x^2-(y-z)^2$$
$$=[x+(y-z)][x-(y-z)]=(x+y-z)(x-y+z);$$

(3)
$$x^4+y^4=x^4+2x^2y^2+y^4-2x^2y^2$$
$$=(x^2+y^2)^2-(\sqrt{2}\,xy)^2$$
$$=(x^2+y^2+\sqrt{2}\,xy)(x^2+y^2-\sqrt{2}\,xy)$$
$$=(x^2+\sqrt{2}\,xy+y^2)(x^2-\sqrt{2}\,xy+y^2).$$

【例 1-19】 分解因式：

(1)x^2-x-6；

(2)$3x^2+17x+10$；

(3)$2a^2+ab-10b^2$.

解 用十字相乘法或观察法.

(1)$x^2-x-6=(x+2)(x-3)$；

(2)$3x^2+17x+10=(x+5)(3x+2)$；

(3)$2a^2+ab-10b^2=(a-2b)(2a+5b)$.

除了在 1.4.1 节中介绍的七个乘法公式外，有时还要用到如下公式：

$$a^n-b^n=(a-b)(a^{n-1}+a^{n-2}b+\cdots+ab^{n-2}+b^{n-1}) \quad (n \text{ 为正整数}); \tag{8}$$

$$a^n-b^n=(a+b)(a^{n-1}-a^{n-2}b+\cdots+ab^{n-2}-b^{n-1}) \quad (n \text{ 为正偶数}); \tag{9}$$

$$a^n+b^n=(a+b)(a^{n-1}-a^{n-2}b+\cdots-ab^{n-2}+b^{n-1}) \quad (n \text{ 为正奇数}). \tag{10}$$

例如
$$x^n-1=(x-1)(x^{n-1}+x^{n-2}+\cdots+x+1) \quad (n \text{ 为正整数});$$
$$x^6-1=(x-1)(x^5+x^4+x^3+x^2+x+1);$$
$$x^5+1=(x+1)(x^4-x^3+x^2-x+1).$$

习题 1.4

1. 用公式法做乘法：

(1)$(x-4)^2$.

(2)$\left(a^2+\dfrac{2}{3}\right)^2$.

$(3)(3x^2-x+5)^2$.　　　　　　　　$(4)(2m^2-3n^2)^3$.

2.用公式法做乘法：

$(1)(5x-y)(5x+y)$.　　　　　　$(2)(a^2+b^2)(a^2-b^2)$.

$(3)(x^2+1)(1-x^2)$.　　　　　　$(4)(2+x)(2-x)(4+x^2)$.

$(5)(x+1)(x-1)(x-1)(x+1)$.

3.求乘积：

$(1)(y+4)(y^2-4y+16)$.　　　　$(2)(a^2+b^2)(a^4-a^2b^2+b^4)$.

4.证明下列等式：

$(1)(-a-b)^2=(a+b)^2$.　　　　$(2)(b-a)^2=(a-b)^2$.

$(3)(-a-b)^3=-(a+b)^3$.　　　　$(4)(b-a)^3=-(a-b)^3$.

5.分解下列因式：

$(1)ab-a+b-1$.　　　　　　　$(2)x^4+x^3+x^2+x$.

$(3)ac+bd-(bc+ad)$.　　　　　$(4)x^4-x^3+x-1$.

6.用公式法分解因式：

$(1)4x^2-y^2$.　　　　　　　　$(2)a^2-(b-c)^2$.

$(3)25m^2-(m+n)^2$.　　　　　$(4)(x+R)^2-(x-R)^2$.

7.分解下列因式：

$(1)x^2+1+2x$.　　　　　　　$(2)-a^2-2a-1$.

$(3)6x-x^2-9$.　　　　　　　$(4)a^2+2ab+b^2-ac-bc$.

$(5)1-8a^3$.　　　　　　　　　$(6)(a-b)^3-(a+b)^3$.

8.分解下列因式：

$(1)x^2-5x+4$.　　　　　　　$(2)x^2+4x-5$.

$(3)2a^2+11a+12$.　　　　　　$(4)(a+b)^2+15(a+b)+56$.

$(5)(x-y)^2-7(x-y)z+10z^2$.

1.5　恒等变形与待定系数法

1.5.1　恒等变形

在下列等式

$$a+b=b+a;\quad 2a+6a=8a;$$
$$a^2-b^2=(a+b)(a-b);\quad a^2-2ab+b^2=(a-b)^2$$

中,不论字母 a,b 取什么值,等式左右两端的值总是相等,称它们为**恒等式**.

恒等式是等式,但不是所有的等式都是恒等式,如 $3x+2=5$ 就不是恒等式,因为只有当 $x=1$ 时,等式两端的值才相等.有时为强调是恒等式,用"≡"替代"=".

通过运算,把一个式子换成另一个与它恒等的式子,称为**恒等变形**(或**恒等变换**).例如,从 $a^2+2ab+b^2$ 变形为 $(a+b)^2$,或者反过来,由 $(a+b)^2$ 变形为 $a^2+2ab+b^2$,都是恒等变形.整式的加法、减法、乘法运算及因式分解等都是恒等变形.

设两个多项式

$$f(x) = a_n x^n + a_{n-1} x^{n-1} + \cdots + a_1 x + a_0,$$
$$g(x) = b_n x^n + b_{n-1} x^{n-1} + \cdots + b_1 x + b_0,$$

则 $f(x) \equiv g(x)$ 的充要条件是 $a_i = b_i (i = 0, 1, 2, \cdots, n)$.

事实上,若 $f(x) \equiv g(x)$,则表达式

$$(a_n - b_n) x^n + (a_{n-1} - b_{n-1}) x^{n-1} + \cdots + (a_1 - b_1) x + (a_0 - b_0) \equiv 0, \qquad (1)$$

对任何 $x \in \mathbf{R}$ 都成立,即

$$a_n - b_n = 0, \quad a_{n-1} - b_{n-1} = 0, \quad \cdots, \quad a_1 - b_1 = 0, \quad a_0 - b_0 = 0,$$

从而有

$$a_n = b_n, \quad a_{n-1} = b_{n-1}, \quad \cdots, \quad a_1 = b_1, \quad a_0 = b_0.$$

反之,若 $a_i = b_i (i = 0, 1, 2, \cdots, n)$,则式(1)对任意 $x \in \mathbf{R}$ 都成立,从而有 $f(x) - g(x) \equiv 0$,即

$$f(x) \equiv g(x).$$

这个事实可简述为如下定理:

定理 1-1 如果两个多项式恒等,则它们的同次项系数相等;反之,如果两个多项式的同次项系数相等,则这两个多项式恒等.

推论 如果一个多项式的最高次数低于另一个多项式的最高次数,定理 1-1 仍然成立. 例如,如果

$$a_n x^n + a_{n-1} x^{n-1} + \cdots + a_1 x + a_0 = b_{n-2} x^{n-2} + b_{n-3} x^{n-3} + \cdots + b_1 x_1 + b_0,$$

在上述讨论中,我们只需设 $a_n = 0, a_{n-1} = 0$ 就可以了.

【例 1-20】 证明 $(a-b)(a+b)(a^2+b^2)(a^4+b^4) = a^8 - b^8$.

证明 　　左端 $= (a^2 - b^2)(a^2 + b^2)(a^4 + b^4) = (a^4 - b^4)(a^4 + b^4)$
$$= a^8 - b^8 = 右端,$$

所以

$$(a-b)(a+b)(a^2+b^2)(a^4+b^4) = a^8 - b^8.$$

【例 1-21】 证明 $(a^2+b^2)(c^2+d^2) - (ac+bd)^2 = (ad-bc)^2$.

证明 　　左端 $= a^2 c^2 + a^2 d^2 + b^2 c^2 + b^2 d^2 - (a^2 c^2 + 2abcd + b^2 d^2)$
$$= a^2 d^2 + b^2 c^2 - 2abcd$$
$$= (ad - bc)^2 = 右端,$$

所以

$$(a^2 + b^2)(c^2 + d^2) - (ac + bd)^2 = (ad - bc)^2.$$

【例 1-22】 设 $f = x_1^2 + 2x_2^2 + 5x_3^2 + 2x_1 x_2 + 2x_1 x_3 + 6x_2 x_3$,求证
$$f = (x_1 + x_2 + x_3)^2 + (x_2 + 2x_3)^2.$$

证明 把 f 中含 x_1 的项集项,并配方,得
$$f = (x_1^2 + 2x_1 x_2 + 2x_1 x_3) + 2x_2^2 + 5x_3^2 + 6x_2 x_3$$
$$= (x_1^2 + x_2^2 + x_3^2 + 2x_1 x_2 + 2x_1 x_3 + 2x_2 x_3) + x_2^2 + 4x_3^2 + 4x_2 x_3$$
$$= (x_1 + x_2 + x_3)^2 + (x_2 + 2x_3)^2.$$

以上过程把二次齐次式 f 化成平方和形式.

1.5.2 待定系数法

先看一个例子.

【例 1-23】 已知 $(2-a)x^2+bx+c\equiv x^2-5$，求 a,b,c.

解 根据两个多项式恒等的性质，比较两端 x^2,x 的系数以及常数项，得

$$\begin{cases} 2-a=1 \\ b=0 \\ c=-5 \end{cases},$$

于是 $a=1,b=0,c=-5$.

例 1-23 表明，有时需要将给定的数学式表示成与它恒等的另外一种形式. 这种新形式中含有待定的系数，然后根据恒等的性质，求出这些待定系数的值. 称这种方法为**待定系数法**，待定系数法是数学中常用的方法.

【例 1-24】 将多项式 x^2+4x+6 化成关于 $x+1$ 的二次多项式.

解 关于 $x+1$ 的二次多项式的一般形式为

$$a(x+1)^2+b(x+1)+c,$$

因此，可设

$$x^2+4x+6=a(x+1)^2+b(x+1)+c, \tag{2}$$

其中，a,b,c 为待定系数. 将式(2)右端按乘法公式展开，并集项，得

$$x^2+4x+6=ax^2+(2a+b)x+(a+b+c).$$

比较恒等式两端 x 的同次项系数，得

$$\begin{cases} a=1 \\ 2a+b=4 \\ a+b+c=6 \end{cases}.$$

解得

$$a=1, \quad b=2, \quad c=3,$$

因此

$$x^2+4x+6=(x+1)^2+2(x+1)+3.$$

另解 因为式(2)是恒等式，所以，对 x 的任意数值，等式都成立.

设 $x=-1$，代入式(2)，得

$$(-1)^2+4\times(-1)+6=0+0+c,$$

即

$$c=3.$$

再设 $x=1$，代入式(2)，并由 $c=3$，有

$$1+4+6=4a+2b+3,$$

即

$$2a+b=4.$$

又设 $x=0$，代入式(2)，可得

$$a+b=3.$$

最后可得 $a=1,b=2,c=3$.

【例 1-25】 求 $(x+y+z)^3$.

解 这是一个关于 x,y,z 的三次齐次对称式，而关于 x,y,z 的三次齐次对称式的一般形式为

$$a(x^3+y^3+z^3)+b(x^2y+y^2x+x^2z+z^2x+y^2z+z^2y)+cxyz,$$

故可设

$$(x+y+z)^3=a(x^3+y^3+z^3)+b(x^2y+y^2x+x^2z+z^2x+y^2z+z^2y)+cxyz,$$

其中,a,b,c 是待定系数.

设 $x=1,y=0,z=0$,代入上式,得 $a=1$;设 $x=1,y=1,z=0$,代入上式,得 $a+b=4$;设 $x=1,y=1,z=1$,代入上式,得 $3a+6b+c=27$,所以 $a=1,b=3,c=6$,因此

$$(x+y+z)^3=x^3+y^3+z^3+3(x^2y+y^2x+x^2z+z^2x+y^2z+z^2y)+6xyz.$$

【例 1-26】 分解因式 $x^3+y^3+z^3-3xyz$.

解 这是一个关于 x,y,z 的三次齐次对称式.又当 $x=-(y+z)$ 时,原式为零,故可设

$$x^3+y^3+z^3-3xyz=(x+y+z)[a(x^2+y^2+z^2)+b(xy+yz+zx)].$$

设 $x=1,y=0,z=0$,代入上式,得 $a=1$;设 $x=1,y=1,z=0$,代入上式,得 $2a+b=1$,所以 $a=1,b=-1$,即

$$x^3+y^3+z^3-3xyz=(x+y+z)(x^2+y^2+z^2-xy-yz-zx).$$

【例 1-27】 分解因式 $x^3(y-z)+y^3(z-x)+z^3(x-y)$.

解 当 $x=y$ 时,原式为零,于是原式有因式 $x-y$.同理知,原式还有因式 $y-z,z-x$.而原式又是关于 x,y,z 的四次齐次式,故可设

$$x^3(y-z)+y^3(z-x)+z^3(x-y)=k(x-y)(y-z)(z-x)(x+y+z).$$

设 $x=2,y=1,z=0$,代入上式,得 $6=-6k$,即 $k=-1$,所以

$$x^3(y-z)+y^3(z-x)+y^3(x-y)=-(x-y)(y-z)(z-x)(x+y+z).$$

【例 1-28】 设 $p(x)$ 是关于 x 的二次多项式,且

$$p(x_0)=1,\quad p(x_1)=0,\quad p(x_2)=0,$$

求 $p(x)$,其中,x_0,x_1,x_2 互不相等.

解 因为当 $x=x_1$ 与 $x=x_2$ 时,二次多项式的值为零,所以可设所求二次多项式为

$$p(x)=a(x-x_1)(x-x_2),$$

其中,a 为待定系数.因为当 $x=x_0$ 时,$p(x_0)=1$,所以

$$p(x_0)=1=a(x_0-x_1)(x_0-x_2),$$

故

$$a=\frac{1}{(x_0-x_1)(x_0-x_2)}.$$

从而,所求的二次多项式为

$$p(x)=\frac{(x-x_1)(x-x_2)}{(x_0-x_1)(x_0-x_2)}.$$

一般地,若二次多项式 $p_2(x)$ 在三个相异点 x_0,x_1,x_2 处的值分别为 y_0,y_1,y_2,则 $p_2(x)$ 可写为

$$p_2(x)=y_0\frac{(x-x_1)(x-x_2)}{(x_0-x_1)(x_0-x_2)}+y_1\frac{(x-x_0)(x-x_2)}{(x_1-x_0)(x_1-x_2)}+y_2\frac{(x-x_0)(x-x_1)}{(x_2-x_0)(x_2-x_1)}.$$

更一般地,若 n 次多项式 $p_n(x)$ 在 $n+1$ 个相异点 $x_0,x_1,\cdots,x_n$ 处的值分别为 $y_0,y_1,\cdots,y_n$,则 $p_n(x)$ 可写为

$$p_n(x)=y_0\frac{(x-x_1)(x-x_2)\cdots(x-x_n)}{(x_0-x_1)(x_0-x_2)\cdots(x_0-x_n)}+$$

$$y_1 \frac{(x-x_0)(x-x_2)\cdots(x-x_n)}{(x_1-x_0)(x_1-x_2)\cdots(x_1-x_n)}+\cdots+$$

$$y_n \frac{(x-x_0)(x-x_1)\cdots(x-x_{n-1})}{(x_n-x_0)(x_n-x_1)\cdots(x_n-x_{n-1})}.$$

通常把上式称为**拉格朗日插值公式**.

【**例 1-29**】 求级数 $1\cdot2+2\cdot3+3\cdot4+\cdots+n\cdot(n+1)$ 的和.

解 假设

$$1\cdot2+2\cdot3+3\cdot4+\cdots+n\cdot(n+1)=A+Bn+Cn^2+Dn^3+En^4+\cdots$$

其中,A,B,C,D,E 为不含 n 的量,其值待定.

将 n 变到 $n+1$,则

$$1\cdot2+2\cdot3+\cdots+n(n+1)+(n+1)(n+2)$$
$$=A+B(n+1)+C(n+1)^2+D(n+1)^3+E(n+1)^4+\cdots$$

两式相减,得

$$(n+1)(n+2)=B+C(2n+1)+D(3n^2+3n+1)+$$
$$E(4n^3+6n^2+4n+1)+\cdots$$

这个等式对于 n 的所有整数值均成立,所以等号两端 n 的同次幂的系数必然相等. 所以,E 以及它后面所有的系数都为零,于是有

$$3D=1,\quad 3D+2C=3,\quad D+C+B=2,$$

由此得

$$D=\frac{1}{3},\quad C=1,\quad B=\frac{2}{3}.$$

因此,所求的和为 $A+\frac{2}{3}n+n^2+\frac{1}{3}n^3$.

要求 A,取 $n=1$,级数便化成它的首项,于是有

$$2=A+2 \quad 即 \quad A=0,$$

所以

$$1\cdot2+2\cdot3+3\cdot4+\cdots+n(n+1)=\frac{1}{3}n(n+1)(n+2).$$

【**例 1-30**】 求 x^3+px^2+qx+r 能被 x^2+ax+b 整除的条件.

解 假定

$$x^3+px^2+qx+r=(x+k)(x^2+ax+b).$$

将等号两端 x 的同次幂的系数作成等式,有

$$k+a=p,\quad ak+b=q,\quad kb=r.$$

从最后一个方程得 $k=\frac{r}{b}$,代入前两个方程,得

$$\frac{r}{b}+a=p,\quad \frac{ar}{b}+b=q,$$

即

$$r=b(p-a),\quad ar=b(q-b),$$

这便是所求的条件.

习题 1.5

1. 证明下列恒等式：

$(1) (a^2 - b^2)(x^2 - y^2) = (ax + by)^2 - (bx + ay)^2.$

$(2) (x + y)^3 - (x - y)^2(x + y) = 4xy(x + y).$

$(3) (x^2 + 3x + 1)^2 - 1 = x(x + 1)(x + 2)(x + 3).$

2. 证明恒等式：

$(1) x^2(y - z) + y^2(z - x) + z^2(x - y) = -(x - y)(y - z)(z - x).$

$(2) (x^3 + y^3)(x - y) + (y^3 + z^3)(y - z) + (z^3 + x^3)(z - x)$
$\qquad = (x - y)(y - z)(z - x)(x + y + z).$

3. 分解因式：

$(1) (x + y)(y + z)(z + x) + xyz.$

$(2) (x + y + z)^3 - x^3 - y^3 - z^3.$

$(3) yz(y - z) + zx(z - x) + xy(x - y).$

$(4) (x + y + z)^3 - (y + z - x)^3 - (z + x - y)^3 - (x + y - z)^3.$

4. 证明二次齐次式：

$(1) x_1^2 + 2x_1 x_2 + 2x_2^2 + 4x_2 x_3 + 4x_3^2 = (x_1 + x_2)^2 + (x_2 + 2x_3)^2.$

$(2) 2y_1^2 - 2y_2^2 - 4y_1 y_3 + 8y_2 y_3 = 2(y_1 - y_3)^2 - 2(y_2 - 2y_3)^2 + 6y_3^2.$

5. 将 $2x^2 + 3x - 6$ 表示为 $x - 1$ 的多项式.

6. 用 $2x + 3$ 的多项式表示 $4x^2 + 8x + 7$.

7. 用 $x^2 + 1$ 的多项式表示 $x^4 - 1$.

8. 有一个二次多项式，当 $x = 1$ 与 $x = 3$ 时，它的值为 0；当 $x = 4$ 时，它的值为 6，求此多项式.

9. 将 $3x + 2y - 3$ 化为 $a(x + y - 1) + b(2x - y + 2) + c(x + 2y - 3)$ 的形式，求 a, b, c 的值.

10. 用拉格朗日插值公式计算第 8 题.

1.6 数学归纳法

先从个别事例中摸索出规律，再从理论上来证明这一规律的一般性，这是人们认识客观规律的重要途径之一. 许多数学上的重要结论也是这样得出的. 例如

$$S_1 = 1 = 1^2,$$
$$S_2 = 1 + 3 = 4 = 2^2,$$
$$S_3 = 1 + 3 + 5 = 9 = 3^2,$$
$$S_4 = 1 + 3 + 5 + 7 = 16 = 4^2,$$

于是便会猜测，是否前 n 个奇数之和 S_n 等于 n 的平方？即

$$S_n = 1 + 3 + 5 + \cdots + (2n - 1) = n^2.$$

这种通过观察所发现的结论是否具有普遍性？即这一结论对任何自然数是否都正确？

当然,还需证明这一结论的普遍性.当 $n=1$ 时,结论显然是正确的.假设对任何自然数 k,这个结论是正确的,即

$$1+3+5+\cdots+(2k-1)=k^2.$$

由此能否推出:对下一个自然数 $k+1$,结论也是正确的? 在上式两端加上 $2k+1$,并将右端化简,即可得到

$$1+3+5+\cdots+(2k-1)+(2k+1)=k^2+(2k+1)=(k+1)^2.$$

这表明,由 $n=k$ 过渡到下一个自然数 $n=k+1$ 时,结论仍然成立,于是由 $n=1$ 正确而推出 $n=2$ 也正确,再由 $n=2$ 正确而推出 $n=3$ 也正确……这样无限制地推论下去,就可断定结论对任何自然数都正确,从而证明了我们的猜测.

上面所用的证明方法叫作**数学归纳法**,它是用来证明与自然数有关的命题成立的一种重要方法.

数学归纳法有两个基本步骤:

(1)证明当 n 取第一个值 n_1 时结论成立,这是递推的基础(解决了特殊性);

(2)假设 $n=k(k\in\mathbf{N}$ 且 $k\geqslant n_1)$ 时结论正确,由此证明当 $n=k+1$ 时结论也正确,这是递推的依据(解决了从有限到无限的过渡).

在用数学归纳法证题时,要注意选准起点 n_1,通常取 $n_1=1$ 或 $n_1=2$.

【例 1-31】 用数学归纳法证明

$$1^3+2^3+3^3+\cdots+n^3=\left[\frac{n}{2}(n+1)\right]^2.$$

证明 (1)当 $n=1$ 时,上式左端 $=1^3=1$;而上式右端 $=\left[\frac{1}{2}\times(1+1)\right]^2=1$,所以,当 $n=1$ 时,原式是成立的.

(2)假设当 $n=k$ 时,原式成立,即

$$1^3+2^3+3^3+\cdots+k^3=\left[\frac{k}{2}(k+1)\right]^2.$$

两端都加上 $(k+1)^3$,得

$$\begin{aligned}
& 1^3+2^3+3^3+\cdots+k^3+(k+1)^3 \\
&=\left[\frac{k}{2}(k+1)\right]^2+(k+1)^3 \\
&=\left[\frac{1}{2}(k+1)\right]^2[k^2+4(k+1)] \\
&=\left[\frac{1}{2}(k+1)\right]^2(k+2)^2 \\
&=\left[\frac{1}{2}(k+1)(k+2)\right]^2,
\end{aligned}$$

所以,当 $n=k+1$ 时,原式也成立.

根据(1)和(2)可知,对任何自然数,原式都成立.

【例 1-32】 用数学归纳法证明

$$\left(1-\frac{1}{2^2}\right)\left(1-\frac{1}{3^2}\right)\cdots\left(1-\frac{1}{n^2}\right)=\frac{n+1}{2n} \quad (n\geqslant 2).$$

证明 (1)当 $n=2$ 时,上式左端 $=1-\frac{1}{2^2}=\frac{3}{4}$,而上式右端 $=\frac{2+1}{2\times 2}=\frac{3}{4}$,所以,当 $n=$

2 时,原式是成立的.

(2)假设当 $n=k(k \geqslant 2)$ 时,原式成立,即

$$\left(1-\frac{1}{2^2}\right)\left(1-\frac{1}{3^2}\right) \cdots \left(1-\frac{1}{k^2}\right)=\frac{k+1}{2k}.$$

两端都乘以 $\left[1-\frac{1}{(k+1)^2}\right]$,得

$$\left(1-\frac{1}{2^2}\right)\left(1-\frac{1}{3^2}\right) \cdots \left(1-\frac{1}{k^2}\right)\left[1-\frac{1}{(k+1)^2}\right]$$

$$=\frac{k+1}{2k}\left[1-\frac{1}{(k+1)^2}\right]=\frac{k+2}{2(k+1)}$$

$$=\frac{(k+1)+1}{2(k+1)}.$$

于是,当 $n=k+1$ 时,原式也成立.

根据(1)和(2)可知,对 $n \geqslant 2$ 的任何自然数 n,原式都成立.

【例 1-33】 用数学归纳法证明:对任何自然数 n,n^3+5n 都是 6 的倍数.

证明 (1)当 $n=1$ 时,$n^3+5n=1^3+5 \times 1=6$,是 6 的倍数,所以,当 $n=1$ 时,命题正确.

(2)假设当 $n=k$ 时,命题正确,即 k^3+5k 是 6 的倍数.又当 $n=k+1$ 时,有

$$(k+1)^3+5(k+1)=k^3+3k^2+3k+1+5k+5$$

$$=k^3+5k+3k(k+1)+6.$$

根据归纳假设知,k^3+5k 是 6 的倍数;不论 k 是奇数还是偶数,k 和 $k+1$ 中必有一个是偶数,故 $3k(k+1)$ 是 6 的倍数;6 当然是 6 的倍数.因此,$k^3+5k+3k(k+1)+6$ 也是 6 的倍数.所以,当 $n=k+1$ 时,命题也正确.

根据(1)、(2)可知,对于任何自然数 n,n^3+5n 都是 6 的倍数.

【例 1-34】 用数学归纳法证明

$$(x+b_1)(x+b_2)(x+b_3) \cdots (x+b_n)$$

$$=x^n+\sigma_1 x^{n-1}+\sigma_2 x^{n-2}+\cdots+\sigma_n,$$

其中

$$\sigma_1=b_1+b_2+b_3+\cdots+b_n,$$

$$\sigma_2=b_1 b_2+b_1 b_3+\cdots+b_{n-1} b_n,$$

$$\sigma_3=b_1 b_2 b_3+b_1 b_2 b_4+\cdots+b_{n-2} b_{n-1} b_n,$$

$$\vdots$$

$$\sigma_n=b_1 b_2 b_3 \cdots b_n.$$

不难看出,$\sigma_1,\sigma_2,\cdots,\sigma_n$ 都是关于 $b_1,b_2,\cdots,b_n$ 的对称多项式.

证明 (1)当 $n=1$ 时,命题显然正确;

(2)假设当 $n=k$ 时,命题正确,即

$$(x+b_1)(x+b_2)(x+b_3) \cdots (x+b_k)$$

$$=x^k+\sigma_1 x^{k-1}+\sigma_2 x^{k-2}+\cdots+\sigma_k.$$

两端同乘以 $x+b_{k+1}$,得

$$(x+b_1)(x+b_2)(x+b_3) \cdots (x+b_k)(x+b_{k+1})$$

$$=(x^k+\sigma_1 x^{k-1}+\sigma_2 x^{k-2} \cdots +\sigma_k)(x+b_{k+1})$$

$$=x^{k+1}+\sigma_1 x^k+\sigma_2 x^{k-1}+\cdots+\sigma_k x+$$
$$b_{k+1}x^k+b_{k+1}\sigma_1 x^{k-1}+b_{k+1}\sigma_2 x^{k-2}+\cdots+b_{k+1}\sigma_k$$
$$=x^{k+1}+(\sigma_1+b_{k+1})x^k+(\sigma_2+b_{k+1}\sigma_1)x^{k-1}+\cdots+b_{k+1}\sigma_k.$$

在这个积中有$(k+1)+1$项，x的指数从$k+1$起逐项减少1，最后到零；第一项的系数是1，第二项是$k+1$个数$b_1,b_2,\cdots,b_{k+1}$的和，$\cdots$，而末项是这$k+1$个数的积．这些和上面的命题完全符合，所以，当$n=k+1$时，命题也正确．

根据(1)、(2)可知，对任何自然数，命题都正确．

类似地有
$$(x-b_1)(x-b_2)\cdots(x-b_n)$$
$$=x^n-\sigma_1 x^{n-1}+\sigma_2 x^{n-2}+\cdots+(-1)^n\sigma_n.$$

【例 1-35】 设$a_n x^n+a_{n-1}x^{n-1}+\cdots+a_1 x+a_0\equiv0$，用数学归纳法证明$a_n=a_{n-1}=\cdots=a_1=a_0=0$．

证明 (1)当$n=1$时，可分别在恒等式
$$a_1 x+a_0\equiv0$$
中令$x=0,x=1$，就依次有$a_0=0,a_1=0$．所以，当$n=1$时，命题正确．

(2)设当$n=k$时，命题正确．如果
$$a_{k+1}x^{k+1}+a_k x^k+\cdots+a_1 x+a_0\equiv0, \tag{1}$$
则以$2x$代换式(1)中的x，得
$$2^{k+1}a_{k+1}x^{k+1}+2^k a_k x^k+\cdots+2a_1 x+a_0\equiv0, \tag{2}$$
以2^{k+1}乘式(1)再减式(2)，有
$$(2^{k+1}-2^k)a_k x^k+\cdots+(2^{k+1}-2)a_1 x+(2^{k+1}-1)a_0\equiv0.$$
由$2^{k+1}-2^k\neq0,\cdots,2^{k+1}-2\neq0,2^{k+1}-1\neq0$与归纳法假定，得
$$a_k=\cdots=a_1=a_0=0. \tag{3}$$
以式(3)代入式(1)，并令$x=1$，得$a_{k+1}=0$．于是，当$n=k+1$时，命题正确．

根据(1)、(2)可知，命题对于任何自然数都正确．

【例 1-36】 已知
$$s_n=\frac{8\cdot1}{1^2\cdot3^2}+\frac{8\cdot2}{3^2\cdot5^2}+\cdots+\frac{8n}{(2n-1)^2(2n+1)^2},$$
并通过计算得
$$s_1=\frac{8}{9},\quad s_2=\frac{24}{25},\quad s_3=\frac{48}{49},\quad s_4=\frac{80}{81}.$$
试从上述结果推测出计算s_n的公式，并用数学归纳法加以证明．

证明 通过观察知，$s_n=\frac{(2n+1)^2-1}{(2n+1)^2}$，即
$$\frac{8\cdot1}{1^2\cdot3^2}+\frac{8\cdot2}{3^2\cdot5^2}+\cdots+\frac{8n}{(2n-1)^2(2n+1)^2}=\frac{(2n+1)^2-1}{(2n+1)^2}. \tag{4}$$

(1)当$n=1$时，式(4)左端$s_1=\frac{8}{9}$；而式(4)右端$=\frac{3^2-1}{3^2}=\frac{8}{9}$，所以，当$n=1$时，式(4)成立．

(2)设当$n=k$时，式(4)成立，即
$$\frac{8\cdot1}{1^2\cdot3^2}+\frac{8\cdot2}{3^2\cdot5^2}+\cdots+\frac{8k}{(2k-1)^2(2k+1)^2}=\frac{(2k+1)^2-1}{(2k+1)^2}.$$

在上式两端加上 $\dfrac{8(k+1)}{(2k+1)^2(2k+3)^2}$,得

$$\dfrac{8 \cdot 1}{1^2 \cdot 3^2} + \dfrac{8 \cdot 2}{3^2 \cdot 5^2} + \cdots + \dfrac{8k}{(2k-1)^2(2k+1)^2} + \dfrac{8(k+1)}{(2k+1)^2(2k+3)^2}$$

$$= \dfrac{(2k+1)^2 - 1}{(2k+1)^2} + \dfrac{8(k+1)}{(2k+1)^2(2k+3)^2}$$

$$= \dfrac{1}{(2k+1)^2(2k+3)^2} \{(2k+3)^2 [(2k+1)^2 - 1] + 8(k+1)\}$$

$$= \dfrac{1}{(2k+1)^2(2k+3)^2} [(2k+3)^2(2k+1)^2 - (2k+3)^2 + 8(k+1)]$$

$$= \dfrac{1}{(2k+1)^2(2k+3)^2} [(2k+3)^2(2k+1)^2 - (2k+1)^2]$$

$$= \dfrac{(2k+3)^2 - 1}{(2k+3)^2} = \dfrac{[2(k+1)+1]^2 - 1}{[2(k+1)+1]^2}.$$

所以,当 $n = k+1$ 时,等式(4)也成立.

根据(1)、(2)知,式(4)对任何自然数都成立.

数学归纳法中的两个步骤也可用下面两个步骤代替.

①证明当 $n = n_1$ 时,命题 $A(n)$ 正确;

②假设当 $n \leqslant k$(k 是大于或等于 n_1 的任何自然数)时,命题 $A(n)$ 是正确的,由此证明 $A(n)$ 当 $n = k+1$ 时也是正确的.

在具体步骤中,通常取 $n_1 = 1$ 或 $n_1 = 2$.

因为①、②成立时,(1)、(2)必成立,所以,当①、②成立时,命题 $A(n)$ 对大于或等于 n_1 的任何自然数都正确.

【例 1-37】 设 $a_1 = a_2 = 1, a_{n+1} = a_n + a_{n-1}(n \geqslant 2)$,求证

$$a_n = \dfrac{1}{\sqrt{5}} \left[\left(\dfrac{1+\sqrt{5}}{2} \right)^n - \left(\dfrac{1-\sqrt{5}}{2} \right)^n \right]. \tag{5}$$

证明 (1) 当 $n = 1$ 时,式(5)左端 $= a_1 = 1$,而式(5)右端 $= 1$,所以,当 $n = 1$ 时,式(5)成立.

(2) 设当 $n \leqslant k$ 时,式(5)成立.

当 $k = 1$ 时,

$$a_{k+1} = a_2 = \dfrac{1}{\sqrt{5}} \left[\left(\dfrac{1+\sqrt{5}}{2} \right)^2 - \left(\dfrac{1-\sqrt{5}}{2} \right)^2 \right] = 1,$$

所以,当 $n = k+1$ 时,式(5)成立.

当 $k \geqslant 2$ 时,由归纳法假定知

$$a_{k-1} = \dfrac{1}{\sqrt{5}} \left[\left(\dfrac{1+\sqrt{5}}{2} \right)^{k-1} - \left(\dfrac{1-\sqrt{5}}{2} \right)^{k-1} \right],$$

$$a_k = \dfrac{1}{\sqrt{5}} \left[\left(\dfrac{1+\sqrt{5}}{2} \right)^k - \left(\dfrac{1-\sqrt{5}}{2} \right)^k \right].$$

又因

$$a_{k+1} = a_k + a_{k-1},$$

于是

$$a_{k+1}=\frac{1}{\sqrt{5}}\left[\left(\frac{1+\sqrt{5}}{2}\right)^k-\left(\frac{1-\sqrt{5}}{2}\right)^k\right]+\frac{1}{\sqrt{5}}\left[\left(\frac{1+\sqrt{5}}{2}\right)^{k-1}-\left(\frac{1-\sqrt{5}}{2}\right)^{k-1}\right]$$

$$=\frac{1}{\sqrt{5}}\left[\left(\frac{1+\sqrt{5}}{2}\right)^k\left(1+\frac{2}{1+\sqrt{5}}\right)-\left(\frac{1-\sqrt{5}}{2}\right)^k\left(1+\frac{2}{1-\sqrt{5}}\right)\right]$$

$$=\frac{1}{\sqrt{5}}\left[\left(\frac{1+\sqrt{5}}{2}\right)^{k+1}-\left(\frac{1-\sqrt{5}}{2}\right)^{k+1}\right],$$

所以，当 $n=k+1$ 时，式(5)成立.

因此，当 $n\leqslant k$ 时，式(5)成立；当 $n=k+1$ 时，式(5)也成立，即(2)成立.

根据(1)、(2)知，式(5)对任何自然数都成立.

习题 1.6

1. 用数学归纳法证明：

(1) $1+2+3+\cdots+n=\dfrac{n(n+1)}{2}$.

(2) $1^2+2^2+3^2+\cdots+n^2=\dfrac{n(n+1)(2n+1)}{6}$.

(3) $\left(1-\dfrac{1}{2}\right)\left(1-\dfrac{1}{3}\right)\left(1-\dfrac{1}{4}\right)\cdots\left(1-\dfrac{1}{n}\right)=\dfrac{1}{n}(n\geqslant2)$.

2. 利用前 $2n$ 个自然数的平方和、立方和求下列和：

(1) $1^2+3^2+5^2+\cdots+(2n-1)^2$.

(2) $1^3+3^3+5^3+\cdots+(2n-1)^3$.

3. 用数学归纳法证明：

(1) $4^{2n+1}+3^{n+2}$ 可以被 13 整除.

(2) 三个连续自然数的立方和可以被 9 整除.

4. 用数学归纳法证明：

(1) 当 n 是正整数时，x^n-y^n 能被 $x-y$ 整除.

(2) 当 n 是正奇数时，x^n+y^n 能被 $x+y$ 整除.

5. 已知 $a_n,b_n(n=1,2,\cdots)$ 都是整数，且

$$(1+\sqrt{2})^n=a_n+b_n\sqrt{2}.$$

试通过 n 从 1 开始的几个计算，猜想出用 a_n 与 b_n 表示 $(1-\sqrt{2})^n$ 的表达式，并用数学归纳法证明你的猜想.

6. 设 $A(n)$ 表示命题

$$1+2+3+\cdots+n=\frac{1}{8}(2n+1)^2.$$

如果 $A(k)$ 成立，求证 $A(k+1)$ 成立. 问 $A(n)$ 是否对任何自然数都成立？为什么？

7. 设 $a_1=1,a_2=4$，且 $a_{n+1}=5a_n-6a_{n-1}(n\geqslant2)$，求证

$$a_n=-2^{n-1}+2\cdot3^{n-1}.$$

1.7 二项式定理

1.7.1 二项展开式

通过 1.4 节已经知道：

$$(a+b)^2 = a^2 + 2ab + b^2,$$

$$(a+b)^3 = a^3 + 3a^2b + 3ab^2 + b^3.$$

在上面的公式中，将指数 2 与 3 推广到任意的自然数 n，得到 $(a+b)^n$，而且 $(a+b)^n$ 的展开式是 n 个等于 $(a+b)$ 的因子乘积，展开式里每一项都为 n 次，是分别从 n 个因子里取出的 n 个字母的乘积. 因此，每一个含 $a^{n-k}b^k$ 的项都是从任意 k 个因子中取出 b，而从剩余的 $n-k$ 个因子中取出 a 相乘而得，所以，含 a^{n-k} 的项数一定等于从 n 个元素中选取 k 个元素的选法的种数，即 $a^{n-k}b^k$ 的系数为 C_n^k，且 k 依次取值 $0,1,2,\cdots,n$，便得到所有项的系数. 因此，有下面的公式

$$(a+b)^n = C_n^0 a^n + C_n^1 a^{n-1}b + \cdots + C_n^k a^{n-k}b^k + \cdots + C_n^n b^n$$

$$= a^n + na^{n-1}b + \cdots + \frac{n(n-1)\cdots(n-k+1)}{k!}a^{n-k}b^k + \cdots + b^n. \tag{1}$$

公式(1)所表示的等式称为**二项式定理**. 式(1)右端的式子称为 $(a+b)^n$ 的**二项展开式**，其中 $k!$（读作 k 的阶乘）是自然数 1 到 k 的连乘，即

$$k! = 1 \cdot 2 \cdot 3 \cdots (k-1) \cdot k,$$

并规定 $0! = 1$.

为了证明二项式定理，可在 1.6 节例 1-34 中分别令 $x = a, b_1 = b_2 = \cdots = b_n = b$，则例 1-34 中的公式成为

$$(a+b)^n = a^n + \sigma_1 a^{n-1} + \sigma_2 a^{n-2} + \cdots + \sigma_k a^{n-k} + \cdots + \sigma_n. \tag{2}$$

显然

$$\sigma_1 = b_1 + b_2 + \cdots + b_n = nb.$$

以 $b_1, b_2, \cdots, b_n$ 中的每一个数各乘以其他 $n-1$ 个数，则得 $n(n-1)$ 个乘积，但这里每两个数乘了两次，如 $b_1 b_2$ 和 $b_2 b_1$ 等，于是每项就计算了两次，所以 σ_2 的项数应是 $\frac{n(n-1)}{2}$，即

$$\sigma_2 = b_1 b_2 + b_1 b_3 + \cdots + b_{n-1} b_n = \frac{n(n-1)}{2}b^2.$$

将上面 $\frac{n(n-1)}{2}$ 项中的每一项与另外 $n-2$ 个数相乘，共得 $\frac{n(n-1)(n-2)}{2}$ 个积，其中一个积出现三次，如 $b_1 b_2 b_3, b_1 b_3 b_2, b_2 b_3 b_1$ 等，所以，σ_3 的项数应是 $\frac{n(n-1)(n-2)}{2} \cdot \frac{1}{3} = \frac{n(n-1)(n-2)}{3!}$，即

$$\sigma_3 = b_1 b_2 b_3 + \cdots + b_{n-2} b_{n-1} b_n = \frac{n(n-1)(n-2)}{3!}b^3.$$

同理

$$\sigma_k = \frac{n(n-1)\cdots(n-k+1)}{k!}b^k,$$

$$\vdots$$

$$\sigma_n = b_1 b_2 \cdots b_n = b^n.$$

将 $\sigma_1, \sigma_2, \cdots, \sigma_n$ 代入式(2),便证得二项式定理.

当 $n=1,2,3,4,5,6$ 时,二项展开式如下:

$(a+b)^1 = a+b$;

$(a+b)^2 = a^2 + 2ab + b^2$;

$(a+b)^3 = a^3 + 3a^2 b + 3ab^2 + b^3$;

$(a+b)^4 = a^4 + 4a^3 b + 6a^2 b^2 + 4ab^3 + b^4$;

$(a+b)^5 = a^5 + 5a^4 b + 10a^3 b^2 + 10a^2 b^3 + 5ab^4 + b^5$;

$(a+b)^6 = a^6 + 6a^5 b + 15a^4 b^2 + 20a^3 b^3 + 15a^2 b^4 + 6ab^5 + b^6$.

上面各展开式中各项的系数列表如下:

$(a+b)^1$ .... 1　1

$(a+b)^2$ .... 1　2　1

$(a+b)^3$ .... 1　3　3　1

$(a+b)^4$ .... 1　4　6　4　1

$(a+b)^5$ .... 1　5　10　10　5　1

$(a+b)^6$ .... 1　6　15　20　15　6　1

表中每一行两端都是 1,而且除 1 以外的每一个数都是它肩上两个数的和,这个表叫作**杨辉三角**,它首先载于我国宋朝数学家杨辉 1261 年所著的《详解九章算法》一书中.

当 n 较小时,我们可用杨辉三角写出二项式的系数,从而求得所需的展开式,例如

$$(1-2x)^4 = 1 + 4(-2x) + 6(-2x)^2 + 4(-2x)^3 + (-2x)^4$$
$$= 1 - 8x + 24x^2 - 32x^3 + 16x^4.$$

1.7.2　二项展开式的性质

$(a+b)^n$ 的二项展开式具有如下的性质:

(1)项数为 $n+1$.

(2)各项中 a 的指数从 n 逐项减少到 0;b 的指数从 0 逐项增加到 n;各项的次数都等于二项式的幂指数 n,即 a 与 b 的指数和为 n.

(3)第 1 项的系数为 1;第 2 项的系数为 n;第 3 项的系数为 $\frac{n(n-1)}{2!}$;一般地,第 $k+1$ 项的系数为 $\frac{n(n-1)\cdots(n-k+1)}{k!}$;最后一项的系数为 1.

(4)展开式中第 $k+1$ 项记作 T_{k+1},即

$$T_{k+1} = \frac{n(n-1)\cdots(n-k+1)}{k!}a^{n-k}b^k \quad (k=0,1,2,\cdots,n). \tag{3}$$

把式(3)叫作二项展开式的**通项公式**.例如,由 $k=5$ 可求出

$$T_6 = \frac{n(n-1)(n-2)(n-3)(n-4)}{5!}a^{n-5}b^5.$$

(5)在二项展开式中,与首末两端等距离的两项的二项式系数相等,即 $C_n^m = C_n^{n-m}$.

(6)如果二项式的幂指数是偶数,中间一项的二项式系数最大;如果二项式的幂指数是奇数,中间两项的二项式系数相等且最大.

(7)因为 $(a-b)^n = [a+(-b)]^n$,所以 $(a-b)^n$ 的展开式是

$$(a-b)^n = a^n - na^{n-1}b + \frac{n(n-1)}{2!}a^{n-2}b^2 + \cdots + (-1)^n b^n, \tag{4}$$

其中,含 b 的奇数次幂的系数为负,含 b 的偶数次幂的系数为正,其通项公式为

$$T_{k+1} = (-1)^k \frac{n(n-1)\cdots(n-k+1)}{k!}a^{n-k}b^k \quad (k=0,1,2,\cdots,n). \tag{5}$$

【例 1-38】 展开 $(2x^2 - 3y^2)^6$.

解 $(2x^2 - 3y^2)^6 = (2x^2)^6 - 6(2x^2)^5(3y^2) + \frac{6 \cdot 5}{2!}(2x^2)^4(3y^2)^2 -$

$$\frac{6 \cdot 5 \cdot 4}{3!}(2x^2)^3(3y^2)^3 + \frac{6 \cdot 5 \cdot 4 \cdot 3}{4!}(2x^2)^2(3y^2)^4 -$$

$$\frac{6 \cdot 5 \cdot 4 \cdot 3 \cdot 2}{5!}(2x^2)(3y^2)^5 + (3y^2)^6$$

$$= 64x^{12} - 576x^{10}y^2 + 2\,160x^8y^4 - 4\,320x^6y^6 +$$

$$4\,860x^4y^8 - 2\,916x^2y^{10} + 729y^{12}.$$

【例 1-39】 展开 $(1+x+2x^2)^4$.

解 由杨辉三角知,四次幂的系数为 $1,4,6,4,1$,于是有

$$(1+x+2x^2)^4 = [(1+x)+2x^2]^4$$

$$= (1+x)^4 + 4(1+x)^3(2x^2) + 6(1+x)^2(2x^2)^2 +$$

$$4(1+x)(2x^2)^3 + (2x^2)^4$$

$$= 1 + 4x + 6x^2 + 4x^3 + x^4 + 8x^2(1+3x+3x^2+x^3) +$$

$$24x^4(1+2x+x^2) + 32x^6(1+x) + 16x^8$$

$$= 1 + 4x + 14x^2 + 28x^3 + 49x^4 + 56x^5 + 56x^6 + 32x^7 + 16x^8.$$

1.7.3 二项展开式的应用

二项式定理的应用可归纳如下:

(1)求二项展开式中某些特定项,如常数项、有理项、系数最大项等,或求某项的系数或二项式系数.

(2)求展开式中所有系数的和或某些代数式的和.

(3)证明或判断某些代数式的整除性.

(4)近似计算.

(5)用构造法或赋值法证明某些恒等式.

(6)证明不等式.

【例 1-40】 已知 $\left(\sqrt{x} + \frac{2}{x^2}\right)^n$ 的展开式中第 5 项与第 3 项的系数之比是 $56:3$.

(1)求展开式中的常数项.

(2)求二项式系数最大的项.

(3)求展开式系数最大的项.

解 (1)由通项公式知

$$T_{k+1}=C_n^k(\sqrt{x})^{n-k}\left(\frac{2}{x^2}\right)^k=C_n^k 2^k \cdot x^{\frac{n-5k}{2}}.$$

由已知条件得

$$(C_n^4 \cdot 2^4):(C_n^2 \cdot 2^2)=56:3,$$

由 $n^2-5n-50=0$,解得

$$n=10 \text{ 或 } n=-5(\text{舍去}),$$

所以 $T_{k+1}=C_{10}^k 2^k \cdot x^{\frac{10-5k}{2}}$. 令 $\frac{10-5k}{2}=0$,得 $k=2$,故所求的常数项为

$$T_3=C_{10}^2 2^2=180.$$

(2)因为 $n=10$ 为偶数,所以二项式 $\left(\sqrt{x}+\frac{2}{x^2}\right)^{10}$ 的展开式中间项,即第 6 项的二项式系数最大,$T_6=C_{10}^5 \cdot 2^5 \cdot x^{-\frac{15}{2}}=8\,064x^{-\frac{15}{2}}$.

(3)设展开式中系数最大的项为第 $k+1$ 项,则

$$\begin{cases} C_{10}^k 2^k \geqslant C_{10}^{k-1} 2^{k-1} \\ C_{10}^k 2^k \geqslant C_{10}^{k+1} 2^{k+1}, \end{cases}$$

即

$$\begin{cases} \dfrac{2}{k} \geqslant \dfrac{1}{10-k+1} \\ \dfrac{1}{10-k} \geqslant \dfrac{2}{k+1} \end{cases} (k \in \mathbf{N}),$$

解不等式组,得 $k=7$.

故展开式系数最大的项为 $T_8=C_{10}^7 2^7 x^{-\frac{25}{2}}=15\,360x^{-\frac{25}{2}}$.

【例 1-41】 在 $(x-\sqrt{2})^{2006}$ 的二项展开式中,含 x 的奇次幂的项之和为 s,当 $x=\sqrt{2}$ 时,求 s 的值.

解 由题设

$$(x-\sqrt{2})^{2006}=a_0+a_1x+a_2x^2+\cdots+a_{2006}x^{2006}, \tag{6}$$

$$(-x-\sqrt{2})^{2006}=a_0-a_1x+a_2x^2+\cdots+a_{2006}x^{2006}. \tag{7}$$

式(6)-式(7),得

$$2(a_1x+a_3x^3+\cdots+a_{2005}x^{2005})=(x-\sqrt{2})^{2006}-(x+\sqrt{2})^{2006}.$$

把 $x=\sqrt{2}$ 代入上式,得二项展开式中含 x 的奇次幂的项的和

$$s=-\frac{(\sqrt{2}+\sqrt{2})^{2006}}{2}=-2^{3008}.$$

【例 1-42】 在 $(\sqrt{2}+\sqrt[3]{3})^{100}$ 的展开式中,有多少项是有理数?

解 展开式中第 $k+1$ 项为

$$T_{k+1}=\frac{100 \cdot 99 \cdots (100-k+1)}{k!}(\sqrt{2})^{100-k} \cdot (\sqrt[3]{3})^k$$

$$=\frac{100 \cdot 99 \cdots (100-k+1)}{k!} \cdot 2^{50-\frac{k}{2}} \cdot 3^{\frac{k}{3}}.$$

显然,当 $\dfrac{k}{2}$,$\dfrac{k}{3}$ 为整数时,第 $k+1$ 项都是有理数,即当 k 是 6 的整数倍时,第 $k+1$ 项都是有理数.但 $0\leqslant k\leqslant 100$,所以展开式中有 17 项是有理数.

【例 1-43】 证明

(1) $\mathrm{C}_n^0+\mathrm{C}_n^1+\cdots+\mathrm{C}_n^n=2^n$;

(2) $\mathrm{C}_n^1+2\mathrm{C}_n^2+3\mathrm{C}_n^3+\cdots+n\mathrm{C}_n^n=n2^{n-1}$.

证明 (1) 在公式

$$(a+b)^n=\mathrm{C}_n^0a^n+\mathrm{C}_n^1a^{n-1}b+\mathrm{C}_n^2a^{n-2}b^2+\cdots+\mathrm{C}_n^ka^{n-k}b^k+\cdots+\mathrm{C}_n^nb^n$$

中,令 $a=b=1$,则

$$\mathrm{C}_n^0+\mathrm{C}_n^1+\mathrm{C}_n^2+\cdots+\mathrm{C}_n^n=2^n.$$

(2) 因为

$$\mathrm{C}_n^k=\dfrac{n(n-1)\cdots(n-k+1)}{k!}=\dfrac{n!}{k!\,(n-k)!},$$

所以

$$\mathrm{C}_n^1+2\mathrm{C}_n^2+3\mathrm{C}_n^3+\cdots+k\mathrm{C}_n^k+\cdots+n\mathrm{C}_n^n$$

$$=n+\dfrac{2n!}{2!\,(n-2)!}+\dfrac{3n!}{3!\,(n-3)!}+\cdots+\dfrac{kn!}{k!\,(n-k)!}+\cdots+n$$

$$=n\left\{1+\dfrac{(n-1)!}{1!\,[(n-1)-1]!}+\dfrac{(n-1)!}{2!\,[(n-1)-2]!}+\cdots+\dfrac{(n-1)!}{(k-1)!\,[(n-1)-(k-1)]!}+\cdots+1\right\}$$

$$=n(\mathrm{C}_{n-1}^0+\mathrm{C}_{n-1}^1+\cdots+\mathrm{C}_{n-1}^{n-1})$$

$$=n\cdot 2^{n-1}.$$

【例 1-44】 计算 0.95^5 的近似值(精确到 0.01).

解 先将 0.95 转化为 $1-0.05$,再利用二项式定理计算.

$$0.95^5=(1-0.05)^5=1+\mathrm{C}_5^1(-0.05)+\mathrm{C}_5^2(-0.05)^2+\mathrm{C}_5^3(-0.05)^3+\cdots$$

因为 $\mathrm{C}_5^3\times(0.05)^3=0.001\,25<0.05$,而以后各项的绝对值更小,所以,从第 4 项起均可忽略不计.故

$$0.95^5=1-5\times 0.05+10\times 0.002\,5=0.775\approx 0.78.$$

由上例看到,利用二项式定理进行近似计算,关键是确定展开式中的保留项,使其满足近似计算的精确度.

【例 1-45】 试用二项式定理求前 n 个自然数的平方和.

解 设 $S_m=1^m+2^m+\cdots+n^m(m=1,2)$.

由于 $(n+1)^3=n^3+3n^2+3n+1$,即 $(n+1)^3-n^3=3n^2+3n+1$,得

$$2^3-1^3=3\cdot 1^2+3\cdot 1+1,$$

$$3^3-2^3=3\cdot 2^2+3\cdot 2+1,$$

$$4^3-3^3=3\cdot 3^2+3\cdot 3+1,$$

$$\vdots$$

$$(n+1)^3-n^3=3\cdot n^2+3\cdot n+1,$$

将这 n 个等式相加,得

$$(n+1)^3-1=3S_2+3S_1+n$$

或

$$n^3 + 3n^2 + 3n = 3S_2 + \frac{3n(n+1)}{2} + n,$$

对 S_2 求解,得

$$S_2 = \frac{2n^3 + 3n^2 + n}{6} = \frac{n(n+1)(2n+1)}{6},$$

即

$$1^2 + 2^2 + \cdots + n^2 = \frac{n(n+1)(2n+1)}{6}.$$

习题 1.7

1. 求下列二项式的积:

(1) $(x+4)(x+3)(x-2)$.

(2) $(x-1)(x+3)(x-5)(x+7)$.

(3) $(x+2y)(x-3y)(x-5y)$.

2. 求下式中指定项的系数:

(1) $(a+1)(2a+3)(5-a)$ 中 a 的系数.

(2) $(x-3)(x+5)(x-1)(x+2)$ 中 x^2 的系数.

3. 求下列二项式的展开式:

(1) $(1+2x)^6$.   (2) $(3x+2y)^5$.

(3) $(2x-y^2)^6$.   (4) $\left(2+\frac{1}{x}\right)^4$.

4. 求下列二项展开式的指定项:

(1) $\left(1+\frac{x}{2}\right)^{11}$ 的第 6 项.

(2) $(1-x)^9$ 的中间两项.

(3) $\left(x+\frac{1}{x}\right)^{12}$ 的常数项.

5. 求下列二项展开式中指定项的系数:

(1) $(x+1)^8$ 中 x^5 的系数.

(2) $(1-x^2)^6$ 中 x^8 的系数.

6. 已知 $\left(\frac{x^2}{a^2} - \frac{a}{x}\right)^n$ 的展开式中第 3 项的二次项系数是 66,试求这个展开式的:

(1) 第 6 项.   (2) 常数项.

7. 求证 $3^{2n+2} - 8n - 9 \ (n \in \mathbf{N})$ 能被 64 整除.

8. 利用二项式定理证明等式

$$3^n + 3^{n-1}C_n^1 + 3^{n-2}C_n^2 + \cdots + 3^{n-k}C_n^k + \cdots + C_n^n = 2^{2n}.$$

9. 利用二项式定理证明不等式

$$\left(\frac{2}{3}\right)^{n-1} < \frac{2}{n+1} \quad (n \geqslant 3).$$

10. 当 n 为偶数时,求证 2^n 被 3 除所得余数是 1;当 $n(n>1)$ 为奇数时,求证 2^n 被 3 除所得余数是 2.

第2章 分式与根式

分式与根式都是代数学中最基本的对象,有着广泛的应用,它们不但与高次方程、分式方程的讨论有关,而且在进一步学习代数及其他数学分支时也都会遇到.本章将介绍分式及其四则运算、部分分式、根式运算法则以及有理数指数幂等.

2.1 分 式

在第 1 章,我们讨论了多项式的加、减、乘运算,而多项式相除也是多项式理论的一个重要问题.下面来讨论这个问题.为简便起见,在本节中我们只讨论关于一个字母的一元多项式.

2.1.1 有理分式及其性质

一般地,关于 x 的**分式**或**有理分式**记作

$$R(x) = \frac{f(x)}{g(x)},$$

其中,$f(x)$ 是多项式;$g(x)$ 是非零次幂多项式,且 $g(x) \neq 0$.

为了进一步讨论分式的性质,先研究两个多项式之间的几种关系.

如果两个多项式 $f(x)$ 与 $g(x)$ 有相同的因式,那么称此因式为它们的**公因式**;所有公因式中次数最高的因式称为 $f(x)$ 与 $g(x)$ 的**最高公因式**.也就是说,$f(x)$ 与 $g(x)$ 的最高公因式 $d(x)$ 是 $f(x)$ 与 $g(x)$ 的公因式,且 $f(x)$ 与 $g(x)$ 的公因式又全是 $d(x)$ 的因式.

例如,$x^2(2x+1)$ 与 $x^3(x-1)(2x+1)$ 的公因式是

$$x, \quad x^2, \quad 2x+1,$$

所以它们的最高公因式为

$$d(x) = x^2(2x+1).$$

由最高公因式的定义不难看出,如果 $d_1(x), d_2(x)$ 是 $f(x)$ 与 $g(x)$ 的两个最高公因式,那么必有 $d_1(x)$ 整除 $d_2(x)$ 与 $d_2(x)$ 整除 $d_1(x)$,即 $d_1(x) = cd_2(x), c \neq 0$.这就是说,两个多项式的最高公因式在相差一个非零常数倍的意义下是唯一确定的.因为两个不全为零的多项式的最高公因式总是一个非零多项式,所以通常把两个多项式 $f(x)$ 与 $g(x)$ 的首项系数为 1 的最高公因式记作

$$(f(x), g(x)).$$

若$(f(x),g(x))=1$,则称多项式$f(x)$与$g(x)$是**互质的**.显然,如果两个多项式互质,那么它们除去零次多项式外没有其他的公因式,反之亦然.例如,x与x^2+1是互质的.

通常用分解因式法求多项式$f(x)$与$g(x)$的最高公因式$(f(x),g(x))$.

【**例 2-1**】 设
$$f(x)=2x^4+x^3,$$
$$g(x)=4x^4+4x^3+x^2,$$
求$(f(x),g(x))$.

解 因为
$$f(x)=x^3(2x+1)=2x^3\left(x+\frac{1}{2}\right),$$
$$g(x)=x^2(4x^2+4x+1)=x^2(2x+1)^2=4x^2\left(x+\frac{1}{2}\right)^2,$$
于是,$f(x)$与$g(x)$的首项系数为 1 的最高公因式为
$$(f(x),g(x))=x^2\left(x+\frac{1}{2}\right).$$

能同时被非零多项式$f(x)$与$g(x)$整除的多项式中,次数最低的多项式称为$f(x)$与$g(x)$的**最低公倍式**.显然,$\dfrac{f(x)g(x)}{(f(x),g(x))}$是$f(x)$与$g(x)$的一个最低公倍式,把它记为$[f(x),g(x)]$,即
$$[f(x),g(x)]=\frac{f(x)g(x)}{(f(x),g(x))}.$$
这个关系式类似于整数中的最小公倍数与最大公约数的关系式.

若$(f(x),g(x))=1$,则称分式$\dfrac{f(x)}{g(x)}$为**既约分式**或**最简分式**.分式运算的结果都要化为既约分式.

与分数类似,分式的基本性质是
$$\frac{f(x)}{g(x)}=\frac{f(x)h(x)}{g(x)h(x)}\quad(h(x)\neq0);$$
$$\frac{f(x)}{g(x)}=\frac{f(x)/h(x)}{g(x)/h(x)}\quad(h(x)\neq0),$$
即分子、分母同乘以或同除以一个非零多项式,分式的值不变.

2.1.2 综合除法

综合除法是多项式除法运算的一种简便算法,实际上是分离系数法通过变形发展的结果.

设$f(x)$与$g(x)$是两个多项式,$f(x)$的次数不低于$g(x)$的次数,且$g(x)\neq0$.当多项式$g(x)$除多项式$f(x)$得商$q(x)$和余式$r(x)$时,有
$$\frac{f(x)}{g(x)}=q(x)+\frac{r(x)}{g(x)}\tag{1}$$
或
$$f(x)=g(x)q(x)+r(x)\tag{2}$$

成立. 其中, $q(x)$ 的次数是 $f(x)$ 与 $g(x)$ 的次数的差; $r(x)$ 的次数低于 $g(x)$ 的次数.

　　显然, 当 $g(x)$ 能够整除 $f(x)$ 时, $r(x)=0$, 即 $g(x)$ 为 $f(x)$ 的因式.

　　注意　多项式除多项式时, 被除式与除式都要按降幂排列, 凡缺项都用"0"补上.

　　为了说明综合除法, 先回顾我们已学过的多项式与多项式除法.

　　【例 2-2】　求多项式 $f(x)=2x^4+5x^3-24x^2+15$ 除以多项式 $g(x)=x-2$ 的商及余式.

　　解

$$
\begin{array}{r}
2x^4+5x^3-24x^2+0+15 \\
-)\ 2x^4-4x^3 \\
\hline
9x^3-24x^2 \\
-)\quad 9x^3-18x^2 \\
\hline
-6x^2+0 \\
-)\quad -6x^2+12x \\
\hline
-12x+15 \\
-)\quad -12x+24 \\
\hline
-9 \quad (\text{余式})
\end{array}
\qquad
\begin{array}{l}
x-2 \\
\hline
2x^3+9x^2-6x-12 \\
(\text{商式})
\end{array}
$$

于是, 所求的商为 $2x^3+9x^2-6x-12$, 余式为 -9. 所得结果可以写成

$$2x^4+5x^3-24x^2+15=(2x^3+9x^2-6x-12)(x-2)+(-9).$$

　　从例 2-2 中看到, 多项式的除法运算和乘法运算一样, 最关键的是各项系数的运算. 因而, 也可以用分离系数法将上式写成:

$$
\begin{array}{r}
2+5-24+0+15 \\
-)\ 2-4 \\
\hline
9-24 \\
-)\ 9-18 \\
\hline
-6+0 \\
-)\ -6+12 \\
\hline
-12+15 \\
-)\ -12+24 \\
\hline
-9 \quad (\text{余式})
\end{array}
\qquad
\begin{array}{l}
1-2 \\
\hline
2+9-6-12 \\
(\text{商式})
\end{array}
$$

显然, 分离系数法比前一种长除法简单. 为使除法格式书写更简单一些, 我们进一步讨论被除式、除式、商以及余式间的系数关系.

　　设多项式

$$f(x)=a_n x^n+a_{n-1}x^{n-1}+\cdots+a_1 x+a_0 \quad (a_n\neq 0)$$

除以 $x-a$ 所得的商是

$$q(x)=b_{n-1}x^{n-1}+b_{n-2}x^{n-2}+\cdots+b_1 x+b_0 \quad (b_{n-1}\neq 0),$$

余式是 r. 下面用待定系数法来确定 $q(x)$ 中的系数与余式 r.

　　由式(2)得

$$f(x)=(x-a)q(x)+r, \tag{3}$$

即

$$a_n x^n + a_{n-1} x^{n-1} + \cdots + a_1 x + a_0$$
$$=(x-a)(b_{n-1}x^{n-1}+b_{n-2}x^{n-2}+\cdots+b_1 x+b_0)+r$$
$$=b_{n-1}x^n+(b_{n-2}-ab_{n-1})x^{n-1}+\cdots+(b_0-ab_1)x+(r-ab_0).$$

因为上式为恒等式,所以恒等式两端 x 的同次项系数相等,即

$$a_n=b_{n-1},$$
$$a_{n-1}=b_{n-2}-ab_{n-1},$$
$$\vdots$$
$$a_1=b_0-ab_1,$$
$$a_0=r-ab_0,$$

于是有

$$b_{n-1}=a_n,$$
$$b_{n-2}=a_{n-1}+ab_{n-1},$$
$$\vdots$$
$$b_0=a_1+ab_1,$$
$$r=a_0+ab_0.$$

把上述计算过程列成竖式,便有

$$
\begin{array}{ccccc|c}
a_n & a_{n-1} & \cdots & a_1 & a_0 & a \\
+) & ab_{n-1} & \cdots & ab_1 & ab_0 & \\
\hline
a_n & a_{n-1}+ab_{n-1} & \cdots & a_1+ab_1 & a_0+ab_0 & \\
\downarrow & \downarrow & & \downarrow & \downarrow & \\
b_{n-1} & b_{n-2} & \cdots & b_0 & r & .
\end{array} \tag{4}
$$

例如,求多项式 $f(x)=2x^4+5x^3-24x^2+15$ 除以 $x-2$ 的商和余式. 先把 $f(x)$ 按 x 降幂排列,并用"0"补上缺项,即

$$f(x)=2x^4+5x^3-24x^2+0+15.$$

由此确定式(4)中第一行各项的系数依次是 $2,5,-24,0,15$,再由除式 $x-2$ 确定 $a=2$,于是由式(4),得

$$
\begin{array}{ccccc|c}
2 & +5 & -24 & +0 & +15 & 2 \\
 & +4 & +18 & -12 & -24 & \\
\hline
2 & +9 & -6 & -12 & \boxed{-9} &
\end{array}
,
$$

因此,所求的商为 $2x^3+9x^2-6x-12$,余式为 -9. 用算式(4)进行的除法,叫作**综合除法**.

【例 2-3】 利用综合除法计算

$$(x^3+8x^2-2x-14)/(x+1).$$

解

$$
\begin{array}{cccc|c}
1 & +8 & -2 & -14 & -1 \\
 & -1 & -7 & +9 & \\
\hline
1 & +7 & -9 & \boxed{-5} &
\end{array}
,
$$

于是,所求的商式为 x^2+7x-9,余式是 -5.

如果除式 $g(x)=kx-b(k\neq0)$,可先将除式变形为

$$kx-b=k\left(x-\frac{b}{k}\right).$$

利用综合除法求出 $f(x)$ 除以 $x-\dfrac{b}{k}$ 的商式 $q_1(x)$ 和余式 r_1,它们满足关系式:

$$f(x)=q_1(x)\left(x-\frac{b}{k}\right)+r_1,$$

即

$$f(x)=\frac{1}{k}q_1(x)(kx-b)+r_1.$$

把上式和 $f(x)=q(x)(kx-b)+r$ 相比较,就得

$$q(x)=\frac{1}{k}q_1(x),\quad r=r_1.$$

以上说明:当除式为 $kx-b$ 时,可先用 $x-\dfrac{b}{k}$ 除被除式 $f(x)$.若 $x-\dfrac{b}{k}$ 除 $f(x)$ 所得的商式与余式分别为 $q_1(x)$ 与 r_1,则 $kx-b$ 除 $f(x)$ 所得的商式与余式就分别为 $\dfrac{q_1(x)}{k}$ 与 r_1.一般地,在多项式除法中,如果把除式缩小 k 倍,则所得的商式就扩大 k 倍,但余式不变.

【例 2-4】　利用综合除法求 $f(x)$ 除以 $g(x)$ 的商式 $q(x)$ 及余式 r,其中

$$f(x)=6x^3+13x^2+27x+15,$$
$$g(x)=3x+2.$$

解　因为 $g(x)=3x+2=3\left[x-\left(-\dfrac{2}{3}\right)\right]$,于是

$$
\begin{array}{r|rrrr}
 & 6 & +13 & +27 & +15 & -\frac{2}{3} \\
 &   & -4 & -6 & -14 & \\
\hline
3\,| & 6 & +9 & +21 & +1 \\
\hline
 & 2 & +3 & +7 &
\end{array},
$$

所以

$$q(x)=2x^2+3x+7,\quad r=1.$$

若除式是高于一次的多项式,仍可以类似进行,只不过书写较为复杂.例如,计算

$$(2x^4-7x^3+16x^2-15x+15)/(x^2-2x+3).$$

因为除式的首项系数是 1,只改变除式第二、三项系数的符号,运算可简写为

$$
\begin{array}{rrrrr|rr}
2 & -7 & +16 & -15 & +15 & +2 & -3 \\
  & +4 & -6 &   &   &   &   \\
  &   & -6 & +9 &   &   &   \\
  &   &   & +8 & -12 &   &   \\
\hline
2 & -3 & +4 & +2 & +3 &   &
\end{array},
$$

于是,所求的商式为 $2x^2-3x+4$,余式为 $2x+3$.

【例 2-5】　利用综合除法计算

$$(6a^5+5a^4b-8a^3b^2-6a^2b^3-6ab^4+b^5)/(2a^3+3a^2b-b^3).$$

解

```
      6    +5   -8   -6   -6   +1  │ -3/2 +0 +1/2
           -9   +0   +3            │
                +6   +0   -2       │
                     +3   +0   -1  │
      ─────────────────────────────
    2 │ 6   -4   -2   +0   -8   +0
      ─────
      3   -2   -1
```

所以,商式与余式分别为

$$q=3a^2-2ab-b^2, \quad r=-8ab^4.$$

【例 2-6】 化简 $\dfrac{x^3-6x^2+11x-6}{x^3-8x^2+19x-12}$.

解 用观察法及综合除法求得

$$x^3-6x^2+11x-6=(x-1)(x-2)(x-3),$$
$$x^3-8x^2+19x-12=(x-1)(x-3)(x-4),$$

所以

$$\frac{x^3-6x^2+11x-6}{x^3-8x^2+19x-12}=\frac{x-2}{x-4}.$$

2.1.3 分式的运算

和分数类似,分式也具有如下运算法则,其中 $f(x),g(x),h(x),k(x),m(x),n(x)$ 均为多项式.

1. 符号法则

$$\frac{f(x)}{g(x)}=\frac{-f(x)}{-g(x)}=-\frac{-f(x)}{g(x)}=-\frac{f(x)}{-g(x)}.$$

2. 加、减运算法则

$$\frac{f(x)}{h(x)}\pm\frac{g(x)}{h(x)}=\frac{f(x)\pm g(x)}{h(x)};$$

$$\frac{f(x)}{h(x)}\pm\frac{g(x)}{k(x)}=\frac{f(x)m(x)}{[h(x),k(x)]}\pm\frac{g(x)n(x)}{[h(x),k(x)]}$$

$$=\frac{f(x)m(x)\pm g(x)n(x)}{[h(x),k(x)]},$$

其中

$$m(x)h(x)=n(x)k(x)=[h(x),k(x)].$$

3. 乘、除运算法则

$$\frac{f(x)}{g(x)}\cdot\frac{h(x)}{k(x)}=\frac{f(x)h(x)}{g(x)k(x)};$$

$$\frac{f(x)}{g(x)}\Big/\frac{h(x)}{k(x)}=\frac{f(x)}{g(x)}\cdot\frac{k(x)}{h(x)}=\frac{f(x)k(x)}{g(x)h(x)}.$$

4. 乘方法则

$$\left[\frac{f(x)}{g(x)}\right]^n=\frac{[f(x)]^n}{[g(x)]^n};$$

$$\left[\frac{f(x)}{g(x)}\cdot\frac{h(x)}{k(x)}\right]^n=\left[\frac{f(x)}{g(x)}\right]^n\cdot\left[\frac{h(x)}{k(x)}\right]^n=\frac{[f(x)]^n\cdot[h(x)]^n}{[g(x)]^n\cdot[k(x)]^n}.$$

5. 繁分式化简

若一个分式的分子或分母中含有分式,则称这个分式为**繁分式**.化简繁分式就是要把它的分子和分母都化为整式.通常可用分式的基本性质或分式的除法.

【例 2-7】 计算下列各题:

$(1)\dfrac{2}{x}-\dfrac{x-3}{2x^2+4x+2}+\dfrac{1}{2x+2}-\dfrac{4x+2}{x(x+1)^2};$

$(2)\dfrac{a^2-b^2}{a^2+ab+b^2}\cdot\dfrac{a-b}{a^3+b^3}.$

解 （1）　原式 $=\dfrac{2}{x}-\dfrac{x-3}{2(x+1)^2}+\dfrac{1}{2(x+1)}-\dfrac{2(2x+1)}{x(x+1)^2}$

$=\dfrac{2\cdot2(x+1)^2-(x-3)x+x(x+1)-2\cdot(2x+1)\cdot2}{2x(x+1)^2}$

$=\dfrac{4x^2+4x}{2x(x+1)^2}$

$=\dfrac{4x(x+1)}{2x(x+1)^2}$

$=\dfrac{2}{x+1};$

（2）　　　　原式 $=\dfrac{(a+b)(a-b)}{a^2+ab+b^2}\cdot\dfrac{a-b}{(a+b)(a^2-ab+b^2)}$

$=\dfrac{a-b}{a^2+ab+b^2}\cdot\dfrac{a-b}{a^2-ab+b^2}$

$=\dfrac{(a-b)^2}{a^4+a^2b^2+b^4}.$

【例 2-8】 化简 $\dfrac{\dfrac{2(1-x)}{1+x}+\dfrac{(1-x)^2}{(1+x)^2}+1}{\dfrac{2(1+x)}{1-x}+\left(\dfrac{1+x}{1-x}\right)^2+1}.$

解　这是一个繁分式,可先把其分子、分母分别化简后,再进行除法计算.但仔细观察式子的特点,就能发现分子、分母都是完全平方式,所以可以直接写成完全平方式,再进行除法运算.

$$原式=\frac{\left(\dfrac{1-x}{1+x}+1\right)^2}{\left(\dfrac{1+x}{1-x}+1\right)^2}=\frac{\dfrac{1}{(1+x)^2}}{\dfrac{1}{(1-x)^2}}=\frac{(1-x)^2}{(1+x)^2}.$$

【例 2-9】 已知 $a+b+c=0$,求证

$$\frac{1}{b^2+c^2-a^2}+\frac{1}{c^2+a^2-b^2}+\frac{1}{a^2+b^2-c^2}=0.$$

证明 由 $a+b+c=0$ 知 $a^2=(b+c)^2$，于是

$$\frac{1}{b^2+c^2-a^2}=\frac{1}{b^2+c^2-(b+c)^2}=-\frac{1}{2bc}.$$

同理，得

$$\frac{1}{c^2+a^2-b^2}=-\frac{1}{2ac},$$

$$\frac{1}{a^2+b^2-c^2}=-\frac{1}{2ab}.$$

把以上三式相加，并再次应用 $a+b+c=0$，得

$$\frac{1}{b^2+c^2-a^2}+\frac{1}{c^2+a^2-b^2}+\frac{1}{a^2+b^2-c^2}$$

$$=-\frac{1}{2bc}-\frac{1}{2ca}-\frac{1}{2ab}$$

$$=-\frac{a+b+c}{2abc}$$

$$=0,$$

所以

$$\frac{1}{b^2+c^2-a^2}+\frac{1}{c^2+a^2-b^2}+\frac{1}{a^2+b^2-c^2}=0.$$

习题 2.1

1. 用综合除法求 $f(x)$ 除以 $g(x)$ 的商式 $q(x)$ 和余式 r：

(1) $f(x)=5x^2+4x-12,g(x)=x+2$.

(2) $f(x)=x^5+x^4-3x^3+4x^2-5x-6,g(x)=x-1$.

(3) $f(x)=x^3+6x^2-29x+21,g(x)=3x-2$.

(4) $f(x)=3x^3+ax^2+a^2x-2a^3,g(x)=3x-2a$.

(5) $f(x)=3x^4-5x^2+6x+1,g(x)=x^2-3x+4$.

2. 试把多项式 $3x^3-10x^2+13$ 表示成关于 $x-2$ 的三次多项式.

3. 试用综合除法求出下列各题中的 a,b,c,d：

(1) $2x^2-x+1=a(x-1)^2+b(x-1)+c$.

(2) $x^3-6x^2+4x+8=a(x-1)^3+b(x-1)^2+c(x-1)+d$.

(3) $3x^3-8x^2+10=a(x-2)^3+b(x-2)^2+c(x-2)+d$.

4. 求多项式 $f(x)$ 与 $g(x)$ 的最高公因式 $(f(x),g(x))$ 和最低公倍式 $[f(x),g(x)]$：

(1) $f(x)=x^4+x^3+2x^2+2x,g(x)=x^4+2x^3+3x^2+2x$.

(2) $f(x)=3x^3-2x^2-1,g(x)=3x^4-5x^3+4x^2-2x+1$.

5. 化简下列分式：

(1) $\dfrac{x^2+9x+14}{x^2+8x+7}$.   (2) $\dfrac{a^2+b^2-c^2+2ab}{a^2-b^2-c^2-2bc}$.

(3) $\dfrac{6x^3+11x^2-x-6}{12x^3-8x^2-27x+18}$.

6. 计算：

(1) $\dfrac{1}{x^2-3x+2}+\dfrac{1}{x^2-5x+6}+\dfrac{1}{4x-x^2-3}$.

(2) $\dfrac{(a+b)^2}{(a-b)(b-c)}+\dfrac{6ab}{(b-a)(b-c)}-\dfrac{a^2+b^2}{(a-b)(c-b)}$.

(3) $\dfrac{a+x}{(m+n)^2}\cdot\dfrac{x^2-y^2}{12}\cdot\dfrac{m+n}{m-n}\cdot\dfrac{6(m^2-n^2)}{x+y}$.

(4) $\dfrac{x^2-6x+9}{(x^2-9x+18)/(x+3)}$.

7. 化简下列各式：

(1) $\dfrac{2+\dfrac{1}{x-1}-\dfrac{1}{x+1}}{x+\dfrac{x}{x^2-1}}$.

(2) $1+\dfrac{1}{1+\dfrac{1}{1+\dfrac{1}{1+\dfrac{1}{x}}}}$.

8. (1) 已知 $a=-2,b=-1$，求 $\left(a-\dfrac{a^2}{a+b}\right)\left(\dfrac{a}{a-b}-1\right)\Big/\dfrac{b^2}{a+b}$ 的值.

(2) 已知 $x=-2,y=\dfrac{1}{3}$，求 $\dfrac{4x^2+12xy+9y^2-16}{4x^2-9y^2-4(2x-3y)}$ 的值.

9. (1) 若 $a+\dfrac{1}{b}=1,b+\dfrac{1}{c}=1$，求证 $abc+1=0$.

(2) 若 $\dfrac{y}{x}+\dfrac{x}{z}=a,\dfrac{z}{y}+\dfrac{y}{x}=b,\dfrac{x}{z}+\dfrac{z}{y}=c$，求证 $(a+b-c)(a-b+c)(-a+b+c)=8$.

10. 若 $\dfrac{a-b}{x}=\dfrac{b-c}{y}=\dfrac{c-a}{z}$，且 a,b,c 互不相等，求证 $x+y+z=0$.

2.2　部分分式

　　部分分式是有理分式运算和变形的重要内容，在高等数学有理函数积分中有着重要的应用. 为了理解并掌握本节内容，回顾一下有关概念是很有必要的.

　　考虑有理分式

$$R(x)=\frac{P(x)}{Q(x)}, \tag{1}$$

这里 $P(x)$ 与 $Q(x)$ 分别是 n、m 次多项式，并假定分子多项式 $P(x)$ 与分母多项式 $Q(x)$ 之间没有公因式. 当有理分式(1)的分子多项式的次数 n 小于其分母多项式的次数 m，即 $n<m$ 时，称这个有理分式为**真分式**；而当 $n\geqslant m$ 时，称这个有理分式为**假分式**.

　　利用多项式的除法，总可以将一个假分式化成一个整式和真分式之和的形式，而且这种表示法是唯一的. 例如

$$\frac{x^3+x+1}{x^2+1}=x+\frac{1}{x^2+1}.$$

　　因为假分式都可以化为整式和真分式之和的形式，所以只研究真分式的情况就可以了.

　　如果多项式 $Q(x)$ 在实数范围内能够分解成一次因式和二次质因式的乘积，那么真分式

$R(x)=\dfrac{P(x)}{Q(x)}$可以分解为下面 4 种部分分式(也称最简分式)之和:

(1) $\dfrac{A}{x-a}$;   (2) $\dfrac{A}{(x-a)^k}$;   (3) $\dfrac{Bx+D}{x^2+px+q}$;   (4) $\dfrac{Bx+D}{(x^2+px+q)^k}$,

其中,$k=2,3,\cdots$,且 $p^2-4q<0$.

分解式中的常数 A、B、D 等可用待定系数法求得. 具体方法是:当 $Q(x)$ 有 k 重一次实因式 $(x-a)^k$ 时,对应 $R(x)$ 分解后有下列 k 个部分分式之和:

$$\frac{A_1}{x-a}+\frac{A_2}{(x-a)^2}+\cdots+\frac{A_k}{(x-a)^k};$$

当 $Q(x)$ 含有 k 重二次实因式 $(x^2+px+q)^k$(其中 $p^2-4q<0$)时,对应 $R(x)$ 分解后有下列 k 个部分分式之和:

$$\frac{B_1x+D_1}{x^2+px+q}+\frac{B_2x+D_2}{(x^2+px+q)^2}+\cdots+\frac{B_kx+D_k}{(x^2+px+q)^k}.$$

【例 2-10】 化分式 $\dfrac{x^4+2x^3+x+1}{x^3+3x^2+2x}$ 为部分分式之和.

解 原分式为假分式,应先化为多项式与真分式之和,即

$$\frac{x^4+2x^3+x+1}{x^3+3x^2+2x}=(x-1)+\frac{x^2+3x+1}{x^3+3x^2+2x}$$
$$=(x-1)+\frac{x^2+3x+1}{x(x+1)(x+2)}.$$

设

$$\frac{x^2+3x+1}{x(x+1)(x+2)}=\frac{a}{x}+\frac{b}{x+1}+\frac{c}{x+2},$$

通分并去掉分母,得

$$x^2+3x+1=a(x+1)(x+2)+bx(x+2)+cx(x+1).$$

用数值代入法求 a,b,c. 令 $x=0$,得 $1=a\cdot 1\cdot 2$,$a=\dfrac{1}{2}$;令 $x=-1$,得 $1-3+1=b(-1)(-1+2)$,$b=1$;令 $x=-2$,得 $4-6+1=c(-2)(-2+1)$,$c=-\dfrac{1}{2}$. 所以

$$\frac{x^4+2x^3+x+1}{x^3+3x^2+2x}=(x-1)+\frac{1}{2x}+\frac{1}{x+1}-\frac{1}{2(x+2)}.$$

【例 2-11】 化分式 $\dfrac{2x^2+1}{x^3-1}$ 为部分分式之和.

解 因为 $x^3-1=(x-1)(x^2+x+1)$,故设

$$\frac{2x^2+1}{x^3-1}=\frac{a}{x-1}+\frac{bx+c}{x^2+x+1},$$

于是

$$2x^2+1=a(x^2+x+1)+(bx+c)(x-1),$$

即

$$2x^2+1=(a+b)x^2+(a-b+c)x+(a-c).$$

比较两端同次项系数,得

$$\begin{cases} a+b=2 \\ a-b+c=0. \\ a-c=1 \end{cases}$$

解三元一次方程组,得 $a=1,b=1,c=0$,所以

$$\frac{2x^2+1}{x^3-1}=\frac{1}{x-1}+\frac{x}{x^2+x+1}.$$

【例 2-12】 化分式 $\dfrac{x^2-2x+5}{(x-2)^2(1-2x)}$ 为部分分式之和.

解　因为分母含有二重一次实因式 $(x-2)^2$,所以设

$$\frac{x^2-2x+5}{(x-2)^2(1-2x)}=\frac{a}{x-2}+\frac{b}{(x-2)^2}+\frac{c}{1-2x},$$

即

$$x^2-2x+5=a(x-2)(1-2x)+b(1-2x)+c(x-2)^2.$$

用数值代入法确定 a,b,c. 令 $x=2$,得 $5=-3b,b=-\dfrac{5}{3}$;令 $x=\dfrac{1}{2}$,得 $\dfrac{17}{4}=\dfrac{9}{4}c,c=\dfrac{17}{9}$.

为了求得 a,比较上式两端 x^2 的系数,得 $1=-2a+c$,将 $c=\dfrac{17}{9}$ 代入,得 $a=\dfrac{4}{9}$. 所以

$$\frac{x^2-2x+5}{(x-2)^2(1-2x)}=\frac{4}{9(x-2)}-\frac{5}{3(x-2)^2}+\frac{17}{9(1-2x)}.$$

【例 2-13】 化分式 $\dfrac{2x^2-x+1}{(x-1)^3}$ 为部分分式之和.

解　把分子展开为关于 $x-1$ 的二次多项式,即

$$2x^2-x+1=a(x-1)^2+b(x-1)+c.$$

由此,可看出连续做综合除法就可以求出 a,b,c.

$$\begin{array}{r|l}
2-1+1 & 1 \\
+2+1 & \\
\hline
2+1+2 & \cdots\ c \\
+2 & \\
\hline
2+3 & \cdots\ b \\
\vdots & \\
a &
\end{array},$$

所以

$$2x^2-x+1=2(x-1)^2+3(x-1)+2,$$

$$\frac{2x^2-x+1}{(x-1)^3}=\frac{2(x-1)^2+3(x-1)+2}{(x-1)^3}$$

$$=\frac{2}{x-1}+\frac{3}{(x-1)^2}+\frac{2}{(x-1)^3}.$$

此题也可设

$$\frac{2x^2-x+1}{(x-1)^3}=\frac{a}{x-1}+\frac{b}{(x-1)^2}+\frac{c}{(x-1)^3},$$

然后利用待定系数法求 a,b,c,但计算较繁.

【例 2-14】 用综合除法化分式 $\dfrac{x^3+x^2+x+5}{(x^2-x+1)^2}$ 为部分分式之和.

解 根据多项式的综合除法,有

$$
\begin{array}{rrrr|l}
1 & +1 & +1 & +5 & 1-1 \\
 & +1 & -1 & & \\
 & & +2 & -2 & \\
\hline
1 & +2 & +2 & +3 &
\end{array},
$$

即

$$x^3+x^2+x+5=(x+2)(x^2-x+1)+(2x+3).$$

在上式两端同除以 $(x^2-x+1)^2$,得

$$\frac{x^3+x^2+x+5}{(x^2-x+1)^2}=\frac{x+2}{x^2-x+1}+\frac{2x+3}{(x^2-x+1)^2}.$$

此题也可设

$$\frac{x^3+x^2+x+5}{(x^2-x+1)^2}=\frac{ax+b}{x^2-x+1}+\frac{cx+d}{(x^2-x+1)^2},$$

然后利用待定系数法求 a,b,c,d.

【例 2-15】 化分式 $\dfrac{5x^2-4x+16}{(x^2-x+1)^2(x-3)}$ 为部分分式之和.

解 设

$$\frac{5x^2-4x+16}{(x^2-x+1)^2(x-3)}=\frac{ax+b}{x^2-x+1}+\frac{cx+d}{(x^2-x+1)^2}+\frac{e}{x-3},$$

于是

$$5x^2-4x+16=(ax+b)(x^2-x+1)(x-3)+(cx+d)(x-3)+e(x^2-x+1)^2. \quad (2)$$

令 $x=3$ 代入式(2),得 $e=1$.

把 $e=1$ 代入式(2),再把 $(x^2-x+1)^2$ 移到左边,整理得

$$-x^4+2x^3+2x^2-2x+15=(ax+b)(x^2-x+1)(x-3)+(cx+d)(x-3). \quad (3)$$

式(3)两端同除以 $x-3$,得

$$-x^3-x^2-x-5=(ax+b)(x^2-x+1)+(cx+d). \quad (4)$$

式(4)两端同除以 x^2-x+1,得

$$-x-2-\frac{2x+3}{x^2-x+1}=(ax+b)+\frac{cx+d}{x^2-x+1}. \quad (5)$$

比较式(5)两端同次项系数,得

$$a=-1, \quad b=-2, \quad c=-2, \quad d=-3.$$

所以

$$\frac{5x^2-4x+16}{(x^2-x+1)^2(x-3)}=-\frac{x+2}{x^2-x+1}-\frac{2x+3}{(x^2-x+1)^2}+\frac{1}{x-3}.$$

对某些分式也可用视察法把它们分解为部分分式之和. 例如,

$$\frac{1}{(x-a)(x-b)}=\frac{1}{a-b}\left(\frac{1}{x-a}-\frac{1}{x-b}\right);$$

$$\frac{x}{(x-a)(x-b)}=\frac{1}{a-b}\left(\frac{a}{x-a}-\frac{b}{x-b}\right);$$

$$\frac{2x}{(x-2)^2}=\frac{2(x-2)+4}{(x-2)^2}=\frac{2}{x-2}+\frac{4}{(x-2)^2}.$$

习题 2.2

1. 把下列分式化为部分分式之和：

(1) $\dfrac{6x-1}{(2x+1)(3x-1)}$.

(2) $\dfrac{8x+2}{x-x^3}$.

(3) $\dfrac{x^2+2x+3}{(x-1)(x-2)(x-3)(x-4)}$.

(4) $\dfrac{2x^3-x^2+1}{(x-2)^4}$.

(5) $\dfrac{6}{2x^4-x^2-1}$.

(6) $\dfrac{x^2+x+1}{(x^2+1)(x^2+2)}$.

(7) $\dfrac{x^3+x+3}{x^4+x^2+1}$.

(8) $\dfrac{2x^5-x+1}{(x^2+x+1)^2}$.

2. 求和 $\dfrac{a}{x(x+a)}+\dfrac{a}{(x+a)(x+2a)}+\cdots+\dfrac{a}{[x+(n-1)a](x+na)}$.

3. 把多项式 x^3-x^2+2x+2 表示成关于 $x-1$ 的三次多项式.

4. 用视察法把下列分式化为部分分式之和：

(1) $\dfrac{1}{(x-1)(x-2)}$.

(2) $\dfrac{x}{(x-2)(x-3)}$.

(3) $\dfrac{1}{x^3+2x}$.

(4) $\dfrac{2x^2}{(x-3)^3}$.

5. (1) 求证 $\dfrac{a}{(a-b)(a-c)}+\dfrac{b}{(b-c)(b-a)}+\dfrac{c}{(c-a)(c-b)}=0$.

(2) 设 $abc=1$, 求证 $\dfrac{a}{ab+a+1}+\dfrac{b}{bc+b+1}+\dfrac{c}{ca+c+1}=1$.

2.3　根　式

本节的主要内容是根式的概念、根式的性质以及根式的运算等. 我们将在实数集范围内介绍上述概念.

2.3.1　根式及其性质

若 $x^n=a(n>1,n\in\mathbf{N})$, 则称 x 为 a 的 **n 次方根**, 并分别称 a 与 n 为**被开方数**与**根指数**. 求 a 的 n 次方根称为把 a **开 n 次方**.

在实数集内, 任何实数 a 都能开奇次方, 把 a 的奇次方根记作 $\sqrt[n]{a}$(n 为奇数). 例如, -27 的 3 次方根是 $\sqrt[3]{-27}=-3$; 而 32 的 5 次方根就是 $\sqrt[5]{32}=2$. 在实数集内, 负数不能开偶数次方, 即负数的偶数次方根无意义. 而任何正数 a 的偶数次方根却有正、负两个实数根, 分别把它们记作 $\sqrt[n]{a}$ 与 $-\sqrt[n]{a}$(n 为偶数). 例如, 16 的四次方根分别是 $\sqrt[4]{16}=2$ 与 $-\sqrt[4]{16}=-2$. 零的任何次方根都是零.

式子 $\sqrt[n]{a}$ 称为**根式**.

统称根式与有理式为**代数式**.

若 $a \geqslant 0$，则称 $\sqrt[n]{a}$ 为 a 的 **n 次算术根**. 明显，一个数的算术根只有一个而且是非负的.

因为任何负数的奇数次方根都是一个负数，而且它等于这个数的绝对值的同次方根的相反数，即

$$\sqrt[n]{a} = -\sqrt[n]{|a|} \quad (a<0, n \text{ 为奇数}).$$

例如，$\sqrt[3]{-8} = -\sqrt[3]{8}$. 而负数的偶数次方根无意义. 所以我们研究根式的性质，只需研究算术根的性质即可.

根据算术根的定义，有

$$(\sqrt[n]{a})^n = a \quad (a \geqslant 0, n>1, n \in \mathbf{N}). \tag{1}$$

若无特别说明，从现在起本节所有的字母都是非负的.

根据式(1)不难写出根式的性质：

(1) $\sqrt[n]{a^m} = \sqrt[np]{a^{mp}}$；

(2) $\sqrt[n]{ab} = \sqrt[n]{a}\sqrt[n]{b}$；

(3) $\sqrt[n]{\dfrac{a}{b}} = \dfrac{\sqrt[n]{a}}{\sqrt[n]{b}}$ $(b \neq 0)$；

(4) $(\sqrt[n]{a})^m = \sqrt[n]{a^m}$；

(5) $\sqrt[m]{\sqrt[n]{a}} = \sqrt[mn]{a}$，

其中，$m, n, p \in \mathbf{N}$.

事实上，由幂的运算与式(1)，得

$$(\sqrt[n]{a^m})^{np} = \left[(\sqrt[n]{a^m})^n\right]^p = (a^m)^p = a^{mp}.$$

再由式(1)，得

$$(\sqrt[np]{a^{mp}})^{np} = a^{mp},$$

于是 $\sqrt[n]{a^m}$，$\sqrt[np]{a^{mp}}$ 都是 a^{mp} 的 np 次算术根，而算术根又是唯一的，即 $\sqrt[n]{a^m} = \sqrt[np]{a^{mp}}$. 这就证明了性质(1). 其他性质也可类似地证明.

根指数相同的根式称为**同次根式**，否则称为**异次根式**. 利用性质(1)可以把异次根式化为同次根式.

【例 2-16】 把 $\sqrt{ab}$，$\sqrt[3]{y^2}$，$\sqrt[6]{x}$ 化为同次根式.

解 取根指数 2、3、6 的最小公倍数 6 作为公共的根指数. 根据性质(1)，可得

$$\sqrt{ab} = \sqrt[6]{(ab)^3} = \sqrt[6]{a^3 b^3},$$

$$\sqrt[3]{y^2} = \sqrt[6]{y^4},$$

$$\sqrt[6]{x} = \sqrt[6]{x}.$$

这类似于分数中的通分. 反之，也可约去根指数与被开方数的指数的公约数，例如

$$\sqrt[6]{8} = \sqrt[6]{2^3} = \sqrt{2},$$

这类似于分数中的约分.

2.3.2　根式的化简

若根式适合条件：

(1)被开方数的指数与根指数互质；

(2)被开方数的每个因子的指数都小于根指数；

(3)被开方数不含分母，

则称这个根式为**最简根式**. 例如,$3a\sqrt{ab}$,$\dfrac{\sqrt[3]{3c}}{a^2b}$ 都是最简根式. 而 $\sqrt{a^3b}$,$\sqrt[4]{a^2b^2}$,$\sqrt[3]{\dfrac{b}{a}}$ 都不是最简根式.

所谓化简根式就是利用根式的性质,把根式化为最简根式.

【例 2-17】　化简下列根式：

$$\sqrt{8ab^2}.\quad (\sqrt[3]{2xy^2})^2.\quad \sqrt[5]{\sqrt{32x^{15}y^5}}.\quad \sqrt[3]{\dfrac{2c}{a^3b^3}}.$$

解

$$\sqrt{8ab^2}=\sqrt{4b^2}\sqrt{2a}=2b\sqrt{2a};$$
$$(\sqrt[3]{2xy^2})^2=\sqrt[3]{(2xy^2)^2}=\sqrt[3]{4x^2y^4}=y\sqrt[3]{4x^2y};$$
$$\sqrt[5]{\sqrt{32x^{15}y^5}}=\sqrt[10]{32x^{15}y^5}=\sqrt{2x^3y}=x\sqrt{2xy};$$
$$\sqrt[3]{\dfrac{2c}{a^3b^3}}=\dfrac{\sqrt[3]{2c}}{\sqrt[3]{a^3b^3}}=\dfrac{\sqrt[3]{2c}}{ab}.$$

几个根式都化成最简根式后,若被开方数相同,根指数也相同,则称这些根式为**同类根式**. 例如,$\sqrt[3]{xy^2}$ 与 $3a\sqrt[3]{xy^2}$ 就是同类根式. 同类根式可以合并,例如

$$a\sqrt{x}-b\sqrt{x}+c\sqrt{x}=(a-b+c)\sqrt{x}.$$

2.3.3　根式的运算

根式的运算结果应是最简根式,而且要把同类根式合并.

【例 2-18】　计算：

(1)$\dfrac{2}{3}x\sqrt{9x}+6x\sqrt{\dfrac{x}{4}}-x^2\sqrt{\dfrac{1}{x}}.$

(2)$15\sqrt[3]{4}-3\sqrt[3]{32}-16\sqrt[3]{\dfrac{1}{16}}-\sqrt[3]{108}.$

解　(1)原式$=2x\sqrt{x}+3x\sqrt{x}-x\sqrt{x}=4x\sqrt{x}.$

(2)原式$=15\sqrt[3]{4}-6\sqrt[3]{4}-4\sqrt[3]{4}-3\sqrt[3]{4}=2\sqrt[3]{4}.$

【例 2-19】　计算$(2\sqrt[3]{a^2}-3\sqrt[3]{ab}+4\sqrt[3]{b^2})\cdot\dfrac{1}{6}\sqrt[3]{a^2b^2}.$

解　这是同次根式相乘,根据性质(2),得

$$原式=\dfrac{1}{3}\sqrt[3]{a^4b^2}-\dfrac{1}{2}\sqrt[3]{a^3b^3}+\dfrac{2}{3}\sqrt[3]{a^2b^4}$$
$$=\dfrac{a}{3}\sqrt[3]{ab^2}-\dfrac{ab}{2}+\dfrac{2b}{3}\sqrt[3]{a^2b}.$$

对于异次根式的乘除可利用性质(1)化为同次根式,再利用性质(2)与性质(3)计算.

【例 2-20】 计算:

(1) $4\sqrt{xy} \cdot 2\sqrt[3]{x^2y^2}$.

(2) $\dfrac{6\sqrt{xy}}{2\sqrt[4]{xy}}$.

解 (1)原式 $= 8\sqrt[6]{x^3y^3} \cdot \sqrt[6]{x^4y^4} = 8\sqrt[6]{x^7y^7} = 8xy\sqrt[6]{xy}$.

(2)原式 $= \dfrac{3\sqrt[4]{x^2y^2}}{\sqrt[4]{xy}} = 3\sqrt[4]{xy}$.

性质(4)与性质(5)可以分别用来计算根式的乘方与开方.

【例 2-21】 计算:

(1) $\left(2\sqrt[6]{xy^2}\right)^9$. (2) $\sqrt[6]{\sqrt[5]{x^2y^4}}$.

解 (1)原式 $= 2^9\left(\sqrt[6]{xy^2}\right)^9 = 512\left(\sqrt{xy^2}\right)^3 = 512\sqrt{x^3y^6} = 512xy^3\sqrt{x}$.

(2)原式 $= \sqrt[3]{\sqrt[5]{xy^2}} = \sqrt[15]{xy^2}$.

我们已经知道,在 $a \geq 0$ 的条件之下,可以应用

$$\sqrt{a^2} = a \quad (a \geq 0)$$

来化简根式.

对于 $a < 0$,则由算术根是非负的以及它的平方应等于被开方数,知

$$\sqrt{a^2} = -a \quad (a < 0).$$

上两式可合并为

$$\sqrt{a^2} = \begin{cases} a, & a \geq 0 \\ -a, & a < 0 \end{cases}.$$

根据绝对值的定义,上式也可写作

$$\sqrt{a^2} = |a| \quad (a \in \mathbf{R}).$$

一般地,若 $a \in \mathbf{R}$,则

$$\sqrt[n]{a^n} = \begin{cases} |a|, & n \text{ 为偶数} \\ a, & n \text{ 为奇数} \end{cases}.$$

【例 2-22】 化简 $a + \sqrt{(a-1)^2}$,$a \in \mathbf{R}$.

解 由

$$\sqrt{(a-1)^2} = \begin{cases} a-1, & a \geq 1 \\ 1-a, & a < 1 \end{cases},$$

得

$$a + \sqrt{(a-1)^2} = \begin{cases} 2a-1, & a \geq 1 \\ 1, & a < 1 \end{cases}.$$

【例 2-23】 化简 $\sqrt[4]{4x^6}$,$x \in \mathbf{R}$.

解 由 $x^6 = |x|^6$,得 $\sqrt[4]{4x^6} = \sqrt[4]{4|x|^6}$,再根据性质(1)、(2),得

$$\sqrt[4]{4x^6} = \sqrt[4]{4|x|^6} = \sqrt{2}\sqrt{|x|^3} = \sqrt{2}|x|\sqrt{|x|}$$

$$= \begin{cases} \sqrt{2}\,x\,\sqrt{x}\,, & x \geqslant 0 \\ -\sqrt{2}\,x\,\sqrt{-x}\,, & x < 0 \end{cases}.$$

2.3.4 分母有理化

把一个分式的分母中的根号化去,称为**分母有理化**.分母有理化一般是用一个适当的代数式同乘以分子与分母,使分母不含根式.

【例 2-24】 把下列各式的分母有理化:

$(1) \dfrac{2}{3+\sqrt{5}}$;

$(2) \dfrac{2}{1+\sqrt{2}-\sqrt{3}}$.

解 (1)
$$\frac{2}{3+\sqrt{5}} = \frac{2(3-\sqrt{5})}{(3+\sqrt{5})(3-\sqrt{5})} = \frac{3-\sqrt{5}}{2};$$

(2)
$$\frac{2}{1+\sqrt{2}-\sqrt{3}} = \frac{2(1+\sqrt{2}+\sqrt{3})}{[(1+\sqrt{2})-\sqrt{3}][(1+\sqrt{2})+\sqrt{3}]}$$

$$= \frac{2(1+\sqrt{2}+\sqrt{3})}{(1+\sqrt{2})^2-3} = \frac{1+\sqrt{2}+\sqrt{3}}{\sqrt{2}}$$

$$= \frac{(1+\sqrt{2}+\sqrt{3})\sqrt{2}}{\sqrt{2}\sqrt{2}} = \frac{1}{2}(\sqrt{2}+2+\sqrt{6}).$$

【例 2-25】 设 $x = \dfrac{2ab}{b^2+1}(a>0, b>0)$,证明

$$\frac{\sqrt{a+x}+\sqrt{a-x}}{\sqrt{a+x}-\sqrt{a-x}} = \begin{cases} b, & b \geqslant 1 \\ \dfrac{1}{b}, & 0 < b < 1 \end{cases}.$$

证明 由 $a>0, b>0, x=\dfrac{2ab}{b^2+1}$ 知,$a+x>0, a-x \geqslant 0$,于是

$$\frac{\sqrt{a+x}+\sqrt{a-x}}{\sqrt{a+x}-\sqrt{a-x}} = \frac{(\sqrt{a+x}+\sqrt{a-x})^2}{(\sqrt{a+x})^2-(\sqrt{a-x})^2} = \frac{a+\sqrt{a^2-x^2}}{x}$$

$$= \frac{a+\sqrt{a^2-\left(\dfrac{2ab}{b^2+1}\right)^2}}{\dfrac{2ab}{b^2+1}}$$

$$= \left[a+\sqrt{\frac{a^2(b^2+1)^2-4a^2b^2}{(b^2+1)^2}}\right] \cdot \frac{b^2+1}{2ab}$$

$$= a\left(1+\frac{|b^2-1|}{b^2+1}\right) \cdot \frac{b^2+1}{2ab} = \frac{(b^2+1)+|b^2-1|}{2b}$$

$$= \begin{cases} b, & b \geqslant 1 \\ \dfrac{1}{b}, & 0 < b < 1 \end{cases}.$$

为化简根式,有时也需要把分子有理化.

【例 2-26】 若 $0 < x < 1$,化简

$$\left(\frac{\sqrt{1+x}}{\sqrt{1+x}-\sqrt{1-x}}+\frac{1-x}{\sqrt{1-x^2}+x-1}\right)\left(\sqrt{\frac{1}{x^2}-1}-\frac{1}{x}\right).$$

解 由 $0<x<1$,得

$$原式=\frac{\sqrt{1+x}+\sqrt{1-x}}{\sqrt{1+x}-\sqrt{1-x}}\cdot\frac{\sqrt{1-x^2}-1}{x}$$

$$=\frac{(\sqrt{1+x})^2-(\sqrt{1-x})^2}{(\sqrt{1+x}-\sqrt{1-x})^2}\cdot\frac{\sqrt{1-x^2}-1}{x}$$

$$=\frac{2x}{2-2\sqrt{1-x^2}}\cdot\frac{\sqrt{1-x^2}-1}{x}=-1.$$

习题 2.3

1. 把下列根式化成最简根式:

(1) $\sqrt{2}\cdot\sqrt[3]{2}\cdot\sqrt[4]{2}$.

(2) $2\sqrt{35}\cdot\sqrt{65}/\sqrt{91}$.

(3) $\sqrt{a^3b^5c^7}\cdot\sqrt[3]{a^2b^4c^6}$.

(4) $\sqrt{a^3b^3}/\sqrt[3]{a^5b^5}$.

(5) $(\sqrt[3]{a^2})^6$.

(6) $\sqrt[4]{\sqrt[3]{a^2}}$.

(7) $\dfrac{a^2}{b}\sqrt{\dfrac{b^3}{a^4}-\dfrac{b^5}{a^8}}$.

(8) $\dfrac{x-y}{y}\sqrt{\dfrac{x^4y^3+x^3y^4}{x^2-2xy+y^2}}$ $(x>y)$.

2. 计算下列各式:

(1) $\sqrt[3]{2-\sqrt{5}}\cdot\sqrt[6]{9+4\sqrt{5}}$.

(2) $\sqrt{ab}\left(\sqrt{ab}+2\sqrt{\dfrac{b}{a}}-\sqrt{\dfrac{a}{b}}+\dfrac{1}{\sqrt{ab}}\right)$.

(3) $\sqrt{\sqrt[3]{a^2\sqrt{b}}}$.

(4) $\sqrt{\dfrac{a}{bc}}+\sqrt{\dfrac{b}{ca}}+\sqrt{\dfrac{c}{ab}}$.

(5) $\sqrt{(a+b)^2c}-\sqrt{a^2c}-\sqrt{b^2c}$.

(6) $(\sqrt{a}+\sqrt[4]{a}+1)(\sqrt{a}-\sqrt[4]{a}+1)$.

3. 计算:

(1) $\sqrt{ax^3+6ax^2+9ax}-\sqrt{ax^3-4a^2x^2+4a^3x}$.

(2) $\sqrt[3]{1-x^3}+\sqrt[3]{(x-1)(x^2+x+1)}$.

4. 把下列各式的分母有理化:

(1) $\sqrt[3]{\dfrac{3x^4y}{x^2+2xy+y^2}}$.

(2) $\dfrac{18+8\sqrt{3}}{2\sqrt{3}+\sqrt{12}-6\sqrt{3}}$.

(3) $\dfrac{\sqrt{x^2+1}}{\sqrt{x^2+1}-\sqrt{x^2-1}}$ $(x>1)$.

(4) $\dfrac{\sqrt[3]{x^2y}-\sqrt[3]{xy^2}}{\sqrt[3]{ax}-\sqrt[3]{ay}}$.

5. 设 $x=\dfrac{1}{2}\left(\sqrt{\dfrac{a}{b}}+\sqrt{\dfrac{b}{a}}\right)$,求 $y=\dfrac{2b\sqrt{x^2-1}}{x-\sqrt{x^2-1}}$ 的值.

6. 设 $a\sqrt{1-b^2}+b\sqrt{1-a^2}=1$，求证 $a^2+b^2=1$.

7. 设 $f(x)=\sqrt{x}+\sqrt{x+1}$，求证 $\dfrac{1}{f(1)}+\dfrac{1}{f(2)}+\cdots+\dfrac{1}{f(n)}=\sqrt{n+1}-1,n\in\mathbf{N}$.

2.4　零指数、负指数与分数指数幂

对于以正整数 n 为指数的幂，有
$$a^1=a;$$
$$a^n=\underbrace{a\cdot a\cdots\cdot a}_{n\uparrow}.$$

且有幂的运算法则：
$$a^m\cdot a^n=a^{m+n};\quad(a^m)^n=a^{mn};\quad(ab)^n=a^nb^n,n,m\in\mathbf{N},a,b\in\mathbf{R}.$$

现在要将幂的指数推广到有理数，即考查 $3^{\frac{1}{2}},2^{-1},4^{\frac{3}{2}}$ 等的幂.

(1)若 $a\neq0$，则 $a^0=1$，零的零次幂无意义；

(2)若 $a\neq0,n\in\mathbf{N}$，则 $a^{-n}=\dfrac{1}{a^n}$，零的负整数幂无意义；

(3)若 $a>0,p\in\mathbf{N},q\in\mathbf{N},q\neq1$，则 $a^{\frac{p}{q}}=\sqrt[q]{a^p},a^{-\frac{p}{q}}=\dfrac{1}{a^{\frac{p}{q}}}$. 零的正分数幂是零；零的负分数幂无意义.

根据(1)、(2)容易验证，零指数幂、负整数指数幂都满足幂的运算法则.

下面证明分数指数幂也满足幂的运算法则. 事实上，设 $p,q,r,s\in\mathbf{N}$，且 $m=\dfrac{p}{q},n=\dfrac{r}{s}$，则由(3)可得
$$\begin{aligned}a^m\cdot a^n&=a^{\frac{p}{q}}\cdot a^{\frac{r}{s}}=\sqrt[q]{a^p}\cdot\sqrt[s]{a^r}\\&=\sqrt[qs]{a^{ps}}\cdot\sqrt[qs]{a^{qr}}\\&=\sqrt[qs]{a^{ps}a^{qr}}=\sqrt[qs]{a^{ps+qr}}\\&=a^{\frac{ps+qr}{qs}}=a^{\frac{p}{q}+\frac{r}{s}}=a^{m+n}.\end{aligned}$$

这就证明了正分数指数幂满足幂的运算法则 $a^m\cdot a^n=a^{m+n}$. 对于其他情形可类似地证明.

【例 2-27】 计算
$$\left(\frac{25}{9}\right)^{\frac{1}{2}}\times\left(\frac{125}{64}\right)^{-\frac{2}{3}}-(-1)^{-4}+(2^{-1}+4^{-2})^{\frac{1}{2}}\times(-2)^0.$$

解　　$\begin{aligned}原式&=\left(\frac{25}{9}\right)^{\frac{1}{2}}\times\left[\left(\frac{5}{4}\right)^3\right]^{-\frac{2}{3}}-\frac{1}{(-1)^4}+\left(\frac{1}{2}+\frac{1}{4^2}\right)^{\frac{1}{2}}\times1\\&=\frac{5}{3}\times\left(\frac{5}{4}\right)^{-2}-1+\left(\frac{9}{16}\right)^{\frac{1}{2}}\\&=\frac{5}{3}\times\frac{16}{25}-1+\frac{3}{4}\\&=\frac{16}{15}-1+\frac{3}{4}=\frac{49}{60}.\end{aligned}$

【例 2-28】 化简：

$(1)\, 32^{-\frac{3}{5}} - \left(\dfrac{64}{27}\right)^{-\frac{2}{3}} + (0.5)^{-2} + \left(\pi - \sqrt[3]{2} + \dfrac{1}{2}\right)^0.$

$(2)\, \left\{\dfrac{1}{4} \times \left[(0.027)^{\frac{2}{3}} + 15 \times (0.0016)^{0.75} + (101-100)^{-1}\right]\right\}^{-\frac{1}{2}}.$

解 （1）

$$原式 = (2^5)^{-\frac{3}{5}} - \left(\dfrac{64}{27}\right)^{-\frac{2}{3}} + (2^{-1})^{-2} + 1$$

$$= 2^{-3} - \left[\left(\dfrac{4}{3}\right)^3\right]^{-\frac{2}{3}} + 2^2 + 1$$

$$= \dfrac{1}{8} - \dfrac{9}{16} + 5 = \dfrac{73}{16};$$

（2）

$$原式 = \left\{\dfrac{1}{4} \times \left[(0.3^3)^{\frac{2}{3}} + 15 \times (0.2^4)^{\frac{3}{4}} + 1\right]\right\}^{-\frac{1}{2}}$$

$$= \left[\dfrac{1}{4} \times (0.3^2 + 15 \times 0.2^3 + 1)\right]^{-\frac{1}{2}}$$

$$= \left(\dfrac{1}{4} \times 1.21\right)^{-\frac{1}{2}}$$

$$= \left[\left(\dfrac{1}{2} \times 1.1\right)^2\right]^{-\frac{1}{2}}$$

$$= \dfrac{20}{11}.$$

【例 2-29】 化简

$$\dfrac{x - x^{-1}}{x^{\frac{2}{3}} - x^{-\frac{2}{3}}} - \dfrac{x + x^{-1}}{x^{\frac{2}{3}} + x^{-\frac{2}{3}} + 2} + \dfrac{2x}{x^{\frac{2}{3}} + 1}.$$

解 设 $A = x^{\frac{1}{3}}, B = x^{-\frac{1}{3}}$，则 $A \cdot B = 1$。

$$原式 = \dfrac{A^3 - B^3}{A^2 - B^2} - \dfrac{A^3 + B^3}{A^2 + B^2 + 2AB} + \dfrac{2A^3}{A^2 + AB}$$

$$= \dfrac{A^2 + AB + B^2}{A + B} - \dfrac{A^2 - AB + B^2}{A + B} + \dfrac{2A^2}{A + B}$$

$$= \dfrac{2AB + 2A^2}{A + B} = 2A$$

$$= 2\sqrt[3]{x}.$$

本题应用了换元法. 在指数运算中, 如能够适当运用换元法, 往往可使运算化繁为简.
分数指数幂也可用来简化根式.

【例 2-30】 化简 $\sqrt{x^{-3}y^2 \sqrt[3]{xy^2}}$.

解

$$原式 = x^{-\frac{3}{2}} y x^{\frac{1}{6}} y^{\frac{1}{3}} = x^{-\frac{3}{2} + \frac{1}{6}} y^{1 + \frac{1}{3}} = x^{-\frac{4}{3}} y^{\frac{4}{3}} = \dfrac{y}{x^2} \sqrt[3]{x^2 y}.$$

【例 2-31】 化简 $\left(\sqrt{x \sqrt{x \sqrt{x \sqrt{x}}}}\right)^3$.

解

$$原式 = (x^{\frac{1}{2}} x^{\frac{1}{4}} x^{\frac{1}{8}} x^{\frac{1}{16}})^3 = (x^{\frac{1}{2} + \frac{1}{4} + \frac{1}{8} + \frac{1}{16}})^3 = (x^{\frac{15}{16}})^3 = x^2 \sqrt[16]{x^{13}}.$$

【例 2-32】 已知 $x^{\frac{1}{2}}+x^{-\frac{1}{2}}=3$，求 $\dfrac{x^{\frac{3}{2}}+x^{-\frac{3}{2}}+2}{x^2+x^{-2}+3}$ 的值.

解　把 $x^{\frac{1}{2}}+x^{-\frac{1}{2}}=3$ 两端平方，得

$$x+x^{-1}+2=9,$$

即

$$x+x^{-1}=7. \tag{1}$$

把式(1)两端再平方，得

$$x^2+x^{-2}+2=49,$$

即

$$x^2+x^{-2}=47. \tag{2}$$

所以由式(1)、式(2)，得

$$\frac{x^{\frac{3}{2}}+x^{-\frac{3}{2}}+2}{x^2+x^{-2}+3}=\frac{(x^{\frac{1}{2}}+x^{-\frac{1}{2}})(x+x^{-1}-1)+2}{x^2+x^{-2}+3}$$

$$=\frac{3\times(7-1)+2}{47+3}=\frac{2}{5}.$$

【例 2-33】 展开 $(x^{\frac{2}{3}}+y^{-\frac{2}{3}})^3$.

解　$\quad$ 原式 $=(x^{\frac{2}{3}})^3+3(x^{\frac{2}{3}})^2 y^{-\frac{2}{3}}+3x^{\frac{2}{3}}(y^{-\frac{2}{3}})^2+(y^{-\frac{2}{3}})^3$

$$=x^2+3x^{\frac{4}{3}}y^{-\frac{2}{3}}+3x^{\frac{2}{3}}y^{-\frac{4}{3}}+y^{-2}.$$

习题 2.4

1. 计算：

(1) $\left\{\left[\dfrac{5}{3}-\left(\dfrac{6}{5}\right)^{-1}\right]^{-2}-\left(\dfrac{25}{11}\right)^{-1}\right\}^{-3}$.

(2) $\dfrac{(3x^2 y^{-3})^4}{(-2x^{-3}y^2)^{-3}(-27x^{-5}y^2)}$.

(3) $\left(\dfrac{2}{a^n+a^{-n}}\right)^{-2}-\left(\dfrac{2}{a^n-a^{-n}}\right)^{-2}$，其中，$n\in\mathbf{N}$.

2. 求证：

(1) $(a+a^{-1})^2(a-a^{-1})^2=a^4-2+\dfrac{1}{a^4}$.

(2) $\dfrac{a^{-3}+b^{-3}}{a^{-1}+b^{-1}}+\dfrac{a^{-3}-b^{-3}}{a^{-1}-b^{-1}}=2\left(\dfrac{1}{a^2}+\dfrac{1}{b^2}\right)$.

3. 化简：

(1) $\left(a^{\frac{1}{2}}\sqrt[3]{b^2}\right)^{-2}/\sqrt{b^{-4}\sqrt{a^{-2}}}$.

(2) $(x^{\frac{1}{4}}+y^{\frac{1}{4}})(x^{\frac{1}{4}}-y^{\frac{1}{4}})(x^{\frac{1}{2}}+y^{\frac{1}{2}})$.

(3) $(a^{\frac{1}{2}}-b^{\frac{1}{2}})(a+a^{\frac{1}{2}}b^{\frac{1}{2}}+b)$.

(4) $\dfrac{a}{a^{\frac{1}{2}}b^{\frac{1}{2}}+b}+\dfrac{b}{a^{\frac{1}{2}}b^{\frac{1}{2}}-a}-\dfrac{a+b}{a^{\frac{1}{2}}b^{\frac{1}{2}}}$.

$(5)(2^{2n}+2^{-2n}-2)^{\frac{1}{2}}+(2^{2n}+2^{-2n}+2)^{\frac{1}{2}}$，其中，$n\in\mathbf{N}$.

$(6)\left[x(1-x)^{-\frac{2}{3}}+\dfrac{x^2}{(1-x)^{\frac{5}{3}}}\right]\Big/\left[(1-x)^{\frac{1}{2}}(1-2x+x^2)^{-1}\right]$.

4. 计算：

$(1)\ 0.25\times(-2)^2-4/(\sqrt{5}-1)^0-\left(\dfrac{1}{6}\right)^{-\frac{1}{2}}+\dfrac{\sqrt{3}}{\sqrt{3}-\sqrt{2}}$.

$(2)\ 5-3\times\left[\left(-\dfrac{27}{8}\right)^{-\frac{1}{3}}+1\ 031\times(0.25-2^{-2})\right]\Big/9^0$.

$(3)\ \left(\dfrac{1}{300}\right)^{-\frac{1}{2}}+10\left(\dfrac{\sqrt{3}}{2}\right)^{\frac{1}{2}}\left(\dfrac{27}{4}\right)^{\frac{1}{4}}-10(2-\sqrt{3})^{-1}$.

$(4)\ \dfrac{a-b}{a^{\frac{1}{3}}-b^{\frac{1}{3}}}-\dfrac{a+b}{a^{\frac{1}{3}}+b^{\frac{1}{3}}}$.

5. 已知 $x=\dfrac{\sqrt{3}}{2}$，求 $\dfrac{1+x}{1+(1+x)^{\frac{1}{2}}}+\dfrac{1-x}{1-(1-x)^{\frac{1}{2}}}$ 的值.

6. 已知 $x=\dfrac{3}{2}$，求 $\sqrt{x+2\sqrt{x-1}}+\sqrt{x-2\sqrt{x-1}}$ 的值.

7. 已知 $ax^3=by^3=cz^3$，$\dfrac{1}{x}+\dfrac{1}{y}+\dfrac{1}{z}=1$，求证
$$\sqrt[3]{ax^2+by^2+cz^2}=\sqrt[3]{a}+\sqrt[3]{b}+\sqrt[3]{c}.$$

8. 已知 $x=\sqrt{6+2\sqrt{5}}$，求 $\left(\dfrac{\sqrt{x}}{1+\sqrt{x}}+\dfrac{1-\sqrt{x}}{\sqrt{x}}\right)\Big/\left(\dfrac{\sqrt{x}}{1+\sqrt{x}}-\dfrac{1-\sqrt{x}}{\sqrt{x}}\right)$ 的值.

第 3 章　方程与不等式

本章首先研究一元二次方程以及可化为一元二次方程的分式方程和无理根式方程、二元二次方程组等. 其次将介绍不等关系与不等式、不等式的基本性质、不等式的解法以及几个著名的不等式等.

3.1　一元二次方程

3.1.1　方程的变换

在解方程时, 往往需要将原方程变换为一个新的方程. 为判断新方程的根是否为原方程的根, 我们考查原方程的根与新方程的根的关系. 设原方程

$$f(x)=g(x) \tag{1}$$

在某变换下成为新方程

$$F(x)=G(x), \tag{2}$$

其中, $f(x)$, $g(x)$, $F(x)$ 和 $G(x)$ 都是关于 x 的代数式.

若方程 (1) 的每一个根 (k 个相等的根算作 k 个根) 都是方程 (2) 的根, 则称方程 (2) 是方程 (1) 的**结果**.

定理 3-1　设 $\varphi(x)$ 是关于 x 的整式, 则方程

$$f(x)\varphi(x)=g(x)\varphi(x) \tag{3}$$

与

$$\left[f(x)\right]^2=\left[g(x)\right]^2 \tag{4}$$

都是方程 (1) 的结果.

证明　设 x_0 是方程 (1) 的任一个根, 即

$$f(x_0)=g(x_0). \tag{5}$$

由 $\varphi(x)$ 是关于 x 的整式知, $\varphi(x_0)$ 有意义, 于是, 以 $\varphi(x_0)$ 乘式 (5) 两端, 得

$$f(x_0)\varphi(x_0)=g(x_0)\varphi(x_0),$$

即 x_0 是方程 (3) 的根. 所以, 方程 (3) 是方程 (1) 的结果.

类似地可证明方程 (4) 是方程 (1) 的结果.

应当注意, 原方程的结果的根可能不完全是原方程的根, 因此, 需要把从结果中求得的根代入原方程进行检验. 如果适合, 它是原方程的根; 如果不适合, 它就不是原方程的根, 应

该舍去. 对原方程来说, 这些不适合的根称为**增根**.

例如, 方程 $x=\sqrt{x+2}$ 两端平方后的结果是 $x^2=x+2$, 它的根分别是 $x_1=2, x_2=-1$. 将它们代入原方程知, $x_1=2$ 适合原方程, 而 $x_2=-1$ 是增根, 应舍去. 即原方程的根是 $x_1=2$.

若方程(2)是方程(1)的结果, 且方程(1)是方程(2)的结果, 则称方程(1)与(2)是**同解方程**或称方程(1)与方程(2)是**同解的**.

定理 3-2 设 $h(x), k(x)$ 是关于 x 的整式, 且 $k(x)\neq 0$, 则方程

$$f(x)+h(x)=g(x)+h(x) \tag{6}$$

和

$$f(x)k(x)=g(x)k(x) \tag{7}$$

都与方程(1)同解.

证明 设 x_0 是方程(1)的任一个根, 即

$$f(x_0)=g(x_0). \tag{8}$$

由 $h(x)$ 是关于 x 的整式知, $h(x_0)$ 有意义. 在式(8)两端同时加 $h(x_0)$, 得

$$f(x_0)+h(x_0)=g(x_0)+h(x_0), \tag{9}$$

即 x_0 是方程(6)的根.

反之, 若 x_0 是方程(6)的任一根, 即式(9)成立, 在式(9)两端同时减去 $h(x_0)$, 即得 x_0 是方程(1)的根, 所以方程(1)与方程(6)同解.

类似地可以证明方程(1)与方程(7)同解.

定理 3-3 设 $A(x), B(x), C(x)$ 都是关于 x 的整式, 则方程

$$A(x)C(x)=B(x)C(x)$$

与方程

$$A(x)=B(x)$$

和

$$C(x)=0$$

是同解的. 特别地, 方程

$$A(x)B(x)=0$$

与方程

$$A(x)=0$$

和

$$B(x)=0$$

同解.

例如, 方程

$$(x-2)(x+1)=0$$

与方程

$$x-2=0$$

和

$$x+1=0$$

同解.

定理 3-4 设 a_1, a_2, b_1, b_2 为常数, 且 $a_1b_2-a_2b_1\neq 0$, 则方程组

$$\begin{cases} F(x,y)=0 \\ G(x,y)=0 \end{cases} \tag{Ⅰ}$$

与方程组

$$\begin{cases} a_1 F(x,y)+b_1 G(x,y)=0 \\ a_2 F(x,y)+b_2 G(x,y)=0 \end{cases} \tag{Ⅱ}$$

是同解的.

证明　设(x_0,y_0)是方程组（Ⅰ）的任一个根,即

$$\begin{cases} F(x_0,y_0)=0 \tag{10} \\ G(x_0,y_0)=0. \tag{11} \end{cases}$$

以 a_1,b_1 分别乘式(10)、式(11)的两端并相加,再以 a_2,b_2 分别乘以式(10)、式(11)的两端并相加,即得证(x_0,y_0)是方程组（Ⅱ）的根.

反之,设(x_0,y_0)是方程组（Ⅱ）的任一个根,即

$$\begin{cases} a_1 F(x_0,y_0)+b_1 G(x_0,y_0)=0 \\ a_2 F(x_0,y_0)+b_2 G(x_0,y_0)=0. \end{cases}$$

由 $a_1 b_2 - a_2 b_1 \neq 0$ 知,上述方程组有解 $F(x_0,y_0)=0$,$G(x_0,y_0)=0$,即(x_0,y_0)是方程组（Ⅰ）的根. 所以,方程组（Ⅰ）与方程组（Ⅱ）同解.

通过以上讨论看到,要使新方程(方程组)与原方程(方程组)同解,只要所做的变换是可逆的就可以了.

3.1.2　一元二次方程的解法

一元二次方程的一般形式为

$$ax^2+bx+c=0, \tag{12}$$

其中,a,b,c 都是常数,且 $a\neq 0$.

方程(12)可变形为

$$x^2+\frac{b}{a}x+\frac{c}{a}=0$$

或

$$\left(x+\frac{b}{2a}\right)^2-\frac{b^2-4ac}{4a^2}=0.$$

若 $b^2-4ac\geqslant 0$,则可分解因式

$$\left(x+\frac{b}{2a}-\frac{\sqrt{b^2-4ac}}{2a}\right)\left(x+\frac{b}{2a}+\frac{\sqrt{b^2-4ac}}{2a}\right)=0.$$

根据定理 3-2、定理 3-3,新方程

$$x+\frac{b}{2a}-\frac{\sqrt{b^2-4ac}}{2a}=0$$

和

$$x+\frac{b}{2a}+\frac{\sqrt{b^2-4ac}}{2a}=0$$

与一元二次方程(12)同解,即 $ax^2+bx+c=0$ 的根为

$$x = \frac{-b \pm \sqrt{b^2 - 4ac}}{2a}.$$

这就是**一元二次方程的求根公式**.

【例 3-1】 解一元二次方程 $x^2 - 4x - 3 = 0$.

解 由于 $a = 1, b = -4, c = -3$，所以根据求根公式得

$$x_1 = \frac{-(-4) + \sqrt{(-4)^2 - 4 \cdot 1 \cdot (-3)}}{2 \cdot 1} = 2 + \sqrt{7},$$

$$x_2 = 2 - \sqrt{7}.$$

3.1.3 判别式

$b^2 - 4ac$ 叫作一元二次方程 $ax^2 + bx + c = 0$ 的**根的判别式**，记作 Δ，即

$$\Delta = b^2 - 4ac.$$

定理 3-5 对于实系数一元二次方程

$$ax^2 + bx + c = 0 \quad (a \neq 0),$$

(1) 当 $b^2 - 4ac > 0$ 时，方程有两个不相等的实根；

(2) 当 $b^2 - 4ac = 0$ 时，方程有两个相等的实根；

(3) 当 $b^2 - 4ac < 0$ 时，方程没有实根.

证明 (1) 因为 $b^2 - 4ac > 0$，所以 $\sqrt{b^2 - 4ac}$ 是一个实数，而实数集上的加减乘除四则运算是封闭的，所以

$$\frac{-b + \sqrt{b^2 - 4ac}}{2a} \quad \text{和} \quad \frac{-b - \sqrt{b^2 - 4ac}}{2a}$$

是两个不相等的实数，即方程有两个不相等的实根.

(2) 因为 $b^2 - 4ac = 0$，所以 $\sqrt{b^2 - 4ac} = 0$，此时

$$\frac{-b}{2a} \quad \text{和} \quad \frac{-b}{2a}$$

是两个相等的实数，即方程有两个相等的实根.

(3) 因为 $b^2 - 4ac < 0$，所以 $\sqrt{b^2 - 4ac}$ 在实数集上没有意义，因此，方程没有实根（在第 5 章将指出这时有两个复根）.

相反的三个结论也成立，即：

(1) 如果方程有两个不相等的实根，则有 $b^2 - 4ac > 0$；

(2) 如果方程有两个相等的实根，则有 $b^2 - 4ac = 0$；

(3) 如果方程没有实根，则有 $b^2 - 4ac < 0$.

证明略.

【例 3-2】 已知 p, q, m 为有理数，且 $p = m + \dfrac{q}{m}$，求证方程

$$x^2 + px + q = 0$$

的根为有理数.

证明 一元二次方程的根的判别式为

$$\Delta = p^2 - 4q,$$

把 $p = m + \dfrac{q}{m}$ 代入判别式,得

$$\Delta = \left(m + \frac{q}{m}\right)^2 - 4q$$

$$= m^2 + 2q + \frac{q^2}{m^2} - 4q$$

$$= \left(m - \frac{q}{m}\right)^2.$$

由于 $\Delta \geqslant 0$,所以方程有实根.

如果 $m - \dfrac{q}{m} \neq 0$,方程有两个不相等的实根.由于 Δ 是 $m - \dfrac{q}{m}$ 的平方,进而可断定方程的

根为有理数;

如果 $m - \dfrac{q}{m} = 0$,方程有两个相等的实根,$x = -\dfrac{p}{2}$,因此方程的根为有理数.

3.1.4　换元法

对某些高次代数方程,如果采用适当的换元法,就可借助一元二次方程来求解.

【例 3-3】　解方程 $x^4 - 5x^2 + 1 = 0$.

解　引进变换 $y = x^2$,则原方程变形为

$$y^2 - 5y + 1 = 0.$$

解此一元二次方程,得

$$y_1 = \frac{5 + \sqrt{21}}{2}, \quad y_2 = \frac{5 - \sqrt{21}}{2}.$$

由 $x^2 = y$,可以得到原方程的根

$$x_1 = \sqrt{\frac{5 + \sqrt{21}}{2}}, \quad x_2 = -\sqrt{\frac{5 + \sqrt{21}}{2}},$$

$$x_3 = \sqrt{\frac{5 - \sqrt{21}}{2}}, \quad x_4 = -\sqrt{\frac{5 - \sqrt{21}}{2}}.$$

【例 3-4】　解方程 $(x^2 + 3x + 4)(x^2 + 3x - 1) = -6$.

解　令 $x^2 + 3x + 1 = y$,则原方程变形为

$$(y + 3)(y - 2) + 6 = 0,$$

即

$$y^2 + y = 0.$$

解此一元二次方程,得

$$y_1 = 0, \quad y_2 = -1.$$

由 $x^2 + 3x + 1 = y$,得两个一元二次方程

$$x^2 + 3x + 1 = 0, \quad x^2 + 3x + 2 = 0.$$

解这两个一元二次方程,便得原方程的四个根

$$x_1 = \frac{-3+\sqrt{5}}{2}, \quad x_2 = \frac{-3-\sqrt{5}}{2}, \quad x_3 = -1, \quad x_4 = -2.$$

【例 3-5】 求方程 $(x+1)(x+2)(x+3)(x+4)=120$ 的实根.

解 将原方程改写为

$$(x+1)(x+4)(x+2)(x+3)=120,$$

即

$$(x^2+5x+4)(x^2+5x+6)=120.$$

令 $x^2+5x+5=y$,则原方程变形为

$$(y-1)(y+1)=120, \quad y^2=121.$$

解此方程,得

$$y_1=11, \quad y_2=-11.$$

于是由 $x^2+5x+5=y$,得

$$x^2+5x-6=0, \quad x^2+5x+16=0.$$

解第一个一元二次方程可得 $x_1=1,x_2=-6$.容易验证,第二个一元二次方程的根的判别式为负,即无实根.所以原方程的实根是 $x_1=1$ 和 $x_2=-6$.

习题 3.1

1. 下列各对方程是否同解?为什么?

(1) $x=\sqrt{2x+3}$ 与 $x^2-2x-3=0$.

(2) $|x|=\sqrt{2x+3}$ 与 $x^2-2x-3=0$.

2. 设 $ax^2+bx+c=0(a\neq0)$ 的两个根为 x_1,x_2,试用方程的系数 a,b,c 表示 x_1+x_2 与 x_1x_2.

3. 解方程 $(a+c-b)x^2+2cx+(b+c-a)=0$,其中 a,b,c 为常数,且 $a>b$.

4. 求下列方程的实根:

(1) $3x^4-29x^2+18=0$.

(2) $(x-a)(x+2a)(x-3a)(x+4a)=24a^4, a>0$.

(3) $(3x^2-2x+1)(3x^2-2x-7)+12=0$.

(4) $2x^3-3x^2-3x+2=0$.

(5) $(a+x)^3+(b+x)^3=(a+b+2x)^3$.

(6) $x(x-1)(x-2)(x-3)=6\cdot5\cdot4\cdot3$.

5. 已知 α,β 为方程 $x^2+px+q=0$ 的根,试用系数 p,q 表示 $\alpha^2+\beta^2$.

6. 下列各对方程组是否同解?为什么?

(1) $\begin{cases} F(x,y)=0 \\ G(x,y)=0 \end{cases}$ 与 $\begin{cases} a_1F(x,y)+b_1G(x,y)=0 \\ G(x,y)=0 \end{cases}, a_1\neq0$.

(2) $\begin{cases} F(x,y)=0 \\ G(x,y)=0 \end{cases}$ 与 $\begin{cases} F(x,y)=0 \\ a_2 F(x,y)+b_2 G(x,y)=0 \end{cases}, a_2 \neq 0.$

3.2　分式方程与无理方程

3.2.1　分式方程

分母中含有未知数的有理方程称为**分式方程**. 例如

$$\frac{3}{x+1}-\frac{x}{2}=1$$

就是关于 x 的分式方程.

分式方程的一般解法是:用方程两端所含各分式的最简公分母 $D(x)$(即方程中各分母的最低公倍式)乘以方程的两端,使原方程变换为一个整式方程,再解这个整式方程. 如果这个整式方程的根不是 $D(x)=0$ 的根,则由定理 3-2 可知,整式方程的根就是原方程的根;如果整式方程的根满足 $D(x)=0$,则这个根是原方程的增根,应舍去.

【例 3-6】 今有方邑不知大小,各开中门. 出北门二十步有木. 出南门十四步,折而西行一千七百七十五步见木. 问邑方几何(图 3-1)?

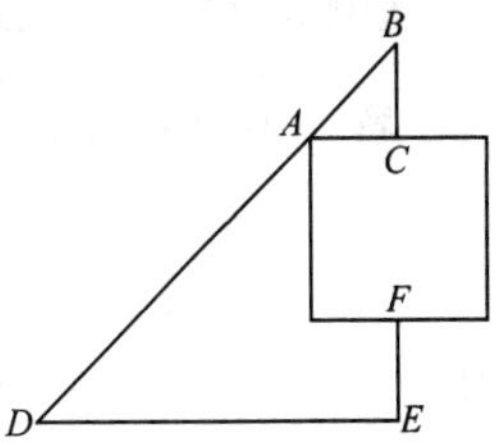

解　设邑方 FC 为 x 步,则

$$AC=\frac{x}{2}.$$

由 $\triangle ABC \backsim \triangle DBE$,得

$$\frac{BC}{BE}=\frac{AC}{DE},$$

由此得

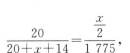

图 3-1

$$\frac{20}{20+x+14}=\frac{\frac{x}{2}}{1\ 775},$$

即

$$\frac{40}{x+34}=\frac{x}{1\ 775}.$$

这是一个分式方程,两端同乘以最简公分母 $D(x)=1\ 775(x+34)$,得原分式方程的结果

$$x^2+34x-71\ 000=0,$$

它的根是

$$x_1=250, \quad x_2=-284.$$

容易验证,这两个根 x_1,x_2 都不是 $D(x)=0$ 的根,所以 x_1,x_2 均是原分式方程的根. 但邑方应为正,故原方程的负根应舍去,即所求邑方为

$$x=250(步).$$

【例 3-7】 解分式方程

$$\frac{3}{x}+\frac{6}{x-1}-\frac{x+13}{x(x-1)}=0.$$

解 在原分式方程两端乘以最简公分母 $D(x)=x(x-1)$,得原分式方程的结果
$$3(x-1)+6x-(x+13)=0,$$
即
$$x=2.$$

由于 $x=2$ 不是 $D(x)=x(x-1)=0$ 的根,知原分式方程的根是 $x=2$.

【例 3-8】 解 $\dfrac{1}{x+2}+\dfrac{1}{x+7}=\dfrac{1}{x+3}+\dfrac{1}{x+6}$.

解 把原分式方程变换为
$$\frac{1}{x+2}-\frac{1}{x+3}=\frac{1}{x+6}-\frac{1}{x+7},$$

再以最简公分母 $D(x)=(x+2)(x+3)(x+6)(x+7)$ 乘两端,得原分式方程的结果
$$x^2+13x+42=x^2+5x+6,$$
即
$$x=-\frac{9}{2}.$$

容易验证,$D\left(-\dfrac{9}{2}\right)\neq0$,所以原分式方程的根是 $x=-\dfrac{9}{2}$.

【例 3-9】 求方程 $x^2+\dfrac{1}{x^2}-2\left(x+\dfrac{1}{x}\right)+2=0$ 的实根.

解 用换元法解这个分式方程. 令
$$x+\frac{1}{x}=y,$$

则 $x^2+\dfrac{1}{x^2}=y^2-2$,且原方程变换为
$$y^2-2y=0.$$

解此方程,得
$$y_1=0,\quad y_2=2.$$

由 $x+\dfrac{1}{x}=y$,得
$$x+\frac{1}{x}=0,\quad x+\frac{1}{x}=2.$$

容易验证,第一个方程无实根,而第二个方程存在相等的实根 $x_1=x_2=1$. 所以原方程有二重实根 $x_1=x_2=1$.

3.2.2 无理方程

被开方式中含有未知数的方程称为**无理方程**.

无理方程的一般解法是:通过乘方等变换把方程有理化,使其化归为整式方程. 但要注意是否出现增根.

【例 3-10】 解方程 $\sqrt{x+2}+\sqrt{x-1}-\sqrt{x+7}=0$.

解 先将方程改写为
$$\sqrt{x+2}+\sqrt{x-1}=\sqrt{x+7},$$

两端平方,得

$$x+2+x-1+2\sqrt{(x+2)(x-1)}=x+7,$$

即

$$2\sqrt{(x+2)(x-1)}=6-x.$$

再两端平方,得

$$4(x+2)(x-1)=36-12x+x^2,$$

化简,得原方程的结果

$$3x^2+16x-44=0.$$

这已是整式方程,它的解是

$$x_1=2,\quad x_2=-\frac{22}{3}.$$

容易验证,$x_1=2$ 适合原方程,而 $x_2=-\dfrac{22}{3}$ 是原方程的增根,应舍去,于是原方程的根是 $x_1=2$.

【例 3-11】 解方程 $x^2-2x+\sqrt{x^2-2x+2}=0.$

解 把原方程改写为

$$(x^2-2x+2)+\sqrt{x^2-2x+2}-2=0.$$

再用因式分解法,得同解方程

$$(\sqrt{x^2-2x+2}-1)(\sqrt{x^2-2x+2}+2)=0,$$

即

$$\sqrt{x^2-2x+2}=1.$$

因上式两端为正,再两端平方,得到原方程的同解方程

$$x^2-2x+1=0,$$

解此方程,就得原方程的根

$$x_1=1,\quad x_2=1.$$

习题 3.2

1. 解下列分式方程:

(1) $\dfrac{x^2-3x}{x^2-1}+2=\dfrac{1}{1-x}.$

(2) $\dfrac{1}{x-2}+\dfrac{1}{x^3-3x^2+2x}=\dfrac{3}{x^2-2x}.$

(3) $\dfrac{3x+3}{(x+1)^2}+\dfrac{1}{x-3}=0.$

(4) $\dfrac{x^3+1}{x+1}-\dfrac{x^3-1}{x-1}=0.$

(5) $\dfrac{(x-a)^2}{(x-b)(x-c)}+\dfrac{(x-b)^2}{(x-c)(x-a)}+\dfrac{(x-c)^2}{(x-a)(x-b)}=3.$

2. 解下列无理方程：

(1) $\sqrt{2x-3} - \sqrt{5x-6} + \sqrt{3x-5} = 0$.

(2) $\sqrt{2x+3} + \sqrt{3x-5} - \sqrt{x+1} - \sqrt{4x-3} = 0$.

(3) $\sqrt[3]{x} + \sqrt[3]{2-x} = 2$.

(4) $\sqrt{x} + \sqrt{x - \sqrt{1-x}} = 1$.

3. 用换元法求下列方程的实根：

(1) $2x^2 - 6x - 5\sqrt{x^2-3x-1} - 5 = 0$.

(2) $4x^2 + x + 2x\sqrt{3x^2+x} = 9$.

(3) $\sqrt{\dfrac{2x-5}{x-2}} - 3\sqrt{\dfrac{x-2}{2x-5}} + 2 = 0$.

(4) $\sqrt{\dfrac{a-x}{b+x}} + \sqrt{\dfrac{b+x}{a-x}} = 2 \ (a+b\neq0)$.

(5) $\dfrac{\sqrt{x-1} - \sqrt{x+1}}{\sqrt{x-1} + \sqrt{x+1}} = x - 3$.

4. a 为何值时，方程 $\sqrt{x^2-2a} - \sqrt{x^2-1} + 1 = 0$ 有根？求这个根.

3.3 二元二次方程组

对于含多个未知数的方程，每项中各未知数的指数之和称为这一项的次数，方程各项次数中最大者称为**方程的次数**. 本节只讨论几种特殊类型的二元二次方程组的解法.

3.3.1 第一型二元二次方程组

第一型二元二次方程组是指二元二次方程组中有一个方程是二元一次方程.

【例 3-12】 解方程组

$$\begin{cases} 3x + y = 2 & (1) \\ x^2 + 2xy + 3y^2 - 3x + 1 = 0 & (2) \end{cases}$$

解 将二元一次方程组中的一个未知数用另一个未知数表示出来，并代入第二个方程，使它变成一元二次方程，从而可求得原方程组的解. 这种方法简称为**代入法**. 下面用代入法求解例 3-12.

由方程 (1) 得

$$y = 2 - 3x, \qquad (3)$$

将式 (3) 代入式 (2)，得

$$x^2 + 2x(2-3x) + 3(2-3x)^2 - 3x + 1 = 0,$$

即

$$22x^2 - 35x + 13 = 0.$$

解此方程，得

$$x_1 = 1, \quad x_2 = \frac{13}{22},$$

把它们依次代入式(3),得

$$y_1 = -1, \quad y_2 = \frac{5}{22},$$

于是原方程组的解为

$$\begin{cases} x_1 = 1 \\ y_1 = -1 \end{cases}, \qquad \begin{cases} x_2 = \dfrac{13}{22} \\ y_2 = \dfrac{5}{22} \end{cases}.$$

例 3-12 表明,用代入法总可求出第一型二元二次方程组的解.

3.3.2　第二型二元二次方程组

第二型二元二次方程组是指二元二次方程组中的两个方程都是二元二次方程.

(1)可以消去二次项.

【例 3-13】　解方程组

$$\begin{cases} 2y^2 + x - y = 3 & (4) \\ 3y^2 - 2x + y = 0 \end{cases}. \tag{5}$$

解　经观察,发现两个方程都只有一个二次项 y^2,把 y^2 消去.

式(4)×3-式(5)×2,得

$$7x - 5y = 9,$$

所以由定理 3-4 知,原方程组与方程组

$$\begin{cases} 7x - 5y = 9 \\ 2y^2 + x - y = 3 \end{cases}$$

同解,后者已是第一型二元二次方程组,用代入法求得这个方程组的解为

$$\begin{cases} x_1 = 2 \\ y_1 = 1 \end{cases}, \qquad \begin{cases} x_2 = \dfrac{33}{49} \\ y_2 = -\dfrac{6}{7} \end{cases}.$$

这也是原方程组的解.

(2)可以消去一个未知数.

【例 3-14】　解方程组

$$\begin{cases} x^2 - 15xy - 3y^2 + 2x + 9y - 98 = 0 & (6) \\ 5xy + y^2 - 3y + 21 = 0 \end{cases}. \tag{7}$$

解　经观察,发现两个方程中含有 xy,y^2,y 项的系数成比例,把这三项都消去.

式(6)+式(7)×3,得

$$x^2 + 2x - 35 = 0.$$

故原方程组与

$$\begin{cases} x^2 + 2x - 35 = 0 \\ 5xy + y^2 - 3y + 21 = 0 \end{cases}$$

同解.先由 $x^2 + 2x - 35 = 0$ 解得 $x_1 = 5$,$x_3 = -7$;再将 $x_1 = 5$ 代入此方程组的第二个方程,解得

$$y_1 = -1, \quad y_2 = -21;$$

又将 $x_3 = -7$ 代入此方程组的第二个方程,解得

$$y_3 = 19 + 2\sqrt{85}, \quad y_4 = 19 - 2\sqrt{85},$$

所以,原方程组的解是

$$\begin{cases} x_1 = 5 \\ y_1 = -1 \end{cases}, \quad \begin{cases} x_2 = 5 \\ y_2 = -21 \end{cases}, \quad \begin{cases} x_3 = -7 \\ y_3 = 19 + 2\sqrt{85} \end{cases}, \quad \begin{cases} x_4 = -7 \\ y_4 = 19 - 2\sqrt{85} \end{cases}.$$

(3)有一个或两个方程可以分解因式.

【例 3-15】 解方程组

$$\begin{cases} x^2 - 5xy + 6y^2 = 0 & \text{(8)} \\ x^2 + y^2 + x - 11y - 2 = 0 & \text{(9)} \end{cases}.$$

解 不难看出,方程(8)可分解为

$$(x - 2y)(x - 3y) = 0.$$

由定理 3-3 知,原方程组与方程组

$$\begin{cases} x - 2y = 0 \\ x^2 + y^2 + x - 11y - 2 = 0 \end{cases} \qquad (\mathrm{I})$$

和

$$\begin{cases} x - 3y = 0 \\ x^2 + y^2 + x - 11y - 2 = 0 \end{cases} \qquad (\mathrm{II})$$

同解.而方程组(I)和(II)都是第一型二元二次方程组,可用代入法分别求出它们的解.原方程组的解为

$$\begin{cases} x_1 = 4 \\ y_1 = 2 \end{cases}, \quad \begin{cases} x_2 = -\dfrac{2}{5} \\ y_2 = -\dfrac{1}{5} \end{cases}, \quad \begin{cases} x_3 = 3 \\ y_3 = 1 \end{cases}, \quad \begin{cases} x_4 = -\dfrac{3}{5} \\ y_4 = -\dfrac{1}{5} \end{cases}.$$

(4)两个方程都没有一次项.

【例 3-16】 解方程组

$$\begin{cases} 3x^2 - y^2 = 8 & \text{(10)} \\ x^2 + xy + y^2 = 4 & \text{(11)} \end{cases}.$$

解 经观察,发现两个方程都没有一次项,消去常数项就得到一个 $ax^2 + bxy + cy^2 = 0$ 形式的方程.如果 $b^2 - 4ac \geqslant 0$,这个方程就可分解为两个一次方程.

式(10)—式(11)×2,得

$$x^2 - 2xy - 3y^2 = 0,$$

分解因式,得

$$(x + y)(x - 3y) = 0,$$

于是,原方程组与方程组

$$\begin{cases} 3x^2 - y^2 = 8 \\ x + y = 0 \end{cases}$$

和

$$\begin{cases} 3x^2 - y^2 = 8 \\ x - 3y = 0 \end{cases}$$

同解. 分别解这两个方程组, 得原方程组的解为

$$\begin{cases} x_1 = 2 \\ y_1 = -2 \end{cases}, \quad \begin{cases} x_2 = -2 \\ y_2 = 2 \end{cases}, \quad \begin{cases} x_3 = \dfrac{6}{13}\sqrt{13} \\ y_3 = \dfrac{2}{13}\sqrt{13} \end{cases}, \quad \begin{cases} x_4 = -\dfrac{6}{13}\sqrt{13} \\ y_4 = -\dfrac{2}{13}\sqrt{13} \end{cases}.$$

总之, 先用消去法或分解因式法把第二型二元二次方程组化为第一型二元二次方程组, 然后再用代入法求解.

【例 3-17】 设方程组

$$\begin{cases} y^2 = 4ax & (a > 0) \end{cases} \tag{12}$$
$$\begin{cases} y = k(x - 4a) & (k \neq 0) \end{cases} \tag{13}$$

的两组实解为 (x_1, y_1), (x_2, y_2), 证明

$$x_1 x_2 + y_1 y_2 = 0. \tag{14}$$

证明 将式(13)代入式(12), 并整理, 得

$$k^2 x^2 - (8ak^2 + 4a)x + 16a^2 k^2 = 0,$$

所以

$$x_1 + x_2 = \frac{8ak^2 + 4a}{k^2},$$

$$x_1 x_2 = 16a^2.$$

再由式(13), 得

$$\begin{aligned} y_1 y_2 &= k^2 (x_1 - 4a)(x_2 - 4a) \\ &= k^2 x_1 x_2 - 4ak^2 (x_1 + x_2) + 16a^2 k^2 \\ &= 16a^2 k^2 - 4a(8ak^2 + 4a) + 16a^2 k^2 \\ &= -16a^2. \end{aligned}$$

于是式(14)成立.

【例 3-18】 设 (x, y) 满足方程

$$9x^2 + 25y^2 = 225. \tag{15}$$

问 (x, y) 为何值时, 才能使

$$l^2 = \left(x - \frac{64}{25} \right)^2 + y^2$$

为最小?

解 由式(15)知

$$\begin{aligned} \left(x - \frac{64}{25} \right)^2 + y^2 &= \left(x - \frac{64}{25} \right)^2 - \frac{9}{25}x^2 + 9 \\ &= \frac{16}{25}x^2 - \frac{128}{25}x + \left(\frac{64}{25} \right)^2 + 9 \\ &= \frac{16}{25}(x - 4)^2 + \frac{3\,321}{625}, \end{aligned}$$

所以, 当 $x = 4$ 时, l^2 有最小值. 由式(15)知, 当 $x = 4$, $y = \pm \dfrac{9}{5}$ 时, l^2 有最小值.

如果对某区间内的每一个 t 值, 方程组

$$\begin{cases} f(x,y,t)=0 \\ g(x,y,t)=0 \end{cases}$$

都有唯一实解(x,y),则称变量 t 为**参数**.在适当的条件下,从两个方程中可以消去一个参数,从三个方程中可以消去两个参数等.

【例 3-19】 从方程组

$$\begin{cases} y-tx=\sqrt{a^2t^2+b^2} & \quad\quad (16) \\ ty+x=\sqrt{a^2+t^2b^2} & \quad\quad (17) \end{cases}$$

中消去参数 t.

  解 将式(16)、式(17)两端平方,再相加,得

$$(y-tx)^2+(ty+x)^2=a^2t^2+b^2+a^2+t^2b^2,$$

即

$$(1+t^2)(x^2+y^2)=(1+t^2)(a^2+b^2),$$

由于 $1+t^2\neq 0$,则有

$$x^2+y^2=a^2+b^2.$$

习题 3.3

1. 解方程组

$$\begin{cases} x+y=10 \\ x^2+y^2=100 \end{cases},$$

2. 解方程组

$$\begin{cases} x^2+2xy+y^2=9 \\ (x-y)^2-3(x-y)+2=0 \end{cases}.$$

3. 解方程组

$$\begin{cases} x^2+3xy=28 \\ xy+4y^2=8 \end{cases}.$$

4. 解方程组

$$\begin{cases} x+y=\dfrac{1}{2} \\ 56\left(\dfrac{x}{y}+\dfrac{y}{x}\right)+113=0 \end{cases}.$$

5. m 为何值时,方程组

$$\begin{cases} x^2+2y^2-6=0 \\ y=mx+3 \end{cases}$$

具有相同的两组解?

  6. 求 m 的值,使方程组

$$\begin{cases} y=x+m \\ y^2+9x^2=9 \end{cases}$$

的两组实解(x_1,y_1),(x_2,y_2)满足

$$(x_2 - x_1)^2 + (y_2 - y_1)^2 = \frac{162}{25}.$$

7. 求 m 的值, 使方程组

$$\begin{cases} x^2 + y^2 + x - 6y + m = 0 \\ x + 2y = 3 \end{cases}$$

的实解 (x_1, y_1) 与 (x_2, y_2) 满足

$$x_1 x_2 + y_1 y_2 = 0.$$

8. 当 m 为何值时, 方程组

$$\begin{cases} x^2 + y^2 + 2x = m - 4 \\ x^2 + y^2 - 4x - 8y = -4 \end{cases}$$

只有一组实解?

9. 从方程组

$$\begin{cases} y - tx = \dfrac{p}{2t} \\ ty + x = -\dfrac{t^2 p}{2} \end{cases}$$

中消去参数 t, 其中 p 为正数.

3.4　不等关系与不等式

在实际问题中, 经常要比较大小, 进行不等式运算. 本节介绍不等式的概念及其基本性质、不等式的同解定理、一元一次不等式、一元二次不等式、含绝对值的不等式及基本不等式的实际应用.

3.4.1　不等式的概念及其基本性质

用不等号($>$, $<$, $\leqslant$, $\geqslant$, $\neq$)表示不等关系的式子叫作**不等式**. 用 "$<$" 或 "$>$" 连接的不等式, 叫作**严格不等式**; 用 "$\leqslant$" 或 "$\geqslant$" 连接的不等式, 叫作**非严格不等式**.

$f(x) > 0$ 与 $g(x) > 0$ 叫作**同向不等式**; 而 $f(x) > 0$ 与 $g(x) < 0$ 叫作**异向不等式**. 使 $f(x) > 0$(或 $f(x) < 0$)成立的 x 的集合, 叫作 $f(x) > 0$(或 $f(x) < 0$)的**解集**. 若 $f(x) > 0$ 与 $g(x) > 0$(或 $g(x) < 0$)的解集相等, 则 $f(x) > 0$ 与 $g(x) > 0$(或 $g(x) < 0$)称为**同解不等式**.

不等式的基本性质:

(1)对称性　$a > b \Leftrightarrow b < a$.

(2)传递性　$a > b, b > c \Rightarrow a > c$.

(3)可加性　$a > b \Leftrightarrow a + c > b + c$.

(4)可乘性　$a > b, c > 0 \Rightarrow ac > bc$;

　　　　　　$a > b, c < 0 \Rightarrow ac < bc$.

(5)$a > b > 0, c > d > 0 \Rightarrow ac > bd$.

(6)$a > b > 0 \Rightarrow a^n > b^n > 0$($n \in \mathbf{N}$ 且 $n \geqslant 2$).

(7)$a > b > 0 \Rightarrow \sqrt[n]{a} > \sqrt[n]{b} > 0$($n \in \mathbf{N}$ 且 $n \geqslant 2$).

(8) $|x| \leqslant a \Leftrightarrow x^2 \leqslant a^2 \Leftrightarrow -a \leqslant x \leqslant a(a>0)$.

(9) $|x| \geqslant a \Leftrightarrow x^2 \geqslant a^2 \Leftrightarrow x \leqslant -a$ 或 $x \geqslant a(a>0)$.

(10) $|a|-|b| \leqslant |a \pm b| \leqslant |a|+|b|$.

在使用不等式的性质时,一定要弄清它们成立的前提条件. 例如,在应用传递性时,如果两个不等式中有一个不等式带等号,而另一个不等式不带等号,则等号是传递不过去的. 又如,在可乘性中,要特别注意乘数 c 的符号. 当 $c \neq 0$ 时,有 $a>b \Rightarrow ac^2>bc^2$,若无 $c \neq 0$ 这个条件,则 $a>b \Rightarrow ac^2>bc^2$ 是错误的,因为当 $c=0$ 时,取等号. 再如,"$a>b>0 \Rightarrow a^n>b^n>0(n \in \mathbf{N}, n \geqslant 2)$"成立的条件是"$n$ 为大于 1 的自然数, $a>b>0$",假如去掉"n 为大于 1 的自然数"这个条件,如取 $n=-1, a=3, b=2$,那么就会出现"$3^{-1}>2^{-1}$,即 $\frac{1}{3}>\frac{1}{2}$"的错误结论;假如去掉"$a>b>0$"这个条件,如取 $a=3, b=-4, n=2$,那么就会出现"$3^2>(-4)^2$,即 $9>16$"的错误结论.

【例 3-20】 求证 $\sqrt{3}+\sqrt{5}<4$.

证明 因为 $\sqrt{3}+\sqrt{5}$ 与 4 都是正数,于是根据不等式的基本性质(6),得
$$\sqrt{3}+\sqrt{5}<4 \Leftrightarrow (\sqrt{3}+\sqrt{5})^2<16,$$
又
$$(\sqrt{3}+\sqrt{5})^2<16 \Leftrightarrow (8+2\sqrt{15})<16$$
$$\Leftrightarrow \sqrt{15}<4$$
$$\Leftrightarrow 15<16.$$

所以原式成立.

【例 3-21】 已知 a, b 为正实数,试比较 $\frac{a}{\sqrt{b}}+\frac{b}{\sqrt{a}}$ 与 $\sqrt{a}+\sqrt{b}$ 的大小.

解 比较两个均大于零的代数式大小,通常用做差法来进行.

直接做两代数式的差得
$$\left(\frac{a}{\sqrt{b}}+\frac{b}{\sqrt{a}}\right)-(\sqrt{a}+\sqrt{b})=\left(\frac{a}{\sqrt{b}}-\sqrt{b}\right)+\left(\frac{b}{\sqrt{a}}-\sqrt{a}\right)$$
$$=\frac{a-b}{\sqrt{b}}+\frac{b-a}{\sqrt{a}}=\frac{(a-b)(\sqrt{a}-\sqrt{b})}{\sqrt{ab}}$$
$$=\frac{(\sqrt{a}-\sqrt{b})^2(\sqrt{a}+\sqrt{b})}{\sqrt{ab}}.$$

因为 a, b 为正实数,所以
$$\sqrt{a}+\sqrt{b}>0, \quad \sqrt{ab}>0, \quad (\sqrt{a}-\sqrt{b})^2 \geqslant 0,$$
所以
$$\frac{(\sqrt{a}-\sqrt{b})^2(\sqrt{a}+\sqrt{b})}{\sqrt{ab}} \geqslant 0,$$
当且仅当 $a=b$ 时等号成立. 故有
$$\frac{a}{\sqrt{b}}+\frac{b}{\sqrt{a}} \geqslant \sqrt{a}+\sqrt{b} \quad (当且仅当 a=b 时取等号).$$

【例 3-22】　设
$$a_1=\sqrt{2}, \quad a_2=\sqrt{2+\sqrt{2}}, \quad \cdots, \quad a_n=\sqrt{2+a_{n-1}}, \quad \cdots$$
用数学归纳法证明
$$a_n<\sqrt{2}+1 \quad (n\in\mathbf{N}).$$

证明　(1)由 $a_1=\sqrt{2}<\sqrt{2}+1$,因此,$n=1$ 时,不等式成立.

(2)设当 $n=k$ 时,不等式成立,即
$$a_k<\sqrt{2}+1,$$
于是
$$a_{k+1}=\sqrt{2+a_k}<\sqrt{2+\sqrt{2}+1}=\sqrt{3+\sqrt{2}}.$$
不难证明 $\sqrt{2+\sqrt{3}}<\sqrt{2}+1$,所以,由上式得
$$a_{k+1}<\sqrt{2}+1.$$
由(1)、(2)知,原不等式对任何自然数都成立.

【例 3-23】　证明
$$2\sqrt{n}-2<1+\frac{1}{\sqrt{2}}+\frac{1}{\sqrt{3}}+\cdots+\frac{1}{\sqrt{n}}<2\sqrt{n}-1,$$
其中,$n\in\mathbf{N},n\geq2$.

证明　显然
$$2\sqrt{m+1}-2\sqrt{m}=\frac{2}{\sqrt{m+1}+\sqrt{m}}<\frac{1}{\sqrt{m}},$$
$$\frac{1}{\sqrt{m}}<\frac{2}{\sqrt{m}+\sqrt{m-1}}=2\sqrt{m}-2\sqrt{m-1}.$$
令 $m=2,3,\cdots,n$,得
$$2\sqrt{3}-2\sqrt{2}<\frac{1}{\sqrt{2}}<2\sqrt{2}-2,$$
$$2\sqrt{4}-2\sqrt{3}<\frac{1}{\sqrt{3}}<2\sqrt{3}-2\sqrt{2},$$
$$\vdots$$
$$2\sqrt{n+1}-2\sqrt{n}<\frac{1}{\sqrt{n}}<2\sqrt{n}-2\sqrt{n-1},$$
各式相加,得
$$2\sqrt{n+1}-2\sqrt{2}<\frac{1}{\sqrt{2}}+\frac{1}{\sqrt{3}}+\cdots+\frac{1}{\sqrt{n}}<2\sqrt{n}-2,$$
在上式各端加 1,得
$$2\sqrt{n+1}-2\sqrt{2}+1<1+\frac{1}{\sqrt{2}}+\frac{1}{\sqrt{3}}+\cdots+\frac{1}{\sqrt{n}}<2\sqrt{n}-1.$$
再由 $\sqrt{n+1}>\sqrt{n},3>2\sqrt{2}$,得
$$2\sqrt{n+1}-2\sqrt{2}+1>2\sqrt{n}-2.$$
所以原不等式成立.

3.4.2 不等式的同解定理

根据不等式的基本性质,可得下列同解定理.

定理 3-6 若 $h(x)$ 是整式,则不等式

$$f(x)>g(x)$$

与不等式

$$f(x)+h(x)>g(x)+h(x)$$

是同解的.

定理 3-7 设 m 为一实数,则当 $m>0$ 时,不等式

$$f(x)>g(x)$$

与不等式

$$mf(x)>mg(x)$$

是同解的.

当 $m<0$ 时,不等式

$$f(x)>g(x)$$

与不等式

$$mf(x)<mg(x)$$

是同解的.

定理 3-8 不等式

$$f(x)g(x)>0$$

与不等式组

$$\begin{cases} f(x)>0 \\ g(x)>0 \end{cases} \quad 和 \quad \begin{cases} f(x)<0 \\ g(x)<0 \end{cases}$$

是同解的.

定理 3-9 若 $f(x)>0,g(x)\geqslant0$,则不等式

$$f(x)>g(x)$$

与不等式

$$[f(x)]^2>[g(x)]^2$$

是同解的.

证明 由 $f(x)>0,g(x)\geqslant0$,得 $f(x)+g(x)>0$. 于是当 $f(x_0)>g(x_0)$,即当 $f(x_0)-g(x_0)>0$ 时,有

$$[f(x_0)-g(x_0)][f(x_0)+g(x_0)]>0,$$

即

$$[f(x_0)]^2>[g(x_0)]^2.$$

反之,若 $[f(x_0)]^2>[g(x_0)]^2$,则由 $f(x_0)+g(x_0)>0$,可得

$$f(x_0)>g(x_0).$$

所以定理 3-9 成立.

可类似地证明其他定理.

3.4.3　一元一次不等式

一元一次不等式的一般形式是

$$ax > b \quad 或 \quad ax < b,$$

其中,a,b 是实数.

下面对不等式 $ax > b$ 进行求解.

若 $a > 0$,由不等式的基本性质(4)的可乘性,得

$$x > \frac{b}{a};$$

若 $a < 0$,由不等式的基本性质(4)的可乘性,得

$$x < \frac{b}{a};$$

若 $a = 0$,原不等式成为

$$0 > b,$$

因此,当 $b < 0$ 时,解集为实数集 **R**;当 $b \geqslant 0$ 时,解集为空集 $\varnothing$.将解集的三种情况列于表 3-1.

表 3-1　　$ax > b$ 的解集情况

$a > 0$	$\left\{ x \mid x > \dfrac{b}{a} \right\}$
$a < 0$	$\left\{ x \mid x < \dfrac{b}{a} \right\}$
$a = 0$	$b < 0$,解集为实数集 **R**
	$b \geqslant 0$,解集为空集 $\varnothing$

【例 3-24】　解关于 x 的不等式

$$1 - \frac{2x}{a^2} > \frac{x}{a} + \frac{4}{a^2}.$$

解　把原不等式写为

$$\frac{a^2 - 2x}{a^2} > \frac{ax + 4}{a^2}.$$

两端同乘以 a^2,由不等式的基本性质(4)得

$$a^2 - 2x > ax + 4,$$

由不等式的基本性质(3)得

$$(a+2)x < (a+2)(a-2).$$

于是

当 $a > -2$ 时,解集为 $\{x \mid x < a - 2\}$;

当 $a < -2$ 时,解集为 $\{x \mid x > a - 2\}$;

当 $a = -2$ 时,解集为空集 $\varnothing$.

注意 (1)在不等式两端乘以因子时,虽然乘以正数保序,乘以负数反序,但乘方时要留心;

(2)在不等式两端加减项时,两端要加减整式.若加减分式项,就可能失根.

3.4.4 一元二次不等式

一元二次不等式的一般形式为

$$ax^2+bx+c>0 \quad (a\neq 0)$$

或

$$ax^2+bx+c<0 \quad (a\neq 0).$$

下面分三种情况讨论不等式 $ax^2+bx+c>0$ 的解集.

(1) $\Delta=b^2-4ac<0$.

由

$$ax^2+bx+c=a\left[\left(x+\frac{b}{2a}\right)^2+\frac{4ac-b^2}{4a^2}\right]>0$$

可知,若 $a>0$,原不等式对任何实数 x 都成立,即解集为实数集 **R**;若 $a<0$,原不等式为矛盾不等式,解集为空集 $\varnothing$.

(2) $\Delta=b^2-4ac=0$.

由

$$ax^2+bx+c=a\left(x+\frac{b}{2a}\right)^2>0$$

可知,若 $a>0$,解集为

$$\left\{x\,\middle|\,x\neq-\frac{b}{2a}\right\} \quad 或 \quad \left\{x\,\middle|\,x<-\frac{b}{2a}\text{或}x>-\frac{b}{2a}\right\};$$

若 $a<0$,解集为空集 $\varnothing$.

(3) $\Delta=b^2-4ac>0$.

此时一元二次方程 $ax^2+bx+c=0(a\neq 0)$ 有两个不相等的实根 x_1 与 x_2,不妨设 $x_1<x_2$.原不等式可写为

$$ax^2+bx+c=a(x-x_1)(x-x_2)>0.$$

解上述不等式,可得:

当 $a>0$ 时,解集为 $\{x|x<x_1$ 或 $x>x_2\}$;当 $a<0$ 时,解集为 $\{x|x_1<x<x_2\}$.

将上述解集情况列于 3-2.

表 3-2   **$ax^2+bx+c>0$ 的解集情况**

$b^2-4ac<0$	$a>0$	解集为实数集 **R**
	$a<0$	解集为空集 $\varnothing$
$b^2-4ac=0$	$a>0$	解集为 $\left\{x\,\middle|\,x<\dfrac{-b}{2a}\text{或}x>\dfrac{-b}{2a}\right\}$
	$a<0$	解集为空集 $\varnothing$
$b^2-4ac>0$	$a>0$	解集为 $\{x|x<x_1$ 或 $x>x_2\}$
	$a<0$	解集为 $\{x|x_1<x<x_2\}$

其中，x_1，x_2 分别是 $ax^2+bx+c=0$ 的小根与大根.

对于不等式

$$ax^2+bx+c<0,$$

可将它改写为 $(-a)x^2+(-b)x+(-c)>0$，然后利用上述结果求出它的解集.

一元二次方程 $ax^2+bx+c=0(a\neq 0)$，一元二次不等式 $ax^2+bx+c>0$ 或 $ax^2+bx+c<0(a\neq 0)$ 与一元二次函数 $y=ax^2+bx+c(a\neq 0)$ 也有密切关系. 这种关系可以用函数观点作指导，用函数图象来刻画. 它们的关系见表 3-3.

表 3-3　　　　$y=ax^2+bx+c$ 与 $ax^2+bx+c=0(a>0)$ 的关系

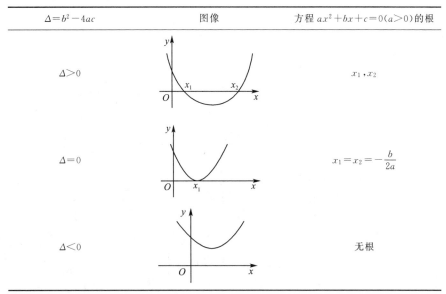

$\Delta=b^2-4ac$	图像	方程 $ax^2+bx+c=0(a>0)$ 的根
$\Delta>0$		x_1，x_2
$\Delta=0$		$x_1=x_2=-\dfrac{b}{2a}$
$\Delta<0$		无根

【例 3-25】　解不等式 $x^2-7x+12<0$.

解　把原不等式改写为

$$-x^2+7x-12>0,$$

由于 $\Delta=b^2-4ac=7^2-4\times(-1)\times(-12)=1>0$ 以及方程 $-x^2+7x-12=0$ 的两个实数根分别为 3 和 4，因此，所求不等式的解集为

$$\{x|3<x<4\}.$$

本题也可用分解因式来求解. 把原不等式改写为 $(x-3)(x-4)<0$，由定理 3-8，得同解不等式组：

$$\begin{cases} x-3<0 \\ x-4>0 \end{cases}, \quad \begin{cases} x-3>0 \\ x-4<0 \end{cases}.$$

第一组不等式无解；第二组不等式的解集为 $\{x|3<x<4\}$，这也是原一元二次不等式的解集.

【例 3-26】　解不等式 $\sqrt{2x+3}>x+1$.

解　若 $x+1\geq 0$，则由 $2x+3>0$ 与定理 3-8，得

$$\sqrt{2x+3}>x+1 \Rightarrow \begin{cases} x+1\geq 0 \\ 2x+3>(x+1)^2 \end{cases}$$

$$\Rightarrow \begin{cases} x \geqslant -1 \\ x^2 - 2 < 0 \end{cases} \Rightarrow -1 \leqslant x < \sqrt{2}.$$

若 $x+1<0$,则

$$\sqrt{2x+3} > x+1 \Rightarrow \begin{cases} x+1 < 0 \\ 2x+3 \geqslant 0 \end{cases} \Rightarrow -\frac{3}{2} \leqslant x < -1.$$

于是,所求解集为 $\left\{ x \mid -\dfrac{3}{2} \leqslant x < \sqrt{2} \right\}$.

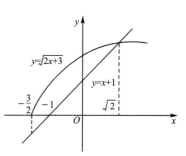

也可根据 $y = \sqrt{2x+3}$ 与 $y = x+1$ 的图形(图 3-2)来校核例 3-26 的解集.

图 3-2

还可以把原不等式变换为含有关于 $\sqrt{2x+3}$ 的二次三项式的同解不等式组:

$$\begin{cases} 2x+3 \geqslant 0 \\ 2\sqrt{2x+3} > (2x+3) - 1 \end{cases} \Rightarrow \begin{cases} 2x+3 \geqslant 0 \\ (\sqrt{2x+3})^2 - 2\sqrt{2x+3} - 1 < 0 \end{cases}$$

$$\Rightarrow \begin{cases} 2x+3 \geqslant 0 \\ (\sqrt{2x+3} - 1 + \sqrt{2})(\sqrt{2x+3} - 1 - \sqrt{2}) < 0 \end{cases}$$

$$\Rightarrow \begin{cases} -\dfrac{3}{2} \leqslant x \\ \sqrt{2x+3} - 1 - \sqrt{2} < 0 \end{cases}$$

$$\Rightarrow \begin{cases} -\dfrac{3}{2} \leqslant x \\ 2x+3 < (1+\sqrt{2})^2 \end{cases}$$

$$\Rightarrow \begin{cases} -\dfrac{3}{2} \leqslant x \\ x < \sqrt{2} \end{cases}.$$

由此也可得例 3-26 的解集为 $\left\{ x \mid -\dfrac{3}{2} \leqslant x < \sqrt{2} \right\}$.

3.4.5 含绝对值的不等式

解含绝对值的不等式,常需去掉绝对值符号,这时需要使用绝对值的定义,或将不等式两端平方.

【例 3-27】 解不等式 $|x-8| < 1$.

解法 1 分下面三种情况讨论:

(1)若 $x-8>0$,则 $|x-8| = x-8$,原不等式变为 $x-8<1$. 于是,应当解一个不等式组

$$\begin{cases} x-8 > 0 \\ x-8 < 1 \end{cases}.$$

由此解得

$$8 < x < 9.$$

(2)若 $x-8<0$,则 $|x-8| = -(x-8)$,原不等式变为 $-(x-8) < 1$. 于是,应当解一个不等式组

$$\begin{cases} x-8<0 \\ -(x-8)<1 \end{cases}.$$

由此解得

$$7<x<8.$$

（3）若 $x-8=0$，原不等式成立.

综上，原不等式的解集为 $\{x|7<x<9\}$.

解法 2　因原不等式左端非负，右端为正，于是由定理 3-4，得原不等式的同解不等式

$$(x-8)^2<1,$$

即

$$x^2-16x+63<0,$$
$$(x-7)(x-9)<0,$$

由此也可得例 3-27 的解集为 $\{x|7<x<9\}$.

【例 3-28】　解不等式 $|x^2-4x-5|<7$.

解　**解法 1**　原不等式左端非负，右端为正，因而，根据定理 3-4，可用两端平方法解这个不等式. 为简化平方后的展开式，可先把不等式中的二次三项式配方后再展开，即

$$|(x-2)^2-9|<7,$$

两端平方并整理，得

$$(x-2)^4-18(x-2)^2+32<0$$
$$\Rightarrow [(x-2)^2-2][(x-2)^2-16]<0$$
$$\Rightarrow 2<(x-2)^2<16$$
$$\Rightarrow \begin{cases} x<2-\sqrt{2} \text{ 或 } x>2+\sqrt{2} \\ -2<x<6 \end{cases}.$$

解得

$$-2<x<2-\sqrt{2} \quad \text{或} \quad 2+\sqrt{2}<x<6.$$

解法 2　也可用绝对值的定义解这个例题，即原不等式的同解不等式组为

$$-7<x^2-4x-5<7 \Rightarrow \begin{cases} x^2-4x-12<0 \\ x^2-4x+2>0 \end{cases}$$
$$\Rightarrow \begin{cases} -2<x<6 \\ x<2-\sqrt{2} \text{ 或 } x>2+\sqrt{2} \end{cases}.$$

由此也可得例 3-28 的解集为 $\{x|-2<x<2-\sqrt{2} \text{ 或 } 2+\sqrt{2}<x<6\}$.

【例 3-29】　解不等式

$$1+\frac{x-4}{x-3}>\frac{x-2}{x-1}.$$

解　把原不等式化为

$$\frac{x^2-4x+1}{(x-1)(x-3)}>0.$$

若 $(x-1)(x-3)>0$，则

$$\frac{x^2-4x+1}{(x-1)(x-3)}>0 \Rightarrow \begin{cases} (x-1)(x-3)>0 \\ x^2-4x+1>0 \end{cases}$$

$$\Rightarrow \begin{cases} (x-1)(x-3)>0 \\ [x-(2-\sqrt{3})][x-(2+\sqrt{3})]>0 \end{cases}$$

$$\Rightarrow \begin{cases} x<1 \text{ 或 } x>3 \\ x<2-\sqrt{3} \text{ 或 } x>2+\sqrt{3} \end{cases}$$

$$\Rightarrow x<2-\sqrt{3} \text{ 或 } x>2+\sqrt{3}.$$

若$(x-1)(x-3)<0$,则

$$\frac{x^2-4x+1}{(x-1)(x-3)}>0 \Rightarrow \begin{cases} (x-1)(x-3)<0 \\ x^2-4x+1<0 \end{cases}$$

$$\Rightarrow \begin{cases} 1<x<3 \\ 2-\sqrt{3}<x<2+\sqrt{3} \end{cases}$$

$$\Rightarrow 1<x<3.$$

于是,所求的解集为$\{x|-\infty<x<2-\sqrt{3}\} \bigcup \{x|1<x<3\} \bigcup \{x|2+\sqrt{3}<x<+\infty\}$.

【例 3-30】 当自然数n取什么值时,不等式

$$\left| \frac{5n}{n+1} - 5 \right| < 0.001$$

成立?

解 由于n是自然数,得

$$\left| \frac{5n}{n+1} - 5 \right| = \left| \frac{-5}{n+1} \right| = \frac{5}{n+1}.$$

于是,不等式成为

$$\frac{5}{n+1} < \frac{1}{1\ 000},$$

在上式两端乘以$1\ 000(n+1)$,得

$$n>4\ 999.$$

$|x-a|+|x-b|\geqslant c$(或$\leqslant c$)型不等式的解法主要有三种:(1)分区间讨论法;(2)几何法;(3)图象法.分区间讨论法的关键是由$|x-a|=0$,$|x-b|=0$的根把 **R** 分成若干个小区间,在这些小区间上求解去掉绝对值符号后的不等式;几何法的关键是理解绝对值的几何意义;图象法的关键是构造函数,正确画出函数的图象.分区间讨论法具有普遍性,但较麻烦;几何法和图象法直观,但只适用于数据简单的情况.

【例 3-31】 解不等式

$$|x+3|+|x-3|>8.$$

分析 这是一个含有两个绝对值符号的不等式,为了使其转化为不含绝对值的不等式,要进行分类讨论.

解法 1 由代数式$|x+3|$,$|x-3|$知,-3和3把实数轴分为三个区间:

$$x<-3, \quad -3\leqslant x<3, \quad x\geqslant 3.$$

当$x<-3$时,原不等式变形为$-x-3-x+3>8$,即$x<-4$,此时不等式的解集为

$$\{x|x<-4\};$$

当$-3\leqslant x<3$时,原不等式变形为$x+3-x+3>8$,此时不等式无解,即解集为$\varnothing$;

当$x\geqslant 3$时,原不等式变形为$x+3+x-3>8$,即$x>4$,此时不等式的解集为

$$\{x \mid x > 4\}.$$

取上述三种情况下解集的并集,得原不等式的解集为

$$\{x \mid x < -4 \text{ 或 } x > 4\}.$$

解法 2　不等式 $|x+3|+|x-3|>8$ 表示数轴上与 $A(-3)$、$B(3)$ 两点距离之和大于 8 的点,而 A 与 B 两点距离为 6,因此,线段 AB 上每一点到 A、B 的距离之和都等于 6.如图 3-3 所示,要找到与 A、B 距离之和为 8 的点,只需由点 B 向右移 1 个单位(这时距离之和增加 2 个单位),即移到点 $B_1(4)$,或由点 A 向左移一个单位,即移到点 $A_1(-4)$.

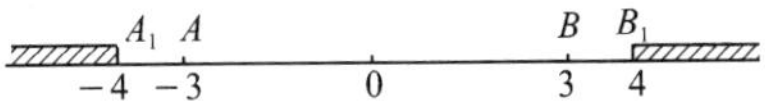

图 3-3

可以看出,数轴上点 $B_1(4)$ 向右的点或者点 $A_1(-4)$ 向左的点到 A、B 两点的距离之和均大于 8.

所以,原不等式的解集为

$$\{x \mid x < -4 \text{ 或 } x > 4\}.$$

3.4.6　基本不等式的实际应用

实际应用题中某些求最大(小)值的问题可以用基本不等式来求解,但必须满足基本不等式的使用条件.解题思路及步骤如下:

(1)理解题意,设变量时一般要把求最大(小)值的变量设为函数.

(2)建立相应函数关系式,把实际问题抽象为函数的最大(小)值问题.

(3)在定义域内,利用函数表达式,结合基本不等式求出最大(小)值.

(4)回归原题,回答题目所提问题.

【例 3-32】　某食品厂定期购买面粉,已知该厂每天需要使用面粉 6 吨,每吨面粉的价格为 1 800 元,面粉的保管等其他费用为平均每吨每天 3 元,购买面粉每次需支付运费 900 元.

(1)求该食品厂多少天购买一次面粉,才能使平均每天所支付的总费用最少?

(2)若提供面粉的公司规定:当一次性购买面粉不少于 210 吨时,其价格可享受九折优惠(即原价的 90%),问该厂是否应考虑接受优惠的条件? 请说明理由.

解　(1)设该食品厂应每隔 x 天购买一次面粉,其购买量为 $6x$ 吨,由题意知,面粉的保管等其他费用为

$$3[6x+6(x-1)+6(x-2)+\cdots+6\times2+6\times1]$$
$$=9x(x+1).$$

设每天所支付的总费用为 y_1 元,则

$$y_1 = \frac{1}{x}[9x(x+1)+900]+6\times1\,800$$

$$= \frac{900}{x}+9x+10\,809$$

$$\geqslant 2\sqrt{\frac{900}{x}\cdot 9x}+10\,809$$

$$= 10\,989.$$

当且仅当 $9x = \dfrac{900}{x}$,即 $x=10$ 时取等号.所以,该食品厂每隔 10 天购买一次面粉,才能使平

77

均每天所支付的总费用最少.

(2)若该厂利用九折的优惠条件,则至少每隔 35 天购买一次面粉.设该食品厂利用此优惠条件后,每隔 $x(x \geqslant 35)$ 天购买一次面粉,平均每天所支付的总费用为 y_2,则

$$y_2 = \frac{1}{x}[9x(x+1)+900]+6 \times 1\,800 \times 0.9$$

$$= \frac{900}{x}+9x+9\,729 \quad (x \geqslant 35).$$

令 $f(x)=x+\dfrac{100}{x}(x \geqslant 35)$, $x_2 > x_1 \geqslant 35$,则

$$f(x_1)-f(x_2) = \left(x_1+\frac{100}{x_1}\right)-\left(x_2+\frac{100}{x_2}\right)$$

$$= \frac{(x_1-x_2)(x_1 x_2-100)}{x_1 x_2}.$$

因为 $x_2 > x_1 \geqslant 35$,所以

$$x_2-x_1 > 0, \quad x_1 x_2 > 100, \quad x_1 x_2-100 > 0,$$

故

$$f(x_1)-f(x_2) < 0,$$

即

$$f(x_1) < f(x_2),$$

所以当 $x=35$ 时,y_2 有最小值,约为 $10\,069.7$,此时 $y_2 < 10\,989$.

因此,该食品厂应该接受此优惠条件.

【例 3-33】 求不等式组

$$\begin{cases} x-y+6 \geqslant 0 \\ x+y \geqslant 0 \\ x \leqslant 3 \end{cases}$$

表示的平面区域的面积.

分析 画出不等式组表示的平面区域,即可求出其面积.

解 不等式 $x-y+6 \geqslant 0$ 表示直线 $x-y+6=0$ 上及其右下方的点的集合;$x+y \geqslant 0$ 表示直线 $x+y=0$ 上及其右上方的点的集合;$x \leqslant 3$ 表示直线 $x=3$ 上及其左方的点的集合,所以不等式组

$$\begin{cases} x-y+6 \geqslant 0 \\ x+y \geqslant 0 \\ x \leqslant 3 \end{cases}$$

表示的平面区域如图 3-4 阴影部分所示.因此,其区域面积也就是 $\triangle ABC$ 的面积.

显然 $\triangle ABC$ 为等腰直角三角形,$\angle A=90°$, $AB=AC$, B 点坐标为 $(3,-3)$,由点到直线的距离公式得

$$|AB| = \frac{|3 \times 1+3 \times 1+6|}{\sqrt{2}} = \frac{12}{\sqrt{2}},$$

所以 $\triangle ABC$ 的面积为

$$S = \frac{1}{2} \times \frac{12}{\sqrt{2}} \times \frac{12}{\sqrt{2}} = 36.$$

故不等式组

$$\begin{cases} x-y+6 \geqslant 0 \\ x+y \geqslant 0 \\ x \leqslant 3 \end{cases}$$

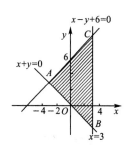

图 3-4

表示的平面区域的面积等于 36.

习题 3.4

1. 证明:

(1) $a>b, c>d \Rightarrow a+c>b+d$.

(2) $a>b, c<d \Rightarrow a-c>b-d$.

(3) $a>b, c>0 \Rightarrow \dfrac{a}{c}>\dfrac{b}{c}$.

(4) $a>b>0 \Rightarrow \dfrac{1}{b}>\dfrac{1}{a}$.

2. 证明下列不等式:

(1) $\sqrt{3+\sqrt{2}} < \sqrt{2}+1$.

(2) $\dfrac{1}{\sqrt{3}+\sqrt{2}} > \sqrt{5}-2$.

3. 已知 $a \geqslant 3$,证明 $\sqrt{a}-\sqrt{a-1} < \sqrt{a-2}-\sqrt{a-3}$.

4. 用数学归纳法证明:

(1) $1+2+3+\cdots+n < \dfrac{(2n+1)^2}{8}$.

(2) $|a_1+a_2+\cdots+a_n| \leqslant |a_1|+|a_2|+\cdots+|a_n|$.

(3) $1+\dfrac{1}{\sqrt{2}}+\dfrac{1}{\sqrt{3}}+\cdots+\dfrac{1}{\sqrt{n}} > 2\sqrt{n+1}-2$.

(4) $\dfrac{1}{2} \cdot \dfrac{3}{4} \cdot \cdots \cdot \dfrac{2n-1}{2n} < \dfrac{1}{\sqrt{3n+1}}$ ($n \geqslant 2$).

5. 解下列不等式:

(1) $x^2-5x+6>0$.   (2) $x^2-4x-5<0$.

(3) $m(x-1)<x+2$ (m 为常数).   (4) $\sqrt{3x-5}-\sqrt{x-4}>0$.

6. 解下列不等式:

(1) $|3-2x| \leqslant 1$.   (2) $|-x+2| \geqslant 5$.

(3) $|x^2-3x-4|>x-1$.   (4) $2-\dfrac{x-3}{x-2}>\dfrac{x-2}{x-1}$.

7. 设方程 $x^2+p_1x+q_1=0$ 与 $x^2+p_2x+q_2=0$ 的实根分别为 α_1, β_1 与 α_2, β_2,且 $\alpha_1 < \alpha_2 < \beta_1 < \beta_2$.解下列不等式组:

(1) $\begin{cases} x^2+p_1x+q_1<0 \\ x^2+p_2x+q_2<0 \end{cases}$.   (2) $\begin{cases} x^2+p_1x+q_1>0 \\ x^2+p_2x+q_2<0 \end{cases}$.

3.5 几个著名不等式

3.5.1 算术—几何平均值不等式

定理 3-10　设 a,b 是实数,则

$$a^2+b^2\geqslant 2ab, \tag{1}$$

当且仅当 $a=b$ 时等号成立.

证明　由 a,b 是实数知,$(a-b)^2\geqslant 0$,当且仅当 $a=b$ 时等号成立,所以

$$a^2+b^2\geqslant 2ab,$$

当且仅当 $a=b$ 时等号成立.

这个不等式又常表现为:

$$\frac{b}{a}+\frac{a}{b}\geqslant 2, \tag{2}$$

其中,a,b 同号,当且仅当 $a=b$ 时取等号;或

$$\frac{a+b}{2}\geqslant\sqrt{ab}, \tag{3}$$

其中,a,b 为正数,当且仅当 $a=b$ 时取等号,即两个正数的算术平均值不小于这两个正数的几何平均值.

一般地,n 个正数 $a_1,a_2,\cdots,a_n$ 的算术平均值不小于这 n 个正数的几何平均值,即

$$\frac{a_1+a_2+\cdots+a_n}{n}\geqslant\sqrt[n]{a_1a_2\cdots a_n}, \tag{4}$$

当且仅当 $a_1=a_2=\cdots=a_n$ 时取等号.

特别地,若 a,b,c 为正数,则

$$\frac{a+b+c}{3}\geqslant\sqrt[3]{abc}, \tag{5}$$

当且仅当 $a=b=c$ 时取等号.

统称式(3)、(4)、(5)为**算术—几何平均值不等式**.

【例 3-34】　求证 $\dfrac{x^2+2}{\sqrt{x^2+1}}\geqslant 2$.

证明　因为

$$\frac{x^2+2}{\sqrt{x^2+1}}=\sqrt{x^2+1}+\frac{1}{\sqrt{x^2+1}},$$

由公式(2)得

$$\sqrt{x^2+1}+\frac{1}{\sqrt{x^2+1}}\geqslant 2.$$

所以

$$\frac{x^2+2}{\sqrt{x^2+1}}\geqslant 2.$$

【例 3-35】 求证 $37^{73} > 73!$.

证明 由公式(4)得

$$\frac{1+2+\cdots+73}{73} > \sqrt[73]{1\times 2\times \cdots \times 73},$$

而

$$\frac{1+2+\cdots+73}{73} = \frac{\frac{1}{2}\times 73\times 74}{73} = 37,$$

所以

$$37^{73} > 73!.$$

【例 3-36】 若 $x>0,y>0$,且 $2x+8y-xy=0$,求 $x+y$ 的最小值.

解 由 $2x+8y-xy=0$,得 $y(x-8)=2x$.

因为 $x>0,y>0$,所以 $x-8>0,y=\frac{2x}{x-8}$. 故

$$x+y = x+\frac{2x}{x-8}$$
$$= x+\frac{(2x-16)+16}{x-8}$$
$$= (x-8)+\frac{16}{x-8}+10$$
$$\geqslant 2\cdot \sqrt{(x-8)\frac{16}{x-8}}+10=18,$$

当且仅当 $x-8=\frac{16}{x-8}$,即 $x=12$ 时取等号.

所以当 $x=12,y=6$ 时,$x+y$ 有最小值 18.

3.5.2 柯西不等式

定理 3-11 若 a_1,a_2,b_1,b_2 都是实数,则

$$(a_1^2+a_2^2)(b_1^2+b_2^2) \geqslant (a_1b_1+a_2b_2)^2. \tag{6}$$

证明 若 $a_1=a_2=0$ 或 $b_1=b_2=0$,则不等式两端为零,即等式成立. 否则,考查关于 x 的二次方程

$$(a_1x+b_1)^2+(a_2x+b_2)^2=0,$$

即

$$(a_1^2+a_2^2)x^2+2(a_1b_1+a_2b_2)x+(b_1^2+b_2^2)=0.$$

由 $a_1^2+a_2^2>0$ 和 $(a_1x+b_1)^2+(a_2x+b_2)^2\geqslant 0$ 知,上述方程不可能有两个不相等的实根,因而方程根的判别式应当不大于零,即

$$(a_1b_1+a_2b_2)^2-(a_1^2+a_2^2)(b_1^2+b_2^2)\leqslant 0.$$

所以不等式(6)成立.

一般地,若 $a_1,a_2,\cdots,a_n,b_1,b_2,\cdots,b_n$ 是实数,则

$$(a_1^2+a_2^2+\cdots+a_n^2)(b_1^2+b_2^2+\cdots+b_n^2)$$
$$\geqslant (a_1b_1+a_2b_2+\cdots+a_nb_n)^2. \tag{7}$$

证明略.

统称式(6)、(7)为**柯西不等式**.

【例 3-37】 求证 $a^2+b^2+c^2 \geqslant ab+bc+ca$.

证明 由柯西不等式(7),得

$$(a^2+b^2+c^2)(b^2+c^2+a^2) \geqslant (ab+bc+ca)^2,$$

即

$$(a^2+b^2+c^2)^2 \geqslant (ab+bc+ca)^2,$$

所以

$$a^2+b^2+c^2 \geqslant ab+bc+ca.$$

【例 3-38】 已知正数 a,b,c 满足 $a+b+c=1$,证明

$$a^3+b^3+c^3 \geqslant \frac{a^2+b^2+c^2}{3}.$$

证明 由柯西不等式(7),得

$$
\begin{aligned}
(a^2+b^2+c^2)^2 &= (a^{\frac{3}{2}}a^{\frac{1}{2}}+b^{\frac{3}{2}}b^{\frac{1}{2}}+c^{\frac{3}{2}}c^{\frac{1}{2}})^2 \\
&\leqslant \left[(a^{\frac{3}{2}})^2+(b^{\frac{3}{2}})^2+(c^{\frac{3}{2}})^2 \right](a+b+c) \\
&= a^3+b^3+c^3.
\end{aligned}
$$

又由例 3-27 的结果知,$a^2+b^2+c^2 \geqslant ab+bc+ca$,在此不等式两端同乘以 2,再加上 $a^2+b^2+c^2$,得

$$(a+b+c)^2 \leqslant 3(a^2+b^2+c^2).$$

因为

$$(a^2+b^2+c^2)^2 \leqslant (a^3+b^3+c^3) \cdot 3(a^2+b^2+c^2),$$

所以

$$a^3+b^3+c^3 \geqslant \frac{a^2+b^2+c^2}{3}.$$

【例 3-39】 设三角形三边 a,b,c 对应的高分别为 h_a,h_b,h_c,内切圆半径为 r. 若 $h_a+h_b+h_c=9r$,试判断此三角形的形状.

解 由条件知,此三角形的面积为

$$S=\frac{1}{2}ah_a=\frac{1}{2}bh_b=\frac{1}{2}ch_c=\frac{1}{2}(a+b+c)r. \tag{8}$$

由条件知

$$h_a+h_b+h_c=9r,$$

则

$$(h_a+h_b+h_c)(a+b+c)=9(a+b+c)r.$$

由柯西不等式(7),得

$$(h_a+h_b+h_c)(a+b+c)=9(a+b+c)r \geqslant (\sqrt{ah_a}+\sqrt{bh_b}+\sqrt{ch_c})^2,$$

即

$$9 \cdot 2S \geqslant (\sqrt{2S}+\sqrt{2S}+\sqrt{2S})^2=18S.$$

当且仅当 $\dfrac{h_a}{a}=\dfrac{h_b}{b}=\dfrac{h_c}{c}$ 时取等号,所以

$$\frac{h_a}{a} = \frac{h_b}{b} = \frac{h_c}{c} = k \quad (k \text{ 为常数}).$$

把式(8)代入上式,便得

$$a = b = c,$$

所以此三角形为等边三角形.

3.5.3　三角形不等式

定理 3-12　若 a_1, a_2, b_1, b_2 是实数,则

$$\sqrt{a_1^2 + a_2^2} + \sqrt{b_1^2 + b_2^2} \geqslant \sqrt{(a_1 + b_1)^2 + (a_2 + b_2)^2}. \tag{9}$$

式(9)称为**三角形不等式**.

证明　因为

$$\left(\sqrt{a_1^2 + a_2^2} + \sqrt{b_1^2 + b_2^2} \right)^2 = a_1^2 + a_2^2 + b_1^2 + b_2^2 + 2\sqrt{(a_1^2 + a_2^2)(b_1^2 + b_2^2)},$$

利用柯西不等式,有

$$\sqrt{(a_1^2 + a_2^2)(b_1^2 + b_2^2)} \geqslant \sqrt{(a_1 b_1 + a_2 b_2)^2} = |a_1 b_1 + a_2 b_2|$$
$$\geqslant a_1 b_1 + a_2 b_2,$$

所以

$$\left(\sqrt{a_1^2 + a_2^2} + \sqrt{b_1^2 + b_2^2} \right)^2 \geqslant a_1^2 + a_2^2 + b_1^2 + b_2^2 + 2(a_1 b_1 + a_2 b_2)$$
$$= (a_1 + b_1)^2 + (a_2 + b_2)^2.$$

两端开方,式(9)得证.

【例 3-40】　求证 n 个正实数的算术平均值的平方不大于这 n 个正实数平方的算术平均值.

证明　由柯西不等式,得

$$\left(\frac{a_1 + a_2 + \cdots + a_n}{n} \right)^2 = \left(\frac{a_1}{\sqrt{n}} \cdot \frac{1}{\sqrt{n}} + \frac{a_2}{\sqrt{n}} \cdot \frac{1}{\sqrt{n}} + \cdots + \frac{a_n}{\sqrt{n}} \cdot \frac{1}{\sqrt{n}} \right)^2$$
$$\leqslant \left[\left(\frac{a_1}{\sqrt{n}} \right)^2 + \left(\frac{a_2}{\sqrt{n}} \right)^2 + \cdots + \left(\frac{a_n}{\sqrt{n}} \right)^2 \right] \cdot$$
$$\left[\left(\frac{1}{\sqrt{n}} \right)^2 + \left(\frac{1}{\sqrt{n}} \right)^2 + \cdots + \left(\frac{1}{\sqrt{n}} \right)^2 \right]$$
$$= \left(\frac{a_1^2}{n} + \frac{a_2^2}{n} + \cdots + \frac{a_n^2}{n} \right) \left(\frac{1}{n} + \frac{1}{n} + \cdots + \frac{1}{n} \right)$$
$$= \frac{a_1^2 + a_2^2 + \cdots + a_n^2}{n},$$

即

$$\left(\frac{a_1 + a_2 + \cdots + a_n}{n} \right)^2 \leqslant \frac{a_1^2 + a_2^2 + \cdots + a_n^2}{n}.$$

【例 3-41】　设 a, b, c 是互不相等的正实数,求证

$$\frac{a}{b+c} + \frac{b}{c+a} + \frac{c}{a+b} > \frac{3}{2}.$$

证明　设 $b + c = x, c + a = y, a + b = z$,则

$$a = \frac{1}{2}(y+z-x), \quad b = \frac{1}{2}(z+x-y), \quad c = \frac{1}{2}(x+y-z),$$

$$\frac{a}{b+c} + \frac{b}{c+a} + \frac{c}{a+b} = \frac{y+z-x}{2x} + \frac{z+x-y}{2y} + \frac{x+y-z}{2z}$$

$$= \frac{y+z}{2x} + \frac{z+x}{2y} + \frac{x+y}{2z} - \frac{3}{2}.$$

于是由算术—几何平均值不等式,得

$$\frac{a}{b+c} + \frac{b}{c+a} + \frac{c}{a+b} > 3\sqrt[3]{\frac{(y+z)(z+x)(x+y)}{8xyz}} - \frac{3}{2}$$

$$> \frac{3}{2}\sqrt[3]{\frac{(2\sqrt{yz})(2\sqrt{zx})(2\sqrt{xy})}{xyz}} - \frac{3}{2}$$

$$= \frac{3}{2},$$

即

$$\frac{a}{b+c} + \frac{b}{c+a} + \frac{c}{a+b} > \frac{3}{2}.$$

【例 3-42】 设 a, b, c, d, x, y 都是正实数,且

$$x^2 = a^2 + b^2, \quad y^2 = c^2 + d^2,$$

求证 $xy \geqslant \sqrt{(ac+bd)(ad+bc)}$.

证明 由柯西不等式,得

$$xy = \sqrt{a^2+b^2}\sqrt{c^2+d^2} \geqslant ac+bd,$$

$$xy = \sqrt{a^2+b^2}\sqrt{d^2+c^2} \geqslant ad+bc,$$

所以

$$(xy)^2 \geqslant (ac+bd)(ad+bc),$$

即

$$xy \geqslant \sqrt{(ac+bd)(ad+bc)}.$$

【例 3-43】 设 a, b, c 是互不相等的正实数,求证

$$2(a^3+b^3+c^3) > a^2(b+c) + b^2(c+a) + c^2(a+b).$$

证明 由 $a^2+b^2 > 2ab$,得

$$a^2 - ab + b^2 > ab,$$

即

$$(a+b)(a^2-ab+b^2) > ab(a+b),$$

$$a^3 + b^3 > a^2b + ab^2,$$

同理

$$b^3 + c^3 > b^2c + bc^2,$$

$$c^3 + a^3 > c^2a + ca^2,$$

把上面三式相加,得

$$2(a^3+b^3+c^3) > a^2b + ab^2 + b^2c + bc^2 + c^2a + ca^2,$$

即

$$2(a^3+b^3+c^3)>a^2(b+c)+b^2(c+a)+c^2(a+b).$$

【例 3-44】 求证

$$\frac{1}{7}\leqslant\frac{x^2-3x+4}{x^2+3x+4}\leqslant 7,$$

其中,x 为任意实数.

解　设 $y=\dfrac{x^2-3x+4}{x^2+3x+4}$,则有

$$(y-1)x^2+3(y+1)x+4(y-1)=0 \qquad\qquad (10)$$

当 $\Delta=9(y+1)^2-16(y-1)^2\geqslant 0$ 时总有解,即 $\Delta=-(7y-1)(y-7)\geqslant 0$,当 $\dfrac{1}{7}\leqslant y\leqslant 7$ 时,二次方程(10)总有解.所以,对任意实数 x,都有

$$\frac{1}{7}\leqslant\frac{x^2-3x+4}{x^2+3x+4}\leqslant 7.$$

习题 3.5

1. 设 a,b,c 是正数,且 $a+b+c=1$,求证:

(1)$(1-a)(1-b)(1-c)\geqslant 8abc$.

(2)$\sqrt[3]{abc}\leqslant\dfrac{1}{3}$.

2. 设 a,b,c 是正数,且 $abc=8$,求证:

(1)$ab+bc+ca\geqslant 12$.

(2)$a+b+c\geqslant 6$.

3. 设 $a_1=3,a_2=4,b_1=-3,b_2=-4$,验证柯西不等式与三角形不等式.

4. 设 $a^2+b^2+c^2=1,x^2+y^2+z^2=1$,求证 $|ax+by+cz|\leqslant 1$.

5. 设 a_1,a_2 是实数,求证:

(1)$\sqrt{a_1^2+a_2^2}\cdot\sqrt{\dfrac{1}{a_1^2}+\dfrac{1}{a_2^2}}\geqslant 2$.

(2)$\sqrt{a_1^2+a_2^2}+\sqrt{\dfrac{1}{a_1^2}+\dfrac{1}{a_2^2}}\geqslant 2\sqrt{2}$.

6. 设 a,b,c 是互不相等的正实数,求证:

(1)$\dfrac{b+c}{a}+\dfrac{c+a}{b}+\dfrac{a+b}{c}>6$.

(2)$(ab+a+b+1)(ab+ac+bc+c^2)>16abc$.

(3)$(a+b)(a^2+b^2)(a^3+b^3)>8a^3b^3$.

(4)$(a+b)\left(\dfrac{1}{a}+\dfrac{1}{b}\right)>4$.

7. 设 a,b,c 是互不相等的正实数,求证:

(1)$a^2+3b^2>2b(a+b)$.

(2)$a^4+6a^2b^2+b^4>4ab(a^2+b^2)$.

(3)$3a^2(a-b)>a^3-b^3$.

$(4) a^4 - b^4 < 4a^3(a-b)$.

8. 设 a, b, c 是正实数,且 $a+b+c=\pi$,求证 $\dfrac{1}{a^2}+\dfrac{1}{b^2}+\dfrac{1}{c^2} \geqslant \dfrac{27}{\pi^2}$.

9. 设 a, b, c 是三角形的边长,求证:

$(1) a^4 + b^4 + c^4 < 2(a^2 b^2 + b^2 c^2 + c^2 a^2)$.

(2) 方程 $b^2 x^2 + (b^2 + c^2 - a^2)x + c^2 = 0$ 无实根.

10. 设 $a_1, a_2, \cdots, a_n$ 为正实数,求证:

(1) $\sqrt{a_1^2 + (1-a_2)^2} + \sqrt{a_2^2 + (1-a_3)^2} + \cdots + \sqrt{a_n^2 + (1-a_1^2)} \geqslant \dfrac{n\sqrt{2}}{2}$.

(2) $\left(\dfrac{a_1^{-1} + a_2^{-1} + \cdots + a_n^{-1}}{n}\right)^{-1} \leqslant \sqrt[n]{a_1 a_2 \cdots a_n}$.

11. 设 $n \in \mathbf{N}$,解不等式:

$(1) 4 < \dfrac{1 + 2 + \cdots + n}{n} < 5$.

$(2) 1^2 + 2^2 + \cdots + n^2 > 10(1 + 2 + \cdots + n)$.

12. k 为何值时,方程组 $\begin{cases} y = kx + 3 \\ x^2 + y^2 + 2x - 4 = 0 \end{cases}$ 有两组相异实数解?

13. 设 $\dfrac{x-1}{2} = \dfrac{y+1}{2} = \dfrac{z-2}{3}$,问 x, y, z 取何值时,$x^2 + y^2 + z^2$ 有最小值?并求这个最小值.

第4章 基本初等函数

函数是一个基本的数学概念,和许多重要的数学概念一样,人们对它的认识经历了由不全面到较全面,由不确切到较确切,由不严密到较严密的逐步深化过程.函数是描述客观世界中变量间依赖关系的工具,是高等数学的主要研究对象,是现代科学技术中不可缺少的内容.

本章主要介绍函数的概念及其性质、基本初等函数及其图形等.

4.1 函数的概念及其性质

4.1.1 函数的概念

定义 4-1 设 D 和 R 是两个非空数集,若对于任一 $x \in D$,依据某一法则(或关系)f,都有唯一的 $y \in R$ 与之相对应,则称 f 是从 D 到 R 的一个函数.习惯上就称 y 是 x 的**函数**,通常记作

$$y = f(x), \quad x \in D,$$

其中,x 称为**自变量**,y 称为**因变量**,D 称为**定义域**.

在函数定义中,对任一 $x \in D$,按对应法则 f,总有唯一确定的值 y 与之对应,这个值称为函数 f 在 x 处的**函数值**,记作 $f(x)$,即 $y = f(x)$.因变量 y 与自变量 x 之间的这种依赖关系通常称为**函数关系**.函数值 $f(x)$ 的全体所构成的集合称为函数 f 的**值域**,记作 $R(f)$ 或 $f(D)$,即

$$R(f) = f(D) = \{y \mid y = f(x), x \in D\}.$$

需要指出,按照上述定义,记号 f 和 $f(x)$ 的含义是有区别的.前者表示自变量 x 和因变量 y 之间的对应法则,而后者表示与自变量 x 对应的函数值.但为了叙述方便,习惯上常用记号"$f(x), x \in D$"或"$y = f(x), x \in D$"来表示定义在 D 上的函数,这时应将其理解为函数 f.

表示函数的记号可以任意选取,除了常用的 f 外,还可用其他英文字母或希腊字母,如 "g""F""φ"等表示.相应地,函数可记作 $y = g(x), y = F(x), y = \varphi(x)$ 等.有时还直接用因变量的记号来表示函数,即把函数记作 $y = y(x)$.但在同一个问题中,讨论几个不同的函数时,为了表示区别,需用不同的记号来表示它们.

函数是从实数集到实数集的映射,其值域总在 **R** 内,因此构成函数的要素是:定义域 D

及对应法则 f. 如果两个函数的定义域相同,对应法则也相同,那么这两个函数就是相同的,否则就是不同的.

函数的定义域通常按以下两种情形来确定:一种情形是对有实际背景的函数,根据实际背景中变量的实际意义确定.例如,在自由落体运动中,设物体下落的时间为 t,下落的距离为 s,开始下落的时刻 $t=0$,落地的时刻 $t=T$,则 s 与 t 之间的函数关系是 $s=\dfrac{1}{2}gt^2$, $t\in[0,T]$.这个函数的定义域就是区间 $[0,T]$;另一种情形是对抽象地用算式表达的函数,通常约定这种函数的定义域是使得算式有意义的一切实数组成的集合,这种定义域称为函数的**自然定义域**.在这种约定下,用算式表达的函数可用" $y=f(x)$ "表达,而不必再表示出 D.例如,函数 $y=\sqrt{1-x^2}$ 的定义域是闭区间 $[-1,1]$,函数 $y=\dfrac{1}{\sqrt{1-x^2}}$ 的定义域是开区间 $(-1,1)$.

表示函数的方法主要有三种:表格法、图形法、解析法(公式法).其中,用图形法表示函数是基于函数图形的概念,即坐标平面上的点集

$$\{P(x,y)\mid y=f(x),x\in D\}$$

称为函数 $y=f(x),x\in D$ 的**图形**.

在数学发展的过程中,形成了最简单的五类函数,即**幂函数、指数函数、对数函数、三角函数**和**反三角函数**.描述现实世界千变万化关系的函数常常由这几类函数和常数构成.因此,把它们称为**基本初等函数**.关于它们的定义、性质和图形将在本章的第二节详细介绍.

下面举一些例子,以加深对函数的理解.

【例 4-1】 函数 $y=2$ 的定义域 $D=(-\infty,+\infty)$,值域 $R(f)=\{2\}$,其图形是一条平行于 x 轴的直线,如图 4-1 所示.

【例 4-2】 函数 $y=|x|=\begin{cases} x, & x\geqslant 0 \\ -x, & x<0 \end{cases}$ 的定义域 $D=(-\infty,+\infty)$,值域 $R(f)=[0,+\infty)$,其图形如图 4-2 所示.该函数称为**绝对值函数**.

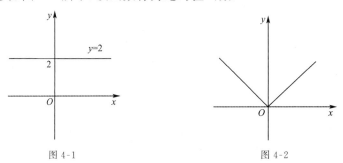

图 4-1　　　　　　　　　　　　图 4-2

【例 4-3】 设 x 为任一实数.不超过 x 的最大整数称为 x 的**整数部分**,记作 $[x]$.例如, $[0.3]=0,[\sqrt{3}]=1,[-\pi]=-4,[-1]=-1$.把 x 看作变量,则函数 $y=[x]$ 的定义域 $D=(-\infty,+\infty)$,值域 $R(f)=\mathbf{Z}$.其图形如图 4-3 所示,该图形称为**阶梯曲线**.在 x 为整数值处,图形发生跳跃,跃度是 1.该函数称为**取整函数**.

【例 4-4】 函数 $y=\mathrm{sgn}\,x=\begin{cases} 1, & x>0 \\ 0, & x=0 \\ -1, & x<0 \end{cases}$ 称为**符号函数**,其定义域 $D=(-\infty,+\infty)$,值

域 $R(f)=\{-1,0,1\}$，其图形如图 4-4 所示．对于任何实数 x，下列关系成立：

$$x=\operatorname{sgn}x\cdot|x|.$$

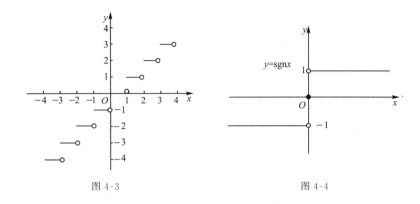

图 4-3　　　　　　　　　　　　　　　图 4-4

在例 4-3 和例 4-4 中看到，有时一个函数要用几个式子表示．这种在自变量的不同变化范围内，对应法则用不同式子来表示的函数通常称为**分段函数**．

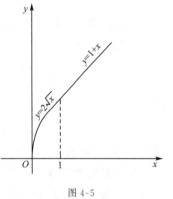

【**例 4-5**】　函数 $y=f(x)=\begin{cases}2\sqrt{x},&0\leqslant x\leqslant 1\\1+x,&x>1\end{cases}$ 是一个分段函数．它的定义域 $D=[0,+\infty)$．当 $x\in[0,1]$ 时，对应的函数值 $f(x)=2\sqrt{x}$；当 $x\in(1,+\infty)$ 时，对应的函数值 $f(x)=1+x$．例如，$\dfrac{1}{2}\in[0,1]$，所以 $f\left(\dfrac{1}{2}\right)=2\sqrt{\dfrac{1}{2}}=\sqrt{2}$；$1\in[0,1]$，所以 $f(1)=2\sqrt{1}=2$；$3\in(1,+\infty)$，所以 $f(3)=1+3=4$．函数的图形如图 4-5 所示．

图 4-5

用几个式子来表示一个（不是几个）函数，不仅与函数定义没有矛盾，而且有现实意义．在自然科学和工程技术中，经常会遇到分段函数的情形．例如，在等温过程中，当 V 不太小时，气体压强 p 与体积 V 的函数关系依从玻意耳定律；当 V 相当小时，函数关系就要用范德瓦耳斯方程来表示，即

$$p=\begin{cases}\dfrac{k}{V},&V\geqslant V_0\\[2mm]\dfrac{\gamma}{V-\beta}-\dfrac{\alpha}{V^2},&V<V_0\end{cases},$$

其中，k,α,β,γ 都是常量；V_0 为临界值．

4.1.2　函数的特性

1. 函数的奇偶性

设函数 $f(x)$ 的定义域 D 关于原点对称（即若 $x\in D$，则必有 $-x\in D$）．如果对于任一 $x\in D$，$f(-x)=f(x)$ 恒成立，则称 $f(x)$ 为**偶函数**．如果对于任一 $x\in D$，$f(-x)=-f(x)$ 恒成立，则称 $f(x)$ 为**奇函数**．

例如，$f(x)=x^2$ 是偶函数，因为 $f(-x)=(-x)^2=x^2=f(x)$．又如，$f(x)=x^3$ 是奇函

数,因为 $f(-x)=(-x)^3=-x^3=-f(x)$.

偶函数的图形关于 y 轴对称.因为若 $f(x)$ 是偶函数,则 $f(-x)=f(x)$,所以如果 $A(x,f(x))$ 是图形上的点,则与它关于 y 轴对称的点 $A'(-x,f(x))$ 也在图形上(图 4-6).

奇函数的图形关于原点对称.因为若 $f(x)$ 是奇函数,则 $f(-x)=-f(x)$,所以如果 $A(x,f(x))$ 是图形上的点,则与它关于原点对称的点 $A''(-x,-f(x))$ 也在图形上(图 4-7).

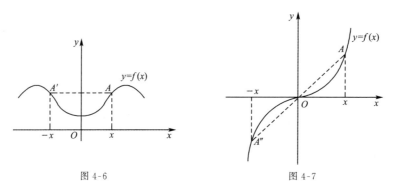

图 4-6   图 4-7

【例 4-6】 证明函数 $f(x)=|x+1|+|x-1|$ 在 $(-\infty,+\infty)$ 上是偶函数.

证明 因为

$$f(-x)=|-x+1|+|-x-1|=|-(x-1)|+|-(x+1)|$$
$$=|x-1|+|x+1|, \quad x\in(-\infty,+\infty),$$

即

$$f(-x)=f(x), \quad x\in(-\infty,+\infty),$$

所以 $f(x)$ 是偶函数.

2. 函数的单调性

设函数 $f(x)$ 的定义域为 D,区间 $I\subset D$.如果对于区间 I 上任意两点 x_1 及 x_2,当 $x_1<x_2$ 时,恒有 $f(x_1)<f(x_2)$,则称函数 $f(x)$ 在区间 I 上**单调增加**(图 4-8);如果对于区间 I 上任意两点 x_1 及 x_2,当 $x_1<x_2$ 时,恒有 $f(x_1)>f(x_2)$,则称函数 $f(x)$ 在区间 I 上**单调减少**(图 4-9).单调增加和单调减少的函数统称为**单调函数**.

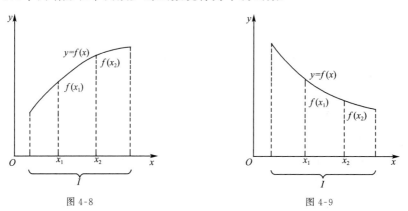

图 4-8   图 4-9

例如,函数 $f(x)=x^2$ 在区间 $[0,+\infty)$ 上是单调增加的,在区间 $(-\infty,0)$ 上是单调减少的;但在区间$(-\infty,+\infty)$上不是单调的(图 4-10). 又如,函数 $f(x)=x^3$ 在区间 $(-\infty,+\infty)$ 内是单调增加的(图 4-11).

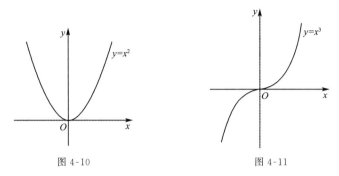

图 4-10　　　　　　　　　　图 4-11

【**例 4-7**】　设函数 $f(x)$ 在$[-b,b]$上是奇函数,

(1)求证 $f(0)=0$;

(2)如果 $f(x)$ 在$[-b,-a](a>0)$上单调减少,求证 $f(x)$ 在$[a,b]$上单调减少;

(3)如果 $f(x)$ 在$[-b,-a]$上单调减少且恒为正,讨论$[f(x)]^2$ 的单调性.

(1)**证明**　由 $f(-x)=-f(x)$,得 $f(0)=-f(0)$,即 $f(0)=0$.

(2)**证明**　任取$[a,b]$上两点 x_1,x_2,且 $a\leqslant x_1<x_2\leqslant b$,于是由 $-b\leqslant -x_2<-x_1\leqslant -a$,$f(x)$ 在$[-b,-a]$上单调减少以及 $f(-x)=-f(x)$,得

$$f(-x_2)>f(-x_1),\quad -f(x_2)>-f(x_1),$$

即

$$f(x_1)>f(x_2),$$

所以 $f(x)$ 在$[a,b]$上单调减少.

(3)**解**　任取$[a,b]$上两点 x_1,x_2,且 $a\leqslant x_1<x_2\leqslant b$,则

$$[f(x_2)]^2-[f(x_1)]^2=[f(x_2)-f(x_1)][f(x_2)+f(x_1)],$$

由(2)与 $f(-x)=-f(x)$ 以及 $f(x)>0(x\in[-b,-a])$,得

$$f(x_2)-f(x_1)<0,\quad f(x_2)=-f(-x_2)<0,$$
$$f(x_1)=-f(-x_1)<0,$$

从而

$$[f(x_1)]^2<[f(x_2)]^2,$$

所以$[f(x)]^2$ 在$[a,b]$上单调增加.

3. 函数的有界性

设函数 $f(x)$ 的定义域为 D,数集 $X\subset D$.如果存在数 K_1,使得 $f(x)\leqslant K_1$,对任一 $x\in X$ 都成立,则称函数 $f(x)$ 在 X 上有**上界**,而 K_1 称为函数 $f(x)$ 在 X 上的一个上界.如果存在数 K_2,使得 $f(x)\geqslant K_2$,对任一 $x\in X$ 都成立,则称函数 $f(x)$ 在 X 上有**下界**,而 K_2 称为函数 $f(x)$ 在 X 上的一个下界.如果存在正数 M,使得$|f(x)|\leqslant M$,对任一 $x\in X$ 都成立,则称函数 $f(x)$ 在 X 上**有界**,或称函数 $f(x)$ 在 X 上为**有界函数**.如果这样的 M 不存在,就称函数 $f(x)$ 在 X 上**无界**.也就是说,如果对于任何正数 M,总存在 $x_1\in X$,使得$|f(x_1)|\geqslant M$,那么函数 $f(x)$ 在 X 上无界.

【**例 4-8**】　设函数 $f(x)$ 在闭区间$[a,b]$上单调,求证函数 $f(x)$ 在$[a,b]$上有界.

证明 设 $f(x)$ 在 $[a,b]$ 上单调增加,则对于任一 $x\in[a,b]$,恒有

$$f(a)\leqslant f(x)\leqslant f(b).$$

取 $M=\max\{|f(a)|,|f(b)|\}$[①],则由

$$f(b)\leqslant|f(b)|\leqslant M,\quad -f(a)\leqslant|f(a)|\leqslant M,$$

得

$$-M\leqslant f(a)\leqslant f(x)\leqslant f(b)\leqslant M,$$

即

$$|f(x)|\leqslant M\quad(x\in[a,b]),$$

所以 $f(x)$ 在 $[a,b]$ 上有界.

同理可证,在 $[a,b]$ 上单调减少的函数也在 $[a,b]$ 上有界.

4. 函数的周期性

设函数 $f(x)$ 的定义域为 D. 如果存在一个正数 l,使得对任一 $x\in D$,有 $(x\pm l)\in D$,且

$$f(x+l)=f(x)$$

恒成立,则称 $f(x)$ 为**周期函数**,l 称为 $f(x)$ 的**周期**,通常我们说周期函数的周期是指**最小正周期**.

由 $(x-l)\in D$,得

$$f[(x-l)+l]=f(x-l),$$

即

$$f(x-l)=f(x).$$

图 4-12 是最小正周期为 l 的周期函数 $f(x)(x\in(-\infty,+\infty))$ 的图形. 这个图形在区间 $[kl,(k+1)l](k\in\mathbf{Z})$ 上有相同的形状:当 $k>0$ 时,把函数 $y=f(x)$ 在 $[0,l]$ 上的图形向右平移 kl,就得到它在 $[kl,(k+1)l]$ 上的图形;当 $k<0$ 时,把函数 $y=f(x)$ 在 $[0,l]$ 上的图形向左平移 $-kl$,就得到它在 $[kl,(k+1)l]$ 上的图形.

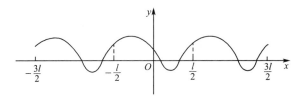

图 4-12

4.1.3 反函数与复合函数

设函数 $y=f(x)$ 的定义域与值域分别是 D 与 $R(f)$. 如果对任一 $y\in R(f)$,均有唯一的 $x\in D$ 与之相对应,使得 $f(x)=y$,这样就确定了一个由 $R(f)$ 到 D 的函数,通常称这个函数为 $y=f(x)$ 的**反函数**,记为

$$x=f^{-1}(y)\quad\text{或}\quad x=\varphi(y).$$

也就是说,反函数 f^{-1} 的对应法则完全是由函数 f 的对应法则所确定的.

---

①$\max\{|f(a)|,|f(b)|\}$ 表示 $|f(a)|$ 与 $|f(b)|$ 中较大的数,$\min\{|f(a)|,|f(b)|\}$ 表示 $|f(a)|$ 与 $|f(b)|$ 中较小的数.

由于习惯上自变量用 x 表示,因变量用 y 表示,于是 $y=x^3,x\in\mathbf{R}$ 的反函数通常写作 $y=x^{\frac{1}{3}},x\in\mathbf{R}$.

一般地,$y=f(x),x\in D$ 的反函数记为 $y=f^{-1}(x),x\in f(D)$.

若 f 是定义在 D 上的单调函数,则 $f:D\to f(D)$ 是单射,于是 f 的反函数 f^{-1} 必定存在,而且容易证明 f^{-1} 也是 $f(D)$ 上的单调函数.事实上,不妨设 f 在 D 上单调增加,现在来证明 f^{-1} 在 $f(D)$ 上也是单调增加的.

任取 $y_1,y_2\in f(D)$,且 $y_1<y_2$.按函数 f 的定义,对 y_1,在 D 内存在唯一的原像 x_1,使得 $f(x_1)=y_1$,于是 $f^{-1}(y_1)=x_1$;对 y_2,在 D 内存在唯一的原像 x_2,使得 $f(x_2)=y_2$,于是 $f^{-1}(y_2)=x_2$.

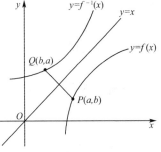

图 4-13

如果 $x_1>x_2$,则由 $f(x)$ 单调增加,必有 $y_1>y_2$;如果 $x_1=x_2$,显然 $y_1=y_2$.这两种情形都与假设 $y_1<y_2$ 不符,故必有 $x_1<x_2$,即 $f^{-1}(y_1)<f^{-1}(y_2)$.这就证明了 f^{-1} 在 $f(D)$ 上是单调增加的.

相对于反函数 $y=f^{-1}(x)$ 来说,原来的函数 $y=f(x)$ 称为**直接函数**.把直接函数 $y=f(x)$ 及其反函数 $y=f^{-1}(x)$ 的图形画在同一坐标平面上,这两个图形关于直线 $y=x$ 对称(图 4-13).这是因为如果 $P(a,b)$ 是图形 $y=f(x)$ 上的点,则有 $b=f(a)$.按反函数的定义,有 $a=f^{-1}(b)$,故 $Q(b,a)$ 是图形 $y=f^{-1}(x)$ 上的点;反之,若 $Q(b,a)$ 图形 $y=f^{-1}(x)$ 上的点,则 $P(a,b)$ 是图形 $y=f(x)$ 上的点.而 $P(a,b)$ 与 $Q(b,a)$ 关于直线 $y=x$ 对称.

复合函数是复合映射的一种特例,利用通常函数的记号,复合函数的概念可如下表述.

设函数 $y=f(u)$ 的定义域为 D_1,函数 $u=g(x)$ 在 $D^①$ 上有定义,且 $g(D)\subset D_1$,则由下式确定的函数

$$y=f[g(x)],\quad x\in D$$

称为由函数 $u=g(x)$ 和函数 $y=f(u)$ 构成的**复合函数**,其定义域为 D,变量 u 称为**中间变量**.

函数 g 与函数 f 构成的复合函数通常记为 $f\circ g$,即

$$(f\circ g)(x)=f[g(x)].$$

与复合映射一样,g 与 f 能构成复合函数 $f\circ g$ 的条件是:函数 g 在 D 上的值域 $g(D)$ 必须包含在 f 的定义域 D_1 内,即 $g(D)\subset D_1$.否则,不能构成复合函数.例如,$y=f(u)=\arcsin u$ 的定义域为 $[-1,1]$,$u=g(x)=2\sqrt{1-x^2}$ 在 $D=\left[-1,-\dfrac{\sqrt{3}}{2}\right]\cup\left[\dfrac{\sqrt{3}}{2},1\right]$ 上有定义,且 $g(D)\subset[-1,1]$,则 g 与 f 可构成复合函数

$$y=\arcsin 2\sqrt{1-x^2},\quad x\in D.$$

但函数 $y=\arcsin u$ 和函数 $u=2+x^2$ 不能构成复合函数,这是因为对任一 $x\in\mathbf{R},u=2+x^2$ 均不在 $y=\arcsin u$ 的定义域 $[-1,1]$ 内.

---

① 这里的 D 是构成的复合函数的定义域,它可以是函数 $u=g(x)$ 的定义域的一个非空子集.

4.1.4 函数的运算

设函数 $f(x),g(x)$ 的定义域分别为 $D_1,D_2,D=D_1 \bigcap D_2 \neq \varnothing$,则可以定义这两个函数的下列运算:

和(差) $f \pm g$: $\qquad (f \pm g)(x)=f(x) \pm g(x), \quad x \in D;$

积 $f \cdot g$: $\qquad (f \cdot g)(x)=f(x) \cdot g(x), \quad x \in D;$

商 $\dfrac{f}{g}$: $\qquad \left(\dfrac{f}{g}\right)(x)=\dfrac{f(x)}{g(x)}, \quad x \in D \backslash \{x \mid g(x)=0\}.$

【例 4-9】 设函数 $f(x)$ 的定义域为 $(-l,l)$,证明:必存在 $(-l,l)$ 上的偶函数 $g(x)$ 及奇函数 $h(x)$,使得

$$f(x)=g(x)+h(x).$$

分析 若存在 $g(x),h(x)$,使得

$$f(x)=g(x)+h(x), \tag{1}$$

且

$$g(-x)=g(x), \quad h(-x)=-h(x),$$

于是有

$$f(-x)=g(-x)+h(-x)=g(x)-h(x). \tag{2}$$

利用式(1)、式(2),就可作出 $g(x),h(x)$ 。

证明 记

$$g(x)=\frac{1}{2}\big[f(x)+f(-x)\big],$$

$$h(x)=\frac{1}{2}\big[f(x)-f(-x)\big],$$

则

$$g(x)+h(x)=f(x),$$

$$g(-x)=\frac{1}{2}\big[f(-x)+f(x)\big]=g(x),$$

$$h(-x)=\frac{1}{2}\big[f(-x)-f(x)\big]=-h(x).$$

习题 4.1

1.求下列函数的定义域,并用区间表示:

(1) $f(x)=\sqrt{3x^2+6x+7}$.

(2) $f(x)=\sqrt{-x^2+3x-2}+\dfrac{1}{2x-3}$.

(3) $f(x)=\dfrac{\sqrt{-x}}{2x^2-3x-2}$.

(4) $f(x)=\dfrac{1}{x}-\sqrt{1-x^2}$.

2. 设 $\varphi(x)=|x-3|+|x-1|$，求 $\varphi(0),\varphi(1),\varphi(-1)$.

3. 设 $f(x)=\begin{cases}x+1,x>0\\\pi,\quad x=0\\0,\quad x<0\end{cases}$，求 $f(f(1))$.

4. 设 $f(x)=\dfrac{1+x}{1-x}$，求 $f(f(x))$.

5. 设 $f(x)$ 的定义域为 $(-l,l)$，证明 $f(x)+f(-x)$ 为偶函数.

6. 设 $f(n)=\dfrac{1}{\sqrt{5}}\left[\left(\dfrac{1+\sqrt{5}}{2}\right)^n-\left(\dfrac{1-\sqrt{5}}{2}\right)^n\right],n\in\mathbf{N}$，求证：

(1) $f(n+1)=f(n)+f(n-1)(n\geqslant 2)$.

(2) $f(n)(n\geqslant 2)$ 单调增加.

7. 设 $f(x)=\dfrac{2x+1}{3x-2}$，求：

(1) $f(x)$ 的单调区间.

(2) $f(x)$ 的反函数 $\varphi(x)$.

8. 设 $ad-bc\neq 0$，且 $f(x)=\dfrac{ax+b}{cx+d}$，求 $f(x)$ 的单调区间. 当 a,b,c,d 满足什么条件时，$f(x)$ 与其反函数 $\varphi(x)$ 相同？

9. 求函数 $f(x)=ax^2+bx+c(a\neq 0)$ 的单调区间，并求 $f(x)$ 在各单调区间上的反函数.

10. 设函数 $y=f(x)$ 在 $[a,b]$ 上单调，且 $f(x)$ 的值域为 $[\alpha,\beta]$，$f^{-1}(x)$ 为 $f(x)$ 的反函数. 如果对于 $[a,b]$ 上任意相异的两点 x_1,x_2，恒有

$$\frac{f(x_1)+f(x_2)}{2}>f\left(\frac{x_1+x_2}{2}\right),$$

求证

$$\frac{f^{-1}(y_1)+f^{-1}(y_2)}{2}<f^{-1}\left(\frac{y_1+y_2}{2}\right),$$

其中，y_1,y_2 是 $[\alpha,\beta]$ 上任意相异的两点. 试以 $f(x)=x^3,x\in[0,2]$ 验证上述结论.

11. 设 $f(x)=\sqrt{x+2\sqrt{x-1}}+\sqrt{x-2\sqrt{x-1}}$，求：

(1) $f(x)$ 的定义域.

(2) $f(x)$ 的单调区间以及相应的反函数.

(3) $f(x)$ 的值域.

12. 设 $f_n(x)=f\underbrace{(f(\cdots f(x))}$，若 $f(x)=\dfrac{x}{\sqrt{1+x^2}}$，求 $f_n(x)$.

13. (1) 证明函数 $f(x)=x^{\frac{3}{2}}$ 在 $[0,+\infty)$ 上单调增加.

(2) 解不等式 $(x^2-3x+2)^{\frac{3}{2}}<(x+7)^{\frac{3}{2}}$.

14. 设函数 $f(x),x\in(-\infty,+\infty)$ 的最小正周期为 1，且

$$f(x)=\begin{cases}\dfrac{1}{2},x=0\\x^2,0<x<1,\\\dfrac{1}{2},x=1\end{cases}$$

试做出 $y=f(x)$ 在 $[-3,3]$ 上的图形,并分别写出 $f(x)$ 在区间 $[-1,0]$ 与 $[1,2]$ 上的解析式.

15. 设函数 $f(x)$ 在数集 X 上有定义,试证:函数 $f(x)$ 在 X 上有界的充分必要条件是它在 X 上既有上界,又有下界.

4.2 幂函数、指数函数与对数函数

4.2.1 幂函数

由幂 x^a 所确定的函数 $y=x^a$ 称为**幂函数**,其中 x 称为幂的底数,常数 α 称为幂的指数.

幂函数 $y=x^a$ 的定义域随 α 的取值的不同而不同.例如,当 $\alpha=2$ 时,$y=x^2$ 的定义域是 $(-\infty,+\infty)$;当 $\alpha=\dfrac{1}{2}$ 时,$y=x^{\frac{1}{2}}=\sqrt{x}$ 的定义域是 $[0,+\infty)$;当 $\alpha=-\dfrac{1}{2}$ 时,$y=x^{-\frac{1}{2}}=\dfrac{1}{\sqrt{x}}$ 的定义域是 $(0,+\infty)$.但不论 α 取什么值,幂函数在 $(0,+\infty)$ 内总有定义.

常见的几种幂函数的性质与图形见表 4-1.

表 4-1 　　　　　　　　　　　　常见幂函数的性质与图形

函　数	定义域	奇偶性	单调性	图　形
$y=x^2$	$(-\infty,+\infty)$	偶函数	$x\leqslant 0$ 时 ↘ $x\geqslant 0$ 时 ↗	
$y=\sqrt{x}$	$[0,+\infty)$	非奇非偶函数	↗	
$y=\sqrt[3]{x}$	$(-\infty,+\infty)$	奇函数	↗	
$y=x^3$	$(-\infty,+\infty)$	奇函数	↗	

4.2.2 指数函数

由指数式 a^x 所确定的函数 $y=a^x$ 称为**指数函数**,其中底数 a 为常数,且 $a>0,a\neq 1$.指数函数的定义域和值域分别为 $(-\infty,+\infty)$ 和 $(0,+\infty)$.

常用的指数函数的运算法则有:

$(1)a^{x_1}\cdot a^{x_2}=a^{x_1+x_2}$;　　　　　　　　　　$(2)\dfrac{a^{x_1}}{a^{x_2}}=a^{x_1-x_2}$;

（3）$(ab)^x = a^x b^x$；　　　　　　　　　（4）$\left(\dfrac{b}{a}\right)^x = \dfrac{b^x}{a^x}$；

（5）$(a^{x_1})^{x_2} = a^{x_1 x_2}$．

【例 4-10】　解指数方程 $6^{2x+4} = 3^{3x} \cdot 2^{x+8}$．

解　方程两端可化为

$$6^{2x} \cdot 6^4 = 3^{3x} \cdot 2^x \cdot 2^8,$$

$$(36)^x \cdot 36^2 = 27^x \cdot 2^x \cdot 16^2,$$

$$\left(\frac{2}{3}\right)^x = \left(\frac{2}{3}\right)^4,$$

于是 $x = 4$．

【例 4-11】　设 $a>1, x>0$，求证 $a^x>1$．

证明　若 x 为正有理数，即 $x = \dfrac{p}{q}$（为既约分数），则由 $a>1$ 知，$a^p>1$，从而 $\sqrt[q]{a^p}>1$．

若 x 为正无理数，可以证明：存在正有理数 r，使得 $r<x, a^r<a^x$，于是由 $a^r>1$，知 $a^x>1$．

【例 4-12】　求证指数函数 $f(x) = a^x (a>1)$ 在 $(-\infty, +\infty)$ 内单调增加．

证明　设 x_1, x_2 是 $(-\infty, +\infty)$ 内任意两点，且 $x_1<x_2$，而

$$f(x_2) - f(x_1) = a^{x_2} - a^{x_1} = a^{x_1}(a^{x_2-x_1} - 1).$$

由 $x_2 - x_1 > 0$ 及例 4-11 知 $a^{x_2-x_1}>1$，所以 $f(x_2) - f(x_1)>0$，即 $f(x_1)<f(x_2)$．

若 $0<a<1$，则 $\dfrac{1}{a}>1$，由例 4-12 知 $\left(\dfrac{1}{a}\right)^x = \dfrac{1}{a^x}$ 在 $(-\infty, +\infty)$ 内单调增加，从而 a^x 在 $(-\infty, +\infty)$ 内单调减少．

综上，可以得到 $y = a^x$ 的性质与图形，见表 4-2．

表 4-2　　　　　　　　　　　　　　　**$y = a^x$ 的性质与图形**

定义域	值域	单调性	其他性质	图　形
$(-\infty, +\infty)$	$(0, +\infty)$	$a>1$ 时↗，$0<a<1$ 时↘	图形都经过点 $(0,1)$	

4.2.3　对数函数

由上面的介绍已经知道，指数函数 $x = a^y$ 的定义域与值域分别是 $(-\infty, +\infty)$ 与 $(0, +\infty)$，且在 $(-\infty, +\infty)$ 内是单调的，因而存在反函数，通常把这个反函数称为以 a 为底的**对数函数**，记为

$$y = \log_a x \quad (\text{常数 } a>0, \text{且 } a \neq 1),$$

其定义域与值域分别为 $(0, +\infty)$ 与 $(-\infty, +\infty)$；a, x, y 分别称为对数函数的底数、真数和对数．

$x = a^y$ 与 $y = \log_a x$ 互为反函数，它们的形式可以互换，即

（1）$x = a^y \Leftrightarrow y = \log_a x, x \in (0, +\infty), y \in (-\infty, +\infty)$；

(2)$x=a^{\log_a x}$, $x\in(0,+\infty)$;

(3)$y=\log_a a^y$, $y\in(-\infty,+\infty)$.

由此可得 $\log_a a=1$, $\log_a 1=0$.

当底数 $a=10$ 时, $\log_a x$ 称为**常用对数**, 记作 $\lg x$, 即 $\lg x=\log_{10} x$; 当 $a=e\approx2.718\,28$ 时, $\log_a x$ 称为**自然对数**, 记作 $\ln x$, 即 $\ln x=\log_e x$.

根据对数函数的定义及指数函数的运算法则, 可以得到如下对数函数的运算法则:

(1)$\log_a(x_1 x_2)=\log_a x_1+\log_a x_2$ $(x_1>0, x_2>0)$;

(2)$\log_a\left(\dfrac{x_1}{x_2}\right)=\log_a x_1-\log_a x_2$ $(x_1>0, x_2>0)$;

(3)$\log_a x^k=k\log_a x$ $(x>0)$;

(4)$\log_a\sqrt[n]{x}=\dfrac{1}{n}\log_a x$ $(x>0)$;

(5)换底公式: $\log_a x=\dfrac{\log_b x}{\log_b a}$ $(x>0, b>0, b\neq1)$.

对数函数 $y=\log_a x$ 的性质与图形见表 4-3.

表 4-3　　　　　　　　　　　　　　　$y=\log_a x$ 的性质与图形

定义域	值　域	单调性	其他性质	图　形
$(0,+\infty)$	$(-\infty,+\infty)$	$a>1$ 时↗, $0<a<1$ 时↘	图形都经过点$(1,0)$	

【**例 4-13**】　求函数 $y=\lg[1-\lg(x^2-5x+16)]$ 的定义域.

解　根据对数函数的真数恒为正以及 $\lg 10=1$, 得

$$\begin{cases} x^2-5x+16>0 \\ \lg(x^2-5x+16)<\lg 10 \end{cases}.$$

以 10 为底的对数越大, 真数也越大, 即

$$\begin{cases} x^2-5x+16>0 \\ x^2-5x+16<10 \end{cases} \Rightarrow \begin{cases} \left(x-\dfrac{5}{2}\right)^2+\dfrac{39}{4}>0 \\ (x-2)(x-3)<0 \end{cases} \Rightarrow \begin{cases} -\infty<x<+\infty \\ 2<x<3 \end{cases},$$

即所求函数的定义域为 $\{x\,|\,2<x<3\}$.

【**例 4-14**】　设 $\lg(x^2+1)+\lg(y^2+4)=\lg 8+\lg x+\lg y$, 求 x, y 的值.

解　由对数运算法则, 得

$$\lg[(x^2+1)(y^2+4)]=\lg(8xy) (x>0, y>0),$$

即

$$(x^2+1)(y^2+4)=8xy,$$

$$x^2 y^2+4x^2+y^2+4=8xy,$$

$$(x^2 y^2-4xy+4)+(4x^2-4xy+y^2)=0,$$

$$(xy-2)^2+(2x-y)^2=0,$$

$$\begin{cases} xy-2=0 \\ 2x-y=0 \end{cases},$$

解此方程组,得

$$\begin{cases} x=1 \\ y=2 \end{cases}, \quad \begin{cases} x=-1 \\ y=-2 \end{cases}(不合题意),$$

故 $x=1, y=2$.

【例 4-15】　计算下列各题:

(1) $(0.008\ 1)^{-\frac{1}{4}}-\left[3\cdot\left(\dfrac{7}{8}\right)^{0}\right]^{-1}\left[81^{-0.25}+\left(3\dfrac{3}{8}\right)^{-\frac{1}{3}}\right]^{-\frac{1}{2}}$;

(2) $\lg\left[\left(\dfrac{1}{2}\right)^{-6}-16^{0.5}-\left(\dfrac{1}{16}\right)^{-0.75}\right]-\lg 13$(取 $\lg 2\approx0.30$);

(3) $\log_5 35+2\log_{\frac{1}{2}}\sqrt{2}-\log_3\dfrac{1}{27}-\log_5\dfrac{1}{50}-\log_5 14$.

解　(1)　　　　原式 $=(0.3^4)^{-\frac{1}{4}}-3^{-1}\times\left\{(3^4)^{-\frac{1}{4}}+\left[\left(\dfrac{3}{2}\right)^3\right]^{-\frac{1}{3}}\right\}^{-\frac{1}{2}}$

$$=0.3^{-1}-\dfrac{1}{3}\times\left(\dfrac{1}{3}+\dfrac{2}{3}\right)^{-\frac{1}{2}}=\dfrac{10}{3}-\dfrac{1}{3}=3;$$

(2)　　　　原式 $=\lg\left\{2^6-16^{\frac{1}{2}}-\left[\left(\dfrac{1}{2}\right)^4\right]^{-\frac{3}{4}}\right\}-\lg 13$

$$=\lg(64-4-8)-\lg 13=\lg\dfrac{52}{13}=2\lg 2$$

$$\approx0.60;$$

(3)　　　　原式 $=\log_5(5\times7)+\log_{\frac{1}{2}}2-\log_3 3^{-3}-\log_5 50^{-1}-\log_5 14$

$$=1+\log_5 7-1+3+\log_5(5\times10)-\log_5 14$$

$$=3+\log_5 7+1+\log_5 10-\log_5 14$$

$$=4+\log_5\dfrac{7\times10}{14}=4+\log_5 5=4+1=5.$$

【例 4-16】　有浓度为 90% 的溶液 100 毫升,从中取出 10 毫升后再加入 10 毫升清水. 如此反复操作,问至少需要几次才能使溶液浓度低于 10%(设 $\lg 9=0.954\ 24$)?

解　设经 n 次操作后才能使溶液浓度低于 10%. 此时溶液的浓度为 $90\cdot\left(\dfrac{9}{10}\right)^n$%,即

$$90\cdot\left(\dfrac{9}{10}\right)^n\% < 10\%.$$

从而

$$90\cdot\left(\dfrac{9}{10}\right)^n < 10,$$

$$\dfrac{9^{n+1}}{10^n} < 1.$$

两端取常用对数,得

$$(n+1)\lg 9-n < 0,$$

$$n(1-\lg 9) > \lg 9,$$

$$n > \frac{\lg 9}{1 - \lg 9} = \frac{0.954\ 24}{1 - 0.954\ 24} = 20.8,$$

至少需要操作 21 次,才能使溶液的浓度低于 10%.

【例 4-17】 设 $0 < a < b < 1$,求
$$\max\{a^a, a^b, b^a, b^b\}, \quad \min\{a^a, a^b, b^a, b^b\}.$$

解 由 $0 < a < b < 1$,知指数函数 a^x, b^x 都是单调减少的,于是
$$a^a > a^b, \quad b^a > b^b.$$
再由 $0 < a < b$,知 $a^x < b^x (x \in (0, +\infty))$,即
$$b^a > a^a, \quad b^b > a^b,$$
所以
$$\begin{cases} b^a > b^b > a^b \\ b^a > a^a \end{cases}, \quad \begin{cases} a^b < b^b < b^a \\ a^b < a^a \end{cases},$$
于是
$$b^a = \max\{a^a, a^b, b^a, b^b\}, \quad a^b = \min\{a^a, a^b, b^a, b^b\}.$$

【例 4-18】 设 $f(x) = \dfrac{e^x - e^{-x}}{2}$,求 $f(x)$ 的单调区间与 $f(x)$ 的反函数.

解 因为 $e > 1$,即 e^x 与 e^{-x} 在 $(-\infty, +\infty)$ 内分别单调增加与单调减少,于是对 $(-\infty, +\infty)$ 内任两点 x_1, x_2,当 $x_1 < x_2$ 时,有
$$f(x_2) - f(x_1) = \frac{e^{x_2} - e^{-x_2}}{2} - \frac{e^{x_1} - e^{-x_1}}{2}$$
$$= \frac{1}{2}[(e^{x_2} - e^{x_1}) + (e^{-x_1} - e^{-x_2})] > 0,$$
即 $f(x)$ 在 $(-\infty, +\infty)$ 内单调增加. 设
$$y = \frac{e^x - e^{-x}}{2},$$
即
$$(e^x)^2 - 2y(e^x) - 1 = 0,$$
解这个关于 e^x 的二次方程,并由 $e^x > 0$,得
$$e^x = y + \sqrt{1 + y^2},$$
即
$$x = \ln(y + \sqrt{1 + y^2}),$$
所以 $f(x)$ 的反函数为
$$\varphi(x) = \ln(x + \sqrt{1 + x^2}).$$

【例 4-19】 解不等式 $\log_x(5x^2 - 8x + 3) > 2$.

解 设 $0 < x < 1$,这时以 x 为底的对数越大,真数就越小,即
$$\begin{cases} 0 < x < 1 \\ 5x^2 - 8x + 3 > 0 \\ 5x^2 - 8x + 3 < x^2 \end{cases} \Rightarrow \begin{cases} 0 < x < 1 \\ x < \frac{3}{5} \text{ 或 } x > 1 \\ \frac{1}{2} < x < \frac{3}{2} \end{cases} \Rightarrow \frac{1}{2} < x < \frac{3}{5}.$$

设 $x>1$，这时以 x 为底的对数越大，真数就越大，即

$$\begin{cases} 1<x \\ 5x^2-8x+3>0 \\ 5x^2-8x+3>x^2 \end{cases} \Rightarrow \begin{cases} 1<x \\ x<\dfrac{3}{5} \text{ 或 } x>1 \\ x<\dfrac{1}{2} \text{ 或 } x>\dfrac{3}{2} \end{cases} \Rightarrow \dfrac{3}{2}<x<+\infty.$$

于是题设不等式的解为 $\dfrac{1}{2}<x<\dfrac{3}{5}$ 或 $\dfrac{3}{2}<x<+\infty$.

习题 4.2

1. 求函数 $y=\sqrt{\log_{\frac{1}{2}}(4x-3)}$ 的定义域.

2. 设 $a^{2x}=5$，求 $\dfrac{a^{3x}+a^{-3x}}{a^x+a^{-x}}$ 的值.

3. 求下列各式中 x 的值:

$(1)\log x=2\lg(a+b)-\dfrac{2}{3}\lg(a-b)+\dfrac{1}{2}\lg a.$

$(2)\log_a x=\dfrac{1}{2}\log_a(m-n)-\dfrac{1}{3}\log_a(m+n).$

$(3)\log_2[\log_3(\log_2 x)]=0.$

$(4)(\log_x\sqrt{5})^2+3\log_x\sqrt{5}+\dfrac{5}{4}=0.$

4. 计算下列各式的值:

$(1)55^{\lg 1}-(-1)^2+|1-\log_{12}16|+\log_{12}9.$

$(2)(\log_4 3+\log_8 3)(\log_4 2+\log_8 2)-\log_2\sqrt[4]{32}.$

$(3)\lg 5(\lg 8\,000)+(\lg 2^{\sqrt{3}})^2+\lg 0.06-\lg 6.$

$(4)\log_3 4 \cdot \log_4 5 \cdot \log_5 6 \cdot \log_6 7 \cdot \log_7 8 \cdot \log_8 9.$

5. 解不等式 $\lg(x+1)-\lg(x-1)>1.$

6. 解方程 $\lg(x^2+11x+8)-\lg(x+1)=1.$

7. 证明:

(1) 若 $\lg 3=m,\lg 2=n$，则 $\log_5 6=\dfrac{m+n}{1-n}.$

(2) 若 $2^{6a}=3^{3b}=6^{2c}$，则 $3ab-2ac-bc=0.$

$(3)2<\dfrac{1}{\log_{15} 7}+\dfrac{1}{\log_5 7}<3.$

(4) 若 $a^2+b^2=c^2$，则 $\log_{(c+b)}a+\log_{(c-b)}a=2\log_{(c+b)}a \cdot \log_{(c-b)}a.$

8. 研究下列函数的单调性，并指出函数在哪一区间上单调增加，在哪一区间上单调减少.

$(1)y=3^{\sqrt{x^2+2x+3}}.$　$(2)y=\lg(2x^2-5x-3).$

9. 若 $f(x)=\dfrac{4^x+4^{-x}-2}{4^x+4^{-x}+2}$，且 $x>0,y>0$，证明

$$\sqrt{f(x+y)} = \frac{\sqrt{f(x)} + \sqrt{f(y)}}{1 + \sqrt{f(x)f(y)}}.$$

10. 设 $a>0$ 且 $a\neq1$. 如果

$$\log_a(x^2+1) - \log_a x - \log_a 4 = 1 - \log_a(y^2+a^2) + \log_a y,$$

求 x,y 的值.

11. 设 a,x,y 都为正数,且 $a\neq1$,比较 $\log_a\dfrac{x+y}{2}$, $\dfrac{1}{2}(\log_a x + \log_a y)$ 的大小.

12. 设 a,b,c 都为正数,求证

$$\log_3(a^2+b^2+c^2) - 2\log_3(a+b+c) \geqslant -1.$$

13. 设 $f_1(x) = \log_{\frac{1}{3}} x^2$, $f_2(x) = \log_{\frac{1}{3}}(x+2)$,且 $f_1(x) < f_2(x)$,求 x 的取值范围.

14. 设 $a>0,b>0,c>0$,且 $3^a = 4^b = 6^c$,求证 $\dfrac{2}{c} = \dfrac{2}{a} + \dfrac{1}{b}$.

15. 设函数 $f(x) = \log_a(2-ax)$ 在 $[0,1]$ 上单调减少,求 a 的取值范围.

4.3 三角函数

4.3.1 三角函数的定义

在平面直角坐标系中,设射线 OA 的原始位置与 Ox 轴正方向重合,以 O 为轴心旋转 OA 就形成一个任意角 α(图 4-14),终边 OB 落在哪个象限就称为是哪个象限的角. 逆时针方向旋转所成的角称为**正角**,顺时针方向旋转所成的角称为**负角**. 显然,所有与 α 有相同终边的角可表示为

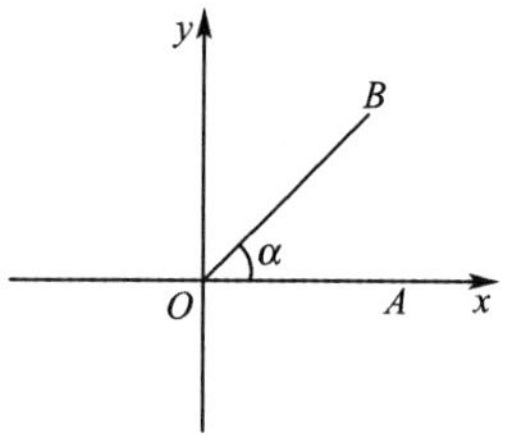

$$\alpha + 2k\pi, \quad k \in \mathbf{Z}.$$

测量角的大小通常用角度制与弧度制,它们之间的关系为

$$1° = \frac{\pi}{180} 弧度,$$

$$1 \text{ 弧度} = \frac{180°}{\pi} \approx 57.295\ 8°.$$

图 4-14

若圆半径为 R,则长度为 l 的圆弧所对的圆心角为

$$\alpha = \frac{l}{R}(弧度).$$

在平面直角坐标系中,以原点为圆心、单位长为半径作圆. 设 $A(1,0)$ 是该单位圆上的定点,而 $P(x,y)$ 是圆上的任意点,$\angle AOP = \alpha$,如图 4-15 所示. 由于 $r = \sqrt{x^2+y^2} = 1$,所以六个三角函数的表达式分别为:

正弦函数 $\sin\alpha = \dfrac{y}{r} = y$, 　余弦函数 $\cos\alpha = \dfrac{x}{r} = x$,

正切函数 $\tan\alpha = \dfrac{y}{x}$, 　余切函数 $\cot\alpha = \dfrac{x}{y}$,

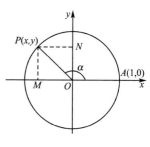

图 4-15

正割函数 $\sec\alpha=\dfrac{1}{x}$,　余割函数 $\csc\alpha=\dfrac{1}{y}$.

根据上述概念及任意点 P 的坐标 x,y 随角 α 变化的情况,可得到如下结果:.

1.同角三角函数的关系

(1)平方关系

$$\sin^2\alpha+\cos^2\alpha=1,\quad 1+\tan^2\alpha=\sec^2\alpha,\quad 1+\cot^2\alpha=\csc^2\alpha.$$

(2)倒数关系

$$\sin\alpha\csc\alpha=1,\quad \tan\alpha\cot\alpha=1,\quad \cos\alpha\sec\alpha=1.$$

(3)商数关系

$$\tan\alpha=\dfrac{\sin\alpha}{\cos\alpha},\quad \cot\alpha=\dfrac{\cos\alpha}{\sin\alpha}.$$

2.三角函数值在各象限的符号

正弦、余割在 Ⅰ、Ⅱ 象限为正,其余象限为负;

正割、余弦在 Ⅰ、Ⅳ 象限为正,其余象限为负;

正切、余切在 Ⅰ、Ⅲ 象限为正,其余象限为负.

3.三角函数值在各象限中的变化

三角函数值在各象限中的变化见表 4-4.

表 4-4　　　　　　　　三角函数值在各象限中的变化

α	$\sin\alpha$	$\cos\alpha$	$\tan\alpha$
$(0,90°)$	↗	↘	↗
$90°$	1	0	不存在
$(90°,180°)$	↘	↘	↗
$180°$	0	-1	0
$(180°,270°)$	↘	↗	↗
$270°$	-1	0	不存在
$(270°,360°)$	↗	↗	↗
$360°$	0	1	0

4.诱导公式

诱导公式见表 4-5.

表 4-5　　　　　　　　　旅导公式

角	函数			
	sin	cos	tan	cot
$-\alpha$	$-\sin\alpha$	$\cos\alpha$	$-\tan\alpha$	$-\cot\alpha$
$\dfrac{\pi}{2}-\alpha$	$\cos\alpha$	$\sin\alpha$	$\cot\alpha$	$\tan\alpha$
$\pi-\alpha$	$\sin\alpha$	$-\cos\alpha$	$-\tan\alpha$	$-\cot\alpha$
$\pi+\alpha$	$-\sin\alpha$	$-\cos\alpha$	$\tan\alpha$	$\cot\alpha$
$2\pi-\alpha$	$-\sin\alpha$	$\cos\alpha$	$-\tan\alpha$	$-\cot\alpha$
$2k\pi+\alpha$	$\sin\alpha$	$\cos\alpha$	$\tan\alpha$	$\cot\alpha$

5. 特殊角的三角函数值

特殊角的三角函数值见表 4-6.

表 4-6　　　　　　　特殊角的三角函数值

角	函数			角	函数		
	sin	cos	tan		sin	cos	tan
$0°$	0	1	0	$90°$	1	0	不存在
$30°$	$\dfrac{1}{2}$	$\dfrac{\sqrt{3}}{2}$	$\dfrac{\sqrt{3}}{3}$	$180°$	0	-1	0
$45°$	$\dfrac{\sqrt{2}}{2}$	$\dfrac{\sqrt{2}}{2}$	1	$270°$	-1	0	不存在
$60°$	$\dfrac{\sqrt{3}}{2}$	$\dfrac{1}{2}$	$\sqrt{3}$				

6. 三角函数的周期性

$$\sin(x+2k\pi)=\sin x \quad (k\in \mathbf{Z}),$$
$$\cos(x+2k\pi)=\cos x \quad (k\in \mathbf{Z}),$$
$$\tan(x+k\pi)=\tan x \quad (k\in \mathbf{Z}).$$

通常把它们的最小正周期称为它们的周期,即正弦函数 $\sin x$ 与余弦函数 $\cos x$ 的最小正周期都是 2π(参看本节例 4-27、习题 8),而正切函数 $\tan x$ 的最小正周期则是 π(参看本节习题 8).

【例 4-20】 求 $\sin(-1\,560°)$ 的值.

解
$$\sin(-1\,560°)=-\sin1\,560°=-\sin(4\cdot360°+120°)$$
$$=-\sin120°=-\sin(180°-60°)$$
$$=-\sin60°=-\frac{\sqrt{3}}{2}.$$

【例 4-21】 化简下列各式:

(1) $\sin^2\alpha\tan \alpha+\cos^2\alpha\cot \alpha+2\sin \alpha\cos \alpha$;

(2) $\left(\dfrac{1}{\cos^2\alpha}-1\right)\left(\dfrac{1}{\sin^2\alpha}-1\right)-(1+\cot^2\alpha)\sin^2\alpha$;

(3) $\dfrac{\sin^3\alpha}{\cos \alpha-\cos^2\alpha}-\dfrac{2\sin \alpha\cos \alpha-\cos \alpha}{1-\sin \alpha+\sin^2\alpha-\cos^2\alpha}$;

(4) $\dfrac{2\cos^3\alpha+\sin^2(2\pi-\alpha)+\sin\left(\dfrac{\pi}{2}+\alpha\right)-3}{2+2\cos^2(\pi+\alpha)+\cos(-\alpha)}$.

解 (1) 　　原式 $=(1-\cos^2\alpha)\tan \alpha+(1-\sin^2\alpha)\cot \alpha+2\sin \alpha\cos \alpha$

　　　　　　　$=\tan \alpha-\sin \alpha\cos \alpha+\cot \alpha-\sin \alpha\cos \alpha+2\sin \alpha\cos \alpha$

　　　　　　　$=\tan \alpha+\cot \alpha$;

(2) 　　　　　原式 $=(\sec^2\alpha-1)(\csc^2\alpha-1)-\csc^2\alpha\sin^2\alpha$

　　　　　　　$=\tan^2\alpha\cot^2\alpha-1=1-1=0$;

(3) 　　　　原式 $=\tan \alpha\cdot\dfrac{1-\cos^2\alpha}{1-\cos \alpha}-\dfrac{\cos \alpha(2\sin \alpha-1)}{2\sin^2\alpha-\sin \alpha}$

　　　　　　　$=\tan \alpha(1+\cos \alpha)-\cot \alpha=\tan \alpha+\sin \alpha-\cot \alpha$;

(4) 　　　　　原式 $=\dfrac{2\cos^3\alpha+\sin^2\alpha+\cos \alpha-3}{2+2\cos^2\alpha+\cos \alpha}$

$$= \frac{2\cos^3\alpha + 1 - \cos^2\alpha + \cos\alpha - 3}{2 + 2\cos^2\alpha + \cos\alpha}$$

$$= \frac{2\cos^3\alpha - \cos^2\alpha + \cos\alpha - 2}{2\cos^2\alpha + \cos\alpha + 2}$$

$$= \frac{(\cos\alpha - 1)(2\cos^2\alpha + \cos\alpha + 2)}{2\cos^2\alpha + \cos\alpha + 2}$$

$$= \cos\alpha - 1.$$

【例 4-22】 已知 $\sin x + \cos x = \sqrt{2}$，求 $\sin^4 x + \cos^4 x$ 的值.

解 由已知可得 $(\sin x + \cos x)^2 = 2$，从而

$$\sin x\cos x = \frac{1}{2},$$

所以

$$\sin^4 x + \cos^4 x = (\sin^2 x + \cos^2 x)^2 - 2\sin^2 x\cos^2 x = 1 - \frac{1}{2} = \frac{1}{2}.$$

【例 4-23】 设 $0 < x < \dfrac{\pi}{2}$，求证：

(1) $\sin x < x$；

(2) $\tan x > x$；

(3) $\cos x < \dfrac{\sin x}{x} < 1$.

证明 限于条件，我们借助于图 4-16 的单位圆来证明. 在该单位圆中作 $\angle COB = x$，过点 C 作切线 CA，交 OB 延长线于点 A，过点 B 作 OC 的垂线 BD，交 OC 于点 D. 设圆心角 x 所对的 $\overset{\frown}{BC}$ 的长为 l.

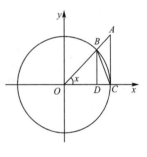

图 4-16

由 $\triangle OBC$ 面积 $<$ 扇形 OBC 面积 $< \triangle OAC$ 面积，得

$$\frac{1}{2}OC \cdot DB < \frac{1}{2}OC \cdot l < \frac{1}{2}OC \cdot CA,$$

即

$$DB < x \cdot OB < CA,$$

$$OB\sin x < x \cdot OB < OC\tan x,$$

$$\sin x < x < \tan x.$$

这就证明了：(1) $\sin x < x$；　(2) $\tan x > x$.

由 (1) 有 $\dfrac{\sin x}{x} < 1$，由 (2) 又有 $\dfrac{\sin x}{\cos x} > x$，因此有 $\dfrac{\sin x}{x} > \cos x$，这就证明了 $\cos x < \dfrac{\sin x}{x} < 1$.

【例 4-24】 求证 $\sin x (x \in (-\infty, +\infty))$ 的最小正周期是 2π.

证明 由 $\sin(x + 2\pi) = \sin x (x \in (-\infty, +\infty))$ 知，2π 是 $\sin x$ 的周期. 又因对于小于 2π 的任一正数 l，即 $0 < \dfrac{l}{2} < \pi$，都至少有一点 $x' = -\dfrac{l}{2} \in (-\infty, +\infty)$，使得

$$\sin(x' + l) - \sin x' = 2\sin\frac{l}{2} > 0,$$

即 l 不是 $\sin x$ 的周期,所以 2π 是 $\sin x$ 的最小正周期.

4.3.2 两角和与差的三角函数

先讨论两角和的正弦. 设 α 和 β 都是锐角,且 $\alpha+\beta$ 也是锐角. 如图 4-17 所示,在平面直角坐标系的单位圆中作 $\angle AOB=\alpha$,并以它的终边 OB 为始边再作 $\angle BOC=\beta$. 于是 $\angle AOC=\alpha+\beta$.

过 C 作 $CD\perp OA$,CD 交 OB 于 H,则有 $\sin(\alpha+\beta)=\dfrac{DC}{OC}=DC$. 过 C 又作 $CE\perp OB$,于是 $\mathrm{Rt}\triangle CHE\backsim\mathrm{Rt}\triangle OHD$,从而有 $\angle HCE=\alpha$.

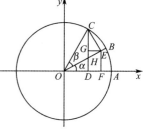

图 4-17

过 E 作 $EF\perp OA$,则有 $\sin \alpha=\dfrac{FE}{OE}$,即 $FE=OE\sin \alpha$,于是

$$\begin{aligned}\sin(\alpha+\beta)&=DC=DG+GC=FE+GC=OE\sin \alpha+CE\cos \alpha\\&=\cos \beta\sin \alpha+\sin \beta\cos \alpha=\sin \alpha\cos \beta+\cos \alpha\sin \beta,\end{aligned}$$

即

$$\sin(\alpha+\beta)=\sin \alpha\cos \beta+\cos \alpha\sin \beta.$$

当 $\alpha,\beta,\alpha+\beta$ 不全是锐角时,上述公式仍成立. 证明略.

通过诱导公式及同角三角函数间的关系,很容易导出其他公式:

$$\begin{aligned}\sin(\alpha-\beta)&=\sin[\alpha+(-\beta)]\\&=\sin \alpha\cos(-\beta)+\cos \alpha\sin(-\beta)\\&=\sin \alpha\cos \beta-\cos \alpha\sin \beta,\end{aligned}$$

$$\begin{aligned}\cos(\alpha+\beta)&=\sin\left[\frac{\pi}{2}-(\alpha+\beta)\right]=\sin\left[\left(\frac{\pi}{2}-\alpha\right)-\beta\right]\\&=\sin\left(\frac{\pi}{2}-\alpha\right)\cos \beta-\cos\left(\frac{\pi}{2}-\alpha\right)\sin \beta\\&=\cos \alpha\cos \beta-\sin \alpha\sin \beta,\end{aligned}$$

$$\begin{aligned}\cos(\alpha-\beta)&=\cos[\alpha+(-\beta)]\\&=\cos \alpha\cos(-\beta)-\sin \alpha\sin(-\beta)\\&=\cos \alpha\cos \beta+\sin \alpha\sin \beta,\end{aligned}$$

$$\begin{aligned}\tan(\alpha+\beta)&=\frac{\sin(\alpha+\beta)}{\cos(\alpha+\beta)}=\frac{\sin \alpha\cos \beta+\cos \alpha\sin \beta}{\cos \alpha\cos \beta-\sin \alpha\sin \beta}\\&=\frac{\tan \alpha+\tan \beta}{1-\tan \alpha\tan \beta},\end{aligned}$$

$$\begin{aligned}\tan(\alpha-\beta)&=\tan[\alpha+(-\beta)]=\frac{\tan \alpha+\tan(-\beta)}{1-\tan \alpha\tan(-\beta)}\\&=\frac{\tan \alpha-\tan \beta}{1+\tan \alpha\tan \beta}.\end{aligned}$$

把以上几个公式写在一起,就得

$$\sin(\alpha\pm\beta)=\sin \alpha\cos \beta\pm\cos \alpha\sin \beta,$$

$$\cos(\alpha\pm\beta)=\cos \alpha\cos \beta\mp\sin \alpha\sin \beta;$$

$$\tan(\alpha\pm\beta)=\frac{\tan\alpha\pm\tan\beta}{1\mp\tan\alpha\tan\beta}.$$

【例 4-25】 设 A、B、C 是 $\triangle ABC$ 的三个内角，求证：

$$\sin^2 A+\sin^2 B+\cos^2 C+2\sin A\sin B\cos(A+B)=1.$$

证明　左端 $=\sin^2 A+\sin^2 B+\cos^2 C+2\sin A\sin B(\cos A\cos B-\sin A\sin B)$

$=\sin^2 A+\sin^2 B+\cos^2 C+2\sin A\sin B\cos A\cos B-2\sin^2 A\sin^2 B$

$=(\sin^2 A-\sin^2 A\sin^2 B)+(\sin^2 B-\sin^2 A\sin^2 B)+$

$\quad\cos^2 C+2\sin A\sin B\cos A\cos B$

$=(\sin^2 A\cos^2 B+\sin^2 B\cos^2 A+2\sin A\sin B\cos A\cos B)+\cos^2 C$

$=(\sin A\cos B+\cos A\sin B)^2+\cos^2 C$

$=[\sin(A+B)]^2+\cos^2 C$

$=\{\sin[\pi-(A+B)]\}^2+\cos^2 C$

$=\sin^2 C+\cos^2 C=1=$ 右端.

【例 4-26】 不查表，求 $\sin75°$ 的值.

解　　　　　　　$\sin 75°=\sin(45°+30°)$

$=\sin 45°\cdot\cos 30°+\cos 45°\cdot\sin 30°$

$=\dfrac{\sqrt{2}}{2}\times\dfrac{\sqrt{3}}{2}+\dfrac{\sqrt{2}}{2}\times\dfrac{1}{2}=\dfrac{\sqrt{6}+\sqrt{2}}{4}.$

【例 4-27】 化简 $\dfrac{\sin(45°+\alpha)-\cos(45°+\alpha)}{\sin(45°+\alpha)+\cos(45°+\alpha)}.$

解　　原式 $=\dfrac{(\sin 45°\cos\alpha+\cos 45°\sin\alpha)-(\cos 45°\cos\alpha-\sin 45°\sin\alpha)}{(\sin 45°\cos\alpha+\cos 45°\sin\alpha)+(\cos 45°\cos\alpha-\sin 45°\sin\alpha)}$

$=\dfrac{\sqrt{2}\sin\alpha}{\sqrt{2}\cos\alpha}=\tan\alpha.$

把形如 $a\sin x+b\cos x$ 的式子叫作关于 $\sin x$ 与 $\cos x$ 的**线性组合**，其中，a,b 是与 x 无关的两个数.

在应用中，往往将 $\sin x,\cos x$ 的线性组合化为正弦函数，即

$$a\sin x+b\cos x=\sqrt{a^2+b^2}\left(\frac{a}{\sqrt{a^2+b^2}}\sin x+\frac{b}{\sqrt{a^2+b^2}}\cos x\right),$$

若令

$$A=\sqrt{a^2+b^2},\quad\cos\varphi=\frac{a}{\sqrt{a^2+b^2}},\quad\sin\varphi=\frac{b}{\sqrt{a^2+b^2}},$$

则上式成为

$$a\sin x+b\cos x=A\sin(x+\varphi).$$

若 A,ω,φ 与 x 无关，且 $A\neq 0,\omega>0$，则函数

$$A\sin(\omega x+\varphi),\quad x\in(-\infty,+\infty)$$

的最小正周期为 $T=\dfrac{2\pi}{\omega}$，最小值与最大值分别是 $-|A|$ 与 $|A|$；而函数

$$A\tan(\omega x+\varphi),\quad x\in\left(k\pi-\frac{\pi}{2},k\pi+\frac{\pi}{2}\right),k\in\mathbf{Z}$$

的最小正周期则为 $T = \dfrac{\pi}{\omega}$.

【例 4-28】 解不等式 $\sin x > 1 + \cos x$.

解 把原不等式移项,得 $\sin x - \cos x > 1$,即

$$\sqrt{2}\sin\left(x - \frac{\pi}{4}\right) > 1,$$

$$\sin\left(x - \frac{\pi}{4}\right) > \frac{1}{\sqrt{2}},$$

$$2k\pi + \frac{\pi}{4} < x - \frac{\pi}{4} < 2k\pi + \frac{3\pi}{4}, k \in \mathbf{Z},$$

于是所求不等式的解为

$$2k\pi + \frac{\pi}{2} < x < 2k\pi + \pi, k \in \mathbf{Z}.$$

习题 4.3

1. 已知 $\sin\alpha = \dfrac{4}{5}$,并且 α 是第二象限角,求 α 的其他三角函数的值.

2. 已知角 α 的终边经过点 $(-3, -1)$,求角 α 的正弦、余弦和正切的值.

3. 已知 $\sin(\pi - \alpha) + \cos\left(\dfrac{\pi}{2} - \alpha\right) = m$,求 $\cos\left(\dfrac{3\pi}{2} - \alpha\right) + 2\sin(\pi + \alpha)$ 的值.

4. 已知 $4x^2 - 2(\sqrt{3} + 1)x + \sqrt{3} = 0$ 的两个根分别为 $\sin\theta, \cos\theta$,求 $\dfrac{\sin\theta}{1 - \cot\theta} + \dfrac{\cos\theta}{1 - \tan\theta}$ 的值.

5. 求证:

(1) $\dfrac{1 + \tan x + \cot x}{1 + \tan^2 x + \tan x} - \dfrac{\cot x}{1 + \tan^2 x} = \sin x \cos x$.

(2) $1 + \sec^4 x - \tan^4 x = 2\sec^2 x$.

(3) $\csc^4 x + \cot^4 x = 1 + 2\csc^2 x \cot x$.

6. 化简下列各式:

(1) $(a\sin\theta + b\cos\theta)^2 + (a\cos\theta - b\sin\theta)^2$.

(2) $\dfrac{1}{1 + \sin^2 x} + \dfrac{1}{1 + \cos^2 x} + \dfrac{1}{1 + \sec^2 x} + \dfrac{1}{1 + \csc^2 x}$.

(3) $\dfrac{1 - \sin^6 x - \cos^6 x}{1 - \sin^4 x - \cos^4 x}$.

(4) $\dfrac{1 + \sin\theta - \cos\theta}{1 + \sin\theta + \cos\theta} + \dfrac{1 + \sin\theta + \cos\theta}{1 + \sin\theta - \cos\theta}$.

(5) $\sqrt{\dfrac{1 + \sin\theta}{1 - \sin\theta}} - \sqrt{\dfrac{1 - \sin\theta}{1 + \sin\theta}} \quad \left(\dfrac{\pi}{2} < \theta < \pi\right)$.

7. 已知 $0 < x < \dfrac{\pi}{4}$,且 $\lg\cot x - \lg\cos x = \lg\sin x - \lg\tan x + 2\lg 3 - \dfrac{3}{2}\lg 2$,求 $\cos x - \sin x$ 的值.

8. 证明：$\cos x , x \in (-\infty , +\infty)$ 与 $\tan x , x \in \left(k\pi - \dfrac{\pi}{2} , k\pi + \dfrac{\pi}{2} \right) , k \in \mathbf{Z}$ 的最小正周期分别是 2π 与 π.

9. 设 $\cos(\alpha+\beta) = -\dfrac{4}{5} , \cos(\alpha-\beta) = \dfrac{4}{5}$, 分别求 $\cos\alpha\cos\beta$ 与 $\sin\alpha\sin\beta$ 的值.

10. 证明：

（1）$\dfrac{\sqrt{3}}{2}\sin\alpha - \dfrac{1}{2}\cos\alpha = \sin\left(\alpha - \dfrac{\pi}{6}\right)$.

（2）$\dfrac{\sin(\alpha+\beta)}{\sin(\alpha-\beta)} = \dfrac{\tan\alpha+\tan\beta}{\tan\alpha-\tan\beta}$.

（3）$\sin(\alpha+\beta)\sin(\alpha-\beta) = \sin^2\alpha - \sin^2\beta$.

（4）$\tan(\alpha+\beta)\tan(\alpha-\beta) = \dfrac{\tan^2\alpha - \tan^2\beta}{1 - \tan^2\alpha\tan^2\beta}$.

11. 化简下列各式：

（1）$\cos^2\theta + \cos^2(\theta+60°) - \cos\theta\cos(\theta+60°)$.

（2）$\sin(x+60°) + 2\sin(x-60°) - \sqrt{3}\cos(120°-x)$.

（3）$\cos(80°+2\alpha)\cos(35°+2\alpha) + \sin(80°+2\alpha)\cos(55°-2\alpha)$.

（4）$\dfrac{\sin(\alpha-180°)\cos(-\beta-90°)}{\cos(\alpha-360°)\sin(\beta-270°)}\tan(-\alpha)\tan(\beta-90°)$.

12. 设 α , β 均为锐角，且 $\tan\alpha = \dfrac{1}{7} , \sin\beta = \dfrac{1}{\sqrt{10}}$, 求证 $\alpha + 2\beta = \dfrac{\pi}{4}$.

13. 设 $\dfrac{\pi}{2} < \theta < \pi , \sin(\pi+\theta) = -\dfrac{3}{5} , \cot\alpha = 2$, 求 $\tan(\theta-\alpha)$ 的值.

14. 已知 $\tan\alpha , \tan\beta$ 是方程 $x^2 + 6x + 7 = 0$ 的两个根，求证 $\sin(\alpha+\beta) = \cos(\alpha+\beta)$.

15. 设 $x^2 + y^2 = 1$, 求证 $|x\cos\alpha + y\sin\alpha| \leqslant 1$.

16. 设 $0 \leqslant A < B < C < 2\pi$, 且 $\cos A + \cos B + \cos C = 0$ 及 $\sin A + \sin B + \sin C = 0$, 求 $B - A$ 和 $C - B$ 的值.

17. 在 $\triangle ABC$ 中，若 $\log_2 \sin A - \log_2 \cos B - \log_2 \sin C = 1$, 试判定此三角形为何种三角形.

18. 已知 $\triangle ABC$ 的三内角 A , B , C , 满足 $A + C = 2B$, 若 AB 边上的高 $CD = 2\sqrt{3}$, 且 $\tan A\tan C = 2 + \sqrt{3}$, 求 $\triangle ABC$ 各边的长.

4.4　倍角与半角的三角函数

二倍角的三角函数的公式为：

$$\sin 2\alpha = 2\sin\alpha\cos\alpha , \tag{1}$$

$$\cos 2\alpha = \cos^2\alpha - \sin^2\alpha = 2\cos^2\alpha - 1 = 1 - 2\sin^2\alpha , \tag{2}$$

$$\tan 2\alpha = \dfrac{2\tan\alpha}{1 - \tan^2\alpha}. \tag{3}$$

事实上，在两角和的正弦函数公式中，令 $\beta = \alpha$, 则有

$$\sin(\alpha+\beta)=\sin(\alpha+\alpha)=\sin2\alpha=\sin\alpha\cos\alpha+\cos\alpha\sin\alpha=2\sin\alpha\cos\alpha,$$

即

$$\sin2\alpha=2\sin\alpha\cos\alpha.$$

这就证明了公式(1).其他几个公式可类似地证明.

【例 4-29】 求证 $\sin3\alpha=3\sin\alpha-4\sin^3\alpha$.

证明
$$\begin{aligned}\sin3\alpha&=\sin(\alpha+2\alpha)=\sin\alpha\cos2\alpha+\cos\alpha\sin2\alpha\\&=\sin\alpha(1-2\sin^2\alpha)+2\sin\alpha(1-\sin^2\alpha)\\&=3\sin\alpha-4\sin^3\alpha.\end{aligned}$$

半角的三角函数的公式为

$$\sin\frac{\alpha}{2}=\pm\sqrt{\frac{1-\cos\alpha}{2}},\tag{4}$$

$$\cos\frac{\alpha}{2}=\pm\sqrt{\frac{1+\cos\alpha}{2}},\tag{5}$$

$$\tan\frac{\alpha}{2}=\frac{1-\cos\alpha}{\sin\alpha}=\frac{\sin\alpha}{1+\cos\alpha}.\tag{6}$$

事实上,由公式(2),得

$$\cos\alpha=\cos\left(2\cdot\frac{\alpha}{2}\right)=1-2\sin^2\frac{\alpha}{2}=2\cos^2\frac{\alpha}{2}-1,$$

经移项、化简便证得公式(4)、(5).公式(6)的证明留给读者作为练习.

【例 4-30】 设 $\tan\frac{\alpha}{2}=t$,求 $\sin\alpha,\cos\alpha,\tan\alpha$ 的值.

解
$$\sin\alpha=2\sin\frac{\alpha}{2}\cos\frac{\alpha}{2}=\frac{2\sin\frac{\alpha}{2}\cos\frac{\alpha}{2}}{\sin^2\frac{\alpha}{2}+\cos^2\frac{\alpha}{2}}=\frac{2\tan\frac{\alpha}{2}}{\tan^2\frac{\alpha}{2}+1},$$

$$\cos\alpha=\cos^2\frac{\alpha}{2}-\sin^2\cdot\frac{\alpha}{2}=\frac{\cos^2\frac{\alpha}{2}-\sin^2\frac{\alpha}{2}}{\sin^2\frac{\alpha}{2}+\cos^2\frac{\alpha}{2}}=\frac{1-\tan^2\frac{\alpha}{2}}{\tan^2\frac{\alpha}{2}+1},$$

$$\tan\alpha=\frac{\sin\alpha}{\cos\alpha}=\frac{2\tan\frac{\alpha}{2}}{1-\tan^2\frac{\alpha}{2}}.$$

于是,由 $\tan\frac{\alpha}{2}=t$,得

$$\sin\alpha=\frac{2t}{1+t^2},\quad\cos\alpha=\frac{1-t^2}{1+t^2},\quad\tan\alpha=\frac{2t}{1-t^2}.$$

上述用 $\tan\frac{\alpha}{2}$ 来表示 $\sin\alpha,\cos\alpha,\tan\alpha$ 的公式称为**万能代换**,在积分的计算中要用到这种代换.

【例 4-31】 设 A、B、C 是 $\triangle ABC$ 的三个内角,$\tan\frac{A}{2}=n$,$\tan\frac{C}{2}=m$,求 $\sin B$ 的值.

解 由 $A+B+C=\pi$ 知,$\frac{\pi}{2}-\frac{B}{2}=\frac{A}{2}+\frac{C}{2}$,于是

$$\cot\left(\frac{\pi}{2}-\frac{B}{2}\right)=\cot\left(\frac{A}{2}+\frac{C}{2}\right),$$

从而

$$\tan\frac{B}{2}=\cot\left(\frac{\pi}{2}-\frac{B}{2}\right)=\frac{1}{\tan\left(\frac{A}{2}+\frac{C}{2}\right)}=\frac{1-\tan\frac{A}{2}\tan\frac{C}{2}}{\tan\frac{A}{2}+\tan\frac{C}{2}}$$

$$=\frac{1-nm}{n+m}.$$

再由例 4-30 得

$$\sin B=\frac{2\tan\frac{B}{2}}{1+\tan^2\frac{B}{2}}=\frac{2(m+n)(1-nm)}{1+m^2+n^2+m^2n^2}.$$

【例 4-32】　设 $0<x<\dfrac{\pi}{2}$，求证 $x-\dfrac{x^3}{4}<\sin x<x$.

证明　由 4.3.1 节例 4-23 的结果知 $x>\sin x,\tan x>x$，于是

$$x>\sin x=2\sin\frac{x}{2}\cos\frac{x}{2}=2\tan\frac{x}{2}\cos^2\frac{x}{2}$$

$$=2\tan\frac{x}{2}\left(1-\sin^2\frac{x}{2}\right)>2\cdot\frac{x}{2}\left(1-\frac{x^2}{4}\right)$$

$$=x-\frac{x^3}{4}.$$

【例 4-33】　求函数 $f(x)=|\sin x|+|\cos x|$ 的最小正周期.

解
$$f(x)=\sqrt{\sin^2 x}+\sqrt{\cos^2 x}=\sqrt{\left[\sqrt{\sin^2 x}+\sqrt{\cos^2 x}\right]^2}$$

$$=\sqrt{1+2\sqrt{\sin^2 x\cos^2 x}}=\sqrt{1+\sqrt{\frac{1-\cos 4x}{2}}},$$

所以 $f(x)$ 的最小正周期为 $T=\dfrac{2\pi}{4}=\dfrac{\pi}{2}$.

【例 4-34】　设函数 $f(x)=\cos^6 x+\sin^6 x$，求：

(1) $f(x)$ 的最小正周期；

(2) $f(x)$ 的最小值与最大值.

解
$$f(x)=(\cos^2 x)^3+(\sin^2 x)^3$$

$$=(\cos^2 x+\sin^2 x)(\cos^4 x-\cos^2 x\sin^2 x+\sin^4 x)$$

$$=\cos^4 x-\cos^2 x\sin^2 x+\sin^4 x$$

$$=(\cos^2 x+\sin^2 x)^2-3\cos^2 x\sin^2 x$$

$$=1-\frac{3}{4}\sin^2 2x=1-\frac{3}{4}\left(\frac{1-\cos 4x}{2}\right)$$

$$=1-\frac{3}{8}+\frac{3}{8}\cos 4x=\frac{5}{8}+\frac{3}{8}\cos 4x,$$

于是 $f(x)$ 的最小正周期为 $T=\dfrac{2\pi}{4}=\dfrac{\pi}{2}$，$f(x)$ 的最小值与最大值分别是 $\dfrac{1}{4}$ 与 1.

习题 4.4

1. 已知 $\sin\theta=-\dfrac{\sqrt{3}}{3}$，$\dfrac{3\pi}{2}<\theta<2\pi$，分别求 $\sin2\theta$，$\cos\dfrac{\theta}{2}$，$\tan\dfrac{\theta}{2}$ 的值.

2. 设 $\cos\theta=\dfrac{12}{13}$，$\dfrac{3\pi}{2}<\theta<2\pi$，求 $\sin\left(\theta+\dfrac{\pi}{6}\right)$，$\sin2\theta$，$\cos\dfrac{\theta}{2}$ 及 $\cot\dfrac{\theta}{2}$ 的值.

3. 设 $\sin\dfrac{\theta}{2}-\cos\dfrac{\theta}{2}=-\dfrac{1}{\sqrt{5}}$，$450°<\theta<540°$，求 $\tan\dfrac{\theta}{2}$ 的值.

4. 设 α,β 均为锐角，且 $3\sin^2\alpha+2\sin^2\beta=1$，$3\sin2\alpha-2\sin2\beta=0$，求证 $\alpha+2\beta=\dfrac{\pi}{2}$.

5. 证明：

(1) $\sin\theta\cos^5\theta-\cos\theta\sin^5\theta=\dfrac{1}{4}\sin4\theta$.

(2) $\sin^8\alpha-\cos^8\alpha+\cos2\alpha=\dfrac{1}{4}\sin2\alpha\sin4\alpha$.

(3) $\sin^4\alpha=\dfrac{3}{8}-\dfrac{1}{2}\cos2\alpha+\dfrac{1}{8}\cos4\alpha$.

(4) $\cos^2\alpha+\cos^2(\alpha+\beta)-2\cos\alpha\cos\beta\cos(\alpha+\beta)=\sin^2\beta$.

6. 设 $0<\theta<\dfrac{\pi}{2}$，$e^x-e^{-x}=2\tan\theta$，证明：

(1) $e^x+e^{-x}=2\sec\theta$．.

(2) $x=\ln\tan\left(\dfrac{\pi}{4}+\dfrac{\theta}{2}\right)$.

7. 求证 $\cos\dfrac{x}{2}\cos\dfrac{x}{2^2}\cos\dfrac{x}{2^3}\cdots\cos\dfrac{x}{2^n}=\dfrac{\sin x}{2^n\sin\dfrac{x}{2^n}}$，其中 $n\in\mathbf{N}$，$\sin\dfrac{x}{2^n}\neq0$.

8. 已知 A、B 是直角三角形的两个锐角，而 $\sin A$ 和 $\sin B$ 是方程 $4x^2-2(\sqrt{3}+1)x+k=0$ 的两个根，求 A、B 和 k.

9. 已知 $\cos x-\sin x=b$，$\cos3x+\sin3x=a$，求证 $a=3b-2b^3$.

10. 求下列函数的最小正周期：

(1) $\sec x+\tan x$. 　　　　　　　　　　(2) $\dfrac{1-\tan^2 2x}{1+\tan^2 2x}$.

11. 设函数 $f(x)=\sin^2 x+2\sin x\cos x+3\cos^2 x$，求：

(1) $f(x)$ 的最小正周期.

(2) $f(x)$ 的最小值，并写出使 $f(x)$ 取得最小值的 x 的集合.

12. 已知 $a>b$，且 $f(x)=a\cos^2 x+(a-b)\sin x\cos x+b\sin^2 x$ 的最大值与最小值分别是 $3+\sqrt{7}$ 与 $3-\sqrt{7}$，求 a 与 b 的值.

13. 从方程组 $\begin{cases} y=t\cos\alpha \\ y=t\sin\alpha \\ t=\dfrac{4\cos\alpha+6\sin\alpha}{2\cos2\alpha-5\cos^2\alpha+5} \end{cases}$ 中消去参数 $t(t>0)$ 与 α.

4.5 三角函数的积化和差与和差化积

在 4.3 节中已得出公式：

$$\sin(\alpha+\beta)=\sin\alpha\cos\beta+\cos\alpha\sin\beta, \tag{1}$$

$$\sin(\alpha-\beta)=\sin\alpha\cos\beta-\cos\alpha\sin\beta, \tag{2}$$

$$\cos(\alpha+\beta)=\cos\alpha\cos\beta-\sin\alpha\sin\beta, \tag{3}$$

$$\cos(\alpha-\beta)=\cos\alpha\cos\beta+\sin\alpha\sin\beta. \tag{4}$$

对这几个公式进行加、减运算,得

式(1)＋式(2)：

$$2\sin\alpha\cos\beta=\sin(\alpha+\beta)+\sin(\alpha-\beta), \tag{5}$$

式(1)－式(2)：

$$2\cos\alpha\sin\beta=\sin(\alpha+\beta)-\sin(\alpha-\beta), \tag{6}$$

式(3)＋式(4)：

$$2\cos\alpha\cos\beta=\cos(\alpha+\beta)+\cos(\alpha-\beta), \tag{7}$$

式(3)－式(4)：

$$-2\sin\alpha\sin\beta=\cos(\alpha+\beta)-\cos(\alpha-\beta). \tag{8}$$

由式(5)～式(8)即得三角函数的积化和差公式：

$$\sin\alpha\cos\beta=\frac{1}{2}\left[\sin(\alpha+\beta)+\sin(\alpha-\beta)\right],$$

$$\cos\alpha\sin\beta=\frac{1}{2}\left[\sin(\alpha+\beta)-\sin(\alpha-\beta)\right],$$

$$\cos\alpha\cos\beta=\frac{1}{2}\left[\cos(\alpha+\beta)+\cos(\alpha-\beta)\right],$$

$$\sin\alpha\sin\beta=-\frac{1}{2}\left[\cos(\alpha+\beta)-\cos(\alpha-\beta)\right].$$

如果在式(5)～式(8)中令

$$\begin{cases}\alpha+\beta=x, \\ \alpha-\beta=y,\end{cases}$$

并解这个方程组,得 $\alpha=\dfrac{x+y}{2},\beta=\dfrac{x-y}{2}$,代入式(5)～式(8)就得到三角函数的和差化积公式：

$$\sin x+\sin y=2\sin\frac{x+y}{2}\cos\frac{x-y}{2},$$

$$\sin x-\sin y=2\cos\frac{x+y}{2}\sin\frac{x-y}{2},$$

$$\cos x+\cos y=2\cos\frac{x+y}{2}\cos\frac{x-y}{2},$$

$$\cos x-\cos y=-2\sin\frac{x+y}{2}\sin\frac{x-y}{2}.$$

【例 4-35】 把 $\sin\alpha+\sqrt{3}\cos\alpha+1$ 化为积的形式.

解

$$\sin\alpha+\sqrt{3}\cos\alpha+1=2\left(\frac{1}{2}\sin\alpha+\frac{\sqrt{3}}{2}\cos\alpha+\frac{1}{2}\right)$$

$$=2\left(\sin\alpha\cos60°+\cos\alpha\sin60°+\frac{1}{2}\right)$$

$$= 2[\sin(\alpha + 60°) + \sin 30°]$$
$$= 4\sin\frac{\alpha + 90°}{2}\cos\frac{\alpha + 30°}{2}.$$

【例 4-36】 求 $\sin^2 20° + \cos^2 80° + \sqrt{3}\sin 20°\cos 80°$ 的值.

解
$$原式 = \frac{1 - \cos 40°}{2} + \frac{1 + \cos 160°}{2} + \frac{\sqrt{3}}{2}[\sin 100° + \sin(-60°)]$$
$$= \frac{1}{2} + \frac{1}{2} - \frac{1}{2}(\cos 40° - \cos 160°) + \frac{\sqrt{3}}{2}\sin 100° + \frac{\sqrt{3}}{2}\left(-\frac{\sqrt{3}}{2}\right)$$
$$= 1 + \sin\frac{40° + 160°}{2}\sin\frac{40° - 160°}{2} + \frac{\sqrt{3}}{2}\sin 100° - \frac{3}{4}$$
$$= \frac{1}{4} + \sin 100°\sin(-60°) + \frac{\sqrt{3}}{2}\sin 100°$$
$$= \frac{1}{4} - \frac{\sqrt{3}}{2}\sin 100° + \frac{\sqrt{3}}{2}\sin 100° = \frac{1}{4}.$$

【例 4-37】 设 $\sin x + \sin y = a, \cos x + \cos y = b(b \neq 0)$，求 $\sin(x+y)$ 和 $\cos(x+y)$ 的值.

解 由已知条件得
$$2\sin\frac{x+y}{2}\cos\frac{x-y}{2} = a,$$
$$2\cos\frac{x+y}{2}\cos\frac{x-y}{2} = b \quad (b \neq 0),$$

从而有
$$\tan\frac{x+y}{2} = \frac{a}{b},$$
$$\sin(x+y) = \frac{2\tan\frac{x+y}{2}}{1 + \tan^2\frac{x+y}{2}} = \frac{2 \cdot \frac{a}{b}}{1 + \frac{a^2}{b^2}} = \frac{2ab}{a^2 + b^2},$$
$$\cos(x+y) = \frac{1 - \tan^2\frac{x+y}{2}}{1 + \tan^2\frac{x+y}{2}} = \frac{1 - \frac{a^2}{b^2}}{1 + \frac{a^2}{b^2}} = \frac{b^2 - a^2}{b^2 + a^2}.$$

【例 4-38】 求证：$f(x) = \sin x$ 在 $\left[-\frac{\pi}{2}, \frac{\pi}{2}\right]$ 上单调增加.

证明 任取 $\left[-\frac{\pi}{2}, \frac{\pi}{2}\right]$ 上两点 x_1, x_2，且 $-\frac{\pi}{2} \leqslant x_1 < x_2 \leqslant \frac{\pi}{2}$，即 $-\frac{\pi}{2} < \frac{x_2 + x_1}{2} < \frac{\pi}{2}$，$0 < \frac{x_2 - x_1}{2} \leqslant \frac{\pi}{2}$，于是
$$f(x_2) - f(x_1) = \sin x_2 - \sin x_1 = 2\cos\frac{x_2 + x_1}{2}\sin\frac{x_2 - x_1}{2} > 0,$$
$$f(x_1) < f(x_2),$$
即 $f(x) = \sin x$ 在 $\left[-\frac{\pi}{2}, \frac{\pi}{2}\right]$ 上单调增加.

【**例 4-39**】 已知函数 $f(x) = \tan x$，且 x_1, x_2 是 $\left(0, \dfrac{\pi}{2}\right)$ 内任意两点，$x_1 \neq x_2$，求证

$$\frac{1}{2}\left[f(x_1) + f(x_2)\right] > f\left(\frac{x_1 + x_2}{2}\right).$$

证明　$\dfrac{1}{2}\left[f(x_1) + f(x_2)\right] = \dfrac{1}{2}(\tan x_1 + \tan x_2) = \dfrac{1}{2}\left(\dfrac{\sin x_1}{\cos x_1} + \dfrac{\sin x_2}{\cos x_2}\right)$

$$= \frac{\sin(x_1 + x_2)}{2\cos x_1 \cos x_2} = \frac{\sin(x_1 + x_2)}{\cos(x_1 + x_2) + \cos(x_1 - x_2)}.$$

由 $x_1 \in \left(0, \dfrac{\pi}{2}\right), x_2 \in \left(0, \dfrac{\pi}{2}\right)$，得

$$\sin(x_1 + x_2) > 0,$$
$$\cos(x_1 + x_2) + \cos(x_1 - x_2) = 2\cos x_1 \cos x_2 > 0,$$

从而

$$1 + \cos(x_1 + x_2) > \cos(x_1 - x_2) + \cos(x_1 + x_2) > 0,$$

于是

$$\frac{\sin(x_1 + x_2)}{\cos(x_1 + x_2) + \cos(x_1 - x_2)} > \frac{\sin(x_1 + x_2)}{1 + \cos(x_1 + x_2)},$$

但由半角公式，得

$$f\left(\frac{x_1 + x_2}{2}\right) = \tan \frac{x_1 + x_2}{2} = \frac{\sin(x_1 + x_2)}{1 + \cos(x_1 + x_2)}.$$

所以

$$\frac{1}{2}\left[f(x_1) + f(x_2)\right] > f\left(\frac{x_1 + x_2}{2}\right).$$

【**例 4-40**】 求证

$$\cos \alpha + \cos 3\alpha + \cdots + \cos(2n-1)\alpha = \frac{\sin 2n\alpha}{2\sin \alpha} \quad (n \in \mathbf{N}, \sin \alpha \neq 0).$$

证明　由积化和差公式，得
$$2\sin \alpha \cos(2k-1)\alpha = \sin 2k\alpha - \sin 2(k-1)\alpha.$$
在上式中分别令 $k = 1, 2, \cdots, n$，得
$$2\sin \alpha \cos \alpha = \sin 2\alpha,$$
$$2\sin \alpha \cos 3\alpha = \sin 4\alpha - \sin 2\alpha,$$
$$2\sin \alpha \cos 5\alpha = \sin 6\alpha - \sin 4\alpha,$$
$$\vdots$$
$$2\sin \alpha \cos(2n-1)\alpha = \sin 2n\alpha - \sin(2n-2)\alpha.$$
把上面各式相加，并除以 $2\sin \alpha$，得
$$\cos \alpha + \cos 3\alpha + \cdots + \cos(2n-1)\alpha = \frac{\sin 2n\alpha}{2\sin \alpha}.$$

习题 4.5

1. 求下列各式的值：

(1) $\sin 50°(1 + \sqrt{3}\tan 10°)$.

(2)$\cos 10°\cos 30°\cos 50°\cos 70°$.

(3)$\sin 20°\cos 50°+\sin^2 20°+\cos^2 50°$.

(4)$\sin 10°\sin 50°-\sin 50°\sin 70°-\sin 70°\sin 10°$.

2. 证明下列等式：

(1)$\sin 47°+\sin 61°-\sin 25°-\sin 11°=\cos 7°$.

(2)$\tan \alpha\tan \beta+(\tan \alpha+\tan \beta)\cot(\alpha+\beta)=1$.

(3)$\tan 17°+\tan 28°+\tan 17°\tan 28°=1$.

(4)$\sin 2\alpha+\sin 4\alpha+\sin 6\alpha=\dfrac{\cos \alpha-\cos 7\alpha}{2\sin \alpha}$.

3. 在 $\triangle ABC$ 中，已知 $2\cos B\sin C=\sin A$，求证 $\triangle ABC$ 为等腰三角形.

4. 求证：

(1)$y=\cos x$ 在 $[0,\pi]$ 上单调减少.

(2)$y=\tan x$ 在 $\left(-\dfrac{\pi}{2},\dfrac{\pi}{2}\right)$ 内单调增加.

(3)$y=\cot x$ 在 $(0,\pi)$ 内单调减少.

5. 设 $\triangle ABC$ 的三内角 A、B、C 满足 $A+C=2B$，

(1)求 $\cos A\cos C$ 的取值范围.

(2)当 $\cos A\cos C$ 取最大值时，此三角形的形状如何？

6. 若 $\triangle ABC$ 为锐角三角形，求证 $\sin A+\sin B+\sin C>2$.

7. 设关于 x 的方程 $a\cos x+b\sin x+c=0$ 在 $[0,\pi]$ 上有相异二实根 α 与 β，求 $\sin(\alpha+\beta)$ 的值.

8. 设 $\sin \alpha+\sin \beta=a$，$\cos \alpha+\cos \beta=b$，$\tan \alpha+\tan \beta=c$，且 $c\neq 0$，求证 $(a^2+b^2)^2-4a^2=\dfrac{8ab}{c}$.

9. 设 A、B、C、D 是四边形的四个内角，求证：

(1)$\cos A+\cos B+\cos C+\cos D=4\cos \dfrac{A+B}{2}\cos \dfrac{B+C}{2}\cos \dfrac{A+C}{2}$.

(2)$\sin A+\sin B+\sin C+\sin D=4\sin \dfrac{A+B}{2}\sin \dfrac{B+C}{2}\sin \dfrac{A+C}{2}$.

10. 设 x_1，x_2 是 $(0,\pi)$ 内任意两点，且 $x_1\neq x_2$，求证 $\dfrac{\sin x_1+\sin x_2}{2}<\sin\dfrac{x_1+x_2}{2}$.

11. 求函数 $f(x)=\cos\left(2x+\dfrac{\pi}{4}\right)\cos 2x$ 的最小正周期与最小值.

12. 求证 $1+\cos \theta+\cos 2\theta+\cdots+\cos n\theta=\dfrac{1}{2}+\dfrac{\sin\left(n+\dfrac{1}{2}\right)\theta}{2\sin\dfrac{\theta}{2}}$，其中 $n\in \mathbf{N}$，$\sin \dfrac{\theta}{2}\neq 0$.

13. 求证 $\sin \theta+2\sin 2\theta+\cdots+n\sin n\theta=\dfrac{(n+1)\sin n\theta-n\sin(n+1)\theta}{4\sin^2\dfrac{\theta}{2}}$，其中 $n\in \mathbf{N}$，$\sin \dfrac{\theta}{2}\neq 0$.

4.6　三角函数的性质与图形

下面将正弦函数、余弦函数、正切函数的性质与图形集中在表 4-7 中列出.

表 4-7　　　　　　　　　正弦函数、余弦函数、正切函数的性质与图形

函数	定义域	值域	周期
$y=\sin x$	$(-\infty,+\infty)$	$[-1,1]$	2π
$y=\cos x$	$(-\infty,+\infty)$	$[-1,1]$	2π
$y=\tan x$	$\left(k\pi-\dfrac{\pi}{2},k\pi+\dfrac{\pi}{2}\right)$	$(-\infty,+\infty)$	π

函数	奇偶性	单调性	图形
$y=\sin x$	奇函数	在 $\left[2k\pi-\dfrac{\pi}{2},2k\pi+\dfrac{\pi}{2}\right]$ 上 ↗ 在 $\left[2k\pi+\dfrac{\pi}{2},(2k+1)\pi+\dfrac{\pi}{2}\right]$ 上 ↘	
$y=\cos x$	偶函数	在 $[2k\pi,(2k+1)\pi]$ 上 ↘ 在 $[(2k+1)\pi,(2k+2)\pi]$ 上 ↗	
$y=\tan x$	奇函数	在 $\left(k\pi-\dfrac{\pi}{2},k\pi+\dfrac{\pi}{2}\right)$ 内 ↗	

根据函数 $y=f(x)$ 的性质与特点,在其定义域内确定若干个值 $x_1,x_2,x_3,\cdots$,并由 $y=f(x)$ 求出相应的 $y_1,y_2,y_3,\cdots$,然后再根据函数的性质,用曲线或直线把点 (x_1,y_1),(x_2,y_2),(x_3,y_3),$\cdots$ 连接起来,就得到函数 $y=f(x)$ 的图形.

【例 4-41】　作 $y=\sin x$ 的图形.

解　根据 $y=\sin x$ 在 $\left[0,\dfrac{\pi}{2}\right]$,$\left[\dfrac{\pi}{2},\dfrac{3\pi}{2}\right]$,$\left[\dfrac{3\pi}{2},2\pi\right]$ 上的单调性,可在 $[0,2\pi]$ 上取出 x 的五个值,求出相应的 y 值,得到所求图形上的五个点(见表 4-8),然后利用 $y=\sin x$ 的单调性把这五个点连接成光滑的曲线,就得到 $y=\sin x$ 在 $[0,2\pi]$ 上的图形(图 4-18),再利用 $y=\sin x$ 的周期性,就不难作出 $y=\sin x$ 在 $(-\infty,+\infty)$ 内的图形.

表 4-8　　$y=\sin x$ 在五个点的值

x	y	x	y
0	0	$\dfrac{3}{2}\pi$	-1
$\dfrac{\pi}{2}$	1	2π	0
π	0		

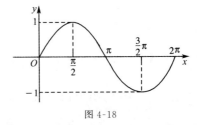

图 4-18

【例 4-42】　作 $y=\sin\left(x+\dfrac{\pi}{6}\right)$ 的图形.

解 $x+\dfrac{\pi}{6}$ 相当于例 4-41 中的 x，因而可类似地列表（见表 4-9），描点，结果如图 4-19 所示.

表 4-9 $\quad y=\sin\left(x+\dfrac{\pi}{6}\right)$ 在五个点的值

$x+\dfrac{\pi}{6}$	x	y	$x+\dfrac{\pi}{6}$	x	y
0	$-\dfrac{\pi}{6}$	0	$\dfrac{3\pi}{2}$	$\dfrac{4\pi}{3}$	$\dfrac{11\pi}{6}$
$\dfrac{\pi}{2}$	$\dfrac{\pi}{3}$	1	2π	-1	0
π	$\dfrac{5\pi}{6}$	0			

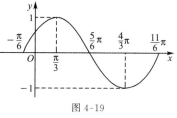

图 4-19

再根据周期性，就可作出该函数在 $(-\infty,+\infty)$ 内的图形.

比较图 4-18 与图 4-19，可知把 $y=\sin x$ 的图形向左平移 $\dfrac{\pi}{6}$ 就得到 $y=\sin\left(x+\dfrac{\pi}{6}\right)$ 的图形. 一般地，函数 $y=\sin(x+\varphi)(\varphi\neq0)$ 的图形，可以看作把 $y=\sin x$ 的图形上所有的点向左（当 $\varphi>0$ 时）或向右（当 $\varphi<0$ 时）平移 $|\varphi|$ 个单位而得到的.

【例 4-43】 作 $y=\sin\left(2x+\dfrac{\pi}{6}\right)$ 的图形.

解 $2x+\dfrac{\pi}{6}$ 相当于例 4-41 中的 x，因而可类似地列表（见表 4-10），描点，作图. 结果如图 4-20 所示.

表 4-10 $\quad y=\sin\left(2x+\dfrac{\pi}{6}\right)$ 在五个点的值

$x+\dfrac{\pi}{6}$	x	y	$2x+\dfrac{\pi}{6}$	x	y
0	$-\dfrac{\pi}{12}$	0	$\dfrac{3\pi}{2}$	$\dfrac{2\pi}{3}$	-1
$\dfrac{\pi}{2}$	$\dfrac{\pi}{6}$	1	2π	$\dfrac{11\pi}{12}$	0
π	$\dfrac{5\pi}{2}$	0			

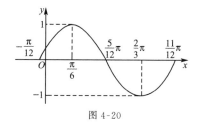

图 4-20

再根据周期性，就可作出该函数在 $(-\infty,+\infty)$ 内的图形. 值得注意的是，函数 $y=\sin\left(2x+\dfrac{\pi}{6}\right)$ 的周期不是 2π，而是 $\dfrac{2\pi}{2}=\pi$.

一般地，函数 $y=A\sin(\omega x+\varphi)$ 的周期是 $\dfrac{2\pi}{\omega}$. A 为该函数的**振幅**，由 $|y|=|A\sin(\omega x+\varphi)|=|A||\sin(\omega x+\varphi)|\leqslant|A|$ 可知，将 $y=\sin(\omega x+\varphi)$ 的图形沿 y 轴方向放大 $|A|$ 倍就可得到 $y=A\sin(\omega x+\varphi)$ 的图形.

【例 4-44】 作 $y=\dfrac{3}{2}\sin\left(2x+\dfrac{\pi}{6}\right)$ 的图形.

解 把例 4-43 的图形沿 y 轴方向放大 $\dfrac{3}{2}$ 倍，就可得到所求的图形（图 4-21），也可类似于例 4-41，列表（见表 4-11），描点，作图. 然后根据周期性就可作出该函数在 $(-\infty,+\infty)$ 内的图形.

表 4-11 $y=\dfrac{3}{2}\sin\left(2x+\dfrac{\pi}{6}\right)$ 在五个点的值					
$2x+\dfrac{\pi}{6}$	x	y	$2x+\dfrac{\pi}{6}$	x	y
0	$-\dfrac{\pi}{12}$	0	$\dfrac{3\pi}{2}$	$\dfrac{2\pi}{3}$	$-\dfrac{3}{2}$
$\dfrac{\pi}{2}$	$\dfrac{\pi}{6}$	$\dfrac{3}{2}$	2π	$\dfrac{11\pi}{12}$	0
π	$\dfrac{5\pi}{12}$	0			

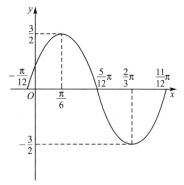

图 4-21

【例 4-45】 设函数 $f(x)=\sin x+\sqrt{3}\,|\cos x|\ \left(x\in\left[-\dfrac{\pi}{2},\dfrac{3\pi}{2}\right]\right)$，求：

(1) $f(x)$ 的单调区间；

(2) $f(x)$ 的最小值与最大值.

解

$$f(x)=\begin{cases}\sin x+\sqrt{3}\cos x & \left(-\dfrac{\pi}{2}\leqslant x\leqslant\dfrac{\pi}{2}\right)\\[2mm]\sin x-\sqrt{3}\cos x & \left(\dfrac{\pi}{2}<x\leqslant\dfrac{3\pi}{2}\right)\end{cases},$$

即

$$f(x)=\begin{cases}2\sin\left(x+\dfrac{\pi}{3}\right) & \left(-\dfrac{\pi}{2}\leqslant x\leqslant\dfrac{\pi}{2}\right)\\[2mm]2\sin\left(x-\dfrac{\pi}{3}\right) & \left(\dfrac{\pi}{2}<x\leqslant\dfrac{3\pi}{2}\right)\end{cases}.$$

当 $-\dfrac{\pi}{2}\leqslant x+\dfrac{\pi}{3}\leqslant\dfrac{\pi}{2}$ 时，即当 $-\dfrac{5\pi}{6}\leqslant x\leqslant\dfrac{\pi}{6}$ 时，函数 $2\sin\left(x+\dfrac{\pi}{2}\right)$ 单调增加，但 $-\dfrac{\pi}{2}\leqslant x\leqslant\dfrac{\pi}{2}$，所以函数 $2\sin\left(x+\dfrac{\pi}{3}\right)$ 在 $\left[-\dfrac{\pi}{2},\dfrac{\pi}{6}\right]$ 上单调增加（图 4-22）.

当 $\dfrac{\pi}{2}<x+\dfrac{\pi}{3}\leqslant\pi$ 时，即当 $\dfrac{\pi}{6}<x\leqslant\dfrac{2\pi}{3}$ 时，函数 $2\sin\left(x+\dfrac{\pi}{3}\right)$ 单调减少，但 $-\dfrac{\pi}{2}\leqslant x\leqslant\dfrac{\pi}{2}$，所以函数 $2\sin\left(x+\dfrac{\pi}{3}\right)$ 在 $\left[\dfrac{\pi}{6},\dfrac{\pi}{2}\right]$ 上单调减少（图 4-22）.

同理可知，函数 $2\sin\left(x-\dfrac{\pi}{3}\right)$ 在 $\left[\dfrac{\pi}{2},\dfrac{5\pi}{6}\right]$ 上单调增加，在 $\left[\dfrac{5\pi}{6},\dfrac{3\pi}{2}\right]$ 上单调减少（图 4-22）.

综上所述，$f(x)$ 的最小值与最大值分别是 $f\left(-\dfrac{\pi}{2}\right)=-1$，$f\left(\dfrac{\pi}{6}\right)=2$.

设函数 $y=f(x)$ 在以点 $x=a$ 为对称中心的区间 D 内有定义. 如果对于任一点 $(a-t)\in D$，恒有 $f(a-t)=f(a+t)$，则函数 $y=f(x)$ 的图形关于直线 $x=a$ 对称（图 4-23）. 因为若

$$f(a-t)=f(a+t),$$

则当 $A(a-t,f(a-t))$ 是图形上的点时,点 $A(a-t,f(a-t))$ 关于 $x=a$ 对称的点 $A'(a+t,f(a+t))$ 也在图形上(图 4-23).

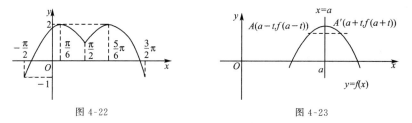

图 4-22   图 4-23

容易验证例 4-45 中函数 $f(x)$ 的图形关于直线 $x=\dfrac{\pi}{2}$ 对称,因为

$$f\left(\frac{\pi}{2}-t\right)=\sin\left(\frac{\pi}{2}-t\right)+\sqrt{3}\left|\cos\left(\frac{\pi}{2}-t\right)\right|$$

$$=\cos t+\sqrt{3}\left|\sin t\right|,$$

$$f\left(\frac{\pi}{2}+t\right)=\sin\left(\frac{\pi}{2}+t\right)+\sqrt{3}\left|\cos\left(\frac{\pi}{2}+t\right)\right|$$

$$=\cos t+\sqrt{3}\left|-\sin t\right|$$

$$=\cos t+\sqrt{3}\left|\sin t\right|,$$

即

$$f\left(\frac{\pi}{2}-t\right)=f\left(\frac{\pi}{2}+t\right).$$

习题 4.6

1. 求函数 $y=\tan x-\cot x$ 的最小正周期.

2. 判断下列函数是奇函数还是偶函数,或者既不是奇函数,也不是偶函数.

(1) $f(x)=\dfrac{x^2-\cos x}{x^2+\cos x}$.

(2) $g(x)=\dfrac{\cos^2 x+\cos x}{\sin^3 x-\tan x}$.

(3) $\varphi(x)=x\tan 2x+x^3$,

3. 设 θ 是第三、四象限的角,且 $\sin\theta=\dfrac{2m-3}{4-m}$,求 m 的取值范围.

4. 已知 $\sin\theta<\cos 50°$,且 $0°<\alpha<360°$,试从 $y=\sin x$ 的图形上确定 α 的取值范围.

5. 设 $a\sin x+b\cos x=0$,且 a,b 不同时为零,若

$$A\sin 2x+B\cos 2x=C,$$

求证

$$2abA+(b^2-a^2)B+(b^2+a^2)C=0.$$

6. 设 $0\leqslant x\leqslant\dfrac{\pi}{2}$,求证 $\cos(\sin x)>\sin(\cos x)$.

7. 设 $p\sin x\cos^2 x=a$，$p\cos x\sin^2 x=b$，且 x 为锐角，$p>0$，求证 $p=\dfrac{(a^2+b^2)^{3/2}}{ab}$．

8. 求函数 $f(x)=2\sin^2 x+4\cos^2 x-8\sin x\cos x+5$，$x\in(-\infty,+\infty)$ 的最小值与最大值．

9. 正数 p,q 要满足什么条件时，才能使方程 $x^2-px+q=0$ 的两个根分别成为一直角三角形两锐角的正弦？

10. 设函数 $f(x)=\left|\sin\dfrac{x}{3}\right|+\left|\cos\dfrac{x}{3}\right|$，$x\in\left[0,\dfrac{3}{2}\pi\right]$，

（1）求 $f(x)$ 的单调区间．

（2）求 $f(x)$ 的最小值与最大值．

（3）求证函数 $f(x)$ 的图形关于直线 $x=\dfrac{3}{4}\pi$ 对称．

（4）作出函数 $f(x)$ 的图形．

4.7　反三角函数与三角方程

4.7.1　反三角函数

由 4.6 节的内容可知，正弦函数 $x=\sin y$ 的值域是 $[-1,1]$，且在 $\left[-\dfrac{\pi}{2},\dfrac{\pi}{2}\right]$ 上是单调增加的，因而有反函数. 通常把这个反函数叫作**反正弦函数**，记作

$$y=\arcsin x,$$

其定义域与值域分别是 $[-1,1]$ 与 $\left[-\dfrac{\pi}{2},\dfrac{\pi}{2}\right]$．

$x=\sin y\left(y\in\left[-\dfrac{\pi}{2},\dfrac{\pi}{2}\right]\right)$ 与 $y=\arcsin x(x\in[-1,1])$ 互为反函数，它们的形式可以互换，即

$$x=\sin y\Leftrightarrow y=\arcsin x\left(x\in[-1,1],y\in\left[-\dfrac{\pi}{2},\dfrac{\pi}{2}\right]\right).$$

且

$$x=\sin(\arcsin x)\quad(x\in[-1,1]),$$

$$y=\arcsin(\sin y)\quad\left(y\in\left[-\dfrac{\pi}{2},\dfrac{\pi}{2}\right]\right).$$

通常把反正弦函数 $y=\arcsin x$ 的值域 $\left[-\dfrac{\pi}{2},\dfrac{\pi}{2}\right]$ 叫作它的**主值区间**，因而也把 $y=\arcsin x$ 叫作反正弦函数的主值形式．

类似地，可以定义反余弦函数、反正切函数及其主值区间．

现在把这三个常用的反三角函数的性质与图形列于表 4-12.

表 4-12　　　　　　　　三个常用的反三角函数的性质与图形

函数	定义域	主值区间	单调性
$y = \arcsin x$	$[-1,1]$	$\left[-\dfrac{\pi}{2}, \dfrac{\pi}{2}\right]$	↗
$y = \arccos x$	$[-1,1]$	$[0,\pi]$	↘
$y = \arctan x$	$(-\infty, +\infty)$	$\left(-\dfrac{\pi}{2}, \dfrac{\pi}{2}\right)$	↗

函数	性质 1	性质 2	图形
$y = \arcsin x$	$\sin(\arcsin x) = x$ $\|x\| \leqslant 1$	$\arcsin(\sin y) = y$ $-\dfrac{\pi}{2} \leqslant y \leqslant \dfrac{\pi}{2}$	
$y = \arccos x$	$\cos(\arccos x) = x$ $\|x\| \leqslant 1$	$\arccos(\cos y) = y$ $0 \leqslant y \leqslant \pi$	
$y = \arctan x$	$\tan(\arctan x) = x$ $-\infty < x < +\infty$	$\arctan(\tan y) = y$ $-\dfrac{\pi}{2} < y < \dfrac{\pi}{2}$	

【**例 4-46**】　求函数 $y = \arcsin \dfrac{1+x^2}{5}$ 的定义域.

解　由反正弦函数的定义有

$$-1 \leqslant \frac{1+x^2}{5} \leqslant 1,$$

即

$$-5 \leqslant x^2 + 1 \leqslant 5,$$
$$-6 \leqslant x^2 \leqslant 4,$$
$$-2 \leqslant x \leqslant 2,$$

所以函数 $y = \arcsin \dfrac{1+x^2}{5}$ 的定义域是 $[-2,2]$.

【**例 4-47**】　分别求出下列各式中的 x 值：

(1) $\arccos x = \dfrac{2}{3}\pi$;　　　　　(2) $\arctan x = \dfrac{\pi}{3}$;　　　　　(3) $\arcsin x = \dfrac{5\pi}{6}$.

解　(1) 由 $\arccos x = \dfrac{2\pi}{3}$ 得

$$x = \cos \frac{2\pi}{3} = \cos\left(\pi - \frac{\pi}{3}\right) = -\frac{1}{2};$$

（2）由 $\arctan x = \dfrac{\pi}{3}$ 得 $x = \tan \dfrac{\pi}{3} = \sqrt{3}$；

（3）因为 $\dfrac{5\pi}{6}$ 不在 $y = \arcsin x$ 的主值区间 $\left[-\dfrac{\pi}{2}, \dfrac{\pi}{2}\right]$ 上，所以 $\arcsin x = \dfrac{5\pi}{6}$ 无意义．

【例 4-48】 分别求出下列各式的值：

（1）$\cos\left(2\arcsin\dfrac{1}{2}\right)$；　　　　　　　　（2）$\sin\left(\arccos\dfrac{\sqrt{2}}{2}\right)$；

（3）$\sin\left[\dfrac{1}{2}\arctan(-2\sqrt{2})\right]$．

解　（1）设 $\arcsin\dfrac{1}{2} = x$，则 $\sin x = \dfrac{1}{2}$，于是

$$\cos\left(2\arcsin\dfrac{1}{2}\right) = \cos 2x = 1 - 2\sin^2 x = 1 - 2 \times \left(\dfrac{1}{2}\right)^2 = \dfrac{1}{2};$$

（2）设 $\arccos\dfrac{\sqrt{2}}{2} = x$，则 $\cos x = \dfrac{\sqrt{2}}{2}$，由于 $0 < x < \dfrac{\pi}{2}$，于是

$$\sin\left(\arccos\dfrac{\sqrt{2}}{2}\right) = \sin x = \sqrt{1 - \cos^2 x} = \sqrt{1 - \dfrac{1}{2}} = \dfrac{\sqrt{2}}{2};$$

（3）设 $\arctan(-2\sqrt{2}) = x$，则 $\tan x = -2\sqrt{2}$，由于 $-\dfrac{\pi}{2} < x < 0$，从而

$$\sin\left[\dfrac{1}{2}\arctan(-2\sqrt{2})\right] = \sin\dfrac{x}{2} = -\sqrt{\dfrac{1}{2}(1 - \cos x)}$$

$$= -\sqrt{\dfrac{1}{2}\left(1 - \dfrac{1}{\sec x}\right)}$$

$$= -\sqrt{\dfrac{1}{2} \times \left(1 - \dfrac{1}{3}\right)} = -\dfrac{\sqrt{3}}{3}.$$

【例 4-49】 设 $|x| \leqslant 1$，求证：

（1）$\arcsin(-x) = -\arcsin x$；　　　　　　　（2）$\arccos(-x) = \pi - \arccos x$；

（3）$\sin(\arccos x) = \sqrt{1 - x^2}$；　　　　　　（4）$\cos(\arcsin x) = \sqrt{1 - x^2}$．

证明　设 $\alpha = \arccos x$，则由 $|x| \leqslant 1$ 知

$$\cos\alpha = \cos(\arccos x) = x,$$

即

$$\cos(\pi - \alpha) = -x.$$

又因为 $0 \leqslant \alpha \leqslant \pi$，即 $0 \leqslant \pi - \alpha \leqslant \pi$，于是上式为

$$\pi - \alpha = \arccos(-x),$$

即

$$\arccos(-x) = \pi - \arccos x,$$

所以（2）成立．

设 $\beta = \arcsin x$，则由 $|x| \leqslant 1$ 知 $\sin\beta = x$．又由 $-\dfrac{\pi}{2} \leqslant \beta \leqslant \dfrac{\pi}{2}$，得 $\cos\beta = \sqrt{1 - \sin^2\beta} = \sqrt{1 - x^2}$，即（4）成立．

类似地可证明（1），（3）．

【例 4-50】 求证 $\arccos \dfrac{1}{3} + \arccos\left(-\dfrac{3}{5}\right) = \pi + \arcsin \dfrac{6\sqrt{2}-4}{15}$.

证明 设 $\alpha = \arccos \dfrac{1}{3}, \beta = \arccos\left(-\dfrac{3}{5}\right)$，则由两角和的正弦公式与例 4-49 得

$$\begin{aligned}
\sin(\alpha+\beta) &= \sin\alpha\cos\beta + \cos\alpha\sin\beta \\
&= \sqrt{1-\left(\dfrac{1}{3}\right)^2}\cos\left(\pi-\arccos\dfrac{3}{5}\right) + \dfrac{1}{3}\sin\left(\pi-\arccos\dfrac{3}{5}\right) \\
&= -\sqrt{1-\left(\dfrac{1}{3}\right)^2} \times \left(\dfrac{3}{5}\right) + \dfrac{1}{3}\sqrt{1-\left(\dfrac{3}{5}\right)^2} \\
&= \dfrac{-6\sqrt{2}+4}{15},
\end{aligned}$$

由 $0 < \alpha < \dfrac{\pi}{2}, \dfrac{\pi}{2} < \beta < \pi$，得

$$\dfrac{\pi}{2} < \alpha+\beta < \dfrac{3\pi}{2},$$

$$-\dfrac{\pi}{2} < \pi-(\alpha+\beta) < \dfrac{\pi}{2}.$$

于是由 $\sin[\pi-(\alpha+\beta)] = \sin(\alpha+\beta) = \dfrac{-6\sqrt{2}+4}{15}$ 得

$$\pi-(\alpha+\beta) = \arcsin\dfrac{-6\sqrt{2}+4}{15},$$

所以

$$\alpha+\beta = \pi + \arcsin\dfrac{6\sqrt{2}-4}{15}.$$

【例 4-51】 求函数 $y = \arccos\left(x^2-x-\dfrac{1}{4}\right)$ 的定义域与值域.

解

$$\left|x^2-x-\dfrac{1}{4}\right| \leqslant 1 \Rightarrow \begin{cases} x^2-x-\dfrac{1}{4} \leqslant 1 \\ x^2-x-\dfrac{1}{4} \geqslant -1 \end{cases} \Rightarrow \begin{cases} x^2-x-\dfrac{5}{4} \leqslant 0 \\ x^2-x+\dfrac{3}{4} \geqslant 0 \end{cases}$$

$$\Rightarrow \begin{cases} \dfrac{1-\sqrt{6}}{2} \leqslant x \leqslant \dfrac{1+\sqrt{6}}{2} \\ -\infty < x < +\infty \end{cases},$$

于是所求定义域为 $\left[\dfrac{1-\sqrt{6}}{2}, \dfrac{1+\sqrt{6}}{2}\right]$.

由 $\cos y = x^2-x-\dfrac{1}{4}$ 知，所论函数的值域就是反函数 $x = \dfrac{1 \pm \sqrt{2+4\cos y}}{2}$ 的定义域，即 $1 \geqslant \cos y \geqslant -\dfrac{1}{2}\ (0 \leqslant y \leqslant \pi)$，所以所求值域为 $0 \leqslant y \leqslant \dfrac{2\pi}{3}$.

【例 4-52】 求函数 $y = \pi - \sqrt{\arccos(\log_{\frac{1}{2}}x+1)}$ 的定义域.

解

$$\left|\log_{\frac{1}{2}}x+1\right| \leqslant 1 \Rightarrow -1 \leqslant \log_{\frac{1}{2}}x+1 \leqslant 1$$

$$\Rightarrow -2 \leqslant \log_{\frac{1}{2}} x \leqslant 0,$$

由 $\log_{\frac{1}{2}} x$ 在 $(-\infty, +\infty)$ 上单调减少, 得

$$\left(\frac{1}{2}\right)^{-2} \geqslant x \geqslant \left(\frac{1}{2}\right)^{0},$$

即所求的定义域为 $1 \leqslant x \leqslant 4$.

【例 4-53】　求证 $\arctan 2 + \arctan 4 = \pi - \arctan \dfrac{6}{7}$.

证明　$\tan(\arctan 2 + \arctan 4) = \dfrac{\tan(\arctan 2) + \tan(\arctan 4)}{1 - \tan(\arctan 2)\tan(\arctan 4)} = -\dfrac{6}{7}.$

但

$$\frac{\pi}{4} = \arctan 1 < \arctan 2 < \frac{\pi}{2},$$

$$\frac{\pi}{4} = \arctan 1 < \arctan 4 < \frac{\pi}{2},$$

即

$$\frac{\pi}{2} < \arctan 2 + \arctan 4 < \pi,$$

$$0 < \pi - (\arctan 2 + \arctan 4) < \frac{\pi}{2},$$

所以由

$$\tan[\pi - (\arctan 2 + \arctan 4)] = -\tan(\arctan 2 + \arctan 4) = \frac{6}{7}$$

得

$$\pi - (\arctan 2 + \arctan 4) = \arctan \frac{6}{7},$$

所以

$$\arctan 2 + \arctan 4 = \pi - \arctan \frac{6}{7}.$$

【例 4-54】　解不等式 $\arcsin x > \arccos x$.

解　由反三角函数(图 4-24)的主值区间知

$$\frac{\pi}{2} \geqslant \arcsin x > \arccos x \geqslant 0.$$

令 $\alpha = \arccos x$, 则 $\sin \alpha = \sqrt{1-x^2}$. 于是由 $\sin x$ 在 $\left[0, \dfrac{\pi}{2}\right]$ 上单调增加得

$$1 \geqslant \sin(\arcsin x) > \sin \alpha \geqslant 0,$$

$$1 \geqslant x > \sqrt{1-x^2} \geqslant 0,$$

即

$$\frac{\sqrt{2}}{2} < x \leqslant 1.$$

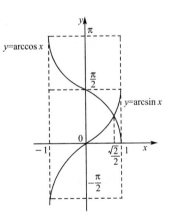

图 4-24

125

4.7.2 三角方程

含有未知数的三角函数的方程称为**三角方程**,例如

$$2\sin^2 x + 3\cos x = 0,$$
$$3\tan^2 x - \sec^2 x = 1$$

等都是三角方程.把一切能适合三角方程的未知数的值,叫作该方程的**通解**.

解三角方程就是求出该方程的通解,或者证明该方程没有解.

当 a 为已知实数时,$\sin x = a$,$\cos x = a$,$\tan x = a$ 是最简单的三角方程,它们的通解公式见表 4-13.

表 4-13 简单的三角方程通解公式

方　　程	a 的值	方程的通解公式($n \in \mathbf{Z}$)
$\sin x = a$	$\|a\| < 1$	$x = n\pi + (-1)^n \arcsin a$
	$\|a\| = 1$	$x = 2n\pi + \arcsin a$
	$\|a\| > 1$	没有解
$\cos x = a$	$\|a\| < 1$	$x = 2n\pi \pm \arccos a$
	$\|a\| = 1$	$x = 2n\pi + \arccos a$
	$\|a\| > 1$	没有解
$\tan x = a$	任意实数	$x = n\pi + \arctan a$

【例 4-55】 解下列方程:

(1) $\sin x = \dfrac{1}{2}$;

(2) $\cos x = -\dfrac{\sqrt{2}}{2}$;

(3) $\cot x = -\sqrt{3}$;

(4) $3\tan^2 x - \sec^2 x = 1$.

解　(1) 由已知条件得 $\arcsin \dfrac{1}{2} = x = \dfrac{\pi}{6}$,所以方程的通解为

$$x = n\pi + (-1)^n \frac{\pi}{6} \quad (n \in \mathbf{Z});$$

(2) 因为 $\arccos \left(-\dfrac{\sqrt{2}}{2} \right) = \dfrac{3\pi}{4}$,所以方程的通解为

$$x = 2n\pi \pm \frac{3\pi}{4} \quad (n \in \mathbf{Z});$$

(3) 因为 $\arctan \left(-\dfrac{1}{\sqrt{3}} \right) = -\dfrac{\pi}{6}$,所以方程的通解为

$$x = n\pi - \frac{\pi}{6} \quad (n \in \mathbf{Z});$$

(4) 原方程可化为

$$3\tan^2 x - 1 - \tan^2 x = 1,$$
$$2\tan^2 x = 2, \quad \tan x = \pm 1,$$

因此原方程的通解为

$$x = n\pi \pm \frac{\pi}{4} \quad (n \in \mathbf{Z}).$$

由此可见,求解三角方程,就是通过代数或三角变换,将其化为最简单的三角方程,然后再求解.值得注意的是,由于在变换过程中可能产生失根或增根的情况,所以方程解出后,必须对所得的结果进行检验.失根要找回,增根要舍掉.

【例 4-56】 解下列方程:

(1) $5\sin^2 x + 7\sin x\cos x + 4\cos^2 x = 5$;

(2) $\sin 2x - \cos 2x - \sin x + \cos x = 0$;

(3) $(2 + \cos x)(3\cos 2x + 4\sin 2x + 5) = 0$;

(4) $|\tan x + \cot x| = \dfrac{4}{\sqrt{3}}$.

解　(1) 把原方程化为同解方程

$$5\sin^2 x - 5 + 7\sin x\cos x + 4\cos^2 x = 0,$$

$$7\sin x\cos x - \cos^2 x = 0.$$

在方程两端除以 $\cos^2 x$,得 $7\tan x - 1 = 0$,即

$$x_1 = n\pi + \arctan \frac{1}{7} \quad (n \in \mathbf{Z}).$$

容易验证方程 $\cos^2 x = 0$ 的根

$$x_2 = 2n\pi \pm \frac{\pi}{2} \quad (n \in \mathbf{Z})$$

是原方程的失根,应找回.

因此原方程的通解为 $x_1 = n\pi + \arctan \dfrac{1}{7}$,$x_2 = 2n\pi \pm \dfrac{\pi}{2} \quad (n \in \mathbf{Z})$.

(2) 把原方程化为同解方程

$$(\sin 2x - \sin x) + (\cos x - \cos 2x) = 0,$$

$$2\sin \frac{x}{2}\cos \frac{3x}{2} + 2\sin \frac{x}{2}\sin \frac{3x}{2} = 0,$$

$$\sin \frac{x}{2}\left(\cos \frac{3x}{2} + \sin \frac{3x}{2}\right) = 0,$$

显然,$\cos \dfrac{3x}{2} = 0$ 的根不是 $\cos \dfrac{3x}{2} + \sin \dfrac{3x}{2} = 0$ 的根,于是原方程的同解方程为

$$\sin \frac{x}{2} = 0 \quad \text{或} \quad \tan \frac{3x}{2} = -1,$$

即

$$\frac{x_1}{2} = n\pi, \quad \frac{3x_2}{2} = n\pi - \frac{\pi}{4} \quad (n \in \mathbf{Z}).$$

因此原方程的通解为

$$x_1 = 2n\pi, \quad x_2 = (4n - 1)\frac{\pi}{6} \quad (n \in \mathbf{Z}).$$

(3) 由 $|\cos x| \leqslant 1$ 知,方程 $2 + \cos x = 0$ 没有解,因而原方程的同解方程为

$$3\cos 2x + 4\sin 2x + 5 = 0,$$

$$\frac{3}{5}\cos 2x + \frac{4}{5}\sin 2x = -1,$$

$$\sin\left(2x + \arcsin\frac{3}{5}\right) = -1,$$

解方程得

$$2x + \arcsin\frac{3}{5} = 2n\pi - \frac{\pi}{2} \quad (n \in \mathbf{Z}),$$

所以原方程的通解为

$$x = n\pi - \frac{\pi}{4} - \frac{1}{2}\arcsin\frac{3}{5} \quad (n \in \mathbf{Z}).$$

（4）把原方程化为同解方程.

$$\left|\frac{2}{\sin 2x}\right| = \frac{4}{\sqrt{3}},$$

两端乘以 $D(x) = |\sin 2x|$,得原方程的结果

$$|\sin 2x| = \frac{\sqrt{3}}{2},$$

即

$$\sin 2x = \frac{\sqrt{3}}{2} \quad \text{或} \quad \sin 2x = -\frac{\sqrt{3}}{2},$$

于是

$$x_1 = \frac{n\pi}{2} + (-1)^n\frac{\pi}{6}, \quad x_2 = \frac{n\pi}{2} - (-1)^n\frac{\pi}{6} \quad (n \in \mathbf{Z}).$$

这两个式子又可合并为

$$x_3 = \frac{n\pi}{2} \pm \frac{\pi}{6} \quad (n \in \mathbf{Z}).$$

容易验证 x_3 不是 $D(x) = 0$ 的根,即方程没有增根,所以 x_3 是原方程的通解.

【例 4-57】 解下列各方程:

(1) $\sec x - \dfrac{\sec x + \cos x}{1 + \cos x} = 0$;　　　　　　　　(2) $3\sin x = 1 - \sqrt{3\cos^2 x - 2}$;

(3) $1 + \sec x = \cot^2\dfrac{x}{2}$.

解　（1）把方程化为同解方程

$$\frac{1}{\cos x} - \frac{\sec x + \cos x}{1 + \cos x} = 0.$$

两端乘以 $D(x) = \cos x(1 + \cos x)$,得原方程的结果

$$1 + \cos x - 1 - \cos^2 x = 0,$$

$$\cos x(1 - \cos x) = 0,$$

$$\cos x = 0 \quad \text{或} \quad 1 - \cos x = 0,$$

所以

$$x_1 = 2n\pi \pm \frac{\pi}{2}, \quad x_2 = 2n\pi \quad (n \in \mathbf{Z}).$$

容易验证 x_1 是 $D(x) = 0$ 的根,即 x_1 是原方程的增根,应舍去,因此 x_2 是原方程的通解.

（2）把原方程化为同解方程

$$\sqrt{3\cos^2 x - 2} = 1 - 3\sin x.$$

两端平方,得原方程的结果

$$3\cos^2 x - 2 = 1 - 6\sin x + 9\sin^2 x,$$
$$3(1 - \sin^2 x) - 2 = 1 - 6\sin x + 9\sin^2 x,$$
$$2\sin^2 x - \sin x = 0,$$
$$\sin x(2\sin x - 1) = 0,$$
$$\sin x = 0 \quad \text{或} \quad 2\sin x - 1 = 0,$$

即

$$x_1 = n\pi, \quad x_2 = n\pi + (-1)^n \frac{\pi}{6} \quad (n \in \mathbf{Z}).$$

容易验证 x_1 是原方程的根,x_2 是原方程的增根,应舍去,因此原方程的通解为 x_1.

（3）把原方程化为同解方程

$$1 + \frac{1}{\cos x} = \frac{1 + \cos x}{1 - \cos x},$$

即

$$(1 + \cos x)\left(\frac{1}{\cos x} - \frac{1}{1 - \cos x}\right) = 0.$$

两端乘以 $D(x) = \cos x(1 - \cos x)$ 并整理,得原方程的结果

$$(1 + \cos x)(1 - 2\cos x) = 0,$$

即

$$\cos x = -1 \quad \text{或} \quad \cos x = \frac{1}{2}.$$

于是

$$x_1 = 2n\pi + \pi, \quad x_2 = 2n\pi \pm \frac{\pi}{3} \quad (n \in \mathbf{Z}).$$

容易验证 x_1, x_2 都不是 $D(x) = 0$ 的根,即 x_1, x_2 都是原方程的根,所以原方程的通解是 x_1, x_2.

习题 4.7

1. 求下列函数的定义域:

（1）$f(x) = \sqrt{x^2 - x - 6} + \arcsin \dfrac{2x - 1}{7}$.

(2) $f(x) = \arccos \dfrac{2x+1}{x-2} + \sqrt{\arcsin 4x}$.

2. 求函数 $y = \arccos(x^2 - x)$ 的定义域与值域.

3. 求下列各式的值:

(1) $\tan \arccos \left\{ \sin \left[\arccos \left(-\dfrac{1}{2} \right) \right] \right\}$.

(2) $\sin \left(2\arctan \dfrac{3}{4} \right) + \tan \left(\dfrac{1}{2} \arcsin \dfrac{5}{13} \right)$.

(3) $\arcsin \left(\sin \dfrac{7\pi}{6} \right) + \arccos \left(\cos \dfrac{5\pi}{4} \right)$.

(4) $\arctan x + \arctan \dfrac{1-x}{1+x}$ $\quad (x < -1)$.

(5) $\sec \left\{ 2\arcsin \left[\tan(\arctan x) \right] \right\}$.

4. 求证:

(1) $\arctan(-x) = -\arctan x \, (-\infty < x < +\infty)$.

(2) $\arcsin x + \arccos x = \dfrac{\pi}{2}$ $\quad (|x| \leqslant 1)$.

(3) $\arctan 2 + \arctan 3 = \dfrac{3\pi}{4}$.

(4) $\arcsin \dfrac{4}{5} + \arcsin \dfrac{5}{13} + \arcsin \dfrac{16}{65} = \dfrac{\pi}{2}$.

5. 试用 $\arccos x$ 表示函数 $y = \cos x$ 在下列区间上的反函数:

(1) $[2\pi, 3\pi]$. $\hspace{4cm}$ (2) $[-3\pi, -2\pi]$.

6. 试用 $\arcsin x$ 表示函数 $y = \sin x$ 在下列区间上的反函数:

(1) $\left[\dfrac{\pi}{2}, \dfrac{3\pi}{2} \right]$. $\hspace{3cm}$ (2) $\left[\dfrac{3\pi}{2}, \dfrac{5\pi}{2} \right]$.

7. 设 x_1, x_2 是 $[0, +\infty)$ 内任意两点, 当 $x_1 \neq x_2$ 时, 求证

$$\arctan \left(\dfrac{x_1 + x_2}{2} \right) > \dfrac{1}{2} (\arctan x_1 + \arctan x_2).$$

8. 设 x_1, x_2 是 $(-\infty, +\infty)$ 内任意两点, 若

$$-\dfrac{\pi}{2} < \arctan x_1 + \arctan x_2 < \dfrac{\pi}{2},$$

求证

$$\arctan x_1 + \arctan x_2 = \arctan \dfrac{x_1 + x_2}{1 - x_1 x_2}.$$

9. 解下列三角方程:

(1) $2\arctan \dfrac{1}{2} + \arctan x = \dfrac{\pi}{4}$. $\hspace{2cm}$ (2) $3\sin 2x + 4\cos 2x = 5$.

(3) $\sin x + (2 + \sqrt{3}) \cos x = 1$. $\hspace{2.5cm}$ (4) $\dfrac{\sin 2x}{\cos x} = 1$.

10. 设 $0 \leqslant x \leqslant \pi$,且 $\sin \dfrac{x}{2} = \sqrt{1+\sin x} - \sqrt{1-\sin x}$,求 $\tan x$ 的一切可能值.

11. 解不等式:

(1) $\arctan x > \arccos x$. 　　　　　　　　　(2) $\arccos x > \arcsin x$.

(3) $\dfrac{2\sin^2 x + \sin x - 1}{2\sin^2 x - 1} < 0$ 　$(0 < x < \pi)$.

12. 解下列各三角方程:

(1) $\sin x + \tan x + \sec x - \cos x = 0$.

(2) $\tan\left(x + \dfrac{\pi}{4}\right) + \tan\left(x - \dfrac{\pi}{4}\right) = 2\cot x$.

(3) $2\sin 2x = 3(\sin x + \cos x)$.

(4) $\sqrt{2}(\sin x + \cos x) = \tan x + \cot x$.

4.8　任意三角形的解法

三角形有三条边、三个角,共六个元素.通常说的解三角形就是由三角形的已知元素求其他元素.已知条件一般分如下四种情况:

(1) 已知一条边和两个角;

(2) 已知两条边及夹角;

(3) 已知三条边;

(4) 已知两条边及其中一条边的对角.

在解三角形的过程中,常用到三角学中的两个重要定理.

1. 正弦定理

任一三角形中,各边和它的对角的正弦之比相等,且都等于该三角形的外接圆直径,即当 $\triangle ABC$ 的外接圆半径为 R 时,有

$$\frac{a}{\sin A} = \frac{b}{\sin B} = \frac{c}{\sin C} = 2R.$$

2. 余弦定理

三角形的任一边的平方等于其他两条边的平方和减去此两条边与其夹角余弦的乘积的两倍,即在 $\triangle ABC$ 中,有

$$a^2 = b^2 + c^2 - 2bc\cos A,$$
$$b^2 = a^2 + c^2 - 2ac\cos B,$$
$$c^2 = a^2 + b^2 - 2ab\cos C.$$

有时还用到三角形的面积公式:

$$S_\triangle = \frac{1}{2}ab\sin C = \frac{1}{2}ac\sin B = \frac{1}{2}bc\sin A$$

或

$$S_\triangle = \sqrt{p(p-a)(p-b)(p-c)} \qquad \left(p = \frac{a+b+c}{2}\right).$$

解任意三角形问题的类型及基本解法见表 4-14.

表 4-14　　　　　　　　　　解任意三角形问题的类型及基本解法

已知元素	其他元素的计算公式	解的个数
一条边和两角 (a, A, B)	$C = 180° - A - B$ $b = \dfrac{a\sin B}{\sin A}, c = \dfrac{a\sin C}{\sin A}$	一个解
两条边及其夹角 (a, b, C)	$c = \sqrt{a^2 + b^2 - 2ab\cos C}$ $\sin B = \dfrac{b\sin C}{c}, A = 180° - B - C$	一个解
三条边 (a, b, c)	$\cos A = \dfrac{b^2 + c^2 - a^2}{2bc}, \sin B = \dfrac{b\sin A}{a}$ $C = 180° - A - B$	一个解
两条边及其中一边的对角 (a, b, A)	$\sin B = \dfrac{b\sin A}{a}$ $C = 180° - A - B$ $c = \dfrac{a\sin C}{\sin A}$	$A \geqslant 90°\begin{cases} a>b, & \text{一个解} \\ a=b, & \text{无解} \\ a<b, & \text{无解} \end{cases}$ $A<90°\begin{cases} a>b, & \text{一个解} \\ a=b, & \text{一个解} \\ a<b, \begin{cases} a>b\sin A, & \text{两个解} \\ a=b\sin A, & \text{一个解} \\ a<b\sin A, & \text{无解} \end{cases} \end{cases}$

如果已知的独立条件不属于基本元素(三个角或三条边),应运用三角形的性质求得一些基本元素,使其能够符合上述四种类型之一,然后再求解.求解已知两条边及其中一条边的对角的三角形问题时,应注意讨论一个解、两个解或无解的情况.

【例 4-58】 在 $\triangle ABC$ 中,已知 $c=10$,$A=45°$,$C=30°$,解此三角形.

解 由 $A=45°$,$C=30°$ 知,$B=105°$,于是

$$a = \frac{c\sin A}{\sin C} = \frac{10\sin 45°}{\sin 30°} \approx 14,$$

$$b = \frac{c\sin B}{\sin C} = \frac{10\sin 105°}{\sin 30°} \approx 19.$$

【例 4-59】 如图 4-25 所示,要测被障碍物隔开的两点 A、D 之间的距离.在障碍物两侧选取 B、C 两点,测得 $AB = AC = 50$ 米,$\angle BAC = 60°$,$\angle ABD = 120°$,$\angle ACD = 135°$,求 A、D 之间的距离.

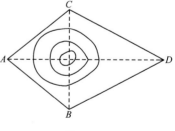

图 4-25

解 连接 AD、BC,由于 $AB = AC = 50$ 米,$\angle BAC = 60°$,所以 $\triangle ABC$ 为等边三角形,于是 $\angle DBC = 60°$,$\angle DCB = 75°$,从而 $\angle BDC = 45°$.

在 $\triangle BDC$ 中,由正弦定理得

$$DC = \frac{BC\sin 60°}{\sin 45°} = \frac{50 \times \dfrac{\sqrt{3}}{2}}{\dfrac{\sqrt{2}}{2}} = 25\sqrt{6};$$

在 $\triangle ACD$ 中,由余弦定理得

$$AD^2 = AC^2 + CD^2 - 2AC \cdot CD \cos 135°$$
$$= 50^2 + (25\sqrt{6})^2 - 2 \cdot 50 \cdot 25\sqrt{6} \cdot \left(-\frac{\sqrt{2}}{2}\right)$$
$$= 625(10 + 4\sqrt{3}),$$

所以 $AD = 25\sqrt{10 + 4\sqrt{3}}$ 米.

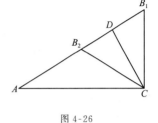

图 4-26

【**例 4-60**】 在 $\triangle ABC$ 中,已知 $a = 2\sqrt{3}$, $b = 6$, $A = 30°$,解此三角形,并求其面积.

解　因为题目已知的是三角形的两条边和其中一条边的对角,所以必须先进行讨论.

因 $A < 90°$, $a < b$ 且 $b \sin A = 3 < a$,故本题有两解,如图 4-26 所示.

$$\sin B = \frac{b \sin A}{a} = \frac{3}{2\sqrt{3}} = \frac{\sqrt{3}}{2},$$
$$B_1 = 60°, \quad B_2 = 120°.$$

从而

$$C_1 = 180° - B_1 - A = 90°,$$
$$c_1 = \frac{a \sin C_1}{\sin A} = 4\sqrt{3},$$
$$S_{\triangle_1} = \frac{1}{2} ab \sin C_1 = 6\sqrt{3},$$
$$C_2 = 180° - B_2 - A = 30°,$$
$$c_2 = \frac{a \sin C_2}{\sin A} = 2\sqrt{3},$$
$$S_{\triangle_2} = \frac{1}{2} ab \sin C_2 = 3\sqrt{3}.$$

习题 4.8

1. 在地面上 A 点测得山顶上旗杆顶 C 的仰角为 $45°$,旗杆底的仰角为 $30°$,朝旗杆移动 10 米到达 B 点,又测得旗杆顶与旗杆底的视角为 $15°$,求旗杆高.

2. 工厂有两个等高的烟囱,自其底连线上一点测出较近烟囱的仰角是 $60°$,并自该点向此视线的垂直方向走 30 米,测得两烟囱的仰角分别是 $45°$ 和 $30°$,求烟囱的高及它们间的距离.

3. 在 $\triangle ABC$ 中,$B = 60°$,AC 长为 4,三角形的面积为 $\sqrt{3}$,求 AB、BC 之长.

4. 在 $\triangle ABC$ 中,三边之长 a, b, c 满足 $a + c = 2b$,且 $A - C = 120°$,求 $\sin A$ 及 $\sin B$ 的值.

5. 在 $\triangle ABC$ 中有一内角为 $60°$,$\triangle ABC$ 的面积为 $10\sqrt{3}$,$\triangle ABC$ 的周长为 20,求各边之长.

6. 在 $\triangle ABC$ 中,已知 $\lg a - \lg c = \lg \sin B = -\lg \sqrt{2}$,且角 B 为锐角,试判断此三角形为何种三角形.

7. 在 $\triangle ABC$ 中，底 $BC=14$ cm，高 $AH=12$ cm，内切圆半径 $r=4$ cm，求 AB、AC 之长.

8. 设面积为 S 的四边形 $ABCD$ 内接于圆，其四边的长分别为 a,b,c,d，求证：

$$S=\sqrt{(p-a)(p-b)(p-c)(p-d)},$$

其中 $p=\dfrac{1}{2}(a+b+c+d)$.

9. 在 $\triangle ABC$ 中，已知 $\dfrac{\sin A+\sin B+\sin C}{\cos A+\cos B+\cos C}=\sqrt{3}$，求证此三角形必有一内角为 $60°$.

10. 设 A、B、C 为三角形的三内角，且方程

$$(\sin B-\sin A)x^2+(\sin A-\sin C)x+(\sin C-\sin B)=0$$

的两根相等，求证 $B\leqslant 60°$.

11. 已知三角形三边 a,b,c 满足 $a+c=2b$，且三角形的最大角与最小角分别为 α 与 β，求证 $\dfrac{\cos\alpha+\cos\beta}{1+\cos\alpha\cos\beta}=\dfrac{4}{5}$.

12. 在 $\triangle ABC$ 中，已知 $\sin^2 A+\sin^2 B+\sin^2 C=2$，$\cot^2 A+\cot^2 B+\cot^2 C=2$，求证 $\triangle ABC$ 为等腰三角形.

第5章　一元高次方程

第3章曾在实数范围内讨论了一元二次方程的解法和根的判别式.这一章将在复数范围内,用因式分解等方法求解某些一元高次方程的根并讨论根与系数的关系.为此,先引入复数的概念及其运算法则、余式定理和因式定理等,然后再介绍一元高次方程.

5.1　复数及其代数运算

5.1.1　复数的概念

为了更好地了解复数,首先回顾一下不同数域的建立过程.

有理数可以写成两个整数之比,即形如 $\frac{m}{n}$,$n \neq 0$,记所有有理数构成的集合为 $\mathbf{Q}$,有理数经过有限项加减乘除运算的结果还是有理数,即有理数关于四则运算是封闭的.明显地,有理数恰好是方程

$$ax + b = 0 \tag{1}$$

的解,其中,a,b 是有理数;$a \neq 0$.

但是,任意的有理数都不满足方程

$$x^2 = 2, \tag{2}$$

因此,在有理数的基础上,就需要延拓数的概念,记 $\sqrt{2}$ 为方程(2)的根,它为无理数,由此产生了无理数的概念.有理数与无理数统称为实数,记为 $\mathbf{R}$.在研究一元二次方程 $ax^2 + bx + c = 0$,$a \neq 0$ 的解法时,已经知道,当判别式 $b^2 - 4ac < 0$ 时,方程没有实根.这说明在实数范围内讨论代数方程的解法是不完善的.为此,人们将实数集进一步扩充.16 世纪,由于解方程

$$x^2 + 1 = 0 \tag{3}$$

的需要,人们开始引进一个新数 i,作为方程(3)的一个根,即

$$i^2 = -1,$$

从而数由实数扩充到复数.

定义 5-1　设 a 与 b 是任意两个实数,则称 $a + bi$ 为复数,可用 z 表示,即

$$z = a + bi \quad 或 \quad z = a + ib,$$

其中,a 与 b 分别称为复数 z 的实部与虚部,记作

$$\operatorname{Re} z = a, \quad \operatorname{Im} z = b.$$

而称 i 为虚数单位.

当 $b=0$ 时,复数 $z=a+bi$ 就是实数 a.因此,实数是复数的一部分.当 $a=0,b\neq0$ 时,复数 $z=bi$ 称为纯虚数.

全体复数构成的集合为复数集,记作 **C**.显然,实数集 **R** 是复数集 **C** 的子集,即 **R**⊂**C**.

如果两个复数的实部和虚部分别相等,则这两个复数相等,即如果 $a,b,c,d\in\textbf{R}$,则

$$a+bi=c+di\Leftrightarrow a=c,b=d, \tag{4}$$

$$a+bi=0\Leftrightarrow a=0,b=0. \tag{5}$$

特别注意,与实数不同,任意两个复数不能比较大小.

【例 5-1】 当实数 m 取什么值时,数 $(m+1)+(m-1)i$ 是

(1)实数?   (2)纯虚数?

解 (1)当 $m-1=0$,即 $m=1$ 时,这个数是实数;

(2)当 $m+1=0$,即 $m=-1$ 时,这个数是纯虚数.

【例 5-2】 已知复数 $(3x+1)+i=y-(3-y)i$,其中 x,y 为实数,求 x,y 的值.

解 根据复数相等的条件,得方程

$$\begin{cases} 3x+1=y \\ 1=-(3-y) \end{cases},$$

解得 $x=1,y=4$.

5.1.2 复数的代数运算

复数 $a+bi,c+di$ 的和、差、乘积分别规定为

$$(a+bi)\pm(c+di)=(a\pm c)+(b\pm d)i, \tag{6}$$

$$(a+bi)\cdot(c+di)=(ac-bd)+(ad+bc)i. \tag{7}$$

显然,当 $a+bi,c+di$ 为实数(即 $b=d=0$)时,以上两式与实数运算法则是一致的.

若 z_1,z_2,z_3 为复数,则由式(6)、(7)可以验证:

$z_1+z_2=z_2+z_1,z_1z_2=z_2z_1$;(交换律)

$z_1+(z_2+z_3)=(z_1+z_2)+z_3,z_1(z_2z_3)=(z_1z_2)z_3$;(结合律)

$z_1(z_2+z_3)=z_1z_2+z_1z_3$.(分配律)

综上所述,两个复数相加减类似于两个多项式的加减,即把实部与实部、虚部与虚部分别相加减;两个复数相乘也类似于两个多项式相乘,但必须在所得结果中把 i^2 换成 -1,并把实部与虚部分别合并.

【例 5-3】 计算 $(1+2i)(3-4i)(-2+3i)$.

解
$$(1+2i)(3-4i)(-2+3i)$$
$$=(11+2i)(-2+3i)=-28+29i.$$

我们知道,$i^1=i,i^2=-1,i^3=i^2\cdot i=-i,i^4=i^2\cdot i^2=1$.一般地,如果 $n\in\textbf{N}$,则

$$i^{4n+1}=i,i^{4n+2}=-1,i^{4n+3}=-i,i^{4n}=1.$$

定义 5-2 如果两个复数实部相等,而虚部绝对值相等、符号相反,则称这两个复数互为共轭复数.复数 z 的共轭复数用 $\bar{z}$ 表示,即若 $z=a+bi$,则 $\bar{z}=a-bi$.

定义 5-3 如果复数 $z=a+bi(a,b\in\textbf{R})$,则称 $\sqrt{a^2+b^2}$ 为复数 z 的模,记作

$$|z| = \sqrt{a^2 + b^2}. \tag{8}$$

对于非零复数 $a+bi$ 以及复数 $c+di$，若

$$(a+bi)(x+yi) = c+di,$$

则称 $x+yi$ 为 $c+di$ 除以 $a+bi$ 的商，记作

$$x+yi = \frac{c+di}{a+bi}.$$

在上式中，右端的分子、分母同乘以 $a+bi$ 的共轭复数 $a-bi$，可得

$$x+yi = \frac{c+di}{a+bi} = \frac{ac+bd}{a^2+b^2} + \frac{ad-bc}{a^2+b^2}i. \tag{9}$$

也就是说，两个复数相除，先把这两个复数的商写成分式的形式，然后分子、分母都乘以分母的共轭复数，再把结果化简.

【例 5-4】 计算 $\dfrac{5-5i}{-3+4i}$.

解 $\dfrac{5-5i}{-3+4i} = \dfrac{(5-5i)(-3-4i)}{(-3+4i)(-3-4i)} = \dfrac{(-15-20)+(15-20)i}{25} = -\dfrac{7}{5} - \dfrac{1}{5}i.$

【例 5-5】 设 $z=x+yi$，求复数 $\dfrac{z+2}{z-1}$ 的实部与虚部，其中 $x,y\in \mathbf{R}$.

解 因为

$$\begin{aligned}
\frac{z+2}{z-1} &= \frac{x+yi+2}{x+yi-1} = \frac{(x+2)+yi}{(x-1)+yi} \\
&= \frac{[(x+2)+yi][(x-1)-yi]}{[(x-1)+yi][(x-1)-yi]} \\
&= \frac{(x+2)(x-1)+y^2-3yi}{(x-1)^2+y^2},
\end{aligned}$$

所以

$$\mathrm{Re}\left(\frac{z+2}{z-1}\right) = \frac{(x+2)(x-1)+y^2}{(x-1)^2+y^2},$$

$$\mathrm{Im}\left(\frac{z+2}{z-1}\right) = \frac{-3y}{(x-1)^2+y^2}.$$

共轭复数有如下性质：

(1) $z=\bar{z}$，当且仅当 z 为实数.

(2) $\overline{z_1 \pm z_2} = \overline{z_1} \pm \overline{z_2}$，$\overline{z_1 z_2} = \overline{z_1} \cdot \overline{z_2}$，$\overline{\left(\dfrac{z_1}{z_2}\right)} = \dfrac{\overline{z_1}}{\overline{z_2}}$.

(3) $z \cdot \bar{z} = |z|^2$.

(4) $\overline{\overline{z}} = z$.

(5) $z + \bar{z} = 2\mathrm{Re}\, z,\ z - \bar{z} = 2i\,\mathrm{Im}\, z$.

【例 5-6】 在复数域内求解三次方程 $x^3+1=0$.

解 由 $x^3+1=(x+1)(x^2-x+1)$，得方程在复数域内的三个根是

$$x_1 = -1, \quad x_2 = \frac{1+\sqrt{3}i}{2}, \quad x_3 = \frac{1-\sqrt{3}i}{2}.$$

【例 5-7】 设 $|z|=1$，求证对任意复数 a 与 b 都有 $\left|\dfrac{az+b}{bz+\bar{a}}\right| = 1$.

证明 由 $|z|=1$，得

$$z = \frac{z\bar{z}}{\bar{z}} = \frac{|z|^2}{\bar{z}} = \frac{1}{\bar{z}},$$

于是

$$\frac{az+b}{\bar{b}z+\bar{a}} = \frac{az+b}{\bar{b}+\bar{a}\bar{z}} \cdot \frac{1}{\bar{z}}.$$

再由 $|z|=1$ 与 $|az+b| = |\overline{az+b}| = |\bar{a}\bar{z}+\bar{b}|$,得

$$\left|\frac{az+b}{\bar{b}z+\bar{a}}\right| = \left|\frac{az+b}{\bar{b}+\bar{a}\bar{z}}\right| \cdot \left|\frac{1}{\bar{z}}\right| = \left|\frac{az+b}{\bar{a}\bar{z}+\bar{b}}\right| = 1.$$

【例 5-8】 已知 $|z|=1$,且

$$\omega = z^2 + \frac{1}{z} + 2z$$

是负实数,求 z.

解 由 $|z|=1$ 与 ω 是负实数,得

$$z^2 + \bar{z} + 2z = \omega,$$
$$\bar{z}^2 + z + 2\bar{z} = \omega,$$

于是

$$(z-\bar{z})(z+\bar{z}+1) = 0.$$

当 $z-\bar{z}=0$ 时,z 为实数,于是由 $|z|=1$ 与 ω 是负实数,即可知 z 的一个值为 $z_1 = -1$.

当 $z+\bar{z}+1=0$ 时,即 $z+\frac{1}{z}+1=0$,$z^2+z+1=0$,解此方程,得

$$z_2 = \frac{-1+\sqrt{3}\,\mathrm{i}}{2}, \quad z_3 = \frac{-1-\sqrt{3}\,\mathrm{i}}{2}.$$

本题也可设 $z = x+\mathrm{i}y\,(x\in\mathbf{R}, y\in\mathbf{R})$,代入 ω 中求解,即

$$\omega = (x+\mathrm{i}y)^2 + (x-\mathrm{i}y) + 2(x+\mathrm{i}y)$$
$$= (x^2-y^2+3x) + y(2x+1)\mathrm{i}.$$

由 ω 是负实数与 $|z|=1$,得

$$\begin{cases} y(2x+1) = 0 \\ x^2-y^2+3x < 0, \\ x^2+y^2 = 1 \end{cases}$$

当 $y=0$ 时,得 $x=\pm1$,但 $x=1$,$y=0$ 不满足 $x^2-y^2+3x<0$;而 $x=-1$,$y=0$ 满足 $x^2-y^2+3x<0$,所以 z 的一个值为 $z_1 = -1$.

当 $2x+1=0$ 时,即 $x=-\frac{1}{2}$,$y=\pm\frac{\sqrt{3}}{2}$,不难验证 $x=-\frac{1}{2}$,$y=\pm\frac{\sqrt{3}}{2}$ 满足 $x^2-y^2+3x<0$. 于是 z 的另外两个值为

$$z_2 = \frac{-1+\sqrt{3}\,\mathrm{i}}{2}, \quad z_3 = \frac{-1-\sqrt{3}\,\mathrm{i}}{2}.$$

习题 5.1

1. 求下列复数 z 的实部、虚部、共轭复数与模:

(1) $z = \frac{1}{3+2\mathrm{i}}$; 　　　　　　　　(2) $z = \frac{-1}{2\mathrm{i}} + \frac{5\mathrm{i}}{1+\mathrm{i}}$.

(3) $z = i^{16} - 2i^{11} + 2i$.　　　　　(4) $z = \dfrac{(3-4i)(5-2i)}{1-i}$.

2. 求适合下列各方程的实数 x 与 y 的值：

(1) $\left(\dfrac{1}{2}x + y\right) + \left(5x + \dfrac{2}{3}y\right)i = -4 + 16i$.

(2) $(x^2 - y^2) + 2xyi = 8 + 6i$.

(3) $2x^2 - 5x + 2 + (y^2 + y - 2)i = 0$.

(4) $\dfrac{(x+1) + (y-3)i}{5 + 3i} = 1 + i$.

3. 设 $z_1, z_2, z \in \mathbf{C}$，求证：

(1) $\overline{z_1 \pm z_2} = \overline{z_1} \pm \overline{z_2}$.　　　　　(2) $\overline{z_1 z_2} = \overline{z_1} \cdot \overline{z_2}$.

(3) $\overline{\left(\dfrac{z_1}{z_2}\right)} = \dfrac{\overline{z_1}}{\overline{z_2}}, z_2 \neq 0$.　　　　(4) $\overline{\overline{z}} = z$.

(5) $\operatorname{Re} z = \dfrac{1}{2}(\overline{z} + z), \operatorname{Im} z = \dfrac{1}{2i}(z - \overline{z})$.

4. 设 $|z| = 1$，

(1) 求证 $\dfrac{3z}{1 + z^2}$ 是实数.

(2) 求证 $\left|\dfrac{z + \omega}{1 + \overline{z}\omega}\right| = 1$，其中 $\overline{z}\omega = 1$.

(3) 求 $\left|z + \dfrac{1}{z}\right|$ 的最大值与最小值.

5. 实数 m 取何值时，复数 $(m^2 - 3m - 4) + (m^2 - 5m - 6)i$ 是

(1) 实数？　　　　(2) 纯虚数？　　　　(3) 零？

6. 计算：

(1) $\left(\dfrac{2}{3} + i\right) + \left(1 - \dfrac{2}{3}i\right) - \left(\dfrac{1}{2} + \dfrac{3}{2}i\right)$.

(2) $(2x + 3yi) - (3x - 2yi) + (y - 2xi) - 3xi \ (x, y \in \mathbf{R})$.

(3) $(1 - 2i)(2 + i)(3 - 4i)$.

(4) $\left(-\dfrac{1}{2} + \dfrac{\sqrt{3}}{2}i\right)\left(-\dfrac{1}{2} - \dfrac{\sqrt{3}}{2}i\right)$.

7. 已知 $a > b > 0$，计算：

(1) $(a + \sqrt{b}i)(a - \sqrt{b}i)(-a + \sqrt{b}i)(-a - \sqrt{b}i)$.

(2) $\sqrt{b-a}\,(\sqrt{a-b} - \sqrt{b-a})$.

(3) $(1 - i) + (2 - i^5)(3 - i^3) - (4 - i^2)$.

8. 方程 $x^2 + x + 1 = 0$ 的两根均为虚数，记其中一根为 ω，试确定

(1) 满足 $2\omega^3 + 3\omega^2 + 4\omega = a\omega + b$ 的实数 a, b 的值.

(2) 满足 $\dfrac{1}{\omega - 1} = c\omega + d$ 的实数 c, d 的值.

9. 设关于 x 的二次方程

$$a(1+i)x^2 + (1 + a^2 i)x + a^2 + i = 0$$

有实根,试确定实数 a 的值.

10. 应用公式 $(a+bi)(a-bi)=a^2+b^2$,将下列各式分解为一次因式的乘积:

(1) x^2+4.　　　　　　　　　(2) x^4-a^2 $(a\in\mathbf{R})$.

(3) x^2+2x+2.　　　　　　　(4) x^2+x+1.

11. 已知 $z_1=5+10i,z_2=3-4i,\dfrac{1}{z}=\dfrac{1}{z_1}+\dfrac{1}{z_2}$,求 z.

12. 设 $z=-\dfrac{1}{i}-\dfrac{3i}{1-i}$,求 $\operatorname{Re}z,\operatorname{Im}z,z\bar{z}$.

13. 已知 $z\in\mathbf{C}$,求证:$|z|=1$ 是 $\dfrac{1}{z}=\bar{z}$ 的充要条件.

14. 若 $|z|=2+z-4i$,求复数 z.

5.2　复数的向量表示与三角表示

5.2.1　复平面

由于一个复数 $z=x+iy$ 由一对有序实数 (x,y) 唯一确定,所以对平面上给定的直角坐标系,复数的全体与该平面上点的全体构成一一对应关系,从而复数 $z=x+iy$ 可用该平面上坐标为 (x,y) 的点来表示,这是复数的一个常用表示方法.此时,x 轴称为实轴,y 轴称为虚轴,两轴所在的平面称为复平面.这样,复数与复平面上的点一一对应.

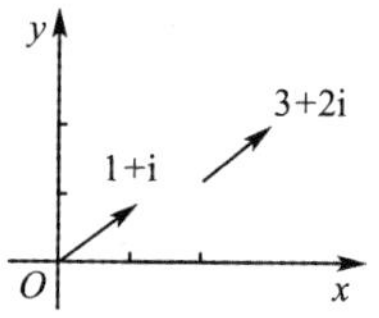

对复平面上任意一点 z,连接原点和点 z 可得到有向线段,称其为由复数 z 决定的向量,简称为向量 z.向量由其长度和方向决定,在平移变换下保持不变.例如,由 $1+i$ 决定的向量和以点 $2+i$ 为起点、以点 $3+2i$ 为终点的向量是一样的,如图 5-1 所示.由点 z 决定的向量的长度为复数 z 的模 $|z|$.复数零所对应的向量就是起点和终点都是原点的向量,并称这种向量为零向量.零向量的模是零,但没有确定的方向.

图 5-1

在几何上,往往用平行四边形法则作出向量的和与差.可以证明,复数的加减法与向量的加减法是一致的,因而可用平行四边形法则作出向量 z_1,z_2 的和(图 5-2)与差(图 5-3).

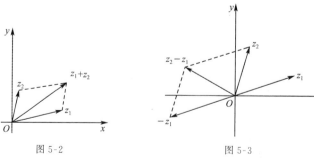

图 5-2　　　　　　　　　图 5-3

关于复数的长度有下面的三角不等式.

三角不等式 对任意两个复数 z_1 和 z_2,都有

$$|z_1+z_2| \leqslant |z_1|+|z_2|,$$

即三角形两边之和大于第三边. 同时有另一个三角不等式

$$|z_2|-|z_1| \leqslant |z_2-z_1|,$$

即三角形两边之差小于第三边.

【例 5-9】　设 z_1, z_2, z_3 为互不相等的三个复数, 且

$$z_1^2+z_2^2+z_3^2 = z_1 z_2 + z_2 z_3 + z_1 z_3,$$

求证以 z_1, z_2, z_3 为顶点的三角形是等边三角形.

证明　把原方程移项, 并按 z_1, z_2 配方, 得

$$(z_1-z_2)^2 = -(z_1-z_3)(z_2-z_3),$$

同理

$$(z_2-z_3)^2 = -(z_2-z_1)(z_3-z_1),$$

即

$$\frac{z_1-z_2}{z_1-z_3} = \frac{z_2-z_3}{z_2-z_1}, \qquad \frac{z_2-z_3}{z_2-z_1} = \frac{z_3-z_1}{z_3-z_2},$$

$$\frac{z_1-z_2}{z_1-z_3} = \frac{z_2-z_3}{z_2-z_1} = \frac{z_3-z_1}{z_3-z_2}.$$

再由比例性质知

$$\frac{|z_1-z_2|}{|z_1-z_3|} = \frac{|z_2-z_3|}{|z_2-z_1|} = \frac{|z_3-z_1|}{|z_3-z_2|}$$

$$= \frac{|z_1-z_2|+|z_2-z_3|+|z_3-z_1|}{|z_1-z_3|+|z_2-z_1|+|z_3-z_2|} = 1,$$

所以 $|z_1-z_2| = |z_1-z_3| = |z_3-z_2|$, 即命题成立.

对不为零的复数 z, 以正实轴为始边, 以表示 z 的向量 $\overrightarrow{Oz}$ 所在射线为终边的角的弧度 θ, 称为复数 $z = x + \mathrm{i}y$ 的辐角(图 5-4), 记作

$$\mathrm{Arg}\, z = \theta.$$

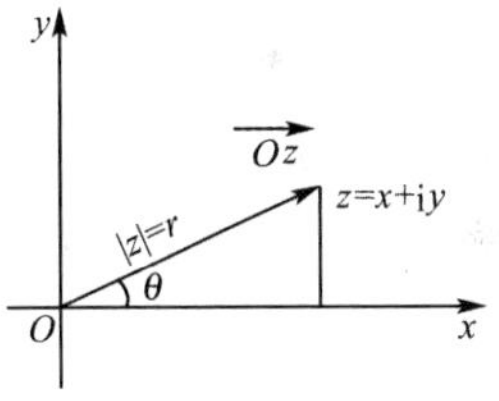

图 5-4

这时, 有

$$\tan(\mathrm{Arg}\, z) = \frac{y}{x}. \tag{1}$$

由于复数零的模为零, 所以零的辐角是不确定的. 任何非零复数 z 的辐角 $\mathrm{Arg}\, z$ 均有无穷多个值, 它们之间相差 2π 的整数倍. 通常将满足 $-\pi < \theta_0 \leqslant \pi$ 的辐角 θ_0 的值称为辐角的主值, 记作 $\theta_0 = \arg z$.

辐角的主值 $\arg z (z \neq 0)$ 可以由反正切 $\mathrm{Arctan}\, \dfrac{y}{x}$ 的主值 $\arctan \dfrac{y}{x}$ 按下列关系来确定:

$$\arg z = \begin{cases} \arctan \dfrac{y}{x}, & \text{当 } x>0, y \geqslant 0 \text{ 或 } y \leqslant 0 \\[2mm] \pm \dfrac{\pi}{2}, & \text{当 } x=0, y>0 \text{ 或 } y<0 \\[2mm] \arctan \dfrac{y}{x} \pm \pi, & \text{当 } x<0, y>0 \text{ 或 } y<0 \\[2mm] \pi, & \text{当 } x<0, y=0 \end{cases} \tag{2}$$

其中，$-\dfrac{\pi}{2}<\arctan\dfrac{y}{x}<\dfrac{\pi}{2}$.

根据上述辐角的定义，利用直角坐标与极坐标的关系：
$$\begin{cases} x=r\cos\theta \\ y=r\sin\theta \end{cases},$$

可以把复数 $z=x+iy$ 表示成下面的形式：
$$z=x+iy=r(\cos\theta+i\sin\theta), \tag{3}$$

其中，θ 是复数 z 的辐角.称式(3)为复数的三角形式，而把 $z=x+iy$ 称为复数 z 的代数形式.

利用欧拉(Euler)公式 $e^{i\theta}=\cos\theta+i\sin\theta$，可将式(3)写为
$$z=re^{i\theta}, \tag{4}$$

这种表示形式称为复数的指数形式.

明显地，复数的三种表示法可以互相转换，以适应于不同问题的讨论.

【例 5-10】 将下列复数化为三角形式和指数形式.

(1) $z=-\sqrt{3}+i$;   (2) $z=2\sqrt{3}-2i$.

解 (1) $r=|z|=\sqrt{3+1}=2$, $\tan\theta=\dfrac{y}{x}=\dfrac{-1}{\sqrt{3}}$. 由于与 $-\sqrt{3}+i$ 对应的点在第二象限，所以 $\arg z=\dfrac{5}{6}\pi$，于是

$$z=-\sqrt{3}+i=2\left(\cos\dfrac{5}{6}\pi+i\sin\dfrac{5}{6}\pi\right)=2e^{i\frac{5}{6}\pi};$$

(2) $r=|z|=\sqrt{12+4}=4$, $\tan\theta=\dfrac{y}{x}=-\dfrac{1}{\sqrt{3}}$. 由于与 $2\sqrt{3}-2i$ 对应的点在第四象限，所以 $\arg z=-\dfrac{\pi}{6}$，于是

$$z=2\sqrt{3}-2i=4\left[\cos\left(-\dfrac{\pi}{6}\right)+i\sin\left(-\dfrac{\pi}{6}\right)\right]=4e^{i\left(-\frac{\pi}{6}\right)}.$$

【例 5-11】 求 $\text{Arg}(1+i\sqrt{3})$.

解 $r=|1+i\sqrt{3}|=\sqrt{1+3}=2$，方程组
$$\begin{cases} \cos\theta=\dfrac{1}{2} \\ \sin\theta=\dfrac{\sqrt{3}}{2} \end{cases}$$

有解 $\theta=\dfrac{\pi}{3}$，因此 $\text{Arg}(1+i\sqrt{3})=\dfrac{\pi}{3}+2k\pi$, $k=0,\pm1,\pm2,\cdots$特别地，$\arg(1+i\sqrt{3})=\dfrac{\pi}{3}$.

【例 5-12】 将通过两点 $z_1=x_1+iy_1$ 与 $z_2=x_2+iy_2$ 的直线用复数形式的方程表示出来.

解 通过两点 (x_1,y_1) 与 (x_2,y_2) 的直线可以用参数方程表示为
$$\begin{cases} x=x_1+t(x_2-x_1) \\ y=y_1+t(y_2-y_1) \end{cases} \quad (-\infty<t<+\infty),$$

因此,它的复数形式的参数方程为

$$z=z_1+t(z_2-z_1) \quad (-\infty<t<+\infty).$$

由此得出,由 z_1 到 z_2 的直线段的参数方程可以写成

$$z=z_1+t(z_2-z_1) \quad (0\leqslant t\leqslant 1).$$

取 $t=\dfrac{1}{2}$,得知线段 $\overline{z_1z_2}$ 的中点为

$$z=\frac{z_1+z_2}{2}.$$

【例 5-13】 设两点

$$z_1=r_1(\cos\theta_1+\mathrm{i}\sin\theta_1) \quad (r_1>0),$$
$$z_2=r_2(\cos\theta_2+\mathrm{i}\sin\theta_2) \quad (r_2>0),$$

且以 z_1,z_2,z_1+z_2 与原点 O 为顶点的平行四边形(图 5-5)的面积为 S,求证:

$$S=|\mathrm{Im}(\overline{z_1}z_2)|.$$

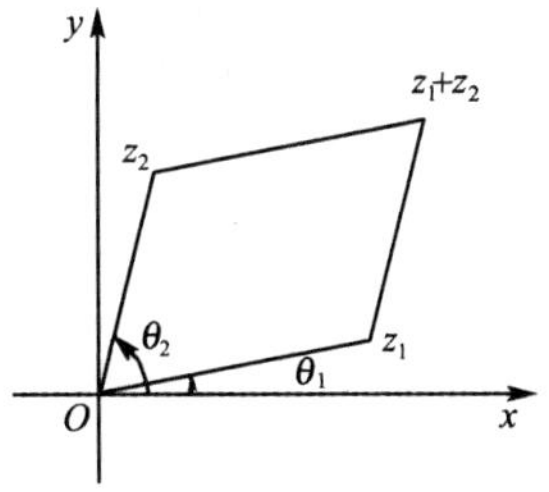

证明 由平行四边形面积公式知,当 $\theta_1<\theta_2$ 时,

$$S=r_1r_2\sin(\theta_2-\theta_1),$$

而

$$\overline{z_1}z_2=r_1r_2[\cos(\theta_2-\theta_1)+\mathrm{i}\sin(\theta_2-\theta_1)], \tag{5}$$

所以

$$S=\mathrm{Im}(\overline{z_1}z_2);$$

当 $\theta_2<\theta_1$ 时,则

$$S=|\mathrm{Im}(\overline{z_1}z_2)|. \tag{6}$$

若 $z_1=x_1+y_1\mathrm{i}$,$z_2=x_2+y_2\mathrm{i}$,则式(6)成为

$$S=|x_1y_2-x_2y_1|. \tag{7}$$

根据 $|\cos(\theta_2-\theta_1)|\leqslant 1$,以及式(5)知

$$|\mathrm{Re}(\overline{z_1}z_2)|\leqslant|z_1||z_2|,$$

即

$$(x_1x_2+y_1y_2)^2\leqslant(x_1^2+y_1^2)(x_2^2+y_2^2).$$

这就再一次证明了柯西不等式.

由图 5-5 知,以 $O,z_1,z=z_1+z_2$ 为顶点的三角形中,因为三角形的一边不能大于其他两边之和,所以有

$$|z_1+z_2|\leqslant|z_1|+|z_2|,$$

或

$$\sqrt{(x_1+x_2)^2+(y_1+y_2)^2}\leqslant\sqrt{x_1^2+y_1^2}+\sqrt{x_2^2+y_2^2},$$

这也是第 3 章所讨论的三角形不等式.

由式(5)还可以看出,向量 $\overrightarrow{Oz_1}$、$\overrightarrow{Oz_2}$ 互相垂直的充要条件是

$$\mathrm{Re}(\overline{z_1}z_2)=0$$

或

$$x_1x_2+y_1y_2=0.$$

图 5-5

设点 Z_1, Z_2, Z_3 不共线,且 Z_1, Z_2, Z_3 对应的复数分别是 z_1, z_2, z_3,现在来求 $\triangle Z_3 Z_1 Z_2$(图 5-6)的面积 S.

过点 O, Z_3, Z_1 与点 O, Z_3, Z_2 分别作平行四边形 $\square OZ_3 Z_1 Z_1'$ 与 $\square OZ_3 Z_2 Z_2'$,连接 $Z_1' Z_2'$,则显然有

$$\triangle Z_3 Z_1 Z_2 \equiv \triangle OZ_1' Z_2'.$$

由 $\overrightarrow{OZ_1'} = \overrightarrow{Z_3 Z_1} = \overrightarrow{OZ_1} - \overrightarrow{OZ_3}$ 知,点 Z_1' 对应的复数为 $z_1 - z_3$;同理,点 Z_2' 对应的复数为 $z_2 - z_3$. 设 $\triangle OZ_1' Z_2'$ 的面积为 S',则由式(6)得

$$S' = \frac{1}{2} \left| \mathrm{Im}\left[(\overline{z}_1 - \overline{z}_3)(z_2 - z_3) \right] \right|.$$

而 $S = S'$,所以

$$S = \frac{1}{2} \left| \mathrm{Im}\left[(\overline{z}_1 - \overline{z}_3)(z_2 - z_3) \right] \right|.$$

向量 $\overrightarrow{Z_1 Z_3}$ 与 $\overrightarrow{Z_2 Z_3}$ 互相垂直的充要条件是

$$\mathrm{Re}\left[(\overline{z}_1 - \overline{z}_3)(z_2 - z_3) \right] = 0.$$

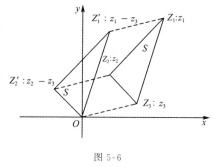

图 5-6

5.2.2 黎曼球面与扩充复平面

除了用平面内的点或向量来表示复数外,还可以用球面上的点来表示复数,下面介绍这种表示方法.

考虑三维欧氏空间 $\mathbf{R}^3$ 中的单位球面,球面方程为

$$x_1^2 + x_2^2 + x_3^2 = 1.$$

球面及其赤道平面如图 5-7 所示. 给定赤道平面上一点 z,连接球面北极 $N = (0, 0, 1)$ 和点 z 的直线必交于球面上一点 Z,称点 Z 是点 z 的球极投影. 如果将赤道平面作为复平面或 z-平面,则将单位球面称为黎曼球面.

在球极投影下,单位圆周 $|z| = 1$(在 z-平面上)保持不变(即 $z = Z$),为赤道. 单位圆周外各点(即 $|z| > 1$)的投影在北半球,单位圆周内各点(即 $|z| < 1$)的投影在南半球. 特别地,z-平面的原点的投影是黎曼球面的南极.

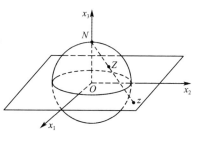

图 5-7

明显地,球极投影还具有如下特性:球面上的纬线圈(平行于赤道)是复平面上以原点为圆心的圆周的投影;北极圈或北回归线是半径大于 1 的圆周的投影,南极圈或南回归线是半径小于 1 的圆周的投影,复平面上过原点的直线的投影是球面上的经线圈. 球极投影保持这些曲线间夹角不变,例如,复平面上,以原点为圆心的圆周与过原点的直线相交成直角;黎曼球面上,经线圈与纬线圈相交成直角.

【例 5-14】 若黎曼球面上点 $Z = (x_1, x_2, x_3)$ 在复平面上的投影是 $z = x + \mathrm{i}y$,证明

$$x_1 = \frac{2\mathrm{Re}\,z}{|z|^2 + 1}, \quad x_2 = \frac{2\mathrm{Im}\,z}{|z|^2 + 1}, \quad x_3 = \frac{|z|^2 - 1}{|z|^2 + 1}. \tag{8}$$

证明 过北极 $N = (0, 0, 1)$ 和 $(x, y, 0)$ 的直线参数方程为

$$x_1 = tx, \quad x_2 = ty, \quad x_3 = 1-t, \quad -\infty < t < +\infty. \tag{9}$$

当 t 满足

$$1 = x_1^2 + x_2^2 + x_3^2 = t^2 x^2 + t^2 y^2 + (1-t)^2,$$

即

$$1 = t^2(x^2 + y^2 + 1) + 1 - 2t$$

时,直线穿过球面,且上式的根是 $t=0$(北极)和

$$t = \frac{2}{x^2 + y^2 + 1} = \frac{2}{|z|^2 + 1}.$$

把 t 的值代入式(9)就得到公式(8).

由此可知,若点 (x_1, x_2, x_3) 是黎曼球面上一点,则在球极投影下与之对应的复平面上点 $x + \mathrm{i}y$ 的坐标为

$$x = \frac{x_1}{1 - x_3}, \quad y = \frac{x_2}{1 - x_3}. \tag{10}$$

显然,对于球面上的北极 N,还没有复平面内的一个点与之对应.也就是说,式(10)中排除了北极点 $(0,0,1)$.但可以给出这个特殊点的意义:从图 5-7 中容易看到,复平面上模非常大的点(即离原点非常远)投影到北极附近的点,当 $|z| \to +\infty$ 时,其投影无限接近于北极 N.为了使复平面与球面上的点无例外地都能一一对应起来,我们规定:复平面上有一个唯一的"无穷远点",它与球面上的北极 N 相对应.相应地,我们又规定:复数中有一个唯一的"无穷大"与复平面上的无穷远点对应,并把它记作 ∞.因此,球面上的北极 N 可以看成复数无穷大 ∞ 的投影.这样一来,球面上的每一个点,就有唯一的一个复数与之对应,这样的球面称为复球面.

我们把包括无穷远点在内的复平面称为扩充复平面,而把不包括无穷远点在内的复平面称为有限平面,或者称为复平面.对于复数 ∞ 来说,实部、虚部与辐角的概念均无意义,但它的模则规定为正无穷大,即 $|\infty| = +\infty$.对于其他每一个复数 z,则有 $|z| < +\infty$.

为了今后的需要,关于 ∞ 的四则运算作如下规定:

加法:$\alpha + \infty = \infty + \alpha = \infty \quad (\alpha \neq \infty)$,

减法:$\alpha - \infty = \infty - \alpha = \infty \quad (\alpha \neq \infty)$,

乘法:$\alpha \cdot \infty = \infty \cdot \alpha = \infty \quad (\alpha \neq 0)$,

除法:$\dfrac{\alpha}{\infty} = 0, \dfrac{\infty}{\alpha} = \infty \quad (\alpha \neq \infty)$.

平面上两点的距离和它们投影点的距离有着很大的区别.球面是有界的(任意两点之间的距离不超过球的直径),而平面是无界的(两点之间的距离可以任意大).下面的公式给出了它们之间的计算公式.

【例 5-15】 设 z 和 w 是复平面上的两点,则这两点的球极投影 P 和 Q 的距离(在 3 维空间中)为

$$d(P, Q) = \frac{2|z - w|}{\sqrt{1 + |z|^2}\sqrt{1 + |w|^2}} = \frac{2d(z, w)}{\sqrt{1 + |z|^2}\sqrt{1 + |w|^2}}.$$

证明　设 P 和 Q 的坐标分别是 (x_1, x_2, x_3) 和 (y_1, y_2, y_3),则

$$d^2(P, Q) = (x_1 - y_1)^2 + (x_2 - y_2)^2 + (x_3 - y_3)^2.$$

由于 $x_1^2 + x_2^2 + x_3^2 = 1, y_1^2 + y_2^2 + y_3^2 = 1$,从而

$$d^2(P,Q) = 2[1-(x_1y_1+x_2y_2+x_3y_3)].$$

在公式(8)中取 $z=x+iy$ 和 $w=u+iv$,得

$$
\begin{aligned}
&1-(x_1y_1+x_2y_2+x_3y_3)\\
&=1-\frac{4xu}{(|z|^2+1)(|w|^2+1)}-\frac{4yv}{(|z|^2+1)(|w|^2+1)}-\frac{(|z|^2-1)(|w|^2-1)}{(|z|^2+1)(|w|^2+1)}\\
&=\frac{2|z|^2+2|w|^2-4xu-4yv}{(|z|^2+1)(|w|^2+1)}\\
&=2\frac{(x-u)^2+(y-v)^2}{(|z|^2+1)(|w|^2+1)}\\
&=2\frac{d^2(z,w)}{(|z|^2+1)(|w|^2+1)},
\end{aligned}
$$

从而结论得证.

同样,也可以在扩充复平面上定义两点之间的距离:对扩充复平面上任意两点 z 和 w,定义 z 与 w 的距离为它们在球面上的投影 P 与 Q 在 $\mathbf{R}^3$ 中的距离,即

$$d(z,w)=\frac{2|z-w|}{\sqrt{1+|z|^2}\sqrt{1+|w|^2}}, \tag{11}$$

$$d(z,\infty)=\frac{2}{\sqrt{1+|z|^2}}. \tag{12}$$

习题 5.2

1. 求下列复数的模与辐角主值:

(1) $1+\sqrt{3}i$.

(2) $-1+i$.

(3) $-2\left(\sin\frac{\pi}{5}+i\cos\frac{\pi}{5}\right)$.

(4) $4\left(\cos\frac{\pi}{5}-i\sin\frac{\pi}{5}\right)$.

2. 把下列复数化为三角形式和指数形式:

(1) $1+i$.

(2) $4+3i$.

(3) $\dfrac{2i}{-1+i}$.

(4) $1-\cos x-i\sin x\left(0\leqslant x<\dfrac{\pi}{2}\right)$.

(5) $\sqrt{3}(\cos 15°+i\sin 165°)$.

(6) $\dfrac{(\cos 5\theta+i\sin 5\theta)^2}{(\cos 3\theta-i\sin 3\theta)^2}$.

3. 把下列复数化为代数形式:

(1) $4\left(\cos\dfrac{11}{6}\pi+i\sin\dfrac{11}{6}\pi\right)$.

(2) $2\left(\cos\dfrac{5\pi}{4}+i\sin\dfrac{5\pi}{4}\right)$.

(3) $3e^{i\frac{3}{2}\pi}$.

(4) $2e^{-i\frac{5}{4}\pi}$.

4. 计算:

(1) $\sqrt{2}\left(\cos\dfrac{\pi}{12}+i\sin\dfrac{\pi}{12}\right)\cdot\sqrt{3}\left(\cos\dfrac{\pi}{6}+i\sin\dfrac{\pi}{6}\right)$.

(2) $8\left(\cos\dfrac{\pi}{6}+i\sin\dfrac{\pi}{6}\right)\cdot 2\left(\cos\dfrac{\pi}{6}-i\sin\dfrac{\pi}{6}\right)$.

(3) $(1-i)\left(-\dfrac{1}{2}+\dfrac{\sqrt{3}}{2}i\right)\left[\cos\left(\dfrac{5}{12}\pi-\theta\right)+i\sin\left(\dfrac{5}{12}\pi-\theta\right)\right]$.

(4)$2(\cos 12°+\mathrm{i}\sin 12°)\cdot 3(\cos 78°+\mathrm{i}\sin 78°)\cdot \dfrac{1}{6}(\cos 45°+\mathrm{i}\sin 45°)$.

5. 设 $w=-\dfrac{1}{2}+\dfrac{\sqrt{3}}{2}\mathrm{i}$,求证:

(1)$1+w+w^2=0$.

(2)$w^3=1$.

(3)$(1+w-w^2)^3-(1-w+w^2)^3=0$.

(4)$(1-w+w^2)(1-w^2+w^4)(1-w^4+w^8)\cdots(1-w^{2^{n-1}}+w^{2^n})=2^{2n}$.

6. 计算:

(1)$12\left(\cos \dfrac{7}{4}\pi+\mathrm{i}\sin \dfrac{7}{4}\pi\right)\Big/\left[6\left(\cos \dfrac{2}{3}\pi+\mathrm{i}\sin \dfrac{2}{3}\pi\right)\right]$.

(2)$\sqrt{3}(\cos 150°+\mathrm{i}\sin 150°)\Big/[\sqrt{2}(\cos 225°+\mathrm{i}\sin 225°)]$.

(3)$2\Big/\left(\cos \dfrac{\pi}{4}+\mathrm{i}\sin \dfrac{\pi}{4}\right)$.

(4)$-\mathrm{i}\Big/[2(\cos 120°+\mathrm{i}\sin 120°)]$.

7. 设复数 z_1,z_2,z_3 互不相等,且
$$z_1^2+z_2^2+z_3^2=z_1z_2+z_2z_3+z_3z_1,$$
求证:以 z_1,z_2,z_3 为顶点的三角形是等边三角形.

8. 把下列坐标变换公式写成复数的形式:

(1)平移公式:$\begin{cases}x=a+x_1\\ y=b+y_1\end{cases}$.

(2)旋转公式:$\begin{cases}x=x_1\cos \theta-y_1\sin \theta\\ y=x_1\sin \theta+y_1\cos \theta\end{cases}$.

5.3　复数的乘幂与方根

5.3.1　乘积与商

设两个复数
$$z_1=r_1(\cos \theta_1+\mathrm{i}\sin \theta_1),\quad z_2=r_2(\cos \theta_2+\mathrm{i}\sin \theta_2),$$
那么
$$\begin{aligned}z_1z_2&=r_1r_2(\cos \theta_1+\mathrm{i}\sin \theta_1)\cdot(\cos \theta_2+\mathrm{i}\sin \theta_2)\\ &=r_1r_2[(\cos \theta_1\cos \theta_2-\sin \theta_1\sin \theta_2)+\\ &\quad \mathrm{i}(\sin \theta_1\cos \theta_2+\cos \theta_1\sin \theta_2)]\\ &=r_1r_2[\cos(\theta_1+\theta_2)+\mathrm{i}\sin(\theta_1+\theta_2)]\end{aligned}$$
于是
$$|z_1z_2|=|z_1||z_2|,\tag{1}$$
$$\mathrm{Arg}(z_1z_2)=\mathrm{Arg}\,z_1+\mathrm{Arg}\,z_2,\tag{2}$$
从而得到如下定理.

定理 5-1 两个复数乘积的模等于这两个复数的模的乘积,两个复数乘积的辐角等于这两个复数的辐角的和.

注意 由于辐角的多值性,等式(2)的两端都是由无穷多个数构成的数集.对于左端的任一值,右端必有一值和它相等,并且反之也一样.例如,设 $z_1 = -1, z_2 = i$,则

$$z_1 z_2 = -i,$$

$$\operatorname{Arg} z_1 = \pi + 2n\pi \quad (n = 0, \pm 1, \pm 2, \cdots),$$

$$\operatorname{Arg} z_2 = \frac{\pi}{2} + 2m\pi \quad (m = 0, \pm 1, \pm 2, \cdots),$$

$$\operatorname{Arg}(z_1 z_2) = -\frac{\pi}{2} + 2k\pi \quad (k = 0, \pm 1, \pm 2, \cdots).$$

代入等式(2)中,得

$$\frac{3}{2}\pi + 2(n+m)\pi = -\frac{\pi}{2} + 2k\pi.$$

要使上式成立,当且仅当 $k = m + n + 1$. 只要 m 与 n 各取一确定的值,总可以选取 k 的值使 $k = m + n + 1$,反之也一样.例如,若取 $m = 1, n = 2$,则取 $k = 4$.

如果用指数形式表示复数:

$$z_1 = r_1 e^{i\theta_1}, \quad z_2 = r_2 e^{i\theta_2},$$

则定理 5-1 可以表示为

$$z_1 z_2 = r_1 r_2 e^{i(\theta_1 + \theta_2)}.$$

如果

$$z_k = r_k e^{i\theta_k} = r_k(\cos\theta_k + i\sin\theta_k) \quad (k = 1, 2, \cdots, n),$$

那么,用数学归纳法容易证明

$$z_1 z_2 \cdots z_n = r_1 r_2 \cdots r_n[\cos(\theta_1 + \theta_2 + \cdots + \theta_n) + i\sin(\theta_1 + \theta_2 + \cdots + \theta_n)]$$

$$= r_1 r_2 \cdots r_n e^{i(\theta_1 + \theta_2 + \cdots + \theta_n)}. \tag{3}$$

若 $z_2 \neq 0$,且 $\bar{z}_2 = r_2(\cos\theta_2 - i\sin\theta_2)$,则

$$z_2 \bar{z}_2 = |z_2|^2 = r_2^2.$$

于是

$$\frac{z_1}{z_2} = \frac{z_1 \cdot \bar{z}_2}{z_2 \cdot \bar{z}_2} = \frac{r_1 r_2[\cos(\theta_1 - \theta_2) + i\sin(\theta_1 - \theta_2)]}{r_2^2}$$

$$= \frac{r_1}{r_2}[\cos(\theta_1 - \theta_2) + i\sin(\theta_1 - \theta_2)], \tag{4}$$

即

$$\left|\frac{z_1}{z_2}\right| = \frac{|z_1|}{|z_2|}, \quad \operatorname{Arg}\left(\frac{z_1}{z_2}\right) = \operatorname{Arg} z_1 - \operatorname{Arg} z_2. \tag{5}$$

由此得到定理 5-2.

定理 5-2 两个复数的商的模等于这两个复数的模的商,两个复数的商的辐角等于被除数与除数的辐角之差.

如果用指数形式表示复数,则定理 5-2 可以表示为

$$\frac{z_1}{z_2} = \frac{r_1}{r_2} e^{i(\theta_1 - \theta_2)}.$$

【例 5-16】　正方形的四个顶点按逆时针方向依次为 A,B,C，O(图 5-8).已知点 B 对应的复数 $z_2=1+\sqrt{3}\,\mathrm{i}$，求点 A 与点 C 对应的复数.

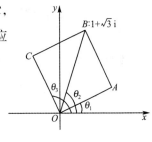

图 5-8

　　解　设点 A 与点 C 对应的复数分别为 z_1,z_3，则

$$z_1=\left(\frac{\sqrt{2}}{2}\right)z_2\left[\cos\left(-\frac{\pi}{4}\right)+\mathrm{i}\sin\left(-\frac{\pi}{4}\right)\right]$$

$$=\frac{\sqrt{2}}{2}(1+\sqrt{3}\,\mathrm{i})\left(\frac{1}{\sqrt{2}}-\frac{\mathrm{i}}{\sqrt{2}}\right)$$

$$=\frac{\sqrt{3}+1}{2}+\frac{\sqrt{3}-1}{2}\mathrm{i},$$

$$z_3=\left(\frac{\sqrt{2}}{2}\right)z_2\left(\cos\frac{\pi}{4}+\mathrm{i}\sin\frac{\pi}{4}\right)$$

$$=\frac{1-\sqrt{3}}{2}+\frac{1+\sqrt{3}}{2}\mathrm{i}.$$

5.3.2　乘方与开方

　　n 个相同复数 z 的乘积称为 z 的 n 次幂,记作 z^n.

　　如果在式(3)中,令从 z_1 到 z_n 的所有复数都等于 $z=r(\cos\theta+\mathrm{i}\sin\theta)$,则对于任何正整数 n,有

$$z^n=r^n(\cos n\theta+\mathrm{i}\sin n\theta)=r^n\mathrm{e}^{\mathrm{i}n\theta}. \tag{6}$$

　　如果定义 $z^{-n}=\dfrac{1}{z^n}$,那么当 n 为负整数时,上式也是成立的.

　　特别地,当 z 的模 $r=1$,即 $z=\cos\theta+\mathrm{i}\sin\theta$ 时,由式(6)得

$$(\cos\theta+\mathrm{i}\sin\theta)^n=\cos n\theta+\mathrm{i}\sin n\theta. \tag{7}$$

这一公式称为棣莫弗(De Moivre)公式.

　　设 $\omega^n=z$,下面求复数 z 的 n 次方根 $\omega(n\in\mathbf{N})$.令

$$z=r(\cos\theta+\mathrm{i}\sin\theta),\quad \omega=\rho(\cos\varphi+\mathrm{i}\sin\varphi),$$

则

$$\rho^n(\cos n\varphi+\mathrm{i}\sin n\varphi)=r(\cos\theta+\mathrm{i}\sin\theta),$$

于是

$$\rho^n=r,\quad \cos n\varphi=\cos\theta,\quad \sin n\varphi=\sin\theta.$$

　　因为两复数相等,辐角可以相差 2π 的整数倍,由此得

$$\rho=\sqrt[n]{r},\quad \varphi=\frac{\theta+2k\pi}{n}.$$

因此,$z=r(\cos\theta+\mathrm{i}\sin\theta)$ 的 n 次方根为

$$\omega_k=\sqrt[n]{r}\left(\cos\frac{\theta+2k\pi}{n}+\mathrm{i}\sin\frac{\theta+2k\pi}{n}\right)\quad(k=0,1,2,\cdots,n-1). \tag{8}$$

　　也就是说,复数的 $n(n\in\mathbf{N})$ 次方根是 n 个复数,它们的模都等于这个复数的模的 n 次算术根,它们的辐角分别等于这个复数的辐角与 2π 的 $0,1,2,\cdots,n-1$ 倍的和的 n 分之一.在

几何上,不难看出:复数的 n 次方根的 n 个值,就是以原点为中心,$\sqrt[n]{r}$ 为半径的圆的内接正 n 边形的 n 个顶点.

【例 5-17】 设 $(\sqrt{3}+i)^{10}=x+(y-\sqrt{3})i$,求实数 x 与 y.

解 由 $\sqrt{3}+i=2\left(\dfrac{\sqrt{3}}{2}+\dfrac{1}{2}i\right)=2\left(\cos\dfrac{\pi}{6}+i\sin\dfrac{\pi}{6}\right)$,得

$$
\begin{aligned}
(\sqrt{3}+i)^{10} &= \left[2\left(\cos\frac{\pi}{6}+i\sin\frac{\pi}{6}\right)\right]^{10}\\
&= 2^{10}\left(\cos\frac{5}{3}\pi+i\sin\frac{5}{3}\pi\right)\\
&= 512-512\sqrt{3}\,i,
\end{aligned}
$$

所以

$$512-512\sqrt{3}\,i=x+(y-\sqrt{3})i.$$

根据复数相等的条件,得

$$x=512,\quad y=-512\sqrt{3}.$$

【例 5-18】 设 $z=\cos\theta+i\sin\theta(0<\theta<2\pi)$,$w=1+z$,求 $\mathrm{Arg}\,w$.

解 为便于求出 $\mathrm{Arg}\,w$,把 w 化为三角形式.

$$
\begin{aligned}
w &= 1+z=1+\cos\theta+i\sin\theta\\
&= 2\cos^2\frac{\theta}{2}+i2\sin\frac{\theta}{2}\cos\frac{\theta}{2}\\
&= 2\cos\frac{\theta}{2}\left(\cos\frac{\theta}{2}+i\sin\frac{\theta}{2}\right),
\end{aligned}
$$

即

$$|w|=2\left|\cos\frac{\theta}{2}\right|.$$

由 $0<\theta<2\pi$ 知,w 的三角形式为

$$
w=\begin{cases}
2\cos\dfrac{\theta}{2}\left(\cos\dfrac{\theta}{2}+i\sin\dfrac{\theta}{2}\right), & 0<\theta<\pi\\
0, & \theta=\pi\\
-2\cos\dfrac{\theta}{2}\left(\cos\dfrac{\theta}{2}+i\sin\dfrac{\theta}{2}\right), & \pi<\theta<2\pi
\end{cases},
$$

所以

$$
\mathrm{Arg}\,w=\begin{cases}
\dfrac{\theta}{2}, & 0<\theta<\pi\\
\varphi, & \theta=\pi\\
\pi+\dfrac{\theta}{2}, & \pi<\theta<2\pi
\end{cases},
$$

其中 $\varphi\in[0,2\pi)$.

现在应用复数的平方根来求解系数 a,b,c 是复数的一元二次方程:

$$az^2+bz+c=0 \quad (a\neq 0). \tag{9}$$

把式(9)变形为

$$\left(z+\frac{b}{2a}\right)^2=\frac{b^2-4ac}{4a^2}, \tag{10}$$

若 $\Delta=b^2-4ac$ 的平方根为 $\pm\omega$,则式(9)的两个根为

$$z_1=\frac{-b+\omega}{2a}, \quad z_2=\frac{-b-\omega}{2a}.$$

由此可知,在复数集内,一元二次三项式 az^2+bz+c 总可以分解为两个一次式的因式,即

$$az^2+bz+c=a(z-z_1)(z-z_2).$$

【例 5-19】　解方程

$$z^2-(4+2\mathrm{i})z+6=0.$$

解
$$\begin{aligned}\Delta=b^2-4ac&=(4+2\mathrm{i})^2-24\\&=4(-3+4\mathrm{i})\\&=20\left(-\frac{3}{5}+\frac{4}{5}\mathrm{i}\right).\end{aligned}$$

若令 $\cos\theta=-\dfrac{3}{5},\sin\theta=\dfrac{4}{5}$,则 $\cos\dfrac{\theta}{2}=\dfrac{1}{\sqrt5},\sin\dfrac{\theta}{2}=\dfrac{2}{\sqrt5}$. 于是 Δ 的一个平方根为

$$\begin{aligned}\omega&=2\sqrt5\left(\cos\frac{\theta}{2}+\mathrm{i}\sin\frac{\theta}{2}\right)\\&=2\sqrt5\left(\frac{1}{\sqrt5}+\frac{2}{\sqrt5}\mathrm{i}\right)=2+4\mathrm{i}.\end{aligned}$$

由式(10)知,原方程的两个根依次为

$$z_1=\frac{(4+2\mathrm{i})+(2+4\mathrm{i})}{2}=3+3\mathrm{i},$$

$$z_2=\frac{(4+2\mathrm{i})-(2+4\mathrm{i})}{2}=1-\mathrm{i}.$$

5.3.3　二项方程

形如 $a_nx^n+a_0=0(a_0,a_n\in\mathbf{C},a_n\neq0,n\in\mathbf{N})$ 的方程叫作**二项方程**.

任何一个二项方程都可以化为 $x^n=b(b\in\mathbf{C})$ 的形式,所以可通过复数的开方来求它的根.

【例 5-20】　解方程 $x^5-32=0.$

解　由于 $x^5=32$,所以

$$x^5=32(\cos0+\mathrm{i}\sin0),$$

即

$$x_k=2\left(\cos\frac{2k\pi}{5}+\mathrm{i}\sin\frac{2k\pi}{5}\right) \quad(k=0,1,2,3,4).$$

于是,方程的五个根分别是

$$x_0=2(\cos0+\mathrm{i}\sin0)=2, \quad x_1=2\left(\cos\frac{2\pi}{5}+\mathrm{i}\sin\frac{2\pi}{5}\right),$$

$$x_2=2\left(\cos\frac{4}{5}\pi+\mathrm{i}\sin\frac{4}{5}\pi\right), \quad x_3=2\left(\cos\frac{6}{5}\pi+\mathrm{i}\sin\frac{6}{5}\pi\right),$$

$$x_4 = 2\left(\cos\frac{8}{5}\pi + i\sin\frac{8}{5}\pi\right).$$

【例 5-21】 解方程 $(1+i)x^4 + 4 = 0$.

解 由原方程得 $x^4 = 2(-1+i)$，又因

$$-1+i = \sqrt{2}\left(\cos\frac{3}{4}\pi + i\sin\frac{3}{4}\pi\right),$$

所以

$$x^4 = \sqrt{8}\left(\cos\frac{3}{4}\pi + i\sin\frac{3}{4}\pi\right),$$

$$x_k = \sqrt[8]{8}\left(\cos\frac{\frac{3}{4}\pi + 2k\pi}{4} + i\sin\frac{\frac{3}{4}\pi + 2k\pi}{4}\right) \quad (k = 0, 1, 2, 3).$$

即

$$x_0 = \sqrt[8]{8}\left(\cos\frac{3}{16}\pi + i\sin\frac{3}{16}\pi\right);$$

$$x_1 = \sqrt[8]{8}\left(\cos\frac{11}{16}\pi + i\sin\frac{11}{16}\pi\right);$$

$$x_2 = \sqrt[8]{8}\left(\cos\frac{19}{16}\pi + i\sin\frac{19}{16}\pi\right);$$

$$x_3 = \sqrt[8]{8}\left(\cos\frac{27}{16}\pi + i\sin\frac{27}{16}\pi\right).$$

借助于欧拉公式

$$\begin{cases} e^{i\theta} = \cos\theta + i\sin\theta \\ e^{-i\theta} = \cos\theta - i\sin\theta \end{cases},$$

还可以把 $\cos\theta, \sin\theta$ 表示为 $e^{i\theta}$ 与 $e^{-i\theta}$ 的线性组合，即

$$\begin{cases} \cos\theta = \dfrac{e^{i\theta} + e^{-i\theta}}{2} \\ \sin\theta = \dfrac{e^{i\theta} - e^{-i\theta}}{2i} \end{cases}.$$

通常也把这个公式叫作**欧拉公式**.

【例 5-22】 把 $\cos^4\theta$ 表示为 $\cos 4\theta, \cos 2\theta$ 与 1 的线性组合.

解

$$\cos^4\theta = \left(\frac{e^{i\theta} + e^{-i\theta}}{2}\right)^4$$

$$= \frac{1}{16}(e^{4i\theta} + 4e^{3i\theta}e^{-i\theta} + 6e^{2i\theta}e^{-2i\theta} + 4e^{i\theta}e^{-3i\theta} + e^{-4i\theta})$$

$$= \frac{1}{16}\left[(e^{4i\theta} + e^{-4i\theta}) + 4(e^{2i\theta} + e^{-2i\theta}) + 6\right]$$

$$= \frac{1}{8}(\cos 4\theta + 4\cos 2\theta + 3).$$

同理，也可将 $\sin^4\theta$ 表示为 $\cos 4\theta, \cos 2\theta, 1$ 的线性组合.

在积分中，有时需将 $\cos^{2m}\theta, \sin^{2m}\theta (m \in \mathbf{N})$ 分别表示为 $\cos 2m\theta, \cos(2m-2)\theta, \cdots,$ $\cos 2\theta, 1$ 的线性组合.

习题 5.3

1. 利用 De Moivre 公式计算：

(1) $\left(\dfrac{\sqrt{3}-i}{2}\right)^{12}$.

(2) $\left[3\left(\cos\dfrac{\pi}{4}-i\sin\dfrac{\pi}{4}\right)\right]^{6}$.

(3) $\left[2(\cos 18°+i\sin 18°)\right]^{5}$.

(4) $\sqrt{-1}$.

(5) $-i$ 的平方根.

(6) -64 的四次方根.

2. 解下列方程：

(1) $x^4-16=0$.

(2) $x^5-1=0$.

(3) $x^3+1-i=0$.

(4) $x^5-2+2i=0$.

3. 解下列方程：

(1) $x^4+3x^2-10=0$.

(2) $2z^2+4|z|=1$.

(3) $z^2-(5+i)z+(8+i)=0$.

(4) $\dfrac{z}{z^2+1}+\dfrac{z^2+1}{z}=\dfrac{5}{2}$.

4. 设 a,b 为复数，且 $|a|=|b|=1, a+b+1=0$，求证 a 与 b 是 1 的两个三次虚根.

5. 设点 z_1,z_2,z_3 对应的复数分别为 $z_1=4-2i, z_2=5+7i, z_3=2+3i$，求 $\triangle z_1z_2z_3$ 的面积.

6. 设 $z=\cos\theta+i\sin\theta(0<\theta<\pi)$，且 $\omega=\dfrac{1-\bar{z}^4}{1+z^4}$，若 $|\omega|=\dfrac{\sqrt{3}}{3}, \arg\omega<\dfrac{\pi}{2}$，求 θ.

7. 设 $z+\dfrac{1}{z}$ 为实数，且 $|z-2|=\sqrt{3}$，求 z.

8. 设 $z_1\neq 0, z_2\neq 0$，且 $3z_1^2-(3-\sqrt{3})z_1z_2+2z_2^2=0$. 求：

(1) $\left|\dfrac{z_1}{z_2}\right|$.

(2) $\left|\dfrac{z_1-z_2}{z_1}\right|$.

(3) $\text{Arg}\dfrac{z_1-z_2}{z_1}$.

9. 设 $z=\cos\theta+3i\sin\theta(0\leqslant\theta\leqslant 2\pi)$，求 $|z-i|$ 的最大值与最小值.

10. 利用 Euler 公式，将 $\sin^4\theta$ 表示为 $\cos 4\theta, \cos 2\theta$ 与 1 的线性组合.

11. 求证 $\sin\theta+\sin 2\theta+\cdots+\sin n\theta=\dfrac{\sin\dfrac{n\theta}{2}\sin\dfrac{(n+1)\theta}{2}}{\sin\dfrac{\theta}{2}}\left(\sin\dfrac{\theta}{2}\neq 0, n\in\mathbf{N}\right)$.

5.4　复平面上的区域

5.4.1　区　域

平面上以 z_0 为中心，δ（任意的正数）为半径的圆

$$|z-z_0|<\delta$$

内部点的集合称为 z_0 的邻域（图 5-9），而称由不等式 $0<|z-z_0|<\delta$ 所确定的点集为 z_0 的

去心邻域.

设 G 为平面点集,z_0 为 G 中任意一点. 如果存在 z_0 的一个邻域,使该邻域内的所有点都属于 G,那么称 z_0 为 G 的内点. 如果 G 内的每一个点都是它的内点,那么称 G 为开集. 例如,不等式

$$|z+2|<3, \quad 1<\text{Re } z<3, \quad \text{Im } z>0$$

所表示的集合都是开集.

平面点集 D 称为区域,如果它满足如下两个条件:

(1)D 是一个开集;

(2)D 是连通的,即 D 中任何两点都可以用完全属于 D 的一条折线连接起来(图 5-9).

设 D 为复平面内的一个区域,如果点 P 不属于 D,但在 P 的任意小的邻域内总包含有 D 中的点,这样的点 P 称为 D 的边界点. D 的所有边界点组成 D 的边界. 区域的边界可以由几条曲线和一些孤立的点组成(图 5-10).

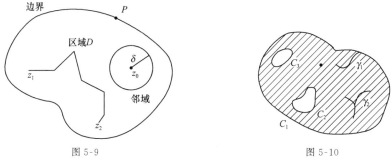

图 5-9 图 5-10

区域 D 与它的边界构成闭区域或闭域,记作 $\overline{D}$.

如果区域 D 可以被包含在一个以原点为中心的圆里面,即存在正数 M,使区域 D 的每个点都满足 $|z|<M$,那么称 D 为有界的,否则称 D 为无界的.

例如,满足不等式 $r_1<|z-z_0|<r_2$ 的所有点构成一个区域,而且是有界的,区域的边界由两个圆周 $|z-z_0|=r_1$ 和 $|z-z_0|=r_2$ 组成[图 5-11(a)],称该区域为圆环域. 如果在圆环域内去掉几个点,它仍然构成区域,只是区域的边界由两个圆周和几个孤立的点组成[图 5-11(b)],这两个区域都是有界的,而圆的外部 $|z-z_0|>r_2$,上半平面 $\text{Im} >0$ 等都是无界区域.

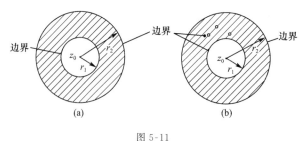

图 5-11

5.4.2 单连通区域和多连通区域

设 $x(t)$ 与 $y(t)$ 是两个连续的实变函数,则参数方程组

$$\begin{cases} x = \varphi(t) \\ y = \psi(t) \end{cases} \quad (a \leqslant t \leqslant b)$$

代表一条平面曲线,称之为连续曲线.如果令

$$z(t) = x(t) + iy(t),$$

那么这条曲线可以用

$$z = z(t) \quad (a \leqslant t \leqslant b)$$

来表示,这就是平面曲线的复数表示式.如果在区间 $a \leqslant t \leqslant b$ 上 $x'(t)$ 和 $y'(t)$ 都是连续的,且对任意的 t,有

$$[x'(t)]^2 + [y'(t)]^2 \neq 0,$$

那么称这曲线为光滑的.由几段依次相连的光滑曲线所组成的曲线称为分段光滑曲线.

　　设 $C: z = z(t)(a \leqslant t \leqslant b)$ 为一条连续曲线,$z(a)$ 与 $z(b)$ 分别称为 C 的起点与终点.对于满足 $a < t_1 < b, a \leqslant t_2 \leqslant b$ 的 t_1 与 t_2,当 $t_1 \neq t_2$ 时,有 $z(t_1) = z(t_2)$,则点 $z(t_1)$ 称为曲线的重点.没有重点的连续曲线 C 称为简单曲线或约当(Jordan)曲线[图 5-12(a)].如果简单曲线 C 的起点与终点重合,即 $z(a) = z(b)$,那么曲线 C 称为简单闭曲线[图 5-12(b)].由此可知,简单曲线自身不会相交.图 5-12(c)与图 5-12(d)都不是简单闭曲线.

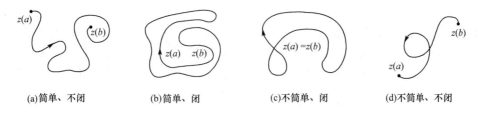

(a)简单、不闭　　　　(b)简单、闭　　　　(c)不简单、闭　　　　(d)不简单、不闭

图 5-12

　　任意一条简单闭曲线 C 把整个复平面唯一地分成三个互不相交的点集,其中除去 C 自身以外,一个是有界区域,称为 C 的内部.另一个是无界区域,称为 C 的外部.C 为它们的公共边界.

　　定义 5-4　对于复平面上的一个区域 G,如果在其中任作一条简单闭曲线,而闭曲线的内部总属于 G,就称 G 为单连通区域[图 5-13(a)].如果一个区域不是单连通区域,就称其为多连通区域[图 5-13(b)].

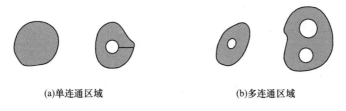

(a)单连通区域　　　　　　　　(b)多连通区域

图 5-13

　　例如,平面区域 $|z| < 1$,右半平面 $\mathrm{Re}\ z > 0$ 都是单连通区域,而圆环 $1 < |z| < 4, 0 < |z| < 1$ 均是多连通区域.直观地说,单连通区域是没有"洞"的区域,而多连通区域则是有"洞"的区域.

习题 5.4

1. 指出下列各题中点 z 的轨迹或所在范围,并作图.

(1) $|z-5|=6$.

(2) $|z+2i| \geqslant 1$.

(3) $\text{Re}(z+2)=-1$.

(4) $\text{Re}(i\bar{z})=3$.

(5) $\arg(z-i)=\dfrac{\pi}{4}$.

(6) $|z+i|=|z-i|$.

2. 指出下列不等式所确定的区域或闭区域,并指明有界还是无界,是单连通区域还是多连通区域.

(1) $|z-1|>4$.

(2) $0<\text{Re}\,z<1$.

(3) $|z-1|<|z+3|$.

(4) $-1<\arg z<-1+\pi$.

(5) $|z-2|+|z+2| \leqslant 6$.

(6) $z\bar{z}-(2+i)z-(2-i)\bar{z} \leqslant 4$.

5.5 余式定理与因式定理

上面讨论了复数及其运算,解决了一元二次方程和二项方程在复数集 **C** 内的求根问题以及二次三项式在复数集 **C** 内分解成两个一次因式的问题. 但是一个一元高次多项式能否分解为多个一次因式的乘积呢? 本节先讨论余式定理和因式定理,然后研究一元高次多项式的因式分解问题.

5.5.1 余式定理

我们知道,多项式 $f(x)=2x^2-5x+1$ 除以 $x-2$ 所得的余数是 -1. 如果把 $x=2$ 代入 $f(x)$,也得到 $f(2)=-1$. 可见,$f(x)$ 除以 $x-2$ 所得的余数恰巧是 $f(2)$. 现在来研究:一般的多项式 $f(x)$ 除以 $x-b$,所得的余数是否总有这样的性质?

定理 5-3 （余式定理）多项式 $f(x)$ 除以 $x-b$ 所得的余数等于 $f(b)$.

证明 设多项式 $f(x)$ 除以 $x-b$ 所得的商式为 $q(x)$,余数为 r,则

$$f(x)=(x-b) \cdot q(x)+r.$$

用 $x=b$ 代入上式两端得

$$f(b)=(b-b) \cdot q(b)+r.$$

所以,余数 $r=f(b)$.

这个定理叫作**余式定理**,也叫作**剩余定理**或**裴蜀定理**. 由这个定理可知,求多项式 $f(x)$ 除以 $x-b$ 所得的余数 r,就可以由 $f(b)$ 直接求得;反之,求 $f(x)$ 在 $x=b$ 的值 $f(b)$,也可以由余数 r 来求得.

【例 5-23】 求多项式 $f(x)=x^6+6$ 除以 $x+1$ 所得的余数 r.

解 由余式定理知,所求的余数

$$r=f(-1)=(-1)^6+6=7.$$

【例 5-24】 求多项式 $f(x)=4x^4-12x^3+7x^2+7x-5$ 除以 $x-\dfrac{3}{2}$ 所得的余数 r.

解法 1　用直接代入法

$$余数 \ r = f\left(\frac{3}{2}\right) = 4 \cdot \left(\frac{3}{2}\right)^4 - 12 \cdot \left(\frac{3}{2}\right)^3 + 7 \cdot \left(\frac{3}{2}\right)^2 + 7 \cdot \left(\frac{3}{2}\right) - 5$$

$$= 4 \cdot \frac{81}{16} - 12 \cdot \frac{27}{8} + 7 \cdot \frac{9}{4} + \frac{21}{2} - 5 = 1.$$

解法 2　用综合除法

$$
\begin{array}{rrrrr|l}
4 & -12 & +7 & +7 & -5 & \dfrac{3}{2} \\
  & +6 & -9 & -3 & +6 & \\
\hline
4 & -6 & -2 & +4 & \boxed{+1} &
\end{array}
,
$$

所以余数 $r = 1$.

【**例 5-25**】　设 $f(x) = x^6 - 10x^5 + 18x^4 - 20x^3 + 30x^2 + 15x + 8$, 求 $f(8)$.

解　用综合除法求余数 r.

$$
\begin{array}{rrrrrrr|l}
1 & -10 & +18 & -20 & +30 & +15 & +8 & 8 \\
  & +8 & -16 & +16 & -32 & -16 & -8 & \\
\hline
1 & -2 & +2 & -4 & -2 & -1 & \boxed{0} &
\end{array}
,
$$

所以余数 $r = 0$. 由余式定理知 $f(8) = 0$.

5.5.2　因式定理

从上面例 5-25 可知, 多项式

$$f(x) = x^6 - 10x^5 + 18x^4 - 20x^3 + 30x^2 + 15x + 8$$

除以 $x - 8$ 所得的余数 $r = 0$, 所以 $x - 8$ 整除 $f(x)$, 即

$$x^6 - 10x^5 + 18x^4 - 20x^3 + 30x^2 + 15x + 8$$

$$= (x^5 - 2x^4 + 2x^3 - 4x^2 - 2x - 1)(x - 8).$$

显然, $x^6 - 10x^5 + 18x^4 - 20x^3 + 30x^2 + 15x + 8$ 有一个一次因式 $x - 8$. 于是, 由余式定理可以推出一个重要定理——**因式定理**.

定理 5-4　(**因式定理**) 多项式 $f(x)$ 有一个一次因式 $x - b$ 的充要条件是 $f(b) = 0$.

证明　(1) 充分性　设 $f(b) = 0$, 则根据余式定理知, $f(x)$ 除以 $x - b$ 所得的余数 $r = 0$. 因此, $f(x)$ 有一个一次因式 $x - b$.

(2) 必要性　设 $f(x)$ 有一个一次因式 $x - b$, 则 $f(x)$ 除以 $x - b$ 所得的余数 $r = 0$, 根据余式定理知 $f(b) = 0$.

【**例 5-26**】　求证: 对任何自然数 n, $x^n - a^n$ 都有因式 $x - a$.

证明　设 $f(x) = x^n - a^n$, 则 $f(a) = a^n - a^n = 0$, 根据因式定理, $x^n - a^n$ 有因式 $x - a$.

【**例 5-27**】　求 m 为何值时, 多项式 $f(x) = x^5 - 8x^3 + m$ 能被 $x + 2$ 整除?

解　因为多项式 $f(x)$ 能被 $x + 2$ 整除就是 $f(x)$ 有因式 $x + 2$. 由因式定理知, 其充要条件是 $f(-2) = 0$, 即

$$(-2)^5 - 8(-2)^3 + m = 0,$$

所以

$$m = -32.$$

5.5.3 分解因式

由因式定理可知,如果多项式 $f(x)$ 在 $x=b$ 的值等于 0,则 $x-b$ 必为 $f(x)$ 的一个因式. 但是复系数的一元 n 次多项式 $f(x)$ 能否分解为 n 个一次因式(所谓复系数多项式是指该多项式的系数是复数)? 下面的定理就回答了这个问题.

定理 5-5 任何一个复系数一元 n 次多项式 $f(x)$ 有且仅有 n 个一次因式 $x-x_i(i=1,2,\cdots,n)$. 把其中相同因式的积用幂表示后,$f(x)$ 就具有唯一确定的因式分解的形式

$$f(x) = a_n(x-x_1)^{k_1}(x-x_2)^{k_2}\cdots(x-x_m)^{k_m},$$

其中 $k_1,k_2,\cdots,k_m \in \mathbf{N}$,且 $k_1+k_2+\cdots+k_m=n$,复数 $x_1,x_2,\cdots,x_m$ 两两不等,$x-x_i(i=1,2,\cdots,m)$ 为 $f(x)$ 的 k_i 重一次因式.

这个定理的证明超出本书范围,在此从略.

注意 这个定理必须在复数集 $\mathbf{C}$ 内分解才能成立,否则不一定成立.

【例 5-28】 把多项式 $f(x)=x^6+x^4-x^2-1$ 在复数集 $\mathbf{C}$ 内分解因式.

解 用因式分解法.

$$f(x) = x^6+x^4-x^2-1 = (x^6+x^4)-(x^2+1)$$
$$= x^4(x^2+1)-(x^2+1)=(x^4-1)(x^2+1)$$
$$= (x+1)(x-1)(x+\mathrm{i})^2(x-\mathrm{i})^2.$$

这个一元六次多项式有六个一次因式,其中因式 $x+\mathrm{i}$ 和 $x-\mathrm{i}$ 都是二重一次因式.

对于复系数的一元 n 次多项式,定理 5-3、定理 5-4 也都成立.

对于任意一个复系数一元 n 次多项式 $f(x)$,要求出它的一次因式,没有一般的方法. 但对于整系数的多项式 $f(x)$,则可用下面定理和综合除法以及因式定理,较快地求出它的形如 $x-\dfrac{q}{p}$(其中 p、q 是互质的整数)的因式,或者确定它没有这种形式的因式.

定理 5-6 如果整系数多项式

$$f(x) = a_n x^n + a_{n-1}x^{n-1} + \cdots + a_1 x + a_0 \quad (a_n \neq 0)$$

有因式 $x-\dfrac{q}{p}$(其中 p、q 是互质的整数),那么 p 一定是首项系数 a_n 的约数,q 一定是常数项 a_0 的约数.

证明 因为 $f(x)$ 有因式 $x-\dfrac{q}{p}$,所以,$f\left(\dfrac{q}{p}\right)=0$,即

$$a_n\left(\frac{q}{p}\right)^n + a_{n-1}\left(\frac{q}{p}\right)^{n-1} + \cdots + a_1\left(\frac{q}{p}\right) + a_0 = 0,$$

$$a_n\frac{q^n}{p^n} = -\left(a_{n-1}\cdot\frac{q^{n-1}}{p^{n-1}} + \cdots + a_1\cdot\frac{q}{p} + a_0\right),$$

$$\frac{a_n q^n}{p} = -(a_{n-1}q^{n-1} + \cdots + a_1 q p^{n-2} + a_0 p^{n-1}).$$

等式的右端是一个整数,所以,$\dfrac{a_n q^n}{p}$ 也是一个整数,即 p 能整除 $a_n q^n$. 但 p、q 是互质的,所以,p 只能整除 a_n,从而,p 是 a_n 的约数.

同理,把上面的等式写成

$$\frac{a_0 p^n}{q} = -(a_n q^{n-1} + a_{n-1} q^{n-2} p + \cdots + a_1 p^{n-1}),$$

可以证明 q 一定是 a_0 的约数.

推论 如果首项系数为 1 的整系数多项式

$$f(x) = x^n + a_{n-1} x^{n-1} + \cdots + a_1 x + a_0$$

有因式 $x - q$,其中 q 是整数,则 q 一定是常数项 a_0 的约数.

利用定理 5-6 或其推论,可以较快地判定一个一元一次因式是不是某整系数一元 n 次多项式的因式.

【例 5-29】 把多项式 $f(x) = x^3 + x^2 - 10x - 6$ 分解因式.

解 由定理 5-6 的推论知,$f(x)$ 的一次因式可能为:$x \pm 1, x \pm 2, x \pm 3, x \pm 6$.

因为 $f(1), f(-1), f(-2)$ 的值都不为 0,而 $f(3) = 0$,故 $x - 3$ 是 $f(x)$ 的一个一次因式.用综合除法得

$$
\begin{array}{rrrr|r}
1 & +1 & -10 & -6 & 3 \\
 & +3 & +12 & +6 & \\
\hline
1 & +4 & +2 & 0 &
\end{array},
$$

所以

$$x^3 + x^2 - 10x - 6 = (x-3)(x^2 + 4x + 2).$$

又因 $x^2 + 4x + 2 = 0$ 的两个根分别为 $-2 + \sqrt{2}, -2 - \sqrt{2}$,于是

$$x^3 + x^2 - 10x - 6 = (x-3)(x+2-\sqrt{2})(x+2+\sqrt{2}).$$

【例 5-30】 把多项式 $f(x) = 2x^4 - x^3 - 13x^2 - x - 15$ 分解因式.

解 由定理 5-6 知,$f(x)$ 的一次因式可能为:

$$x \pm 1, \quad x \pm 3, \quad x \pm 5, \quad x \pm 15,$$

$$x \pm \frac{1}{2}, \quad x \pm \frac{3}{2}, \quad x \pm \frac{5}{2}, \quad x \pm \frac{15}{2}.$$

因为 $f(1), f(-1), f(-3)$ 的值都不为 0,而 $f(3) = 0$,所以 $x - 3$ 是 $f(x)$ 的一个一次因式.用综合除法得

$$
\begin{array}{rrrrr|r}
2 & -1 & -13 & -1 & -15 & 3 \\
 & +6 & +15 & +6 & +15 & \\
\hline
2 & +5 & +2 & +5, & 0 & -\frac{5}{2} \\
 & -5 & 0 & -5 & & \\
\hline
2 & 0 & +2, & 0 & &
\end{array},
$$

于是

$$2x^4 - x^3 - 13x^2 - x - 15 = 2(x-3)\left(x + \frac{5}{2}\right)(x^2 + 1)$$

$$= 2(x-3)\left(x + \frac{5}{2}\right)(x+\mathrm{i})(x-\mathrm{i}).$$

习题 5.5

1. 用综合除法求下列各式的余式和商式：

$(1)(2x^5-12x^4+14x^3-23x^2+17x-33)/(x-5)$.

$(2)(6x^6+1)/(x+1)$；

$(3)(2x^3-3x^2+8x-12)/\left(x-\dfrac{3}{2}\right)$.

$(4)(x^3-8x^2y+8y^3)/(x-2y)$.

2. 不用除法，求下列各式除以 $x-y$ 所得的余式以及除以 $x+y$ 所得的余式：

$(1)x^7+y^7$.　　　　　　　　　　$(2)x^7-y^7$.

$(3)x^8+y^8$.　　　　　　　　　　$(4)x^8-y^8$.

3. 不用除法，求证：

$(1)x^5+4x^3-11x^2+9x-3$ 有因式 $x-1$.

$(2)x^4-8x^3-6x^2+9x+6$ 有因式 $x+1$.

$(3)(x-1)^5-1$ 有因式 $x-2$.

$(4)(x+3)^{2n}-(x+1)^{2n}(n\in\mathbf{N})$ 有因式 $x+2$.

$(5)(x+1)^{2n}-x^{2n}-2x-1(n\in\mathbf{N})$ 有因式 $(x+1)(2x+1)$.

(6)当 n 为奇数时，x^n+a^n 有因式 $x+a$. x^n-a^n 有因式 $x-a$.

4. 用因式定理证明：

$(1)(2a+b)^n-a^n(n\in\mathbf{N})$ 有因式 $a+b$.

$(2)x^{4n+2}+a^{4n+2}(n\in\mathbf{N})$ 有因式 $x-ai$ 和 $x+ai$.

5. 已知 $f(x)=x^5+nx^3+mx^2+l$ 有因式 $(x-1)^3$，确定常数 n,m,l 的值，并把 $f(x)$ 分解为五个一次因式的乘积.

6. 在复数集 $\mathbf{C}$ 中，对下列各式分解因式：

$(1)f(x)=x^3-4x^2-17x+60$.

$(2)f(x)=6x^3+x^2+7x+4$.

$(3)f(x)=2x^4-x^3-13x^2-x-15$.

$(4)f(x)=x^4-x^3-6x^2+14x-12$.

7. 若 $x^4-(a+1)x^3+(a^2-4)x^2+bx+c$ 能被 x^2-x-2 整除. 当 $a=1$ 时，求其商式与 b,c.

8. 已知 $f(x)=ax^4+bx^3-9x^2+x+2$ 有因式 $x-\dfrac{1}{2}$ 和 $x+\dfrac{2}{3}$，确定 a,b 的值，并把 $f(x)$ 分解为四个一次因式的乘积.

9. 已知方程 $x^4+4x^3+6x^2+4x+5=0$ 有一个根是 $-i$，求这个方程在复数集 $\mathbf{C}$ 中的解集.

10. 求证：如果方程 $ax^2+bx+c=0$ 的两个根互为倒数，则这个方程可变形为 $x^2+px+1=0$ 的形式.

5.6　一元 n 次方程

在 5.5 节中已讨论了一元 n 次多项式的分解因式问题. 但是, 如何运用这种方法来求一元 n 次方程的根呢? 本节首先讨论一元 n 次方程的根和用分解因式等方法来求根的问题, 然后再讨论一元 n 次方程的根与系数的关系.

5.6.1　一元 n 次方程的根

如果 $f(x) = a_n x^n + a_{n-1} x^{n-1} + \cdots + a_1 x + a_0 (a_n \neq 0)$ 是复系数的一元 n 次多项式, 则方程

$$a_n x^n + a_{n-1} x^{n-1} + \cdots + a_1 x + a_0 = 0$$

称为**复系数一元 n 次方程**. 如果方程的系数都是实数, 则称此方程为**实系数方程**. 当 $n > 2$ 时, 此方程通常称为**高次方程**.

前面学过的二项方程 $a_n x^n + a_0 = 0 (n > 2)$ 是高次方程的特殊情形. 类似地, 系数全是实数或有理数、整数的一元 n 次方程都是复系数一元 n 次方程的特殊情形. 在本节中所提到的一元 n 次方程, 如果不特别说明, 都是指复系数一元 n 次方程.

因为一元 n 次方程 $f(x) = 0$ 的根与多项式 $f(x)$ 的一次因式之间有着极其密切的关系, 所以根据因式定理, 我们有下面的定理.

定理 5-7　一元 n 次方程 $f(x) = 0$ 有一个根 $x = b$ 的充要条件是多项式 $f(x)$ 有一个一次因式 $x - b$.

在 5.5 节中, 我们已经知道, 任何一个复系数一元 n 次多项式 $f(x)$ 具有唯一确定的因式分解的形式:

$$f(x) = a_n (x - x_1)^{k_1} (x - x_2)^{k_2} \cdots (x - x_m)^{k_m},$$

其中 $k_1, k_2, \cdots, k_m \in \mathbf{N}$, 且 $k_1 + k_2 + \cdots + k_m = n$, 复数 $x_1, x_2, \cdots, x_m$ 两两不等. 由定理 5-4 知, $x_1, x_2, \cdots, x_m$ 都是方程 $f(x) = 0$ 的根, 除此以外, 方程 $f(x) = 0$ 不再有其他根. 于是, 根据定理 5-5, 容易得到:

定理 5-8　复系数一元 n 次方程在复数集 $\mathbf{C}$ 中有且仅有 n 个根(k 重根算作 k 个根).

这个定理解决了复系数一元 n 次方程在复数集 $\mathbf{C}$ 中的根的个数问题. 要注意, 实系数一元 n 次方程在实数集 $\mathbf{R}$ 中的根的个数不一定具有这样的性质. 例如, 方程 $x^2 + x + 1 = 0$ 在实数集 $\mathbf{R}$ 中没有一个实数根.

【例 5-31】　已知方程 $f(x) = x^3 + 8x^2 + 5x - 50 = 0$.

(1)求证 -5 是这个方程的二重根;

(2)求这个方程的另一个根.

解　(1)因为 $f(-5) = (-5)^3 + 8 \times (-5)^2 + 5 \times (-5) - 50 = 0$, 所以 -5 是方程 $f(x) = 0$ 的一个根. 用综合除法得

$$
\begin{array}{rrrr|r}
1 & +8 & +5 & -50 & -5\\
 & -5 & -15 & +50 & \\
\hline
1 & +3 & -10, & 0 & -5\\
 & -5 & +10 & & \\
\hline
1 & -2, & 0 & &
\end{array}
\text{,}
$$

即

$$
\begin{aligned}
x^3+8x^2+5x-50 &= (x+5)(x+5)(x-2)\\
&= (x+5)^2(x-2).
\end{aligned}
$$

由此可知,$x+5$ 是多项式 $f(x)$ 的二重一次因式,所以 -5 是方程 $f(x)=0$ 的二重根.

(2)由(1)可知,原方程可写成 $(x+5)^2(x-2)=0$,所以,这个方程的另一个根为 $x=2$.

【例 5-32】 求方程 $f(x)=x^4+3x^3-2x^2-9x+7=0$ 在复数集 **C** 中的解集.

解 由于原方程的系数之和为 $1+3-2-9+7=0$,即 $f(1)=0$,故 1 是原方程的一个根.利用综合除法,得

$$
\begin{array}{rrrrr|r}
1 & +3 & -2 & -9 & +7 & 1\\
 & +1 & +4 & +2 & -7 & \\
\hline
1 & +4 & +2 & -7, & 0 & 1\\
 & +1 & +5 & +7 & & \\
\hline
1 & +5 & +7, & 0 & &
\end{array}
\text{,}
$$

所以原方程可写为

$$
(x-1)^2(x^2+5x+7)=0.
$$

解原方程的降次方程

$$
x^2+5x+7=0,
$$

得两个根

$$
x=\frac{-5\pm\sqrt{3}\,i}{2}.
$$

由定理 5-8 知,原方程有且仅有四个根,因而它在复数集 **C** 中的解集为

$$
\left\{1_{(2)},\frac{-5+\sqrt{3}\,i}{2},\frac{-5-\sqrt{3}\,i}{2}\right\}.
$$

根据定理 5-8,还容易证明 1.6 节例 1-35,即如果

$$
a_nx^n+a_{n-1}x^{n-1}+\cdots+a_1x+a_0\equiv0,
$$

则 $a_n=a_{n-1}=\cdots=a_1=a_0=0$.事实上,若 $a_i(i=0,1,\cdots,n)$ 中有一个不为零,则上述方程是一个次数不超过 n 的方程,因而由定理 5-8 知,这个方程至多有 n 个根,这与上式恒为零矛盾,所以结论成立.

由定理 5-6 及其推论,可以得到定理 5-9 及其推论.

定理 5-9 如果既约分数 $\dfrac{q}{p}$ 是整系数一元 n 次方程

$$
a_nx^n+a_{n-1}x^{n-1}+\cdots+a_1x+a_0=0 \quad (a_n\neq0)
$$

的根,则 p 一定是 a_n 的约数,q 一定是 a_0 的约数.

推论 1　如果整系数一元 n 次方程的首项系数是 1，则这个方程的有理数根只能是整数.

推论 2　如果整系数一元 n 次方程有整数根，则它一定是常数项的约数.

我们知道，任何一个整数的约数只有有限个，因此，应用上面的定理或推论，通过试探的方法，就可以把整系数一元 n 次方程的所有有理数根逐个找出，或者证实它没有有理数根. 但是，必须注意，在应用定理或推论时，首先要求原方程一定是整系数方程.

【例 5-33】　求方程 $f(x)=2x^3+3x^2-8x+3=0$ 在复数集 **C** 中的解集.

解　因为原方程是整系数方程，根据定理 5-9，原方程的有理数根只可能是：$\pm 1, \pm 3,$ $\pm\dfrac{1}{2}, \pm\dfrac{3}{2}$.

因为 $f(1)=0$，所以 1 是原方程的一个根. 利用综合除法得

$$
\begin{array}{rrrr|r}
2 & +3 & -8 & +3 & 1 \\
  & +2 & +5 & -3 & \\
\hline
2 & +5 & -3, & 0 &
\end{array}\quad,
$$

由此得到原方程的降次方程为 $2x^2+5x-3=0$，解得

$$x=-3,\quad x=\frac{1}{2}.$$

所以原方程在复数集 **C** 中的解集为 $\left\{1,-3,\dfrac{1}{2}\right\}$.

【例 5-34】　求方程

$$f(x)=2x^5+3x^4-15x^3-26x^2-27x-9=0$$

的有理数根，然后再求出其余的根.

解　原方程可能有的有理数根为

$$\pm 1,\quad \pm 3,\quad \pm 9,\quad \pm\frac{1}{2},\quad \pm\frac{3}{2},\quad \pm\frac{9}{2}.$$

由 $f(1)\neq 0, f(-1)\neq 0$ 知，$x=\pm 1$ 都不是原方程的根.

对于 $x=3$，用综合除法

$$
\begin{array}{rrrrrr|r}
2 & +3 & -15 & -26 & -27 & -9 & 3 \\
  & +6 & +27 & +36 & +30 & +9 & \\
\hline
2 & +9 & +12 & +10 & +3, & 0 &
\end{array}\quad,
$$

可知 $x=3$ 是原方程的根，并得降次方程

$$2x^4+9x^3+12x^2+10x+3=0.$$

这个方程的各项系数都是正数，故不可能有正数根. 因此，它可能有的有理数根是 -1，$-3,-\dfrac{1}{2},-\dfrac{3}{2}$. 但是 $x=-1$ 不是原方程的根，当然也不可能是此降次方程的根.

对于 $x=-3$，

$$
\begin{array}{rrrrr|r}
2 & +9 & +12 & +10 & +3 & -3 \\
  & -6 & -9 & -9 & -3 & \\
\hline
2 & +3 & +3 & +1, & 0 &
\end{array}\quad,
$$

可知 $x=-3$ 是它的根,并得降次方程
$$2x^3+3x^2+3x+1=0.$$

这个方程可能有的有理数根只能是 $-\dfrac{1}{2}$.

对于 $x=-\dfrac{1}{2}$,由

$$
\begin{array}{r r r r | l}
2 & +3 & +3 & +1 & -\dfrac{1}{2} \\
  & -1 & -1 & -1 & \\
\hline
2\ \ 2 & +2 & +2, & 0 & \\
1 & +1 & +1 & &
\end{array}\ \ ,
$$

可知 $x=-\dfrac{1}{2}$ 是它的根,并得降次方程
$$x^2+x+1=0.$$
解这个方程,得

$$x=\dfrac{-1\pm\sqrt{3}\,\mathrm{i}}{2},$$

所以,原方程的有理数根为 $3,-3,-\dfrac{1}{2}$,另外两个根为 $\dfrac{-1\pm\sqrt{3}\,\mathrm{i}}{2}$.

注意 在实际解题时,可以略去解题中的一些说明,把解题过程简化如下.

根据定理 5-9 知,原方程可能有的有理数根为
$$\pm1,\pm3,\pm9,\pm\dfrac{1}{2},\pm\dfrac{3}{2},\pm\dfrac{9}{2}.$$

用试除法:

$$
\begin{array}{r r r r r r | l}
2 & +3 & -15 & -26 & -27 & -9 & 3 \\
  & +6 & +27 & +36 & +30 & +9 & \\
\hline
2 & +9 & +12 & +10 & +3, & 0 & -3 \\
  & -6 & -9 & -9 & -3 & & \\
\hline
2 & +3 & +3 & +1, & 0 & & -\dfrac{1}{2} \\
  & -1 & -1 & -1 & & & \\
\hline
2\ \ 2 & +2 & +2, & 0 & & & \\
1 & +1 & +1 & & & &
\end{array}\ \ ,
$$

所以,原方程的有理数根是 $3,-3,-\dfrac{1}{2}$.解降次方程
$$x^2+x+1=0,$$
得原方程其余的根是 $\dfrac{-1\pm\sqrt{3}\,\mathrm{i}}{2}$.

【例 5-35】 解方程组

$$\begin{cases} x^2-y^2-4x+2y+6=0, & (1) \\ xy-x-2y=0. & (2) \end{cases}$$

解 $y=1$ 时式(2)不成立,所以 $y-1\neq0$,得

$$x = \frac{2y}{y-1}, \qquad\qquad (3)$$

把式(3)代入式(1),并化简得

$$y^4 - 4y^3 + 3y^2 + 2y - 6 = 0. \qquad\qquad (4)$$

根据定理 5-9 知,方程(4)可能有的有理数根为

$$\pm 1, \quad \pm 2, \quad \pm 3, \quad \pm 6.$$

用试除法:

$$
\begin{array}{rrrr|r}
1 & -4 & +3 & +2 & -6 & -1 \\
  & -1 & +5 & -8 & +6 & \\
\hline
1 & -5 & +8 & -6, & 0 & 3 \\
  & +3 & -6 & +6 & & \\
\hline
1 & -2 & +2, & 0 & &
\end{array}
$$

所以,方程(4)的有理数根为 $-1,3$.解降次方程

$$y^2 - 2y + 2 = 0,$$

得方程(4)的其余根为 $1 \pm i$.

把方程(4)的四个根 $y_1 = -1, y_2 = 3, y_3 = 1+i, y_4 = 1-i$ 分别代入式(3),依次得原方程组的解:

$$
\begin{cases} x_1 = 1 \\ y_1 = -1 \end{cases},
\begin{cases} x_2 = 3 \\ y_2 = 3 \end{cases},
\begin{cases} x_3 = 2(1-i) \\ y_3 = 1+i \end{cases},
\begin{cases} x_4 = 2(1+i) \\ y_4 = 1-i \end{cases}.
$$

【例 5-36】 已知一个方程的解集为 $\left\{1, \frac{1}{2}_{(2)}, i, -i\right\}$,求其最简的整系数方程.

解　设所求的方程为

$$(x-1)\left(x-\frac{1}{2}\right)^2(x+i)(x-i) = 0,$$

即

$$(x-1)\left(x^2 - x + \frac{1}{4}\right)(x^2+1) = 0,$$

$$x^5 - 2x^4 + \frac{9}{4}x^3 - \frac{9}{4}x^2 + \frac{5}{4}x - \frac{1}{4} = 0,$$

于是所求的方程为

$$4x^5 - 8x^4 + 9x^3 - 9x^2 + 5x - 1 = 0.$$

我们知道,对于实系数一元二次方程 $ax^2 + bx + c = 0$,如果判别式 $b^2 - 4ac < 0$,那么它有一对虚数根,且互为共轭虚数,即

$$x = \frac{-b \pm \sqrt{4ac - b^2}\,i}{2a}.$$

一般地说,关于实系数一元 n 次方程 $f(x) = 0$ 的虚数根,也有这样的性质.

定理 5-10　如果虚数 $a+bi$ 是实系数一元 n 次方程 $f(x) = 0$ 的根,则其共轭虚数 $a-bi$ 也是这个方程的根.

证明　设实系数一元 $n(n \geqslant 2, n \in \mathbf{N})$ 次方程 $f(x) = 0$ 为

$$a_n x^n + a_{n-1} x^{n-1} + \cdots + a_1 x + a_0 = 0,$$

其中 $a_n \neq 0$,且 $a_k \in \mathbf{R}(k = 0, 1, \cdots, n)$,由 $a+bi$ 是它的根,知

$$a_n(a+bi)^n+a_{n-1}(a+bi)^{n-1}+\cdots+a_1(a+bi)+a_0=0.$$

根据共轭复数的性质以及 $a_k\in\mathbf{R}(k=0,1,\cdots,n)$，有

$$\overline{a_n}\,\overline{(a+bi)^n}+\overline{a_{n-1}}\,\overline{(a+bi)^{n-1}}+\cdots+\overline{a_1}\,\overline{(a+bi)}+\overline{a_0}=0,$$

即

$$a_n(a-bi)^n+a_{n-1}(a-bi)^{n-1}+\cdots+a_1(a-bi)+a_0=0,$$

所以，$a-bi$ 也是 $f(x)=0$ 的根.

这个定理通常叫作实系数方程的虚根成双定理. 在此，"实系数"这个条件不可缺少，否则结论不成立. 例如，复系数方程 $ix-1=0$ 的根 $x=-i$，而它的共轭虚数 i 并不是方程的根.

若 a 与 $\bar{a}$ 是共轭复数，则由 $a+\bar{a}$ 与 $a\bar{a}$ 都是实数知，

$$(x-a)(x-\bar{a})=x^2-(a+\bar{a})x+a\bar{a}$$

是一个实系数的二次三项式，于是由定理 5-5 与定理 5-10 知，一个实系数的多项式所含的质因式不外乎四种：

$$x-a;\quad (x-b)^k\quad (k>1);$$
$$x^2+px+q\quad (p^2-4q<0);\quad (x^2+\alpha x+\beta)^l\quad (l>1,\alpha^2-4\beta<0),$$

因而第 2 章所讨论的部分分式也不外乎四种：

$$\frac{A}{x-a};\quad \frac{B}{(x-b)^k};\quad \frac{Cx+D}{x^2+px+q};\quad \frac{Ex+F}{(x^2+\alpha x+\beta)^l},$$

其中 $a,b,p,q,\alpha,\beta,A,B,C,D,E,F$ 都是实数，$k>1,l>1$ 且 $k,l\in\mathbf{N}$.

【例 5-37】 求方程 $2x^4-6x^3+21x^2+14x+39=0$ 在复数集 $\mathbf{C}$ 中的解集. 已知它有一个根是 $2-3i$.

解 由定理 5-8 知，原方程在复数集 $\mathbf{C}$ 中有且仅有四个根. 根据定理 5-10 知，$2+3i$ 也是原方程的根. 由于

$$(2x^4-6x^3+21x^2+14x+39)/[(x-2+3i)(x-2-3i)]=2x^2+2x+3,$$

所以，原方程可化为

$$[x-(2-3i)][x-(2+3i)](2x^2+2x+3)=0.$$

解降次方程

$$2x^2+2x+3=0,$$

得原方程的另外两个根为 $\dfrac{-1\pm\sqrt{5}\,i}{2}$. 由此，得原方程在复数集 $\mathbf{C}$ 中的解集为

$$\left\{2-3i,2+3i,\frac{-1+\sqrt{5}\,i}{2},\frac{-1-\sqrt{5}\,i}{2}\right\}.$$

5.6.2　一元 n 次方程的根与系数的关系

如果一元二次方程

$$ax^2+bx+c=0$$

的两个根是 x_1 和 x_2，则

$$\begin{cases} x_1+x_2=-\dfrac{b}{a} \\ x_1\cdot x_2=\dfrac{c}{a} \end{cases}.$$

现在把这个性质推广到一元 n 次方程.

定理 5-11　如果一元 n 次方程
$$f(x)=a_nx^n+a_{n-1}x^{n-1}+\cdots+a_1x+a_0=0 \quad (a_n\neq0)$$
在复数集 **C** 中的根为 $x_1,x_2,\cdots,x_n$,则

$$\begin{cases} x_1+x_2+\cdots+x_n=-\dfrac{a_{n-1}}{a_n}\\[2mm] x_1x_2+x_1x_3+\cdots+x_{n-1}x_n=\dfrac{a_{n-2}}{a_n}.\\ \qquad\qquad\vdots\\ x_1x_2\cdots x_n=(-1)^n\dfrac{a_0}{a_n} \end{cases} \tag{5}$$

证明　因为 $x_1,x_2,\cdots,x_n$ 是方程 $f(x)=0$ 的根,所以,多项式 $f(x)$ 必含有 n 个一次因式:
$$x-x_1,\quad x-x_2,\quad\cdots,\quad x-x_n.$$
于是
$$\begin{aligned} &a_nx^n+a_{n-1}x^{n-1}+\cdots+a_1x+a_0\\ =&a_n(x-x_1)(x-x_2)\cdots(x-x_n)\\ =&a_nx^n-a_n(x_1+x_2+\cdots+x_n)x^{n-1}+\\ &a_n(x_1x_2+x_1x_3+\cdots+x_{n-1}x_n)x^{n-2}+\cdots+\\ &(-1)^na_nx_1x_2\cdots x_n. \end{aligned}$$

这是一个恒等式,所以,它们对应项的系数必定相等.于是得

$$\begin{cases} x_1+x_2+\cdots+x_n=-\dfrac{a_{n-1}}{a_n}\\[2mm] x_1x_2+x_1x_3+\cdots+x_{n-1}x_n=\dfrac{a_{n-2}}{a_n}.\\ \qquad\qquad\vdots\\ x_1x_2\cdots x_n=(-1)^n\dfrac{a_0}{a_n} \end{cases}$$

这个定理的逆命题也成立,即对任何一元 n 次方程
$$f(x)=a_nx^n+a_{n-1}x^{n-1}+\cdots+a_1x+a_0=0,$$
如果有 n 个数 $x_1,x_2,\cdots,x_n$ 满足式(5),那么,$x_1,x_2,\cdots,x_n$ 一定是方程 $f(x)=0$ 的根.

【例 5-38】　已知方程 $2x^3-5x^2-4x+12=0$ 有二重根,求这个方程在复数集 **C** 中的解集.

解　设原方程在复数集 **C** 中的根为 α,α,β.则由根与系数的关系得

$$\begin{cases} \alpha+\alpha+\beta=\dfrac{5}{2} & \qquad(6)\\[2mm] \alpha^2+\alpha\beta+\alpha\beta=-2 & \qquad(7)\\[2mm] \alpha^2\beta=-6 & \qquad(8) \end{cases}$$

由式(6)、式(7)解得

$$\begin{cases} \alpha=2\\[2mm] \beta=-\dfrac{3}{2} \end{cases} \quad\text{或}\quad \begin{cases} \alpha=-\dfrac{1}{3}\\[2mm] \beta=\dfrac{19}{6} \end{cases}.$$

第一组解满足式(8);第二组解不满足式(8),应舍去.所以,原方程的解集为 $\left\{2_{(2)}, -\dfrac{3}{2}\right\}$.

【例 5-39】 已知方程 $x^3 + px^2 + qx + r = 0$ 的三个根是 α, β, γ,求 $\alpha^2 + \beta^2 + \gamma^2$.

解 因为

$$\alpha^2 + \beta^2 + \gamma^2 = (\alpha + \beta + \gamma)^2 - 2(\alpha\beta + \beta\gamma + \alpha\gamma),$$

根据定理 5-11,有

$$\begin{cases} \alpha + \beta + \gamma = -p \\ \alpha\beta + \beta\gamma + \alpha\gamma = q \end{cases},$$

所以

$$\alpha^2 + \beta^2 + \gamma^2 = (-p)^2 - 2q = p^2 - 2q.$$

习题 5.6

1. 已知方程 $f(x) = x^5 - 5x^4 + 7x^3 - 2x^2 + 4x - 8 = 0$,

(1)求证 2 是这个方程的三重根.

(2)求这个方程的另外两个根.

2. 已知方程 $f(x) = 2x^4 - 11x^3 + 18x^2 - ax - 2a = 0$ 有三重根 2,

(1)求 a 的值.　　　　　　　　　　(2)解这个方程.

3. 求下列方程在复数集 **C** 中的解集:

(1) $x^3 - 8x^2 + 20x - 16 = 0$.

(2) $x^4 + x^3 - 5x^2 + x - 6 = 0$.

(3) $5x^4 + 6x^3 - 5x - 6 = 0$.

4. 求证:

(1)如果一元 n 次方程 $f(x) = 0$ 各项的系数都是正数,则它没有正数根.

(2)方程 $2x^6 + 3x^4 + 5x^2 + 7 = 0$ 没有实数根.

(3)如果一元 n 次方程 $f(x) = 0$ 各奇次项的系数都是正数,各偶次项(包括常数项 a_0)的系数都是负数,那么它没有负数根.

5. 已知方程 $2x^3 - 5x^2 - 4x + 12 = 0$ 有二重根,求这个方程在复数集 **C** 中的解集.

6. 已知复数 $-1 + \sqrt{2}\mathrm{i}$ 是实系数方程 $x^3 + 3x^2 + ax + b = 0$ 的根,求 a, b 的值及这个方程在复数集 **C** 中的解集.

7. 已知方程 $12x^3 - 8x^2 - 3x + 2 = 0$ 有两个根互为相反数,求这个方程在复数集 **C** 中的解集.

8. 已知方程 $x^4 - 4x^3 + 10x^2 - 12x + 9 = 0$ 的两个根相等,求这个方程在复数集 **C** 中的解集.

9. 已知方程 $2x^3 - 3x - 5 = 0$ 的三个根分别是 α, β, γ,求下列各式的值:

(1) $\dfrac{1}{\alpha} + \dfrac{1}{\beta} + \dfrac{1}{\gamma}$.　　　　　　　　(2) $\alpha^2 + \beta^2 + \gamma^2$.

10. 已知方程 $x^4 - 4x^3 - 2x^2 + 12x + 8 = 0$ 的根 x_1, x_2, x_3, x_4 满足关系: $x_1 + x_2 = x_3 + x_4$,解此方程.

第6章 排列、组合与概率

本章将介绍排列、组合与概率等相关内容.

6.1 排 列

6.1.1 排列的概念

从 n 个元素中,任意取出 $m(m \leqslant n, m \in \mathbf{N}, n \in \mathbf{N})$ 个元素,按照一定的顺序排成一列,称为从 n 个元素中取出 m 个元素的一个**排列**.

本书只讨论从 n 个各不相同的元素中,每次取出 $m(m \leqslant n, m \in \mathbf{N}, n \in \mathbf{N})$ 个各不相同的元素的排列,以后所谈到的从 n 个元素中每次取出 m 个元素的排列都是指这样的排列.

【**例 6-1**】 从三名排球队员中,选出一名主攻手、一名副攻手的方法有多少?

解 以 a, b, c 表示三名队员. ab 表示 a 当主攻手、b 当副攻手;ba 表示 b 当主攻手、a 当副攻手.因此每一种选法就是从 a, b, c 中取出两个元素的一个排列.从图 6-1 中可以看出这样的排列有 ab, ac, ba, bc, ca, cb 六种,所以从三名排球队员中选出一名主攻手、一名副攻手的方法一共有六种.

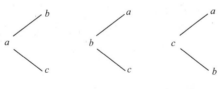

图 6-1

【**例 6-2**】 新华、红星、前进、光明四个足球队进行友谊赛,每两个队之间都要进行一场比赛.问冠亚军获得者共有几种可能情形?

解 以 a, b, c, d 依次表示新华、红星、前进、光明足球队;以 ab 表示 a 得冠军、b 得亚军;而 ba 则表示 b 得冠军、a 得亚军,因此,每一种冠亚军获得者,就是从 a, b, c, d 四个元素中取出两个元素的一个排列.而这些排列为

$$ab, \quad ac, \quad ad,$$
$$ba, \quad bc, \quad bd,$$
$$ca, \quad cb, \quad cd,$$
$$da, \quad db, \quad dc,$$

即冠亚军获得者一共有 12 种可能情形.

从排列定义以及例 6-1 可以看到,如果两个排列相同,不仅这两个排列的元素必须完全相同,而且两者排列的顺序也必须完全相同.例如,ab 与 ac 就是两个不同的排列,因为它们有不同的元素.又如,ab 与 ba 也是两个不同的排列,因为两者的元素虽然相同,但排列的顺序却不同.

6.1.2 乘法原理

为得到计算排列数的公式,我们再来看看上面的例 6-2.推测这个问题的可能性时可以分两个步骤完成.第一步先确定冠军获得者的可能性,由于四个足球队都有可能获得冠军,因此获冠军的可能性有 4 种;第二步再确定亚军获得者的可能性,某个队获得冠军后,亚军就在余下的三个队中产生,因此获亚军的可能性有 3 种.这两个步骤完成后就知道获冠亚军的可能情形共有

$$4 \times 3 = 12(\text{种}).$$

一般地,我们有下面的乘法原理.

乘法原理 如果完成一件事情需要通过 k 个步骤,而第 1 步有 n_1 种方法,第 2 步有 n_2 种方法,$\cdots$,第 k 步有 n_k 种方法,则完成这件事总共有

$$n_1 \cdot n_2 \cdot \cdots \cdot n_k$$

种不同的方法.

【例 6-3】 从 P 地到 Q 地有 4 条道路,从 Q 地到 R 地有 2 条道路.从 P 地经 Q 地到 R 地一共有多少种走法?

解 第 1 步由 P 地到 Q 地有 4 种走法,第 2 步由 Q 地到 R 地有 2 种走法.根据乘法原理知,从 P 地经 Q 地到 R 地的走法一共有 $4 \times 2 = 8$ 种.

【例 6-4】 由数字 1,2,3,4 可以组成多少个三位数(各位上的数字允许重复)?

解 第 1 步先确定百位上的数字,这时从 4 个数字中任选一个数字,共有 4 种选法.第 2 步确定十位上的数字,由于数字允许重复,这时与第 1 步一样,仍有 4 种选法.第 3 步确定个位上的数字,同样由于数字允许重复,从而也有 4 种选法.根据乘法原理可知,组成的三位数的个数是 $4 \times 4 \times 4 = 64$.

6.1.3 排列数的计算公式

从 n 个元素中取出 $m(m \leqslant n, m \in \mathbf{N}, n \in \mathbf{N})$ 个元素的所有不同的排列的个数,称为从 n 个元素中取出 m 个元素的排列数,记作 P_n^m.例如,从 5 个元素中取出 3 个元素的排列数就为 P_5^3.

现在推导排列数 P_n^m 的公式.

假定有排列顺序的 m 个空位(图 6-2).从 n 个元素 $a_1, a_2, \cdots, a_n$ 中任取 m 个去填空,一个空位填一个元素,每一种填法就得到一个排列;反之,由每一个排列,就可以得到一种填法.因此,所有不同填法的种数就是排列数 P_n^m.

现在来计算不同填法的种数.

第 1 位可以从 n 个元素中,任选一个填上,共有 n 种填法;第 2 位只能从余下的 $n-1$ 个

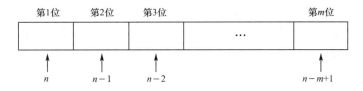

图 6-2

元素中任选一个填上,共有 $n-1$ 种填法;第 3 位只能从余下的 $n-2$ 个元素中任选一个填上,共有 $n-2$ 种填法. 依此类推. 当前面的 $m-1$ 位填上后,第 m 位只能从余下的 $n-(m-1)$ 个元素中,任选一个填上,共有 $n-m+1$ 种填法.

根据乘法原理可知,全部填满空位共有
$$n(n-1)(n-2)\cdots(n-m+1)$$
种填法,所以得到排列数公式
$$P_n^m=n(n-1)(n-2)\cdots(n-m+1),$$
即从 n 开始逐次减 1 的 m 个正整数相乘.

从 n 个元素中取出 n 个元素的排列称为**全排列**.

在上面的公式中,令 $m=n$,就得全排列数
$$P_n^n=n(n-1)(n-2)\cdot\cdots\cdot3\cdot2\cdot1,$$
即
$$P_n^n=n!.$$
由
$$n(n-1)\cdots(n-m-1)=\frac{n(n-1)\cdots(n-m+1)(n-m)(n-m-1)\cdot\cdots\cdot3\cdot2\cdot1}{(n-m)(n-m-1)\cdot\cdots\cdot3\cdot2\cdot1}$$
$$=\frac{n!}{(n-m)!}$$
知,排列数公式又可记为
$$P_n^m=\frac{n!}{(n-m)!}.$$

【例 6-5】　求证 $P_{16}^3=2P_8^4$.

证明　　　　　　　$P_{16}^3=16\times15\times14=2\times8\times3\times5\times7\times2$
$$=2\times8\times7\times6\times5=2P_8^4.$$

【例 6-6】　求证 $P_n^m+mP_n^{m-1}=P_{n+1}^m$.

证明　　　　　$P_n^m+mP_n^{m-1}=\frac{n!}{(n-m)!}+\frac{m\cdot n!}{(n-m+1)!}$
$$=\frac{n!\cdot(n-m+1+m)}{(n-m+1)!}$$
$$=\frac{(n+1)\cdot n!}{(n-m+1)!}=\frac{(n+1)!}{((n+1)-m)!}$$
$$=P_{n+1}^m.$$

【例 6-7】　某人有 9 本不同的书,把其中 5 本排在书架上,一共有多少种不同的排法?

解　显然,排法的种数等于从 9 个元素中取出 5 个元素的所有排列数
$$P_9^5=9\times8\times7\times6\times5=15\ 120.$$

【例 6-8】　用五面不同颜色的旗,按不同次序排在旗杆上表示信号,可以单用一面、二

面或三面,一共可以得到几种不同的信号?

解 用一面旗作信号有 P_5^1 种,用二面旗作信号有 P_5^2 种,用三面旗作信号有 P_5^3 种.于是所求信号的总数是

$$P_5^1 + P_5^2 + P_5^3 = 5 + 20 + 60 = 85.$$

【例 6-9】 从五个数字 $0,1,2,3,4$ 中每次取出三个来排列,

(1)共有多少种不同的排列?

(2)可以组成多少个没有重复数字的三位数?

(3)在(2)中的三位数里,百位上是 1 的有多少?

(4)在(2)中的三位数里,百位数不是 1 的有多少?

解 (1)共有 $P_5^3 = 5 \cdot 4 \cdot 3 = 60$ 种排列;

(2)与(1)不同.从五个数字任取三个来排列,如果把 0 排在百位上,例如,021 就不是三位数了.因此必须把题(1)中 0 占百位的排列去掉.0 在百位的排列数,等于从 0 以外的 4 个数中任取两个的排列数,即 P_4^2.所以没有重复数字的三位数的个数共有

$$P_5^3 - P_4^2 = 60 - 12 = 48;$$

(3)数字 1 在百位上的排列种数和 0 在百位数上的排列种数一样,即有 $P_4^2 = 12$ 种;

(4)数字 1 不在百位数的三位数中,0 也不能在百位数上,所以数字 1 不在百位上的三位数的个数是

$$P_5^3 - 2P_4^2 = 60 - 24 = 36.$$

【例 6-10】 把 a,b,c,d 排成一列,问 a 不在第 1 位且 b 不在第 2 位的不同排列一共有多少种?

解 a 不在第 1 位的不同排列有 $P_4^4 - P_3^3$ 种;而 b 在第 2 位且 a 又不在第 1 位的不同排列则有 $P_3^3 - P_2^2$ 种.于是,a 不在第 1 位且 b 又不在第 2 位的不同排列一共有

$$(P_4^4 - P_3^3) - (P_3^3 - P_2^2) = P_4^4 - 2P_3^3 + P_2^2 = 14(种).$$

【例 6-11】 在 3 000 至 8 000 之间有多少个没有重复数字的四位奇数?

解 本题相当于下面的提法:用 $0 \sim 9$ 这十个数字能组成多少个位于 3 000 至 8 000 之间的没有重复数字的四位奇数?满足这样条件的四位整数具有如下特点:

(1)个位上的数字只能选取 $1,3,5,7,9$ 这五个数字中的一个数字;

(2)千位上的数字只能选 $3,4,5,6,7$ 这五个数字中的一个数字,其中"$3,5,7$"这三个数字与(1)中重复,计算时必须分开考虑.

(1)个位数字从 $1,9$ 中任选一个,有 2 种选法;千位数字从 $3,4,5,6,7$ 中任选一个,有 5 种选法;中间的两位数字从剩下的 8 个数字中任选两个,有 P_8^2 种选法.由乘法原理,属于这种情况的排法共有

$$2 \times 5 \times P_8^2 = 10 \times 8 \times 7 = 560(个);$$

(2)个位数从 $3,5,7$ 中任选一个,有 3 种选法;千位数字从 $3,4,5,6,7$ 中剩下的 4 个数字中任选一个,有 4 种选法;中间的两位数字则从剩下的 8 个数字中任选两个,有 P_8^2 种选法.由乘法原理,属于这种情况的排法共有

$$3 \times 4 \times P_8^2 = 12 \times 8 \times 7 = 672(个).$$

综合上述的(1)、(2)两种情况,可知存在 3 000 至 8 000 之间没有重复数字的四位奇数总共有

$$560 + 672 = 1\ 232(个).$$

习题 6.1

1. 计算：

(1) $\dfrac{P_{16}^3}{2P_8^4}$.

(2) $\dfrac{P_7^3 - P_6^6}{7! + 6!}$.

2. 求证：

(1) $P_n^m = nP_{n-1}^{m-1}$.

(2) $P_{n+1}^{m+1} = P_n^m + n^2 P_{n-1}^{m-1}$.

3. 已知 $\dfrac{P_n^5 + P_n^4}{P_n^3} = 4$，求 n.

4. (1) 从多少个元素中取出 2 个元素的排列数是 20？

(2) 已知从 n 个元素中取出 2 个元素的排列数等于从 $n-4$ 个元素中取出 2 个元素排列的 7 倍，求 n.

5. 一条铁路上共有 30 个车站，其中大站 5 个，快车只在大站停，慢车每站都停．铁路局应为这条路线准备多少种车票？

6. (1) 由数字 $1,2,3,4,5$ 可以组成多少个没有重复数字的四位数？

(2) 由数字 $0,1,2,3,4,5$ 可以组成多少个没有重复数字的五位数？

(3) 由数字 $1,2,3,4,5$ 可以组成多少个没有重复数字的自然数？

(4) 由数字 $1,2,3,4,5$ 可以组成多少个没有重复数字，并且比 32 000 大的自然数？

7. 6 名队员排成一列操练，其中新队员甲不能站在排首，也不能站在排尾，问有几种不同排法？

8. 教室内有 5 排座位，每排坐 8 人．全班 40 名学生，其中 8 名近视的学生必须安排坐第一排的座位，问共有多少种不同的坐法？

9. 4 个男同学和 3 个女同学排成一列，在下列情形中各有多少种不同的排法？

(1) 女同学连排在一起．

(2) 男女同学分别连排在一起．

(3) 任意两个女同学都不连排在一起．

10. 从 $0,1,2,3,4,5,6$ 中每次取出五个排列，可以组成多少个 1 不在百位又不在个位且没有重复数字的五位数？

11. 在 3 000 至 8 000 之间，有多少个没有重复数字的

(1) 四位偶数？

(2) 能被 5 整除的四位奇数？

6.2　组　合

6.2.1　组合的概念

从 n 个元素中任意取出 $m(m \leqslant n, m \in \mathbf{N}, n \in \mathbf{N})$ 个元素，不管顺序并成一组，称为从 n 个元素中取出 m 个元素的一个**组合**.

本书只讨论从 n 个各不相同的元素中每次取出 $m(m \leqslant n, m \in \mathbf{N}, n \in \mathbf{N})$ 个各不相同的元素的组合,以后所谈到的从 n 个元素中每次取出 m 个元素的组合都是指这样的组合.

从 n 个元素取出 m 个元素的所有不同的组合种数,称为从 n 个元素取出 m 个元素的组合数,记作 C_n^m.

【例 6-12】 从不共线的 A, B, C 三点中,过每两点作一直线,一共能作几条直线?

解 因为 AB 与 BA 都是过点 A 与 B 的直线,所以每一条直线就对应于一个组合. 而这些组合是

$$AB, \quad AC, \quad BC,$$

即一共能作三条直线.

6.2.2 组合数的计算公式

根据排列与组合的定义,我们知道排列与顺序有关,而组合则与顺序无关. 例如,从 a, b, c 中任取两个元素的排列有

$$ab, \quad ba, \quad ac, \quad ca, \quad bc, \quad cb,$$

其中 ab 与 ba,ac 与 ca,bc 与 cb 虽然所含元素相同,但顺序不同,因而算作不同的排列. 但对于从 a, b, c 中任取两个元素的组合,则 ab 与 ba,ac 与 ca,bc 与 cb 都只能算作一种,所以组合只有 3 种:

$$ab, \quad ac, \quad bc.$$

反之,从组合也可得到排列. 第一步,从三个元素中任取两个元素的组合,其个数就是组合数 C_3^2;第二步,把每一个组合中的元素作全排列,共有 P_2^2 种. 根据乘法原理,得

$$P_3^2 = C_3^2 P_2^2.$$

一般地,有

$$P_n^m = C_n^m P_m^m,$$

由此得到计算组合数的公式

$$C_n^m = \frac{P_n^m}{P_m^m} = \frac{n(n-1)\cdots(n-m+1)}{m!},$$

即

$$C_n^m = \frac{n(n-1)\cdots(n-m+1)}{m!}.$$

由于 $P_n^m = \dfrac{n!}{(n-m)!}$,所以组合数公式又可写为

$$C_n^m = \frac{n!}{m!\,(n-m)!}.$$

6.2.3 组合数的性质

定理 6-1 $C_n^m = C_n^{n-m}$.

证明 由组合数公式得

$$C_n^{n-m} = \frac{n!}{(n-m)!\,[n-(n-m)]!} = \frac{n!}{m!\,(n-m)!}.$$

所以

$$C_n^m = C_n^{n-m}.$$

当 $m > \dfrac{n}{2}$ 时，通常不直接计算 C_n^m，而是改为计算 C_n^{n-m}，这样较为简便. 例如

$$C_{11}^9 = C_{11}^{11-9} = C_{11}^2 = \frac{11 \times 10}{2!} = 55.$$

为使定理 6-1 在 $n = m$ 时也成立，我们规定

$$C_n^0 = 1.$$

定理 6-2　$C_{n+1}^m = C_n^m + C_n^{m-1}.$

证明　因为

$$
\begin{aligned}
C_n^m + C_n^{m-1} &= \frac{n!}{m!\,(n-m)!} + \frac{n!}{(m-1)!\,[n-(m-1)]!} \\
&= \frac{n!\,(n-m+1) + n! \cdot m}{m!\,(n-m+1)!} \\
&= \frac{n!\,(n-m+1+m)}{m!\,(n-m+1)!} \\
&= \frac{n!\,(n+1)}{m!\,(n-m+1)!} = \frac{(n+1)!}{m!\,[(n+1)-m]!} \\
&= C_{n+1}^m,
\end{aligned}
$$

所以

$$C_{n+1}^m = C_n^m + C_n^{m-1}.$$

6.2.4　应用举例

【例 6-13】　计算 C_{100}^{98}，$C_{99}^3 + C_{99}^2$.

解　由定理 6-1 得

$$C_{100}^{98} = C_{100}^{100-98} = C_{100}^2 = \frac{100 \times 99}{2 \times 1} = 4\ 950.$$

由定理 6-2 得

$$C_{99}^3 + C_{99}^2 = C_{100}^3 = \frac{100 \times 99 \times 98}{3 \times 2 \times 1} = 161\ 700.$$

【例 6-14】　解方程 $C_{18}^x = C_{18}^{x-2}$.

解　要从上面的等式中求出 x，只需列出一个关于 x 的整式方程. 这里等号两端的两个组合数符号的下指标都是 18，所以有两种可能：

(1) 它们的上指标相同. 由此可得 $x = x - 2$，但这个方程无解.

(2) 把 C_{18}^x 改用与它等值的符号 C_{18}^{18-x} 来代替，这时由 $C_{18}^{18-x} = C_{18}^{x-2}$ 可得

$$18 - x = x - 2.$$

即 $x = 10$. 代入原方程后，检验正确，所以原方程的解是 $x = 10$.

解未知数含在组合数符号中的方程必须注意两点：

(1) 求到的未知数的值，代入组合数符号中必须有意义.

(2) 题中给出的组合数符号虽然是 C_n^m，必要时要改用与 C_n^m 等值的符号 C_n^{n-m}.

【例 6-15】　从 6 个男同学和 4 个女同学里选出 3 个男同学和 2 个女同学分别担任组

长、副组长、学习干事、文娱干事和体育干事,一共有多少种分配工作的方法?

解 要完成分配工作这一件事,根据题目所给条件,必须依次完成"选出 3 个男同学""选出 2 个女同学"和"对选出的同学进行分工"这三个事件.

从 6 个男同学中选出 3 个男同学的方法有 C_6^3 种,从 4 个女同学中选出 2 个女同学的方法有 C_4^2 种,对所选出的 5 个同学进行分工的方法有 P_5^5 种.因此分配工作的方法一共有

$$C_6^3 C_4^2 P_5^5 = 14\ 400 (种).$$

【例 6-16】 有 11 个工人,其中 5 人只能当钳工,4 人只能当车工,2 人既能当钳工又能当车工.现要从这 11 人中选出 4 人当钳工,4 人当车工,问一共有多少种不同的选法?

解 假设既能当钳工也能当车工的两位工人是 a,b,则适合条件的选法可分为 6 类:

(1)a,b 都没有被选入内的方法有 $C_5^4 C_4^4$ 种.

(2)a,b 中有一人被选入当钳工的方法有 $C_2^1 C_5^3 C_4^4$ 种.

(3)a,b 中有一人被选入当车工的方法有 $C_2^1 C_5^4 C_4^3$ 种.

(4)a,b 同被选入,一人当钳工,另一人当车工的方法有 $P_2^2 C_5^3 C_4^3$ 种.

(5)a,b 同被选入当钳工的方法有 $C_5^2 C_4^4$ 种.

(6)a,b 同被选入当车工的方法有 $C_5^4 C_4^2$ 种.

因此,所有的选法共有

$$C_5^4 C_4^4 + C_2^1 C_5^3 C_4^4 + C_2^1 C_5^4 C_4^3 + P_2^2 C_5^3 C_4^3 + C_5^2 C_4^4 + C_5^4 C_4^2$$
$$= 5 + 20 + 40 + 80 + 10 + 30 = 185 (种).$$

【例 6-17】 平面内有 9 条直线.

(1)如果其中没有相互平行的直线,也没有 3 条直线交于一点,这 9 条直线一共可以构成多少个不同的三角形?

(2)如果其中有 4 条直线相互平行,这 9 条直线可以构成多少个不同的三角形?

(3)如果其中有 4 条直线相交于一点,这 9 条直线可以构成多少个不同的三角形?

解 (1)这时每 3 条直线可以构成一个三角形,于是一共可以构成 $C_9^3 = 84$ 个不同的三角形;

(2)以 S_1 表示 4 条互相平行的直线,以 S_2 表示其余 5 条直线.从 S_1 中任意取出 1 条直线与从 S_2 中任意取出 2 条直线可以构成 $C_4^1 C_5^2$ 个不同的三角形.从 S_2 中任意取出 3 条直线可以构成 C_5^3 个不同的三角形.从 S_1 中任意取出 2 条直线与从 S_2 中任意取出 1 条直线以及从 S_1 中任意取出 3 条直线,都不能构成三角形.于是一共可以构成 $C_4^1 C_5^2 + C_5^3 = 50$ 个不同的三角形;

(3)与(2)不同,除 3 条直线全是相交于一点的 4 条直线中的直线外,每 3 条直线都可以构成一个三角形,于是一共可以构成 $C_9^3 - C_4^3 = 80 (个)$ 不同的三角形.

【例 6-18】 在产品检验时,常从产品中抽出一部分进行检查.现在从 100 件产品中任意抽出 3 件,则

(1)一共有多少种不同的抽法?

(2)如果 100 件产品中有 2 件次品,抽出的 3 件中恰好有 1 件是次品的抽法有多少种?

(3)如果 100 件产品中有 2 件次品,抽出的 3 件中至少有 1 件是次品的抽法有多少种?

解 (1)所求的不同抽法的种数,就是从 100 件产品中取出 3 件的组合数,即

$$C_{100}^3 = \frac{100 \times 99 \times 98}{1 \times 2 \times 3} = 161\ 700,$$

即一共有 161 700 种抽法；

(2)从 2 件次品中抽出 1 件次品的抽法有 C_2^1 种,从 98 件合格品中抽出 2 件合格品的抽法有 C_{98}^2 种,因此抽出的 3 件中恰好有 1 件是次品的抽法的种数为

$$C_2^1 C_{98}^2 = 2 \times 4\ 753 = 9\ 506;$$

(3)从 100 件产品抽出的 3 件中至少有 1 件是次品的抽法,就是包括 1 件是次品和 2 件是次品的抽法.而 1 件是次品的抽法有 $C_{98}^2 C_2^1$ 种,2 件是次品的抽法有 $C_{98}^1 C_2^2$ 种,因此,至少有 1 件是次品的抽法的种数为

$$C_{98}^2 C_2^1 + C_{98}^1 C_2^2 = 9\ 506 + 98 = 9\ 604.$$

另一解法:从 100 件产品中抽出 3 件,一共有 C_{100}^3 种抽法,在这些抽法中,除掉抽出的 3 件都是合格品的抽法 C_{98}^3 种,便得抽出的 3 件中至少有 1 件是次品的抽法的种数,即

$$C_{100}^3 - C_{98}^3 = 161\ 700 - 152\ 096 = 9\ 604.$$

【例 6-19】 有四本不同的书.

(1)分成两堆,一堆三本,一堆一本,有多少种分法？

(2)把(1)中的两堆书再分给甲、乙两人,有多少种分法？

(3)等分成两堆,有多少种分法？

(4)把(3)中的两堆书再分给甲、乙两人,有多少种分法？

解　(1)从四本书中取三本书有 C_4^3 种方法,从剩下的一本书中取一本的方法是 C_1^1 种.即所求分法是 $C_4^3 C_1^1 = 4$ 种；

(2)把(1)中的两堆书分给甲、乙两人有 P_2^2 种方法,即所求分法是 $C_4^3 C_1^1 P_2^2 = 8$ 种；

(3)把等分好的两堆书交换一下,仍是等分的两堆书,于是所求的分法是 $\dfrac{C_4^2 C_2^2}{P_2^2} = 3$ 种；

(4)类似于(2),知所求分法是 $\dfrac{C_4^2 C_2^2}{P_2^2} \cdot P_2^2 = 6$ 种.

习题 6.2

1.计算：

(1)C_{20}^3.

(2)C_{999}^{998}.

2.解方程 $C_{18}^{2x} = C_{18}^{x+2}$.

3.求证：

(1)$C_{n+1}^m = C_n^{m-1} + C_{n-1}^m + C_{n-1}^{m-1}$.

(2)$C_n^{m+1} + C_n^{m-1} + 2C_n^m = C_{n+2}^{m+1}$.

4.平面内有 12 个点,任何三点不在一条直线上,以每三点为顶点画一个三角形,一共可以画多少个三角形？

5.从 1,3,5,7,9 中任取三个数字,从 2,4,6,8 中任取两个数字,可以组成多少个没有重复数字的五位数？

6.100 件产品中有 97 件合格品,3 件次品,从中任意抽取 5 件进行检查.

(1)抽出的 5 件都是合格品的抽法有多少种？

(2)抽出的 5 件恰好有 2 件是次品的抽法有多少种?

(3)抽出的 5 件至少有 2 件是次品的抽法有多少种?

7. 从 40 名同学中选出 3 名作为代表参加一次会议.

(1)共有多少种不同的选法?

(2)若某甲必须为代表,共有多少种选法?

(3)若某乙不能为代表,共有多少种选法?

8. 平面内有 10 个点,其中有 4 个点在一条直线上,其余的点中任意三个点都不在一条直线上.

(1)可确定多少个不同的四边形?

(2)可确定多少条不同的直线?

9. 要从由 8 名男生、7 名女生组成的一个小组中选出 6 人参加某项活动.如果要达到下列要求,各有多少种选法?

(1)男女各半.

(2)至少有 3 名女生.

(3)至多有 3 名女生.

(4)至少有 3 名女生,且至少有 2 名男生.

(5)选出的 4 名男生、2 名女生分别担任不同的职务.

10. 有 6 本不同的书.

(1)分成三堆,一堆一本、一堆两本、一堆三本,有多少种分法?

(2)把(1)中的三堆书给甲、乙、丙三人,有多少种分法?

(3)等分成三堆,有多少种分法?

(4)把(3)中的三堆书分给甲、乙、丙三人,有多少种分法?

11. 四个不同的小球放入编号为 1,2,3,4 的四个小盒中,问恰有一个空盒的放法共有多少种?

6.3 随机事件及其运算

6.3.1 随机现象

概率论与数理统计研究的对象是随机现象.客观世界中,人们观察到的现象大体上存在着两种:一种是在一定条件下必然发生的现象,称为**确定性现象**或**必然现象**.例如,在一个标准大气压下,水在 100 ℃时一定沸腾;竖直上抛一重物,则该重物定会竖直落下来.另一种称为**随机现象**(random phenomenon),它是指在进行个别试验或观察时其结果具有不确定性,但在大量的重复试验中其结果又具有统计规律性的现象.例如,向上抛一枚质地均匀的硬币,硬币落地的结果可能正面朝上,也可能反面朝上;掷一颗质地均匀的骰子,可能出现 1 点到 6 点中的任一点.在随机现象中,虽然在一次观察中,不知道哪一种结果会出现,但在大量重复观察中,其每种可能结果却呈现出某种规律性.例如,在多次抛一枚硬币时,正面朝上的次数大致占总次数的一半.这种在大量重复观察中所呈现出的固有规律性,就是我们所说的统计规律.概率论与数理统计是研究和揭示随机现象统计规律性的一门数学学科.

把对某种随机现象的一次观察、观测或测量等称为一个**试验**.

下面看几个试验的例子：

（1）将一枚硬币抛三次,观察正面 H、反面 T 出现的情况.

（2）掷一颗骰子,观察出现的点数.

（3）观察某城市某个月内交通事故发生的次数.

（4）对某只灯泡做试验,观察其使用寿命.

（5）对某只灯泡做试验,观察其使用寿命是否小于 200 小时.

上述试验具有以下特点：

（1）在相同的条件下试验可以重复进行.

（2）每次试验的结果具有多种可能性,而且在试验前可以明确试验的所有可能结果.

（3）在每次试验前,不能准确地预言该次试验将出现哪一种结果.

称这样的试验为**随机试验**（random experiment）,简称**试验**,记为 E.

6.3.2　样本空间与随机事件

对于随机试验,尽管在每次试验之前不能预知其试验结果,但试验的所有可能结果是已知的,称试验所有可能结果组成的集合为**样本空间**（sample space）,记为 $\Omega=\{\omega\}$.其中试验结果 ω 为样本空间的元素,称为**样本点**（sample point）.

设 $E_i(i=1,2,3,4,5)$ 分别表示 6.3.1 节中提到的试验（1）～（5）,以 Ω_i 表示试验 $E_i(i=1,2,3,4,5)$ 的样本空间,则

（1）$\Omega_1=\{HHH,HHT,HTH,THH,HTT,THT,TTH,TTT\}$.

（2）$\Omega_2=\{1,2,3,4,5,6\}$.

（3）$\Omega_3=\{0,1,2,\cdots\}$.

（4）$\Omega_4=\{t\mid t\geqslant 0\}$；

（5）$\Omega_5=\{$寿命小于 200 小时,寿命不小于 200 小时$\}$.

一般地,我们称试验 E 的样本空间 Ω 的任意一个子集为**随机事件**（random event）,简称**事件**,常用大写字母 $A,B,C,\cdots$ 表示.

如果事件中只包含一个样本点,则称该事件为**基本事件**（elementary event）.

做试验 E 时,若试验结果属于 A,则称事件 A 发生,否则称事件 A 不发生.

【例 6-20】　掷一颗骰子,随机试验的样本空间 $\Omega=\{1,2,3,4,5,6\}$.指出下述集合表示什么事件？并指出哪些是基本事件.

事件 $A_1=\{1\}$；事件 $A_2=\{2\}$；事件 $B=\{2,4,6\}$；事件 $C=\{1,3,5\}$；事件 $D=\{4,5,6\}$.

解　事件 $A_1=\{1\}$,$A_2=\{2\}$——分别表示“出现 1 点”“出现 2 点”,都是基本事件；

事件 $B=\{2,4,6\}$——表示“出现偶数点”,非基本事件；

事件 $C=\{1,3,5\}$——表示“出现奇数点”,非基本事件；

事件 $D=\{4,5,6\}$——表示“出现点数不小于 4 点”,非基本事件.

由于样本空间 Ω 包含了所有的样本点,且其也是自身的一个子集,故在每次试验中 Ω 一定发生,因此,称 Ω 为**必然事件**（certain event）.例如,掷一颗骰子,事件“出现的点数小于 7”是必然事件.

空集∅不包含任何样本点,但它也是样本空间 Ω 的一个子集,由于它在每次试验中肯定不发生,所以称∅为**不可能事件**(impossible event).例如,掷一颗骰子,事件"出现7点"是不可能事件.

6.3.3 事件间的关系与运算

事件是一个集合,因而事件间的关系与事件的运算自然可按照集合论中集合之间的关系和集合运算来处理.

设试验 E 的样本空间为 Ω,而 $A,B,A_k(k=1,2,\cdots)$ 是 Ω 的子集.

1. 事件间的关系

(1)事件的包含与相等

若事件 A 发生,必有事件 B 发生,则称**事件 B 包含事件 A**(图6-3),记作 $A \subset B$.

特别地,若 $A \subset B$ 且 $B \subset A$,则称**事件 A 与事件 B 相等**,记作 $A=B$.

例如,掷一颗骰子,事件 $A=$"出现4点",$B=$"出现偶数点",则 $A \subset B$. 掷两颗骰子,事件 $A=$"两颗骰子的点数之和为奇数",$B=$"两颗骰子的点数为一奇一偶",则 $A=B$.

(2)事件的和

事件 A 或 B 至少有一个发生,称为事件 A 与事件 B 的**和事件**(union of events)(图6-4),记作 $A \cup B$ 或 $A+B$.

例如,掷一颗骰子,事件 $A=$"出现的点数小于4点",$B=$"出现偶数点",则 $A \cup B=\{1,2,3,4,6\}$.

n 个事件 $A_1,A_2,\cdots,A_n$ 的和事件记为 $\bigcup\limits_{i=1}^{n} A_i$,它表示事件 $A_1,A_2,\cdots,A_n$ 中至少有一个发生.

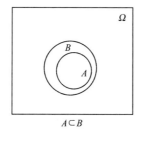

图6-3

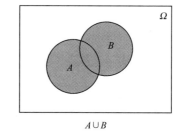

图6-4

(3)事件的积

事件 A 与 B 同时发生,称为事件 A 与事件 B 的**积事件**(intersection of events)(图6-5),也称事件 A 与 B 的交,记作 $A \cap B$ 或 AB.

例如,掷一颗骰子,事件 $A=$"出现的点数小于5点",$B=$"出现偶数点",则 $A \cap B=\{2,4\}$.

n 个事件 $A_1,A_2,\cdots,A_n$ 的积事件记作 $\bigcap\limits_{i=1}^{n} A_i$,它表示事件 $A_1,A_2,\cdots,A_n$ 同时发生.

(4)事件的差

事件 A 发生而 B 不发生,称为事件 A 与 B 的**差事件**(图6-6),记作 $A-B$.

例如,掷一颗骰子,事件 $A=$"出现的点数小于4",$B=$"出现奇数点",则 $A-B=\{2\}$.

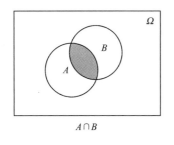

图 6-5

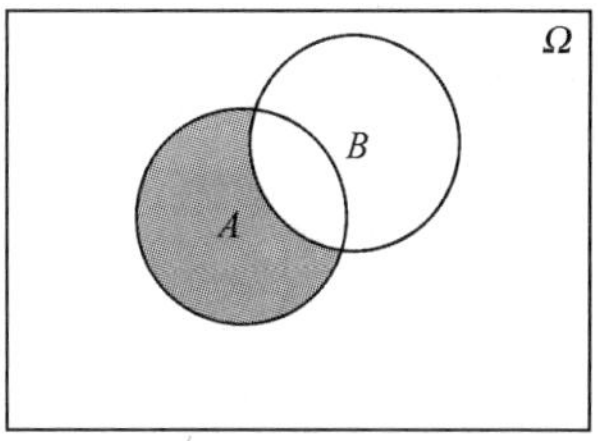

图 6-6

（5）互不相容事件

当 $AB=\varnothing$ 时，称 A 与 B 为**互不相容事件**（mutually exclusive events）（或**互斥事件**）（图 6-7），简称 A 与 B 互斥，也就是说事件 A 与 B 不能同时发生．

例如，在电视机寿命试验中，"寿命小于 1 万小时"与"寿命大于 5 万小时"是两个互不相容事件，因为它们不可能同时发生．

（6）对立事件

若 $A\cup B=\Omega$ 且 $A\bigcap B=\varnothing$，则称事件 A 与 B 互为**对立事件**，或互为**逆事件**（complementary event）（图 6-8），A 的对立事件记作 $\overline{A}$，则 $\overline{A}=B$．

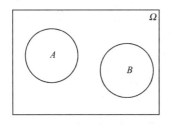

图 6-7

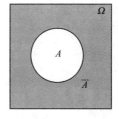

图 6-8

2. 事件的运算

（1）交换律：　$A\cup B=B\cup A,A\bigcap B=B\bigcap A$；

（2）结合律：　$A\cup(B\cup C)=(A\cup B)\cup C$，

$\qquad\qquad A\bigcap(B\bigcap C)=(A\bigcap B)\bigcap C$；

（3）分配律：　$A\cup(B\bigcap C)=(A\cup B)\bigcap(A\cup C)$，

$\qquad\qquad A\bigcap(B\cup C)=(A\bigcap B)\cup(A\bigcap C)$；

（4）德·摩根（De Morgan）律：$\overline{A\cup B}=\overline{A}\bigcap\overline{B}$，　$\overline{A\bigcap B}=\overline{A}\cup\overline{B}$．

注意　由分配律我们还可推出如下常用的运算：

$$A=A(B\cup\overline{B})=AB\cup A\overline{B}.$$

【例 6-21】　从一批产品中每次取出一个产品进行检验（每次取出的产品不放回），事件 $A_i(i=1,2,3)$ 表示第 i 次取到合格品，试表示：

（1）三次都取到合格品；（2）三次中至少有一次取到合格品；（3）三次中恰有两次取到合格品；（4）三次中都没取到合格品；（5）三次中最多有一次取到合格品．

解　（1）$A_1 A_2 A_3$．

（2）$A_1\cup A_2\cup A_3$ 或 $A_1+A_2+A_3$．

（3）$A_1 A_2\overline{A_3}\cup A_1\overline{A_2}A_3\cup\overline{A_1}A_2 A_3$ 或 $A_1 A_2\overline{A_3}+A_1\overline{A_2}A_3+\overline{A_1}A_2 A_3$．

(4)$\overline{A_1}\ \overline{A_2}\ \overline{A_3}$或$\overline{A_1 \bigcup A_2 \bigcup A_3}$.

(5)$A_1\overline{A_2}\ \overline{A_3}\bigcup\overline{A_1}\ \overline{A_2}A_3\bigcup\overline{A_1}\ A_2\ \overline{A_3}$或$\overline{A_1}\ \overline{A_2}\ \overline{A_3}\bigcup\overline{A_2}\ \overline{A_3}\bigcup\overline{A_1}\ \overline{A_2}\bigcup\overline{A_1}\ \overline{A_3}$.

习题 6.3

1. 写出下列随机试验的样本空间:

(1)掷两颗骰子,观察出现的点数.

(2)连续抛一枚硬币,直至出现正面为止,正面用"1"表示,反面用"0"表示.

(3)一超市在正常营业的情况下,某一天内接待顾客的人数.

(4)某城市一天内的用电量.

2. 同时掷两颗骰子,设事件 A 表示"两颗骰子出现点数之和为奇数",B 表示"点数之差为零",C 表示"点数之积不超过 20",用样本点的集合表示事件 $B-A$,BC,$B+\overline{C}$.

3. 设 A,B,C 为三事件,试用 A,B,C 的运算关系表示下列事件:

(1)A 发生,B 与 C 不发生.   (2)A 与 B 发生,C 不发生.

(3)A,B,C 都发生.   (4)A,B,C 都不发生.

(5)A,B,C 不都发生.   (6)A,B,C 中至少有一个发生.

(7)A,B,C 中不多于一个发生.   (8)A,B,C 中至少有两个发生.

4. 指出下列关系中哪些成立,哪些不成立:

(1)$A\bigcup B=A\overline{B}\bigcup B$.   (2)$\overline{AB}=A\bigcup B$.

(3)$(AB)(A\overline{B})=\varnothing$.   (4)若 $AB=\varnothing$,且 $C\subset A$,则 $BC=\varnothing$.

(5)若 $A\subset B$,则 $A\bigcup B=B$.   (6)若 $A\subset B$,则 $AB=A$.

(7)若 $A\subset B$,则 $\overline{B}\subset\overline{A}$.   (8)$\overline{(A\bigcup B)}C=\overline{A}\ \overline{B}\ \overline{C}$.

5. A,B 互不相容是 A,B 对立的_____条件.

6. 从数字 $1,2,\cdots,9$ 中可重复地任取 n 次 $(n\geqslant2)$.以 A 表示"所取的 n 个数字中没有 5",B 表示"所取的 n 个数字中没有偶数",问事件"所取的 n 个数字的乘积能被 10 整除"如何用 A,B 表示?

6.4 概率的定义及其性质

概率的定义是概率论中最基本的一个问题.简单而直观的说法是:概率是随机事件发生的可能性的大小.在一次试验中,某事件 A 能否发生难以预料,但在多次重复试验中,事件 A 的发生却能显现出确定的规律性.事实上,事件 A 发生的可能性大小是可以确定的.我们的任务就是要找到对随机事件发生可能性的科学的、合理的定量描述.

6.4.1 概率的统计定义

如果随机事件 A 在 n 次重复试验中发生的次数为 n_A,则称比值 n_A/n 为事件 A 发生的**频率**(frequency),记为 $f_n(A)$.

由定义易知频率具有下述基本性质:

(1)$0 \leqslant f_n(A) \leqslant 1$；

(2)$f_n(\Omega)=1$；

(3)若 A_1，A_2，…，A_n 是两两互不相容事件，则
$$f_n(A_1 \bigcup A_2 \bigcup \cdots \bigcup A_n)=f_n(A_1)+f_n(A_2)+\cdots+f_n(A_n).$$

【例 6-22】　抛硬币试验.

历史上有不少人做过抛硬币试验，其结果见表 6-1，从表 6-1 中的数据可以看出：出现正面的频率逐渐稳定在 0.5.

表 6-1　　　　　　　　历史上抛硬币试验的若干结果

试验者	抛硬币试验次数	出现正面的次数	频率
德·莫根（De Morgan）	2 048	1 061	0.518 1
蒲丰（Buffon）	4 040	2 048	0.506 9
费勒（Feller）	10 000	4 979	0.497 9
皮尔逊（Pearson）	12 000	6 019	0.501 6

【例 6-23】　产品合格率试验.

为了检测某种产品的合格率，从一批产品中分别随机地抽出 3 件，5 件，15 件，50 件，100 件，200 件，400 件，600 件，在相同条件下进行检验，得到的统计结果见表 6-2.

表 6-2

产品数量 n	合格品的数量	合格品的频率 $f_n(A)$	产品数量 n	合格品的数量	合格品的频率 $f_n(A)$
3	3	1.000	100	89	0.890
5	4	0.800	200	180	0.900
15	13	0.867	400	362	0.905
50	46	0.920	600	541	0.902

当 n 取不同值时，合格品的频率 $f_n(A)$ 不尽相同.但当 n 很大时，$f_n(A)$ 在 0.9 这个固定的数值附近摆动.

定义 6-1　在相同条件下进行 n 次试验，在这 n 次试验中，事件 A 发生的频率 n_A/n 在某个固定值 p 附近摆动，则称 p 为事件 A 发生的概率（probability），记作 $P(A)=p$.

定义 6-1 称为概率的统计定义.其实这只是一个通俗的规定，而非严格的数学定义.

概率的统计定义表明，当试验次数 n 足够大时，可用事件 A 发生的频率近似地代替 A 发生的概率.

在概率论发展历史上，曾有过概率的统计定义、概率的古典定义、概率的几何定义和概率的主观定义.这些定义各适合一类随机现象.那么如何给出适合一切随机现象的概率的最一般的定义呢？1900 年，数学家希尔伯特（Hilbert，1862—1943）提出要建立概率的公理化定义，以解决这个问题，即以最少的几条本质特性去刻画概率的概念.1933 年，苏联数学家柯尔莫戈洛夫（Kolmogorov，1903—1987）首次提出了概率的公理化定义，这个定义既概括了历史上几种概率定义中的共同特性，又避免了各自的局限性和含混之处.不管哪种随机现象，只有满足定义中的三条公理，才能说它是概率.这一公理化体系迅速获得举世公认，是概率论发展史上的一个里程碑.有了概率的公理化定义后，概率论得到了快速的发展.

6.4.2 概率的公理化定义

定义 6-2 设 E 是随机试验,Ω 是它的样本空间,对于 Ω 中的每一个事件 A,赋予一个实数 $P(A)$ 与之对应,如果集合函数 $P(\cdot)$ 满足下述三条公理:

(1)**非负性** $P(A)\geqslant 0$;

(2)**规范性** $P(\Omega)=1$;

(3)**可列可加性** 事件 $A_1,A_2,\cdots,A_n,\cdots$ 两两互不相容,即有

$$P(\bigcup_{i=1}^{\infty} A_i) = \sum_{i=1}^{\infty} P(A_i),$$

则称实数 $P(A)$ 为事件 A 的**概率**.

由概率的定义,可以推出概率的一些重要性质.

性质 1 $P(\varnothing) = 0$.

证明 令 $A_i = \varnothing (i=1,2,\cdots)$,则

$$\bigcup_{i=1}^{\infty} A_i = \varnothing, \quad A_i A_j = \varnothing \quad (i \neq j; i,j = 1,2,\cdots).$$

由可列可加性得

$$P(\varnothing) = P(\bigcup_{i=1}^{\infty} A_i) = \sum_{i=1}^{\infty} P(A_i) = \sum_{i=1}^{\infty} P(\varnothing),$$

即

$$P(\varnothing) = P(\varnothing) + P(\varnothing) + \cdots,$$

所以

$$P(\varnothing) = 0.$$

性质 2 (有限可加性)如果 $A_1,A_2,\cdots,A_n$ 是两两互不相容的事件,则有

$$P(A_1 \bigcup A_2 \bigcup \cdots \bigcup A_n) = P(A_1) + P(A_2) + \cdots + P(A_n). \tag{1}$$

证明 令 $A_{n+1} = A_{n+2} = \cdots = \varnothing \Rightarrow A_i A_j = \varnothing (i \neq j; i,j = 1,2,\cdots)$,由概率的可列可加性得

$$P(A_1 \bigcup A_2 \bigcup \cdots \bigcup A_n) = P(\bigcup_{i=1}^{\infty} A_i) = P(A_1) + P(A_2) + \cdots + P(A_n) + 0$$
$$= P(A_1) + P(A_2) + \cdots + P(A_n).$$

注意 由式(1)及 $A = AB \bigcup A\overline{B}$ 可得

$$P(A) = P(AB) + P(A\overline{B}).$$

性质 3 (对立事件的概率)对于任一事件 A,有

$$P(\overline{A}) = 1 - P(A). \tag{2}$$

证明 由 $A \bigcup \overline{A} = \Omega$, $A\overline{A} = \varnothing$, $P(\Omega) = 1$ 得

$$P(\Omega) = P(A \bigcup \overline{A}) = P(A) + P(\overline{A}) = 1,$$

所以

$$P(\overline{A}) = 1 - P(A).$$

性质 4 如果 $A \subset B$,那么 $P(B-A) = P(B) - P(A)$,且有

$$P(B) \geqslant P(A).$$

证明 由于 $A \subset B$,故 $B = A \bigcup (B-A)$.又因为 $A(B-A) = \varnothing$,所以

$$P(B)=P(A)+P(B-A),$$

即 $P(B-A)=P(B)-P(A)$.

根据 $P(B-A)\geqslant 0$, 有 $P(B)\geqslant P(A)$.

性质 5 对任意事件 A,B, 有 $P(A-B)=P(A)-P(AB)$. (3)

证明 因为 $A-B=A-AB$ 且 $AB\subset A$, 所以由性质 4 得

$$P(A-B)=P(A)-P(AB).$$

【例 6-24】 设事件 A 与 B 的概率分别为 $0.3,0.2$, 试在下列三种情况下求 $P(A-B)$ 的值.

(1) $AB=\varnothing$; (2) $B\subset A$; (3) $P(AB)=0.1$.

解 (1) 由 $AB=\varnothing$ 得 $P(AB)=0$. 于是

$$P(A-B)=P(A)-P(AB)=0.3-0=0.3;$$

(2) 由 $B\subset A$, 得

$$P(A-B)=P(A)-P(B)=0.3-0.2=0.1;$$

(3) $P(A-B)=P(A)-P(AB)=0.3-0.1=0.2$.

性质 6 (**加法公式**) 给定任意事件 A,B, 有

$$P(A\cup B)=P(A)+P(B)-P(AB).$$ (4)

证明 因为

$$A\cup B=A\cup(B-AB),$$

所以

$$P(A\cup B)=P(A)+P(B-AB).$$

又因为 $AB\subset B$, 所以

$$P(B-AB)=P(B)-P(AB).$$

于是

$$P(A\cup B)=P(A)+P(B)-P(AB).$$

类似地, 任意三个事件 A,B,C 和的概率公式为

$$P(A\cup B\cup C)$$
$$=P(A)+P(B)+P(C)-P(AB)-P(AC)-P(BC)+P(ABC).$$

【例 6-25】 已知事件 $A,B,A\cup B$ 的概率分别为 $0.4,0.3,0.6$, 求 $P(A\overline{B})$.

解 由 $P(A\cup B)=P(A)+P(B)-P(AB)$, 得

$$P(AB)=P(A)+P(B)-P(A\cup B)=0.4+0.3-0.6=0.1,$$
$$P(A\overline{B})=P(A)-P(AB)=0.4-0.1=0.3.$$

【例 6-26】 已知 $P(A)=P(B)=P(C)=\dfrac{1}{4}$, $P(AC)=P(BC)=\dfrac{1}{16}$, $P(AB)=0$, 问:

(1) A,B,C 中至少有一个发生的概率是多少? (2) A,B,C 都不发生的概率是多少?

解 (1) 因为 $P(AB)=0$, 且 $ABC\subset AB$, 所以由性质 4 知

$$P(ABC)=0.$$

再由加法公式, 得 A,B,C 中至少有一个发生的概率为

$$P(A\cup B\cup C)$$
$$=P(A)+P(B)+P(C)-P(AB)-P(AC)-P(BC)+P(ABC)$$

$$=\frac{3}{4}-\frac{2}{16}=\frac{5}{8}.$$

（2）因为"A,B,C 都不发生"的对立事件为"A,B,C 中至少有一个发生"，所以由对立事件计算公式得

$$P(A,B,C\text{都不发生})=P(\overline{A}\,\overline{B}\,\overline{C})=P(\overline{A\cup B\cup C})$$
$$=1-P(A\cup B\cup C)=1-\frac{5}{8}=\frac{3}{8}.$$

习题 6.4

1. 已知事件 A,B 满足 $P(AB)=P(\overline{A}\,\overline{B})$，记 $P(A)=p$，试求 $P(B)$.

2. 已知 $P(A)=0.7,P(A-B)=0.3$，试求 $P(\overline{AB})$.

3. 某人外出旅游两天. 根据天气预报，第一天下雨的概率为 0.6，第二天下雨的概率为 0.3，两天都下雨的概率为 0.1，试求：

（1）第一天下雨而第二天不下雨的概率.

（2）第一天不下雨而第二天下雨的概率.

（3）至少有一天下雨的概率.

（4）两天都不下雨的概率.

（5）至少有一天不下雨的概率.

4. 已知 $P(A)=P(B)=P(C)=\frac{1}{4},P(AC)=\frac{1}{8},P(AB)=P(BC)=0$. 求：（1）$A,B,C$ 中至少有一个发生的概率是多少？（2）A,B,C 都不发生的概率是多少？

5. 设 A,B 是两个事件，且 $P(A)=0.6,P(B)=0.7$，问：

（1）在什么条件下 $P(AB)$ 取得最大值，最大值是多少？

（2）在什么条件下 $P(AB)$ 取得最小值，最小值是多少？

6.5 古典概型

通过前面讲过的掷一颗骰子或一枚硬币的试验，不难发现这两个试验的结果都具有有限性和等可能性两个特点.

定义 6-3 如果试验 E 满足：

（1）试验的样本空间 Ω 只含有有限个样本点，即 $\Omega=\{\omega_1,\omega_2,\cdots,\omega_n\}$；

（2）试验中每个基本事件发生的可能性相同，即

$$P(\{\omega_1\})=P(\{\omega_2\})=\cdots=P(\{\omega_n\}),$$

则称此试验为**古典概率模型**（classical probabilistic model），简称**古典概型**.

由于 $\Omega=\bigcup\limits_{i=1}^{n}\{\omega_i\}$，且基本事件 $\{\omega_i\}$ 是两两互不相容的，因此有

$$1=P(\Omega)=P(\bigcup\limits_{i=1}^{n}\{\omega_i\})=P(\{\omega_1\})+P(\{\omega_2\})+\cdots+P(\{\omega_n\}).$$

再由定义 6-3 中的（2）得

$$P(\{\omega_i\})=\frac{1}{n}\quad(i=1,2,\cdots,n).$$

如果事件 $A\subset\Omega$，A 中有 k 个基本事件

$$A=\bigcup_{j=1}^{k}\{\omega_{i_j}\}\quad(1\leqslant i_1<i_2<\cdots<i_k\leqslant n),$$

则

$$P(A)=P(\bigcup_{j=1}^{k}\{\omega_{i_j}\})=\sum_{j=1}^{k}P(\{\omega_{i_j}\})=\frac{k}{n}.$$

即有如下定义：

定义 6-4　若试验结果一共由 n 个基本事件组成，并且基本事件出现的可能性相同，而事件 A 包含 $k(k\leqslant n)$ 个基本事件，则事件 A 发生的概率为

$$P(A)=\frac{k}{n}=\frac{A\text{ 中包含基本事件的个数}}{\Omega\text{ 中包含基本事件的个数}}.\tag{1}$$

【例 6-27】　掷一颗质地均匀的骰子，设 A 表示"所掷结果为 4 个点数或 5 个点数"；B 表示"所掷结果为偶数点数"，求 $P(A)$ 和 $P(B)$.

解　掷一颗骰子，出现 6 种点数的可能性相同，因此该试验为古典概型，样本空间 $\Omega=\{1,2,3,4,5,6\}$，则事件 $A=\{4,5\}$，$B=\{2,4,6\}$，根据式(1)，有

$$P(A)=\frac{2}{6}=\frac{1}{3},\quad P(B)=\frac{3}{6}=\frac{1}{2}.$$

注意　当样本空间元素较多时，一般不再将 Ω 中元素一一列出，只需求出 Ω 中与所求事件中基本事件的个数. 这时在计算中经常用到排列组合.

【例 6-28】　(抽样模型)一个口袋中装有 5 只乒乓球，其中 3 只是白色的，2 只是黄色的. 现从袋中取 2 球，每次取 1 只，采取两种方式取球.(a)第一次取一只球不放回袋中，第二次从剩余的球中再取一只球，这种取球方式叫作**不放回抽样**；(b)第一次取一只球，观察其颜色后放回袋中，搅匀后再取一只球，这种取球方式叫作**放回抽样**. 试分别就上面两种情况求：

(1)两只球都是白球的概率.

(2)两只球颜色不同的概率.

(3)至少有一只白球的概率.

解　设事件 A 表示"两只球都是白球"，事件 B 表示"两只球颜色不同"，事件 C 表示"至少有一只白球".

(a)不放回抽样

试验的样本空间 Ω 共包含 $n=P_5^2=5\times4=20$ 个基本事件，事件 A 包含 $k_A=P_3^2=6$ 个基本事件，事件 B 包含 $k_B=P_3^1P_2^1+P_2^1P_3^1=12$ 个基本事件，事件 C 包含 $k_C=P_3^1P_2^1+P_2^1P_3^1+P_3^2=18$ 个基本事件，由此得

(1)$P(A)=\dfrac{k_A}{n}=\dfrac{6}{20}=\dfrac{3}{10}$.

(2)$P(B)=\dfrac{k_B}{n}=\dfrac{12}{20}=\dfrac{3}{5}$.

(3)$P(C)=\dfrac{k_C}{n}=\dfrac{18}{20}=\dfrac{9}{10}$.

另外，$P(C) = 1 - P(\overline{C}) = 1 - \dfrac{2 \times 1}{5 \times 4} = \dfrac{9}{10}$.

（b）放回抽样

（1）$P(A) = \dfrac{3 \times 3}{5 \times 5} = \dfrac{9}{25}$；

（2）$P(B) = \dfrac{3 \times 2 + 2 \times 3}{5 \times 5} = \dfrac{12}{25}$；

（3）$P(C) = \dfrac{3 \times 3 + 3 \times 2 + 2 \times 3}{5 \times 5} = \dfrac{21}{25}$.

另外，$P(C) = 1 - P(\overline{C}) = 1 - \dfrac{2 \times 2}{5 \times 5} = \dfrac{21}{25}$.

【例 6-29】（彩票问题）一种福利彩票称为幸福 35 选 7，即从 $01,02,\cdots,35$ 中不重复地开出 7 个基本号码和一个特殊号码．中奖级别与中奖规则见表 6-3，试求各等奖的中奖概率．

表 6-3　　　　中奖级别与中奖规则

中奖级别	中奖规则
一等奖	7 个基本号码全中
二等奖	中 6 个基本号码及特殊号码
三等奖	中 6 个基本号码
四等奖	中 5 个基本号码及特殊号码
五等奖	中 5 个基本号码
六等奖	中 4 个基本号码及特殊号码
七等奖	中 4 个基本号码，或中 3 个基本号码及特殊号码

解　因为不重复地选号码是一种不放回抽样，所以样本空间 Ω 中含有 C_{35}^{7} 个基本事件．

将 35 个号码分为三类：第一类号码，含有 7 个基本号码；第二类号码，含有 1 个特殊号码；第三类号码，含有 27 个无用号码．

若记 p_i 为"中第 i 等奖"的概率（$i = 1, 2, \cdots, 7$），可得各等奖的中奖概率为

$$p_1 = \frac{C_7^7 C_1^0 C_{27}^0}{C_{35}^7} = \frac{1}{6\ 724\ 520} = 0.149 \times 10^{-6},$$

$$p_2 = \frac{C_7^6 C_1^1 C_{27}^0}{C_{35}^7} = 1.04 \times 10^{-6},$$

$$p_3 = \frac{C_7^6 C_1^0 C_{27}^1}{C_{35}^7} = 28.106 \times 10^{-6},$$

$$p_4 = \frac{C_7^5 C_1^1 C_{27}^1}{C_{35}^7} = 84.318 \times 10^{-6},$$

同理可得

$$p_5 = 1.096 \times 10^{-3}, \qquad p_6 = 1.827 \times 10^{-3}, \qquad p_7 = 30.448 \times 10^{-3}.$$

若记事件 A 表示"中奖"，则事件 $\overline{A}$ 为"不中奖"，可得

中奖的概率为

$$P(A) = p_1 + p_2 + p_3 + p_4 + p_5 + p_6 + p_7$$

$$= \frac{225\ 170}{6\ 724\ 520} = 0.033\ 485,$$

不中奖的概率为
$$P(\overline{A}) = 1 - P(A) = 0.966\,515.$$

以上的结果说明： 一百个人中约有 3 个人中奖；而中一等奖的概率只有 0.149×10^{-6}，即二千万个人中约有 3 个人中一等奖. 因此购买彩票要有平常心，不要期望过高.

【**例 6-30**】 已知 8 支球队中有 3 支弱队，以抽签方式将这 8 支球队分为 A, B 两组，每组 4 支球队，求：

(1) A, B 两组中有一组恰有两支弱队的概率 p_1；

(2) A 组中至少有两支弱队的概率 p_2.

解 （1）
$$p_1 = \frac{C_2^1 C_3^2 C_5^2}{C_8^4} = \frac{6}{7}.$$

另外，对立事件"三支弱队在同一组"的概率为 $\dfrac{2 \times C_5^1}{C_8^4} = \dfrac{1}{7}$，则
$$p_1 = 1 - \frac{1}{7} = \frac{6}{7}.$$

（2）
$$p_2 = \frac{C_3^2 C_5^2}{C_8^4} + \frac{C_3^3 C_5^1}{C_8^4} = \frac{1}{2}.$$

【**例 6-31**】 在 1 到 1 000 的整数中随机地取一个数，问取到的整数既不能被 2 整除又不能被 3 整除的概率是多少？

解 设事件 A 为"取到的数能被 2 整除"，事件 B 为"取到的数能被 3 整除".

因为
$$\frac{1\,000}{2} = 500, \quad 333 < \frac{1\,000}{3} < 334,$$

所以
$$P(A) = \frac{500}{1\,000}, \quad P(B) = \frac{333}{1\,000}.$$

又由于一个数能同时被 2 与 3 整除，就相当于能被 6 整除，因此由 $166 < \dfrac{1\,000}{6} < 167$ 得
$$P(AB) = \frac{166}{1\,000},$$

于是所求概率为
$$\begin{aligned}
P(\overline{A}\,\overline{B}) &= P(\overline{A \cup B}) = 1 - P(A \cup B) \\
&= 1 - [P(A) + P(B) - P(AB)] \\
&= 1 - \left(\frac{500}{1\,000} + \frac{333}{1\,000} - \frac{166}{1\,000}\right) = \frac{333}{1\,000}.
\end{aligned}$$

【**例 6-32**】 （**盒子模型**）设有 n 个球，每个球都等可能地被放到 N 个不同的盒子中，每个盒子所放球数不限. 求：

(1) 指定的 $n(n \leqslant N)$ 个盒子中各有一个球的概率 p_1.

(2) 恰好有 $n(n \leqslant N)$ 个盒子中各有一个球的概率 p_2.

解 因为每个球都可放到 N 个盒子中的任一个，所以放 n 个球的方式共有 N^n 种，它们是等可能的.

(1) $p_1 = \dfrac{n!}{N^n}$；

（2）问题（2）与（1）的差别在于：此 n 个盒子可以在 N 个盒子中任意选取. 此时可分为两步做：第一步，从 N 个盒子中取 n 个盒子，共有 C_N^n 种取法；第二步，将 n 个球放入选中的 n 个盒子中，每个盒子各放 1 个球，共有 $n!$ 种放法. 所以根据乘法原则，事件"恰好有 $n(n \leqslant N)$ 个盒子中各有 1 个球"共有 $C_N^n \cdot n!$ 个基本事件，则

$$p_2 = \frac{C_N^n \cdot n!}{N^n} = \frac{P_N^n}{N^n}.$$

下面用盒子模型来讨论概率论历史上颇有名的"生日问题".

【例 6-33】 （生日问题）设有 n 个人（假设一年有 365 天，$n \leqslant 365$），且每人的生日在一年 365 天中的任意一天是等可能的. 求：

（1）n 个人的生日全不相同的概率 p_1；

（2）n 个人中至少有两个人生日相同的概率 p_2.

解 （1）将 n 个人看成是 n 个球，将一年 365 天看成是 $N=365$ 个盒子，则"n 个人的生日全不相同"就相当于"恰好有 $n(n \leqslant N)$ 个盒子各有 1 个球"，所以 n 个人的生日全不相同的概率为

$$p_1 = \frac{P_{365}^n}{365^n} = \frac{365!}{365^n (365-n)!};$$

（2） $$p_2 = 1 - \frac{P_{365}^n}{365^n}.$$

$n=64$ 时，$p_2=0.997$，这表示在仅有 64 个人的班级里，"至少有两个人的生日相同"的概率接近于 1，这和我们平时想象的这种情况发生的可能性很小不太一样. 这也告诉我们，"直觉"并不可靠，同时也说明研究随机现象的统计规律性是非常重要的.

习题 6.5

1. 抛三枚硬币. 求：（1）三枚硬币正面都朝上的概率.（2）恰有一枚硬币正面朝上的概率.（3）至少有一枚硬币正面朝上的概率.

2. 口袋中有 10 个球，分别标有号码 1 到 10，现从中不放回地任取 3 个，记下取出球的号码，试求：（1）最小号码为 5 的概率.（2）最大号码为 5 的概率.

3. 掷两颗骰子，求下列事件的概率：

（1）点数之和为 7.（2）点数之和不超过 5.（3）两个点数中一个点数恰是另一个点数的两倍.

4. 设 5 个产品中有 3 个合格品，2 个不合格品. 从中不放回地任取 2 个产品，求取出的 2 个产品中全是合格品、仅有 1 个合格品和没有合格品的概率各为多少？

5. 从 $0,1,2,\cdots,9$ 这十个数字中任取 3 个不同的数字，试求：

（1）3 个数字中不含 0 和 5 的概率.

（2）3 个数字中含 0 但不含 5 的概率.

（3）3 个数字中不含 0 或 5 的概率.

6. 一套书共有 5 册，按任意次序放到书架上，试求下列事件的概率：

（1）其中指定的两册书放在两边.（2）指定的两册书都不出现在两边.（3）指定的一册正

好在中间.

7. 将两封信随机地向标号为 Ⅰ,Ⅱ,Ⅲ,Ⅳ 的 4 个邮筒投寄,求:(1)第二个邮筒恰好被投入 1 封信的概率.(2)前两个邮筒各有 1 封信的概率.

8. 一个寝室有 4 个人,假定每个人的生日在 12 个月的每一个月是等可能的,求至少有两个人的生日在同一个月的概率.

6.6 条件概率与乘法公式

6.6.1 条件概率

在解决许多概率问题时,往往需要求在有某些附加信息(条件)下事件发生的概率,即研究在事件 A 已经发生的条件下,事件 B 发生的概率,此概率记为 $P(B|A)$. 一般情况下,条件概率 $P(B|A)$ 与无条件概率 $P(B)$ 不等.

【例 6-34】 现有一批灯泡,由甲厂生产了 100 个,其中次品是 10 个. 由乙厂生产了 200 个,其中次品是 40 个. 随机抽取一个灯泡进行检测. 设 $A=$"抽到甲厂生产的灯泡",$B=$"抽到次品". 求 $P(A),P(B),P(AB),P(B|A)$.

解 显然

$$P(A)=\frac{100}{300},\qquad P(B)=\frac{50}{300},\qquad P(AB)=\frac{10}{300},$$

而 $P(B|A)$ 表示甲厂生产的 100 个产品中,抽到甲厂生产的次品的概率,即

$$P(B|A)=\frac{10}{100},$$

另一方面

$$P(B|A)=\frac{10}{100}=\frac{10/300}{100/300}=\frac{P(AB)}{P(A)},$$

这个关系具有一般性,即条件概率是两个无条件概率之商,这就是条件概率的定义.

定义 6-5 设 A,B 是样本空间 Ω 的两个事件,且 $P(A)>0$,则称

$$P(B|A)=\frac{P(AB)}{P(A)} \tag{1}$$

为在事件 A 发生的条件下,事件 B 发生的**条件概率**(conditional probability),简称**条件概率**.

注意 条件概率 $P(B|A)$ 是在事件 A 已经发生的条件下(此时样本空间缩小为 A)讨论事件 B 的发生的概率.

条件概率具有如下性质:

设 B 是一事件,且 $P(A)>0$,则

(1) 对任一事件 B,$0\leqslant P(B|A)\leqslant 1$;

(2) $P(\Omega|A)=1$;

(3) 设 $B_1,B_2,\cdots,B_n,\cdots$ 是两两互不相容的事件,则

$$P(B_1\cup B_2\cup\cdots\cup B_n\cup\cdots|A)=P(B_1|A)+P(B_2|A)+\cdots+P(B_n|A)+\cdots$$

而且,前面对概率所证明的一切性质也都适用于条件概率.

例如,对任意事件 B_1 和 B_2,有

$$P(B_1 \bigcup B_2 \mid A) = P(B_1 \mid A) + P(B_2 \mid A) - P(B_1 B_2 \mid A).$$

其他性质请读者自己写出.

【例 6-35】 考虑恰有两个小孩的家庭,若已知某一家有男孩,求这家有两个男孩的概率;若已知某一家第一个小孩是男孩,求这家有两个男孩(相当于第二个小孩也是男孩)的概率.(假定生男生女为等可能)

解 设 B 表示事件"家里有男孩",A 表示事件"家里有两个男孩",B_1 表示事件"家里第一个小孩是男孩",则有

$$\Omega = \{(\text{男},\text{男}),(\text{男},\text{女}),(\text{女},\text{男}),(\text{女},\text{女})\},$$

$$B = \{(\text{男},\text{男}),(\text{男},\text{女}),(\text{女},\text{男})\}, A = \{(\text{男},\text{男})\}, B_1 = \{(\text{男},\text{男}),(\text{男},\text{女})\},$$

于是 $P(B) = \dfrac{3}{4}, P(AB) = P(A) = \dfrac{1}{4}, P(AB_1) = P(A) = \dfrac{1}{4}$,所求的两个条件概率为

$$P(A \mid B) = \frac{P(AB)}{P(B)} = \frac{\dfrac{1}{4}}{\dfrac{3}{4}} = \frac{1}{3},$$

$$P(A \mid B_1) = \frac{P(AB_1)}{P(B_1)} = \frac{\dfrac{1}{4}}{\dfrac{1}{2}} = \frac{1}{2}.$$

6.6.2 乘法公式

由条件概率的定义,可以得到乘法公式.

乘法公式:设 $P(A) > 0$,则有

$$P(AB) = P(A)P(B \mid A), \tag{2}$$

同样地,设 $P(B) > 0$,则有

$$P(AB) = P(B)P(A \mid B).$$

上式也可推广到多个事件的乘法公式:

一般地,对于事件 $A_1, A_2, \cdots, A_n$,若 $P(A_1 A_2 \cdots A_{n-1}) > 0$,则有

$$P(A_1 A_2 \cdots A_n) = P(A_1)P(A_2 \mid A_1)P(A_3 \mid A_1 A_2) \cdots P(A_n \mid A_1 A_2 \cdots A_{n-1}). \tag{3}$$

【例 6-36】 设袋中装有 r 只红球,t 只白球,每次自袋中任取一只球,观察其颜色然后放回,并再放入 a 只与所取出的那只球同色的球.若在袋中连续取球四次,试求第 $1,2$ 次取到红球且第 $3,4$ 次取到白球的概率.

解 以 $A_i (i = 1, 2, 3, 4)$ 表示事件"第 i 次取到红球",则 $\overline{A_3}, \overline{A_4}$ 分别表示事件"第 $3, 4$ 次取到白球",所求概率为

$$P(A_1 A_2 \overline{A_3} \overline{A_4}) = P(A_1)P(A_2 \mid A_1)P(\overline{A_3} \mid A_1 A_2)P(\overline{A_4} \mid A_1 A_2 \overline{A_3})$$

$$= \frac{r}{r+t} \cdot \frac{r+a}{r+t+a} \cdot \frac{t}{r+t+2a} \cdot \frac{t+a}{r+t+3a}.$$

【例 6-37】 10 个考签中,有 4 个难签,3 人参加不放回抽签,甲先、乙次、丙最后.求:
(1)甲抽到难签的概率;(2)甲、乙都抽到难签的概率;(3)甲未抽到难签、乙抽到难签的概率;

（4）甲、乙、丙都抽到难签的概率；（5）乙抽到难签的概率.

解 设事件 A,B,C 分别表示事件"甲、乙、丙抽到难签"，则

（1）$P(A)=\dfrac{4}{10}=\dfrac{2}{5}$；

（2）$P(AB)=P(A)P(B|A)=\dfrac{4}{10}\times\dfrac{3}{9}=\dfrac{2}{15}$；

（3）$P(\overline{A}B)=P(\overline{A})P(B|\overline{A})=\dfrac{6}{10}\times\dfrac{4}{9}=\dfrac{4}{15}$；

（4）$P(ABC)=P(A)P(B|A)P(C|AB)=\dfrac{4}{10}\times\dfrac{3}{9}\times\dfrac{2}{8}=\dfrac{1}{30}$；

（5）$P(B)=P(AB+\overline{A}B)=P(AB)+P(\overline{A}B)=\dfrac{2}{15}+\dfrac{4}{15}=\dfrac{2}{5}$.

同理可得"丙抽到难签"的概率也是 $\dfrac{2}{5}$，从而也说明"甲、乙、丙分别抽到难签"的概率与抽签顺序无关.

6.6.3 全概率公式

全概率公式是概率论中的一个重要的公式，它是在计算比较复杂事件的概率时，把较复杂事件分解为若干个互不相容的简单事件的和，再利用概率性质或相关公式求得最后结果.在给出全概率公式之前，首先介绍一下样本空间划分的定义.

定义 6-6 设 Ω 为随机试验 E 的样本空间，$A_1,A_2,\cdots,A_n$ 是 Ω 的一组事件，若

（1）$A_iA_j=\varnothing\ (i\neq j;i,j=1,2,\cdots,n)$；

（2）$\bigcup\limits_{i=1}^{n}A_i=\Omega$.

则称 $A_1,A_2,\cdots,A_n$ 为样本空间 Ω 的一个**划分**，也称之为一个**完备事件组**.

例如，在例 6-37 中，A 表示"甲抽到难签"，$\overline{A}$ 表示"甲没抽到难签"，$A,\overline{A}$ 就是样本空间的一个划分.

定理 6-3 设随机试验 E 的样本空间为 Ω，$A_1,A_2,\cdots,A_n$ 是 Ω 的一个划分，且 $P(A_i)>0\ (i=1,2,\cdots,n)$，$B$ 为 E 的任意一个事件，则称

$$P(B)=\sum_{i=1}^{n}P(A_i)P(B|A_i) \tag{4}$$

为**全概率公式**（total probability formula）.

证明 因为

$$B=\Omega B=(A_1\cup A_2\cup\cdots\cup A_n)B=A_1B\cup A_2B\cup\cdots\cup A_nB,$$

又因为 $A_iA_j=\varnothing$，所以

$$(A_iB)(A_jB)=\varnothing\quad(i\neq j;i,j=1,2,\cdots,n).$$

由加法公式得

$$P(B)=P(A_1B)+P(A_2B)+\cdots+P(A_nB).$$

再由乘法公式得

$$P(B)=P(A_1)P(B|A_1)+P(A_2)P(B|A_2)+\cdots+P(A_n)P(B|A_n),$$

即

$$P(B) = \sum_{i=1}^{n} P(A_i) P(B \mid A_i).$$

【例 6-38】 设一批螺钉由甲、乙、丙三家制造厂生产,甲、乙、丙三家制造厂生产的螺钉数量各占总量的 $45\%,35\%,20\%$,且各制造厂的次品率依次为 $4\%,2\%,5\%$.现从这批螺钉中任取一只,求取出的一只为次品的概率.

解 设 B 表示"取出的一只为次品",A_1,A_2,A_3 分别表示"取出的产品来自甲、乙、丙三家制造厂".显然,A_1,A_2,A_3 为样本空间的一个划分,且

$$P(A_1)=45\%, \quad P(A_2)=35\%, \quad P(A_3)=20\%,$$
$$P(B \mid A_1)=4\%, \quad P(B \mid A_2)=2\%, \quad P(B \mid A_3)=5\%,$$

由全概率公式得

$$P(B)=P(A_1)P(B \mid A_1)+P(A_2)P(B \mid A_2)+P(A_3)P(B \mid A_3)$$
$$=45\% \times 4\%+35\% \times 2\%+20\% \times 5\%$$
$$=0.035.$$

在例 6-38 中,如果已知取出的一只螺钉是次品,反过来问这只次品是由乙厂生产的概率有多大? 实际中有很多类似的问题,即已知某结果发生的条件下,求各原因发生可能性的大小,这需要另一个重要的公式——贝叶斯公式.

6.6.4　贝叶斯公式

定理 6-4 设随机试验 E 的样本空间为 Ω.$A_1,A_2,\cdots,A_n$ 是 Ω 的一个划分,且 $P(A_i)>0(i=1,2,\cdots,n)$,B 为 E 的任意一个事件,则

$$P(A_i \mid B) = \frac{P(A_i)P(B \mid A_i)}{\sum\limits_{j=1}^{n} P(A_j)P(B \mid A_j)} \quad (i=1,2,\cdots,n). \tag{5}$$

式(5)称为**贝叶斯公式**(Bayes formula).

证明 由式(1)得

$$P(A_i \mid B) = \frac{P(A_iB)}{P(B)},$$

再分别由式(2)和式(4)得

$$P(A_iB) = P(A_i)P(B \mid A_i),$$
$$P(B) = \sum_{j=1}^{n} P(A_j)P(B \mid A_j),$$

即

$$P(A_i \mid B) = \frac{P(A_i)P(B \mid A_i)}{\sum\limits_{j=1}^{n} P(A_j)P(B \mid A_j)}.$$

在贝叶斯公式中,若将事件 B 看作结果,将 A_i 看作原因,则式(5)表示在观察到结果 B 已发生的条件下,寻找导致 B 发生的原因 A_i 的概率.即全概率公式是"由因溯果",而贝叶斯公式是"由果溯因".

【例 6-39】 在例 6-38 中,已知取出的一只螺钉是次品,求它是由乙厂生产的概率.

解 由贝叶斯公式

$$P(A_2 \mid B) = \frac{P(A_2)P(B \mid A_2)}{P(B)} = \frac{0.35 \times 0.02}{0.035} = 0.200,$$

同理可得

$$P(A_1 \mid B) = 0.514, \quad P(A_3 \mid B) = 0.286.$$

【例 6-40】 某一地区居民的肝癌发病率为 0.000 4,现用甲胎蛋白法进行普查,化验结果是存在误差的.已知真正患有肝癌的人的化验结果 95% 呈阳性(有病),而没有患肝癌的人的化验结果 90% 呈阴性(无病).现抽查了一个人,化验结果是阳性,问此人确实患有肝癌的概率有多大?

解 设 B 表示"化验结果是阳性", A 表示"抽查的人确实患有肝癌". 显然, $A,\overline{A}$ 为样本空间的一个划分.根据题意可知

$$P(A) = 0.000\ 4, \quad P(\overline{A}) = 0.999\ 6,$$
$$P(B \mid A) = 95\%, \quad P(B \mid \overline{A}) = 10\%.$$

由贝叶斯公式得

$$\begin{aligned}
P(A \mid B) &= \frac{P(A)P(B \mid A)}{P(A)P(B \mid A) + P(\overline{A})P(B \mid \overline{A})} \\
&= \frac{0.000\ 4 \times 0.95}{0.000\ 4 \times 0.95 + 0.999\ 6 \times 0.1} \\
&= 0.003\ 8.
\end{aligned}$$

例 6-40 中, $P(A) = 0.000\ 4$ 是**先验概率**(prior probability),而 $P(A \mid B) \approx 0.003\ 8$ 是**后验概率**(posterior probability),结果表明在化验结果是阳性的 10 000 个人中,大约有 38 个人确实患有肝癌,所以即使化验结果是阳性,尚可不必过早下结论为确实患有肝癌,此时医生要通过再试验来确认.

【例 6-41】 三个箱子中,第一个箱子装有 4 个黑球、1 个白球、第二个箱子装有 3 个黑球、3 个白球,第三个箱子装有 3 个黑球、5 个白球.现先任取一个箱子,再从该箱中任取一球.问:(1)取出的球是白球的概率? (2)若取出的球为白球,则该球属于第二个箱子的概率?

解 设 A 表示"取出的是白球", B_i 表示"球取自第 i 个箱子"($i = 1, 2, 3$),易知

$$P(B_1) = P(B_2) = P(B_3) = \frac{1}{3},$$

$$P(A \mid B_1) = \frac{1}{5}, \quad P(A \mid B_2) = \frac{1}{2}, \quad P(A \mid B_3) = \frac{5}{8}.$$

(1)由全概率公式可知
$$\begin{aligned}
P(A) &= P(B_1)P(A \mid B_1) + P(B_2)P(A \mid B_2) + P(B_3)P(A \mid B_3) \\
&= \frac{1}{5} \times \frac{1}{3} + \frac{1}{2} \times \frac{1}{3} + \frac{5}{8} \times \frac{1}{3} \\
&= \frac{53}{120};
\end{aligned}$$

(2)由贝叶斯公式可知
$$\begin{aligned}
P(B_2 \mid A) &= \frac{P(A \mid B_2)P(B_2)}{P(A)} \\
&= \frac{\dfrac{1}{2} \times \dfrac{1}{3}}{\dfrac{53}{120}} = \frac{20}{53}.
\end{aligned}$$

习题 6.6

1. (1)已知 $P(A)=0.6,P(B)=0.5,P(B|A)=0.4$,求 $P(A|B)$.

(2)已知 $P(A)=0.5,P(B)=0.6,P(B|\overline{A})=0.4$,求 $P(A\cup B)$.

(3)已知 $P(\overline{A})=0.3,P(B)=0.4,P(A\overline{B})=0.5$,求 $P(B|A\cup\overline{B})$.

2. 设某动物出生后,能活到 20 岁的概率是 0.8,能活到 25 岁的概率是 0.3,现有一只恰好 20 岁的这种动物,求它能活到 25 岁的概率是多少?

3. 已知 10 只电子元件中有 2 只是次品,在其中任取两次,每次任取一只,做不放回抽样,求下列事件的概率:

(1)第一次正品,第二次次品.　　　　　　(2)一次正品,一次次品.

(3)两次都是正品.　　　　　　　　　　　(4)第二次取到次品.

4. 某人忘记了电话号码的最后一个数字,只好随意拨号.(1)求他不超过 3 次拨通电话的概率.(2)如果他记得最后一位数是奇数,求他不超过 3 次拨通电话的概率.

5. 车间有甲、乙、丙 3 台机床生产同一种产品,且知它们的次品率依次是 0.2,0.3,0.1,而生产的产品数量比为甲∶乙∶丙＝2∶3∶5,现从产品中任取一个.(1)求它是次品的概率.(2)若发现取出的产品是次品,求次品是来自机床乙的概率.

6. 设 100 个男人中有 5 个色盲患者,而 10 000 个女人中有 25 个色盲患者.今从人群中任选一人.(1)求此人是色盲患者的概率.(2)如果发现选定的一人是色盲患者,求此人是男性的概率(假设人群中男女人数相等).

7. 某人从甲地到乙地,乘火车、轮船、汽车、飞机的概率分别是 0.2,0.1,0.3,0.4,乘火车不迟到的概率是 0.6,乘轮船不迟到的概率是 0.8,乘汽车不迟到的概率是 0.4,乘飞机不会迟到.(1)问这个人没有迟到的概率是多少?(2)若这个人没有迟到,问他乘轮船的概率是多少?

8. 对以往数据的分析表明,当机器调整良好时,产品合格率是 98%.当机器发生故障时,其合格率是 55%.每天早上机器开动时,机器调整良好的概率是 95%.试求:(1)某日早上第一件产品是合格品的概率.(2)已知这天早上第一件产品是合格品时,机器调整良好的概率.

6.7　独立性

独立性是概率论中又一个重要的概念,利用独立性可以简化概率的计算.本节先讨论两个事件的独立性,再讨论多个事件的独立性.

6.7.1　两个事件的独立性

先来看一个例子.将一颗质地均匀的骰子连掷两次,设 A 表示"第二次掷出 6 点",B 表示"第一次掷出 6 点",显然 A 与 B 的发生是互不影响的,即 $P(A|B)=P(A)$.由乘法公式得

$$P(AB) = P(B)P(A \mid B) = P(A)P(B).$$

定义 6-7 若两事件 A,B 满足 $P(AB) = P(A)P(B)$,则称事件 A 与事件 B **相互独立**(mutually independent).

定理 6-5 若两事件 A,B 相互独立,则 A 与 $\overline{B}$,$\overline{A}$ 与 B,$\overline{A}$ 与 $\overline{B}$ 也相互独立.

证明 仅证明 A 与 $\overline{B}$ 独立.

由概率的性质得

$$P(A\overline{B}) = P(A) - P(AB),$$

又事件 A,B 相互独立,即

$$P(AB) = P(A)P(B),$$

所以

$$P(A\overline{B}) = P(A) - P(A)P(B) = P(A)[1 - P(B)] = P(A)P(\overline{B}).$$

上式表明 A 与 $\overline{B}$ 相互独立.

【例 6-42】 从一副不含"大小王"的扑克牌中任取一张,记 A 表示"抽到 K",B 表示"抽到的牌是黑色的".问事件 A,B 是否相互独立?

解 由于

$$P(A) = \frac{4}{52} = \frac{1}{13}, \quad P(B) = \frac{26}{52} = \frac{1}{2}, \quad P(AB) = \frac{2}{52} = \frac{1}{26},$$

可见 $P(AB) = P(A)P(B)$,说明事件 A,B 相互独立.

注意 在实际应用中,往往根据问题的实际意义去判断两事件是否相互独立.

【例 6-43】 两射手彼此独立地向同一目标射击,设甲射中目标的概率是 0.9,乙射中目标的概率是 0.8,求目标被射中的概率是多少?

解 设 A 表示事件"甲射中目标",B 表示事件"乙射中目标".注意到事件"目标被击中"为 $A \cup B$,故

$$\begin{aligned}
P(A \cup B) &= P(A) + P(B) - P(AB) \\
&= P(A) + P(B) - P(A)P(B) \quad (\text{因为 } A,B \text{ 相互独立}) \\
&= 0.9 + 0.8 - 0.9 \times 0.8 = 0.98.
\end{aligned}$$

6.7.2 多个事件的独立性

将两个事件独立的定义推广到三个事件:

定义 6-8 设三个事件 A,B,C,若

$$\begin{aligned}
P(AB) &= P(A)P(B), \\
P(AC) &= P(A)P(C), \\
P(BC) &= P(B)P(C), \\
P(ABC) &= P(A)P(B)P(C),
\end{aligned}$$

四个等式同时成立,则称**事件 A,B,C 相互独立**.

以上前三个等式同时成立,则称**事件 A,B,C 两两相互独立**.

注意 事件 A,B,C 相互独立可以推出事件 A,B,C 两两相互独立,但反过来不一定成立.

定义 6-9 设有 n 个事件 $A_1, A_2, \cdots, A_n$,若

$$P(A_iA_j)=P(A_i)P(A_j), \quad 1\leqslant i<j\leqslant n$$
$$P(A_iA_jA_k)=P(A_i)P(A_j)P(A_k), \quad 1\leqslant i<j<k\leqslant n$$
$$P(A_iA_jA_kA_l)=P(A_i)P(A_j)P(A_k)P(A_l), \quad 1\leqslant i<j<k<l\leqslant n$$
$$\vdots$$
$$P(A_1A_2\cdots A_n)=P(A_1)P(A_2)\cdots P(A_n).$$

以上 2^n-n-1 个式子都成立,则称 n 个事件 $A_1,A_2,\cdots,A_n$ **相互独立**.

注意 若 n 个事件 $A_1,A_2,\cdots,A_n$ 相互独立,则把 $A_1,A_2,\cdots,A_n$ 中的任意多个事件换成它们的逆事件,所得的 n 个事件仍相互独立.

【**例 6-44**】 设 A,B,C 三个事件相互独立,试证:$A\cup B$ 与 C 相互独立.

证明 因为

$$P((A\cup B)C)=P(AC\cup BC)$$
$$=P(AC)+P(BC)-P(ABC)$$
$$=P(A)P(C)+P(B)P(C)-P(A)P(B)P(C)$$
$$=[P(A)+P(B)-P(A)P(B)]P(C)$$
$$=P(A\cup B)P(C),$$

所以 $A\cup B$ 与 C 相互独立.

【**例 6-45**】 某工人照看三台机床,一个小时内 1 号,2 号,3 号机床需要照看的概率分别为 $0.3,0.2,0.1$,设各台机床之间是否需照看是相互独立的,求:(1)在一小时内至少有一台机床需要照看的概率;(2)在一小时内至多有一台机床需要照看的概率.

解 设 A_i 表示事件"第 i 台机床需要照看"($i=1,2,3$),则

$$P(A_1)=0.3, \quad P(A_2)=0.2, \quad P(A_3)=0.1.$$

(1)
$$P(A_1\cup A_2\cup A_3)=1-P(\overline{A_1\cup A_2\cup A_3})$$
$$=1-P(\overline{A_1})P(\overline{A_2})P(\overline{A_3})$$
$$=1-0.7\times0.8\times0.9=0.496;$$

(2)
$$P(\overline{A_1}\,\overline{A_2}\,\overline{A_3}\cup A_1\,\overline{A_2}\,\overline{A_3}\cup\overline{A_1}A_2\overline{A_3}\cup\overline{A_1}\,\overline{A_2}A_3)$$
$$=P(\overline{A_1})P(\overline{A_2})P(\overline{A_3})+P(A_1)P(\overline{A_2})P(\overline{A_3})+P(\overline{A_1})P(A_2)P(\overline{A_3})+$$
$$P(\overline{A_1})P(\overline{A_2})P(A_3)$$
$$=0.7\times0.8\times0.9+0.3\times0.8\times0.9+0.7\times0.2\times0.9+0.7\times0.8\times0.1$$
$$=0.902.$$

习题 6.7

1. 某地区为下岗人员免费提供财会和计算机培训,以提高下岗人员的再就业能力,每名下岗人员可以选择参加一项培训、参加两项培训或不参加培训.已知参加过财会培训的有 60%,参加过计算机培训的有 75%.假设每个人对培训项目的选择是相互独立的,且各人的选择相互之间没有影响.(1)任取一名下岗人员,求该人参加过培训的概率.(2)任取三名下岗人员,求三人都没参加过培训的概率.

2. 设两个相互独立的事件 A 和 B 都不发生的概率为 $\dfrac{1}{9}$,A 发生 B 不发生的概率与 B

发生 A 不发生的概率相等,求 $P(A)$.

3. 三人独立地破译一个密码,他们能译出的概率分别是 $\frac{1}{5}$,$\frac{1}{3}$,$\frac{1}{4}$,问他们能将此密码译出的概率是多少?

4. 某零件用两种工艺加工.第一种工艺有三道工序,各道工序出现不合格品的概率分别是 $0.3,0.2,0.1$;第二种工艺有两道工序,各道工序出现不合格品的概率分别是 $0.3,0.2$.试问:(1)用哪种工艺加工得到合格品的概率较大些? (2)第二种工艺中两道工序出现不合格品的概率都是 0.3 时,情况又如何?

5. 某彩票每周开奖一次,每次提供十万分之一的中奖机会,且各周开奖是相互独立的.若你每周买一张彩票,尽管你坚持十年(每年 52 周)之久,但你从未中奖的可能性是多少?

6. 设 A,B,C 三个事件相互独立,试证:(1)AB 与 C 相互独立.(2)$A-B$ 与 C 相互独立.

7. 甲、乙、丙三人独立地向同一目标射击,设击中的概率分别是 $0.4,0.5,0.7$.若只有一人击中,则目标被击落的概率是 0.2;若两人击中,则目标被击落的概率是 0.6;若三人击中,则目标一定被击落.求目标被击落的概率.

8. 设 A,B 为两个相互独立的事件,$P(A)=0.4$,$P(A\cup B)=0.7$,求 $P(B)$.

9. 设 A,B,C 为三个相互独立的事件,已知 $P(A)=a$,$P(B)=b$,$P(C)=c$,求 A,B,C 至少有一个发生的概率.

10. 设三次独立试验中,若 A 发生的概率均相等且至少出现 1 次的概率为 $\frac{19}{27}$,求在一次试验中,事件 A 发生的概率.

11. 甲射击命中目标的概率是 $\frac{1}{2}$,乙命中目标的概率是 $\frac{1}{3}$,丙命中目标的概率是 $\frac{1}{4}$.现在三人同时独立射击目标,求:(1)三人都命中目标的概率.(2)其中恰有一人命中目标的概率.(3)目标被命中的概率.

12. 甲、乙两人进行乒乓球比赛,每局甲胜的概率为 0.6,问对甲而言,采取三局两胜有利还是采取五局三胜制有利?(设各局胜负相互独立)

13. 要验收一批(100 件)乐器,验收方案如下:自该批乐器中随机取 3 件测试(测试是相互独立进行的),如果 3 件中只要有一件在测试中被认为音色不纯,则这批乐器被拒绝接收.设 1 件音色不纯的乐器经测试查出其为音色不纯的概率是 0.95,而 1 件音色纯的乐器经测试被误认为音色不纯的概率是 0.01.如果已知这 100 件乐器中恰有 4 件是音色不纯的,试问这批乐器被接收的概率是多少?

第 7 章　平面解析几何

解析几何是用代数方法研究几何问题的一门数学学科.

平面解析几何研究的主要问题是：

(1)根据已知条件,求出表示平面曲线的方程；

(2)通过方程,研究平面曲线的性质.

在平面解析几何中,通过坐标把平面上的点与一对有次序的数对应起来,把平面上的图形和方程对应起来,从而可以用代数方法来研究几何问题.平面解析几何的知识对学习一元函数微积分是不可缺少的.解析几何中研究的一些曲线和方程在微积分中常要用到,所用的形数结合的研究方法在高等数学、大学物理和其他科学技术中也都有广泛的应用.

7.1　平面坐标法

用数表示点的位置的方法叫作**坐标法**.平面坐标法是平面解析几何的基础.

7.1.1　平面上点的直角坐标

规定了起点与终点的线段叫作**有向线段**.一条有向线段的长度,连同表示它的方向的正负号叫作这条有向线段的**数值**（或**数量**）.

以 A 为起点、B 为终点的有向线段记作 $\overline{AB}$,它的数值和长度分别记为 AB 和 $|AB|$.显然,对于任何两条长度相等、方向相反的有向线段 $\overline{AB}$ 和 $\overline{BA}$,它们的数值都有关系：

$$AB = -BA.$$

数轴上任意一点 P 的位置可以用以原点 O 为起点、P 为终点的有向线段的数值 OP 来表示.设 $OP = x_0$,称 x_0 为数轴上点 P 的坐标.

容易证明,对于数轴上的任意有向线段 $\overline{AB}$,它的数值 AB 和起点坐标（设为 x_1）、终点坐标（设为 x_2）有如下关系：

$$AB = x_2 - x_1. \tag{1}$$

根据这个公式可知,数轴上任意两点间的距离为

$$|AB| = |x_2 - x_1|. \tag{1'}$$

要表示平面上任意一点 P 的位置,必须建立坐标系.平面上点的直角坐标,实际上也是以有向线段的数值来定义的.

在平面上取两条相互垂直、长度单位相同的数值,以它们的交点为原点,这就构成了一

个平面直角坐标系(图 7-1). 通常把其中的一条数轴画在水平方向上,叫作横轴或 x 轴;另一条画在竖直方向上,叫作纵轴或 y 轴.

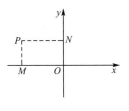

图 7-1

对于平面上任意一点 P,由 P 分别作 x 轴、y 轴的垂线,得到垂足 M 与 N,分别称它们为点 P 在 x 轴、y 轴上的**投影点**. 设有向线段 $\overrightarrow{OM}$ 的数量 $OM = x$,有向线段 $\overrightarrow{ON}$ 的数量 $ON = y$,那么 x,y 就称为点 P 的**横坐标和纵坐标**,记作 $P(x,y)$. 这样,由点 P 就确定了一个有序实数对 (x,y). 反过来,任意给定一有序实数对 (x,y),也可以在平面上确定一个定点 P.

平面直角坐标系的建立,使平面上的点和有序实数对之间建立了一一对应关系,这就有可能把平面上某些关于点的几何问题化为关于点的坐标的代数问题进行研究.

7.1.2 平面解析几何的两个基本公式

利用坐标法,我们可以用两点的坐标表示这两点间的距离,也可以用两点的坐标表示这两点的定比分点的坐标. 平面解析几何中的这两个基本公式是我们早已熟悉的,现列举如下.

1. 两点间的距离

已知两点 $P_1(x_1,y_1)$ 与 $P_2(x_2,y_2)$,则这两点间的距离可用公式表示为

$$|P_1P_2| = \sqrt{(x_2-x_1)^2 + (y_2-y_1)^2}. \tag{2}$$

当线段 P_1P_2 与 x 轴平行,即 $y_1 = y_2$ 时,有

$$|P_1P_2| = |x_2-x_1|;$$

当线段 P_1P_2 与 y 轴平行,即 $x_1 = x_2$ 时,有

$$|P_1P_2| = |y_2-y_1|.$$

特别地,点 $P(x,y)$ 与原点 $O(0,0)$ 的距离为

$$|OP| = \sqrt{x^2+y^2}. \tag{2'}$$

2. 线段的定比分点

设 $P_1(x_1,y_1)$ 与 $P_2(x_2,y_2)$ 是已知的两点,$P(x,y)$ 是有向线段 P_1P_2 的分点(内分点或外分点),且 $\dfrac{P_1P}{PP_2} = \lambda (\lambda \neq -1)$. 则定比分点 $P(x,y)$ 的坐标可用公式表示为

$$\begin{cases} x = \dfrac{x_1 + \lambda x_2}{1+\lambda} \\ y = \dfrac{y_1 + \lambda y_2}{1+\lambda} \end{cases} \quad (\lambda \neq -1). \tag{3}$$

特别地,当 P 是 P_1P_2 的中点时,即 $P_1P = PP_2$,从而 $\lambda = 1$,因此,线段 $\overline{P_1P_2}$ 的中点 P 的坐标为

$$\begin{cases} x = \dfrac{x_1 + x_2}{2} \\ y = \dfrac{y_1 + y_2}{2} \end{cases}. \tag{3'}$$

习题 7.1

1. 设 A、B、C 是数轴上的任意三点,证明 $\overline{AB}$、$\overline{BC}$ 和 $\overline{AC}$ 的数值 AB、BC 和 AC 间有下列关系式成立:

$$AB + BC = AC.$$

2. 证明点 $A(7,2)$ 和点 $B(1,-6)$ 在以点 $O(4,-2)$ 为圆心的圆周上,并求这个圆的半径.

3. 已知三点 $A(1,-1)$、$B(3,3)$、$C(4,5)$,证明这三点在一条直线上.

题 4 图

4. 如题 4 图所示,求点 B 分 $\overline{AC}$、点 B 分 $\overline{CA}$,点 C 分 $\overline{AB}$、点 C 分 $\overline{BA}$、点 A 分 $\overline{BC}$、点 A 分 $\overline{CB}$ 所成的比.

5. 已知点 $A(x_1,y_1)$、$B(x_2,y_2)$、$C(x_3,y_3)$ 是 $\triangle ABC$ 的三个顶点,求此三角形的重心 G 的坐标.

6. 用解析几何方法证明:对于任意实数 x_1,x_2,y_1,y_2 都有

$$\sqrt{(x_1-x_2)^2+(y_1-y_2)^2} \leqslant \sqrt{x_1^2+y_1^2} + \sqrt{x_2^2+y_2^2}.$$

7.2 曲线与方程

7.2.1 曲线与方程的概念

在用坐标系建立了点与有序实数对的对应关系的基础上,可进一步建立曲线与方程的对应关系.

平面上的曲线(包括直线)可以看作是适合某种条件的点的轨迹.

轨迹具有纯粹性和完备性:

(1)曲线上的每个点都必须适合某种条件(纯粹性);

(2)每个适合某种条件的点都必须在曲线上(完备性).

曲线上的每个点所适合的条件,一般可用曲线上任意一点的坐标 x,y 所适合的方程 $F(x,y)=0$ 或 $y=f(x)$ 来表示,于是可给出如下定义.

在建立了坐标系的平面上,如果一条曲线与一个含变量 x,y 的方程有如下关系:

(1)曲线上任意一点的坐标 (x,y) 都适合这个方程;

(2)凡坐标适合这个方程的点都在这条曲线上.

那么,这个方程就叫作这条曲线的**方程**,而这条曲线就叫作这个方程的**图形**.

由于原命题和它的逆否命题的等价性,可以把条件(2)改为"凡不在曲线上的点,它的坐标都不适合这个方程".

7.2.2 求曲线的方程

由以上定义可知,对于一条给定的曲线,要求出它的方程,实际上就是将这条曲线上的

点所适合的条件(即点的共同特征性质)用这条曲线上的点的坐标 x,y 的关系式来表达.

求已知曲线的方程,一般有以下几个步骤:

(1)建立适当的直角坐标系,用 (x,y) 表示曲线上任意一点 P 的坐标;

(2)将曲线上的点 P 所要适合的条件,用等式表示出来;

(3)用点 P 的坐标的关系式表示上述等式,得出方程 $F(x,y)=0$;

(4)化方程 $F(x,y)=0$ 为最简形式;

(5)证明凡坐标适合化简后的方程的点都在曲线上.

如果方程的化简过程是同解变形的过程,那么化简后的方程就是所求的曲线的方程,步骤(5)可以不写.另外,步骤(2)也可以省略不写.

【例 7-1】 求圆心在原点,半径为 $r(r>0)$ 的圆的方程.

解 在圆上任取一点 $P(x,y)$,如图 7-2 所示.

由圆的定义可知,圆上任意一点 P 都应适合条件 $|PO|=r$.用点 P 的坐标的关系式表示上述等式,得

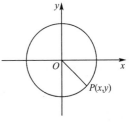

$$\sqrt{x^2+y^2}=r, \tag{1}$$

两端平方,得

$$x^2+y^2=r^2. \tag{2}$$

图 7-2

显然,方程(2)与方程(1)同解.因此方程(2)就是所求的圆的方程.

【例 7-2】 点 $A(-1,0)$ 是圆 $x^2+y^2=1$ 上的一个定点,点 B 是圆上任意一点.求弦 AB 的中点的轨迹方程.

解 设弦 AB 的中点为 P,它的坐标为 (x,y),点 B 的坐标为 (x_0,y_0).

因为 P 是 AB 的中点,所以 $x=\dfrac{-1+x_0}{2}, y=\dfrac{y_0}{2}$.即

$$x_0=2x+1, \quad y_0=2y.$$

因为点 B 在圆 $x^2+y^2=1$ 上,所以 $x_0^2+y_0^2=1$,即

$$(2x+1)^2+(2y)^2=1.$$

化简得

$$x^2+y^2+x=0.$$

这就是弦 AB 的中点的轨迹方程.

【例 7-3】 给定 $\triangle ABC$,求它的内接矩形 $DEFG$ 的对角线交点 P 的轨迹.

解 以 AB 边所在直线为 x 轴,AB 边上的高 OC 为 y 轴,建立直角坐标系(图 7-3).

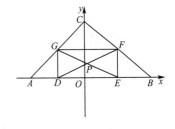

图 7-3

设下列定点和动点的坐标分别为 $A(-a,0),B(b,0),C(0,c),D(x_1,0),E(x_2,0),F(x_2,y_1),G(x_1,y_1),P(x,y)$.又设 $\dfrac{CG}{GA}=\dfrac{CF}{FB}=\lambda$(这里 λ 是参变量).

根据定比分点坐标公式可知

$$G\left(\frac{-\lambda a}{1+\lambda}, \frac{c}{1+\lambda}\right), \quad F\left(\frac{\lambda b}{1+\lambda}, \frac{c}{1+\lambda}\right).$$

由中点坐标公式得

$$x=\frac{\lambda(b-a)}{2(1+\lambda)}, \quad y=\frac{c}{1+\lambda},$$

消去参数 λ,得

$$2cx+2(b-a)y-c(b-a)=0.$$

点 P 的轨迹就是此直线含在△ABC 内的线段. 若 $a=b$,则 $x=0$,这时由于△ABC 是等腰三角形,点 P 的轨迹正好是高 CO.

7.2.3 由方程画曲线(图形)

由方程画曲线,基本方法是描点作图.通常在画曲线之前,先对已知方程 $F(x,y)=0$ 作以下几方面的讨论,以便掌握曲线的某些特征,从而能够比较正确而且迅速地画出曲线.

1.曲线与坐标轴的交点

如果曲线与坐标轴有交点,那么在方程 $F(x,y)=0$ 中,令 $y=0$,求出相应的 x 的值,就可得到曲线与 x 轴的交点;

在方程 $F(x,y)=0$ 中,令 $x=0$,求出相应的 y 的值,就可得到曲线与 y 轴的交点.

2.曲线的对称性

在方程 $F(x,y)=0$ 中,如果把 y 换成 $-y$,方程不变,那么曲线关于 x 轴对称(这是因为"如果把 y 换成 $-y$,方程不变",这就说明如果点 (x,y) 在曲线上,那么它关于 x 轴的对称点 $(x,-y)$ 也在此曲线上,所以曲线关于 x 轴对称);

同理,在方程 $F(x,y)=0$ 中,如果把 x 换成 $-x$,方程不变,那么曲线关于 y 轴对称;

在方程 $F(x,y)=0$ 中,如果同时把 x 换成 $-x$,y 换成 $-y$,方程不变,那么曲线关于原点对称.

3.曲线的范围和变化趋势

就方程 $F(x,y)=0$ 确定 x,y 的取值范围,由此可知曲线的范围.根据方程 $F(x,y)=0$ 研究当 x(或 y)的值逐渐增大或减小时,对应的 y(或 x)的值的变化情况,由此可知曲线的变化趋势.

【例 7-4】 画出方程 $y^2=x+4$ 的曲线.

解 (1)讨论.

①在已给方程中,令 $x=0$,则 $y=\pm2$.令 $y=0$,则 $x=-4$.所以曲线与 y 轴、x 轴的交点分别是 $(0,-2)$,$(0,+2)$ 和 $(-4,0)$;

②在已给方程中,把 y 换成 $-y$,方程不变,这说明曲线关于 x 轴对称;

③由已给方程可得 $y=\pm\sqrt{x+4}$,从而可知 $x\geqslant-4$,且当 x 值增大时,$|y|$ 也增大.

可见曲线在直线 $x=-4$ 的右侧,且向右上方、右下方无限伸延;又 $x=y^2-4$,从而可知,对 y 的一切实数值,x 都有对应的实数值.

(2)计算 x,y 的对应值,描点作图.

取 $x\in[-4,+\infty)$ 的一些数值,代入 $y=\pm\sqrt{x+4}$,得表 7-1.

表 7-1			$y=\pm\sqrt{x+4}$的取值				
x	-4	-2	0	2	4	12	$\cdots$
y	0	±1.4	±2	±2.4	±2.8	±4	$\cdots$

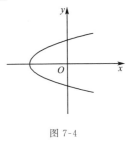

然后描点,用光滑曲线连接这些点就得到所求曲线(图 7-4).

7.2.4 两曲线的交点

由曲线方程的定义可知,如果两条曲线有交点,那么交点的坐标就是这两条曲线的方程所组成的方程组的实数解;反过来,方程组的每一组实数解对应于曲线的一个交点.所以求曲线交点的问题,就是求由它们的方程所组成的方程组的实数解的问题.

图 7-4

习题 7.2

1. 动点 $P(x,y)$ 到两点 $F_1(-4,0)$、$F_2(4,0)$ 距离的和是 10,求动点 $P(x,y)$ 的轨迹方程.

2. 定长为 $2a$ 的线段 AB,它的端点分别在 x 轴和 y 轴上滑动,求该线段中点所形成的曲线的方程.

3. $\triangle ABC$ 的顶点 A,B 为定点,$|AB|=a$,中线 AD 的长度 $|AD|=m$,求顶点 C 的轨迹方程.

4. 已知两点 $A(-2,-2)$ 与 $B(2,2)$,求满足条件 $|PA|-|PB|=4$ 的动点 P 的轨迹方程.

5. A 是定圆 $x^2+y^2=1$ 外且位于 x 轴正半轴上的一个定点,点 B 在定圆上运动,求线段 AB 靠近 A 的三等分点 P 的轨迹方程.

6. 始于原点且与 x 轴正半轴夹角为锐角的射线上有一动点 M(在第 I 象限),在 x 轴正半轴上有一动点 N,且 $\triangle MON$ 的面积为定值 4.求线段 MN 的中点 P 的轨迹方程.

7. 判别下列各方程的曲线是否关于 x 轴对称、关于 y 轴对称、关于原点对称:

(1) $4x^2+y^2=5$.   (2) $x^2+2xy+y^2=8$.

(3) $x^2-2xy+y^2-5y=0$.   (4) $4x^2+y^2-2x-15=0$.

8. 描绘方程 $y^2=-4x$ 的图形.

9. 描绘方程 $3x^2+4y^2-12=0$ 的图形.

10. k 取什么值时,曲线 $y=x+k$ 与 $\dfrac{x^2}{4^2}+\dfrac{y^2}{3^2}=1$ 有一个交点? 有两个交点? 没有交点?

7.3 直 线

直线是平面曲线中最简单、最基本的一种图形,它有着广泛的应用.

7.3.1 直线的倾斜角与斜率

一条直线 l 向上的方向与 x 轴的正方向所成的最小正角 α 叫作这条直线的**倾斜角**（图 7-5）. 特别地, 当直线与 x 轴平行时, 规定它的倾斜角为 $0°$. 因此, 倾斜角取值的范围是 $0° \leqslant \alpha < 180°$. 倾斜角确定了, 直线的方向也就确定了.

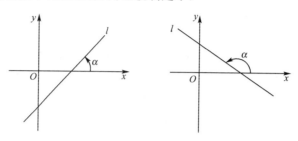

图 7-5

直线 l 的倾斜角 α 的正切叫作直线的**斜率**, 斜率通常用 k 表示, 即

$$k = \tan \alpha. \tag{1}$$

当 $\alpha = 0°$ 时, $k = 0$; 当 α 为锐角时, $k > 0$; 当 α 为钝角时, $k < 0$; 当 $\alpha = 90°$ 时, 认为直线的斜率不存在.

设 $P_1(x_1, y_1)$、$P_2(x_2, y_2)$ 是直线上的任意两点, 容易证明这条直线的斜率为

$$k = \frac{y_2 - y_1}{x_2 - x_1} \quad (x_2 \neq x_1). \tag{2}$$

【例 7-5】 用解析法证明 $A(3, 3)$、$B(-2, -1)$、$C(-7, -5)$ 三点在同一直线上.

证明 由公式 (2) 可知, 直线 AB、AC 的斜率分别为

$$k_{AB} = \frac{-1 - 3}{-2 - 3} = \frac{4}{5}, \quad k_{AC} = \frac{-5 - 3}{-7 - 3} = \frac{4}{5}.$$

因为 $k_{AB} = k_{AC}$, 这说明直线 AB 和 AC 的倾斜角相等, 又因为 AB 和 AC 有公共点 A, 所以 A、B、C 三点在同一直线上.

7.3.2 直线方程的几种形式

直线方程的形式取决于确定直线位置的条件.

当已知直线 l 经过定点 $P_1(x_1, y_1)$ 且斜率为 k 时, 此直线的位置便完全被确定（图 7-6）. 根据 7.2 节中求曲线方程的一般方法, 可求出直线 l 的方程.

设 $P(x, y)$ 是直线 l 上不同于 $P_1(x_1, y_1)$ 的任意一点. 由斜率公式, 得

$$\frac{y - y_1}{x - x_1} = k \quad (x \neq x_1),$$

即

$$y - y_1 = k(x - x_1). \tag{3}$$

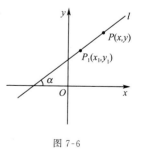

图 7-6

显然, 直线 l 上一切点的坐标都适合方程 (3); 反过来, 连接不在直线 l 上的点和点 P_1 所得直线的斜率都不等于 k. 也就是说, 不在直

线 l 上的点的坐标都不适合方程(3). 所以方程(3)就是所求直线 l 的方程. 这个方程叫作直线方程的**点斜式**.

以直线方程的点斜式为基础, 容易导出直线方程的其他几种形式.

(1)当已知直线 l 的斜率仍为 k, $P_1(0,b)$ 是 y 轴上的点时, 方程(3)变为

$$y = kx + b. \tag{4}$$

这就是直线方程的**斜截式**. 其中 b 是直线 l 在 y 轴上的截距, 简称**纵截距**.

(2)当已知直线 l 通过两点 $P_1(x_1,y_1)$、$P_2(x_2,y_2)$, 且 $x_1 \neq x_2$, $y_1 \neq y_2$ 时, 方程(3)变为

$$y - y_1 = \frac{y_2 - y_1}{x_2 - x_1}(x - x_1),$$

即

$$\frac{y - y_1}{y_2 - y_1} = \frac{x - x_1}{x_2 - x_1}. \tag{5}$$

这就是直线方程的**两点式**.

(3)当已知直线 l 通过两点 $P_1(a,0)$、$P_2(0,b)$ ($a \neq 0$, $b \neq 0$)时, 由直线的两点式方程(5)得

$$\frac{x}{a} + \frac{y}{b} = 1. \tag{6}$$

这就是直线方程的**截距式**. 式中 a, b 分别是横截距和纵截距.

显然, 当直线 l 平行于 y 轴且过点 $(x_1,0)$ 时, 它的方程是 $x = x_1$.

当直线 l 平行于 x 轴且过点 $(0,y_1)$ 时, 它的方程是 $y = y_1$.

特别地, y 轴的方程是 $x = 0$. x 轴的方程是 $y = 0$.

由上面的讨论可知, 不论直线在平面上的位置如何, 直线的方程都是关于 x, y 的二元一次方程. 反过来, 任何一个关于 x, y 的二元一次方程的图形都是直线. 因此我们把方程

$$Ax + By + C = 0 \tag{7}$$

(其中 A、B 不全为 0)叫作直线方程的**一般式**.

【例 7-6】 在直角坐标系内, 已知矩形 $OABC$ 的边长 $OA = a$, $OC = b$, 点 D 在 AO 的延长线上, $DO = a$. 设 M、N 分别是 OC、BC 边上的动点, 使 $\dfrac{OM}{MC} = \dfrac{BN}{NC} \neq 0$ (图 7-7). 求直线 DM 与 AN 的交点 P 的轨迹方程.

解　设 $\dfrac{OM}{MC} = \dfrac{BN}{NC} = \lambda$, 则 $D(-a,0)$, $M\left(0, \dfrac{\lambda b}{1+\lambda}\right)$.

直线 DM 的截距式方程为

$$l_{DM}: \frac{x}{-a} + \frac{y}{\dfrac{\lambda b}{1+\lambda}} = 1,$$

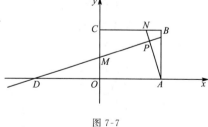

图 7-7

整理得

$$y = \frac{\lambda b}{a(1+\lambda)}(x + a). \tag{①}$$

由 $A(a,0)$, $N\left(\dfrac{a}{1+\lambda}, b\right)$, 得直线 AN 的点斜式方程为

$$l_{AN}: y = \frac{b-0}{\dfrac{a}{1+\lambda}-a}(x-a),$$

整理得

$$y = \frac{-b(1+\lambda)}{a\lambda}(x-a).\qquad\qquad ②$$

①、②两式相乘消去 λ,得

$$y^2 = -\frac{b^2}{a^2}(x^2-a^2),$$

整理得

$$\frac{x^2}{a^2}+\frac{y^2}{b^2}=1 \quad (x>0,y>0).\qquad\qquad ③$$

因为直线 DM 与 AN 的交点 P 只能在矩形内,所以所求轨迹是方程③所表示的曲线在第一象限内的部分.

7.3.3　点与直线的位置关系及两条直线的位置关系

1. 点与直线的位置关系

已知点 $P_0(x_0,y_0)$ 与直线 $l:Ax+By+C=0$. 点 P_0 与直线 l 的位置关系有两种:

(1)点 P_0 在直线 l 上;

(2)点 P_0 不在直线 l 上.

由曲线(含直线)方程的定义可知,点 P_0 在直线 l 上的充要条件为

$$Ax_0+By_0+C=0.$$

点 P_0 不在直线 l 上的充要条件为

$$Ax_0+By_0+C\neq0.$$

当点 P_0 不在直线 l 上时,点 P_0 到直线 l 的距离 d 可用下列公式计算:

$$d=\frac{|Ax_0+By_0+C|}{\sqrt{A^2+B^2}}.\qquad\qquad (8)$$

2. 两条直线的位置关系

显然,同一平面上两条直线间的位置关系只有三种可能:

(1)两条直线相交;

(2)两条直线平行而不重合;

(3)两条直线重合.

设已知两条直线的方程分别为

$$l_1:y=k_1x+b_1 \quad 或 \quad A_1x+B_1y+C_1=0,$$
$$l_2:y=k_2x+b_2 \quad 或 \quad A_2x+B_2y+C_2=0.$$

那么:

(1)两条直线相交的充要条件是

$$k_1\neq k_2 \quad 或 \quad \frac{A_1}{A_2}\neq\frac{B_1}{B_2};\qquad\qquad (9)$$

(2)两条直线平行而不重合的充要条件是

$$k_1=k_2 \quad 且 \quad b_1 \neq b_2 \quad 或 \quad \frac{A_1}{A_2}=\frac{B_1}{B_2}\neq\frac{C_1}{C_2}; \tag{10}$$

（3）两条直线重合的充要条件是

$$k_1=k_2 \quad 且 \quad b_1=b_2 \quad 或 \quad \frac{A_1}{A_2}=\frac{B_1}{B_2}=\frac{C_1}{C_2}; \tag{11}$$

（4）若两条直线相交,设 θ 为直线 l_1 到 l_2 的角,则

$$\tan\theta=\frac{k_2-k_1}{1+k_1k_2} \quad 或 \quad \tan\theta=\frac{A_1B_2-A_2B_1}{A_1A_2+B_1B_2}; \tag{12}$$

（5）两条直线垂直的充要条件是

$$k_1k_2=-1 \quad 或 \quad A_1A_2+B_1B_2=0. \tag{13}$$

【例 7-7】　设 l_1、l_2、l_3 是互不平行的三条直线,它们的方程分别为

$$l_1:A_1x+B_1y+C_1=0,$$
$$l_2:A_2x+B_2y+C_2=0,$$
$$l_3:A_3x+B_3y+C_3=0.$$

求证:这三条互不平行的直线相交于一点的充要条件是

$$\begin{vmatrix} A_1 & B_1 & C_1 \\ A_2 & B_2 & C_2 \\ A_3 & B_3 & C_3 \end{vmatrix}=0.$$

证明　如果这三条直线相交于一点,那么其中两条直线的交点必定在第三条直线上. 也就是说,其中的两个方程所组成的方程组的解,必定满足第三个方程.解由直线 l_1 和 l_2 的方程所组成的方程组,由线性方程组的克莱姆法则可求得

$$\begin{cases} x=\dfrac{B_1C_2-B_2C_1}{A_1B_2-A_2B_1} \\ y=\dfrac{A_2C_1-A_1C_2}{A_1B_2-A_2B_1} \end{cases}.$$

这个交点的坐标必定满足直线 l_3 的方程,即

$$A_3\left(\frac{B_1C_2-B_2C_1}{A_1B_2-A_2B_1}\right)+B_3\left(\frac{A_2C_1-A_1C_2}{A_1B_2-A_2B_1}\right)+C_3=0.$$

化简后得 $A_1B_2C_3+A_2B_3C_1+A_3B_1C_2-A_1B_3C_2-A_2B_1C_3-A_3B_2C_1=0$. 这个等式的左端是下面的三阶行列式的展开式. 因此,这个等式可以写成

$$\begin{vmatrix} A_1 & B_1 & C_1 \\ A_2 & B_2 & C_2 \\ A_3 & B_3 & C_3 \end{vmatrix}=0.$$

反过来,如果三条互不平行的直线满足这一关系式,那么将上述步骤逆推,可以证明这三条直线相交于一点,于是所求证的结论成立.

【例 7-8】　试在直线 $l:x+3y=0$ 上求一点,使它到原点与直线 $l':x+3y-2=0$ 的距离相等.

解　设 $P_1(x_1,y_1)$ 为所求点,则有

$$x_1+3y_1=0. \tag{①}$$

而 $|P_1O|=\sqrt{x_1^2+y_1^2}$,$P_1$ 到直线 l' 的距离为 $\dfrac{|x_1+3y_1-2|}{\sqrt{10}}$,依题意有

$$\sqrt{x_1^2+y_1^2}=\frac{|x_1+3y_1-2|}{\sqrt{10}}, \qquad\qquad ②$$

由式①得

$$x_1=-3y_1, \qquad\qquad ③$$

将式③代入式②,得 $\sqrt{10y_1^2}=\dfrac{2}{\sqrt{10}}$,于是 $y_1=\pm\dfrac{1}{5}$,$x_1=\mp\dfrac{3}{5}$,所求点为 $\left(-\dfrac{3}{5},\dfrac{1}{5}\right)$ 或 $\left(\dfrac{3}{5},-\dfrac{1}{5}\right)$.

【例7-9】 已知直线 $l_1:2x-y+1=0$,求直线 l_1 关于直线 $l:x-y-1=0$ 轴对称的直线 l_1' 的方程.

解法1 设 $P(x,y)$ 是所求直线 l_1' 上的任意一点,P 关于直线 $l:x-y-1=0$ 的对称点是 $Q(x_0,y_0)$(图7-8).

因为点 $Q(x_0,y_0)$ 在直线 $2x-y+1=0$ 上,所以

$$2x_0-y_0+1=0.$$

因为 PQ 与直线 $x-y-1=0$ 垂直,所以

$$\frac{y-y_0}{x-x_0}\times 1=-1.$$

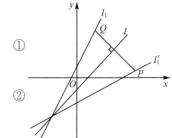

图 7-8

线段 PQ 的中点坐标是 $\left(\dfrac{x+x_0}{2},\dfrac{y+y_0}{2}\right)$.

因为 PQ 的中点在直线 $x-y-1=0$ 上,所以

$$\frac{x+x_0}{2}-\frac{y+y_0}{2}-1=0. \qquad\qquad ③$$

由式②和式③得

$$x_0=y+1, \qquad\qquad ④$$
$$y_0=x-1. \qquad\qquad ⑤$$

将式④和式⑤代入式①,得

$$2(y+1)-(x-1)+1=0.$$

整理后即得所求直线 l_1' 的方程为

$$x-2y-4=0.$$

解法2 解由直线 l_1 与 l 的方程所组成的方程组

$$\begin{cases}2x-y+1=0,\\ x-y-1=0,\end{cases}$$

得

$$\begin{cases}x=-2\\ y=-3,\end{cases}$$

由此知直线 l_1 与 l 的交点坐标是 $(-2,-3)$.所求直线 l_1' 经过点 $(-2,-3)$,设它的斜率为 k.根据题意知直线 l_1' 到 l 的角 θ_1 等于直线 l 到 l_1 的角 θ_2,而

$$\tan\theta_1=\frac{1-k}{1+k}, \quad \tan\theta_2=\frac{2-1}{1+2}=\frac{1}{3},$$

于是

$$\frac{1-k}{1+k}=\frac{1}{3},$$

即

$$k=\frac{1}{2}.$$

所以所求直线 l_1' 的方程为

$$y+3=\frac{1}{2}(x+2),$$

即

$$x-2y-4=0.$$

【例 7-10】　已知直线 l 过点 $P(3,2)$，且与 x 轴、y 轴的正半轴分别交于 A、B 两点，求 $\triangle AOB$ 面积最小时的直线 l 的方程.

解法 1　如图 7-9 所示，设直线 l 的斜率为 k，由条件知 $k\neq 0$，则直线 l 的方程为

$$y-2=k(x-3). \qquad ①$$

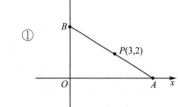

当 $x=0$ 时，$y=-3k+2$；

当 $y=0$ 时，$x=-\dfrac{2}{k}+3$.

图 7-9

由此知直线 l 在 y 轴、x 轴上的截距分别为 $-3k+2$，$-\dfrac{2}{k}+3$，所以

$$S_{\triangle AOB}=\frac{1}{2}(-3k+2)\left(-\frac{2}{k}+3\right)$$
$$=\frac{1}{2}\left[12+\left(-9k+\frac{4}{-k}\right)\right]. \qquad ②$$

因为所求直线与 x 轴、y 轴的正半轴分别相交，所以 $k<0$，从而 $-9k>0$，$-\dfrac{4}{k}>0$. 又因为 $(-9k)\left(-\dfrac{4}{k}\right)=36$（常数），所以当 $-9k=\dfrac{4}{-k}$，即 $k^2=\dfrac{4}{9}$，也就是 $k=-\dfrac{2}{3}$ 时，$-9k+\dfrac{4}{-k}$ 有最小值，于是 $S_{\triangle AOB}$ 有最小值.

将 k 值代入式①，得所求直线方程为

$$y-2=-\frac{2}{3}(x-3),$$

即

$$2x+3y-12=0.$$

解法 2　如图 7-9 所示，设过点 $P(3,2)$ 的直线 l 与 x 轴交于点 $A(a,0)$，则由直线方程的两点式可知，直线 l 的方程为

$$\frac{x-3}{a-3}=\frac{y-2}{0-2},$$

即

$$2x+(a-3)y-2a=0. \qquad ③$$

当 $x=0$ 时，$y=\dfrac{2a}{a-3}$.

又 $\triangle AOB$ 的面积为 $S=\dfrac{1}{2}a\cdot\dfrac{2a}{a-3}=\dfrac{a^2}{a-3}$，整理得

$$a^2-Sa+3S=0. \qquad\qquad ④$$

因为 a 是实数，所以判别式 $\Delta\geqslant0$，即

$$S^2-4\times3S\geqslant0, \quad S\geqslant12.$$

由此可知 $S_{最小}=12$. 将 $S_{最小}$ 代入式④，得

$$a^2-12a+36=0,$$

所以 $a=6$. 将 a 值代入式③，得所求直线方程为

$$2x+3y-12=0.$$

7.3.4 直线划分平面区域

我们已经知道，如果点 $P_0(x_0,y_0)$ 不在直线 $l:Ax+By+C=0$ 上，那么 $Ax_0+By_0+C\neq0$. 现在进一步证明以下重要结论：

(1)把在直线 l 不同侧的任意两点的坐标代入二元一次式 $Ax+By+C$，得到的数值异号；(2)把在直线 l 同侧的任意两点的坐标代入二元一次式 $Ax+By+C$，得到的数值同号.

证明 设已知两点 $P_1(x_1,y_1)$、$P_2(x_2,y_2)$ 及直线 $l:Ax+By+C=0$.

(1)如果经过 P_1、P_2 的直线与直线 l 相交，设交点为 P，点 P 分 $\overline{P_1P_2}$ 所成的比为 λ，则点 P 的坐标为 $\left(\dfrac{x_1+\lambda x_2}{1+\lambda},\dfrac{y_1+\lambda y_2}{1+\lambda}\right)$.

因为点 P 在直线 l 上，所以点 P 的坐标必满足直线 l 的方程，即有

$$A\left(\dfrac{x_1+\lambda x_2}{1+\lambda}\right)+B\left(\dfrac{y_1+\lambda y_2}{1+\lambda}\right)+C=0.$$

整理后，得 $(Ax_1+By_1+C)+\lambda(Ax_2+By_2+C)=0$，所以

$$\lambda=-\dfrac{Ax_1+By_1+C}{Ax_2+By_2+C}.$$

由此可见：当点 P_1、P_2 分别在直线 l 的两侧时，点 P 内分 $\overline{P_1P_2}$，分比 $\lambda>0$，因此 Ax_1+By_1+C 与 Ax_2+By_2+C 异号；当点 P_1、P_2 在直线 l 的同侧时，点 P 外分 $\overline{P_1P_2}$，分比 $\lambda<0$，因此 Ax_1+By_1+C 与 Ax_2+By_2+C 同号.

(2)如果经过点 P_1、P_2 的直线与直线 l 平行(此时点 P_1、P_2 在直线 l 的同侧)，则此二直线的斜率相等，即有

$$\dfrac{y_2-y_1}{x_2-x_1}=-\dfrac{A}{B}.$$

整理后，得

$$A(x_2-x_1)+B(y_2-y_1)=0,$$

即

$$Ax_1+By_1=Ax_2+By_2.$$

因此 Ax_1+By_1+C 与 Ax_2+By_2+C 同号.

由以上已证明的重要结论可知：

直线 $l:Ax+By+C=0$ 把坐标平面分为两个半平面,其中一个半平面内的点的坐标满足 $Ax+By+C>0$,另一个半平面内的点的坐标满足 $Ax+By+C<0$.

在实际应用时,由于直线同一侧的点的坐标代入 $Ax+By+C$ 所得的值的符号相同,因此只要取不在直线上的一个点的坐标代入 $Ax+By+C$,由所得的值的符号,便可决定整个一侧的点集的坐标代入 $Ax+By+C$ 后所得的值的符号.下面分两种情况讨论:

(1)当 $C\neq0$ 时,直线不经过原点,$Ax+By+C$ 在原点处的值就是 C.所以如果 $C>0$,说明原点所在一侧的区域 $Ax+By+C>0$,另一侧 $Ax+By+C<0$;如果 $C<0$,说明原点所在一侧的区域 $Ax+By+C<0$,另一侧 $Ax+By+C>0$.

(2)当 $C=0$ 时,直线过原点,同样可用不在直线上一点的坐标代入 $Ax+By$,由所得值的符号决定区域的符号.为了方便起见,可选用点 $(1,0)$ 或 $(0,-1)$ 代入计算.

【例 7-11】　用图解法解二元一次不等式组

$$\begin{cases} x+y-10<0 \\ x-y<0 \\ 3x-2>0 \end{cases}.$$

解　如图 7-10 所示,在坐标平面上先作三条直线

$$l_1:x+y-10=0,$$
$$l_2:x-y=0,$$
$$l_3:3x-2=0.$$

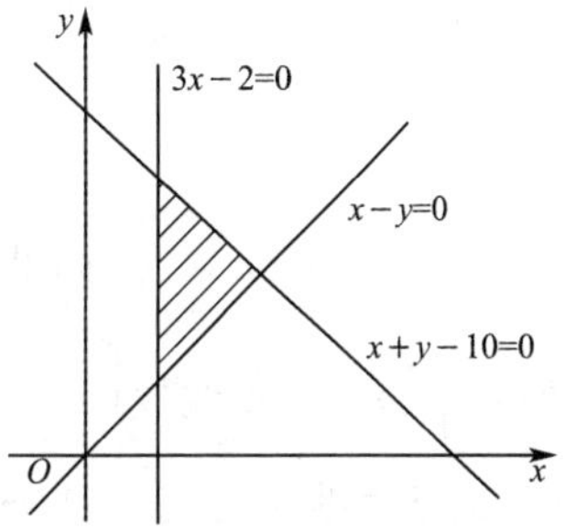

图 7-10

对于直线 l_1 来说,因为 $C=-10<0$,所以,包含原点在内的半平面的点的坐标都满足 $x+y-10<0$;

对于直线 l_2 来说,$C=0$,用点 $(1,0)$ 的坐标代入直线方程的左端得 $x-y=1>0$,所以在直线 $x-y=0$ 的上侧的点的坐标都满足 $x-y<0$;

对于直线 l_3 来说,因为 $C=-2<0$,所以,不包含原点在内的半平面内的点的坐标都满足 $3x-2>0$.

由此可见,所求不等式组的解集就是图 7-10 中有阴影的三角形区域内的点集.

【例 7-12】[①]　某工厂计划生产甲、乙两种产品,要用 A、B、C 三种不同的原料.已知每生产一种产品甲,所需三种原料分别为 $1,1,0$ 单位;每生产一件产品乙,所需三种原料分别为 $1,2,1$ 单位.这三种原料的现有量分别为 $6,8,3$ 单位.又知每生产一种产品甲可获利润 3 千元(表 7-2),每生产一件产品乙可获利润 4 千元.问该工厂应如何安排计划,才能使所获利润最大?

表 7-2

原料	每件产品所需原料		现有原料
	产品甲	产品乙	
A	1	1	6
B	1	2	8
C	0	1	3
每件产品可获利润/千元	3	4	

解　设该工厂安排生产甲、乙两种产品的件数分别为 x,y.根据题意,所要解决的问题

---

① 这是两个变量的线性规划问题中的一个实例.

就是在满足下列条件(称为**约束条件**)

$$\begin{cases} x+y\leqslant 6 \\ x+2y\leqslant 8 \\ y\leqslant 3 \\ x\geqslant 0,y\geqslant 0 \end{cases} \qquad ①$$

的前提下,求函数(称为**目标函数**)

$$S=3x+4y$$

的最大值的问题.

我们可用图解法来解决这一问题.

先在坐标平面上作出线性不等式组①的解集(图 7-11 中阴影部分),它是一个由凸多边形 $OABCD$ 所围成的闭区域(这个区域由多边形内及边界上的点所组成).

目标函数 $S=3x+4y$,可写成

$$y=-\frac{3}{4}x+\frac{S}{4}. \qquad ②$$

从几何意义来说,如果把式②中的 S 看成参数,则它表示一组具有相同斜率 $-\frac{3}{4}$、纵截距为 $\frac{S}{4}$ 的平行直线族(图 7-12),当 S 取某个定值时,函数 $S=3x+4y$ 就决定其中的一条直线.这条直线上任何一点 (x,y) 都对应着相同的目标函数值 S,所以称这样的直线为目标函数 S 的**等值线**.从图 7-12 看出,随着直线往右上方平行移动,直线的纵截距增大,所对应的目标函数值 S(总利润)也越大.但 S 不能无限增大,因为在这个问题中,对 x,y 的取值是有限制的,x,y 的取值必须满足约束条件组①.从几何意义来说,就是点 (x,y) 必须位于图 7-12 所示的凸多边形 $OABCD$ 的内部或边界上.因此,我们所要解决的问题是:一方面要使目标函数值 S 尽可能地大,另一方面要使目标函数 S 的等值线上至少有一个点位于凸多边形 $OABCD$ 的内部或边界上.由图 7-12 可以看出,两条直线 $x+y=6$ 与 $x+2y=8$ 的交点 $B(4,2)$ 就是能同时满足上述两个要求的唯一点(称为**最优点**).将点 B 的坐标(称为**最优解**)代入目标函数,就得到对应的目标函数值(称为**最优值**)

$$S=3\times 4+4\times 2=20(千元).$$

也就是说,当该厂生产甲种产品 4 件、乙种产品 2 件时,所获利润最大.最大利润为 20 000 元.

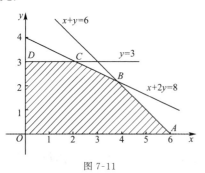

图 7-11

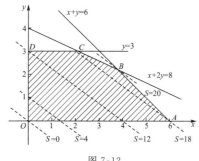

图 7-12

习题 7.3

1. 根据下列条件写出直线方程并化为一般式：

(1)经过点 $A(-2,3)$，倾斜角是 $\dfrac{\pi}{4}$.

(2)经过点 $B(4,5)$，平行于 x 轴.

(3)经过点 $C\left(-\dfrac{1}{3},0\right)$，平行于 y 轴.

(4)在 y 轴上的截距是 -2，斜率是 $\dfrac{4}{3}$.

(5)经过点 $P(-2,5)$ 和 $Q(-4,-6)$.

(6)在 x 轴和 y 轴上的截距分别是 -2 和 4.

2. 求下列直线的斜率和在 y 轴上的截距：

(1) $x-y+5=0$.   (2) $4x+8y-16=0$.

3. 求经过两条直线 $3x+2y-6=0$ 和 $4x-3y-12=0$ 的交点，并且和两个坐标轴所围成的三角形面积是 3 的直线方程.

4. 已知点 $P(0,1)$，过点 P 作一条直线，使它被两条已知直线 $l_1:x-3y+10=0$ 和 $l_2:2x+y-8=0$ 所截得的线段被 P 平分，求这条直线的方程.

5. 用解析几何方法证明：$A(1,5)$，$B(0,2)$，$C(2,8)$ 三点在同一条直线上.

6. 判别下列每组的三条直线是否相交于一点：

(1) $2x+y-5=0$，$x-y+2=0$，$x+y-4=0$.

(2) $x+3y-6=0$，$3x-y+2=0$，$x+y-1=0$.

7. 用解析几何方法证明：三角形的三条高线交于一点.

8. 用解析几何方法证明：直径上的圆周角是直角.

9. 已知 $\triangle ABC$ 的三个顶点是 $A(4,-6)$，$B(-4,0)$ 和 $C(-1,4)$，求：

(1)角 B 的平分线所在的直线方程.

(2)三个内角.

10. 已知两条直线的方程分别为 $l_1:A_1x+B_1y+C_1=0$，$l_2:A_2x+B_2y+C_2=0$，求证：

(1)两条直线平行的充要条件是 $\dfrac{A_1}{A_2}=\dfrac{B_1}{B_2}\neq\dfrac{C_1}{C_2}$.

(2)两条直线重合的充要条件是 $\dfrac{A_1}{A_2}=\dfrac{B_1}{B_2}=\dfrac{C_1}{C_2}$.

(3)两条直线垂直的充要条件是 $A_1A_2+B_1B_2=0$.

11. A 取什么值时，直线 $3x-2y+6=0$ 和 $Ax-y+2=0$：

(1)相互平行？   (2)相互垂直？

12. 用图解法求不等式组

$$\begin{cases} 2x-y-3>0 \\ 2x+3y-6<0 \\ 3x-5y-15<0 \end{cases}.$$

13. 点 $F(a,0)(a>0)$ 是 x 轴上的一个定点，Q 是 y 轴上的任意一点，过 Q 作 $QT \perp FQ$ 交 x 轴于 T，延长 TQ 到 P，使 $|TQ|=|QP|$，求点 P 的轨迹方程．

14. 与曲线 $x^2+y^2-2x-2y+1=0$ 相切的直线 AB 与 x 轴、y 轴分别交于 A、B 两点．若 $OA=a$，$OB=b$，且 $a>0$，$b>2$，O 为原点．

(1) 求线段 AB 中点的轨迹；

(2) 求 $\triangle AOB$ 面积的最小值．

15. 用图示法表示下列不等式表示的区域：

(1) $2x-3y+1>0$.   (2) $3x+2y<0$.

(3) $y \geqslant -x+3$.   (4) $y<-2x-1$.

16. 用图解法求 x，y 的值，使它们满足约束条件 $\begin{cases} x-y \geqslant 1 \\ -x+2y \leqslant 0, \\ x \geqslant 0, y \geqslant 0 \end{cases}$ 并且使目标函数 $S=2x+2y$ 的值最小．

7.4　二次曲线

圆、椭圆、双曲线、抛物线是常见的、有广泛应用的曲线．在直角坐标系中，由于它们的方程都是二次方程，所以统称为**二次曲线**．

学习本节内容，关键在于进一步理解和掌握由曲线求方程，以及由方程讨论曲线的性质并画出曲线的问题．

通过建立曲线方程，把形转化为数来研究，再由方程讨论曲线的几何性质，通过数的研究转化为形，这就是解析几何的基本思想和基本方法．学习本章要着重领会这一思想方法．

7.4.1　圆

1. 圆及其标准方程

我们知道，平面内与定点的距离等于定长的点的集合（轨迹）叫作**圆**．定点叫作**圆心**，定长叫作**半径**．

根据圆的定义，我们来求圆心是 $C(a,b)$，半径是 r 的圆的方程（图 7-13）．

设 $P(x,y)$ 是圆上任意一点．根据定义，得

$$|PC|=r.$$

由两点间的距离公式，得

$$\sqrt{(x-a)^2+(y-b)^2}=r,$$

两端平方，得

$$(x-a)^2+(y-b)^2=r^2. \tag{1}$$

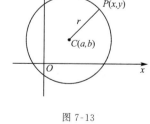

图 7-13

根据 $r>0$ 知上述两个方程同解，所以方程(1)就是以 (a,b) 为圆心，r 为半径的圆的方程．我们把它叫作**圆的标准方程**．

如果圆心在坐标原点，这时 $a=0$，$b=0$，那么圆的方程就是

$$x^2 + y^2 = r^2.$$

2. 圆的一般方程

把圆的标准方程(1)展开,得

$$x^2 + y^2 - 2ax - 2by + a^2 + b^2 - r^2 = 0.$$

设 $-2a = D, -2b = E, a^2 + b^2 - r^2 = F$,代入上式,得

$$x^2 + y^2 + Dx + Ey + F = 0. \tag{2}$$

这个方程叫作**圆的一般方程**.它具有以下特点:

(1)x^2 与 y^2 的系数相同,不等于零;

(2)没有 xy 这样的二次项.

将方程(2)的左端配方,得

$$\left(x + \frac{D}{2}\right)^2 + \left(y + \frac{E}{2}\right)^2 = \frac{D^2 + E^2 - 4F}{4}. \tag{3}$$

(1)当 $D^2 + E^2 - 4F > 0$ 时,比较方程(3)和圆的标准方程,可以看出,方程(2)表示以 $\left(-\frac{D}{2}, -\frac{E}{2}\right)$ 为圆心、$\frac{1}{2}\sqrt{D^2 + E^2 - 4F}$ 为半径的圆;

(2)当 $D^2 + E^2 - 4F = 0$ 时,方程(2)只有实数解 $x = -\frac{D}{2}, y = -\frac{E}{2}$,所以方程(2)表示一个点 $\left(-\frac{D}{2}, -\frac{E}{2}\right)$;

(3)当 $D^2 + E^2 - 4F < 0$ 时,方程(2)没有实数解,因而它不表示任何图形.

【例 7-13】 如图 7-14 所示,从已知圆 $(x-1)^2 + (y-1)^2 = 1$ 外一点 $P(2,3)$ 向圆引两条切线,求切线方程.

解 设切线的斜率为 k,那么切线方程为

$$y - 3 = k(x - 2),$$

即 $y = k(x-2) + 3$.将 y 的值代入圆的方程,得

$$(x-1)^2 + [k(x-2) + 2]^2 = 1,$$

整理得

$$(1 + k^2)x^2 - (2 - 4k + 4k^2)x + 4k^2 - 8k + 4 = 0.$$

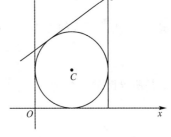

图 7-14

因为圆与直线相切,显然上述方程有两个相等的实根,从而它的判别式等于零,即

$$(2 - 4k + 4k^2)^2 - 4(1 + k^2)(4k^2 - 8k + 4) = 0,$$

解得

$$k = \frac{3}{4}.$$

圆的切线方程是 $y - 3 = \frac{3}{4}(x - 2)$,即

$$3x - 4y + 6 = 0.$$

因为点 $P(2,3)$ 在圆外,所以过点 $P(2,3)$ 还能作这个圆的另一条切线(图 7-14),它的方程是 $x = 2$.

【例 7-14】 求圆 $x^2 + y^2 - x + 2y = 0$ 关于直线 $x - y + 1 = 0$ 对称的圆的方程.

解 所给方程可化为 $\left(x-\dfrac{1}{2}\right)^2+(y+1)^2=\dfrac{5}{4}$，它是圆心在点 $A\left(\dfrac{1}{2},-1\right)$，半径为 $\dfrac{\sqrt{5}}{2}$ 的圆.

设 $A\left(\dfrac{1}{2},-1\right)$ 关于 $x-y+1=0$ 的对称点为 $B(a,b)$，线段 AB 的中点为 $N(x_0,y_0)$，则有

$$\begin{cases} x_0=\dfrac{a+\dfrac{1}{2}}{2} & ① \\[3mm] y_0=\dfrac{b-1}{2} & ② \end{cases}$$

因为点 $N(x_0,y_0)$ 在直线 $x-y+1=0$ 上，所以

$$y_0=x_0+1, \qquad ③$$

把式①、式②代入式③，得

$$a-b=-\dfrac{7}{2}. \qquad ④$$

因为直线 AB 与直线 $x-y+1=0$ 互相垂直，所以

$$k_{AB}=\dfrac{b+1}{a-\dfrac{1}{2}}=-1,$$

即

$$a+b=-\dfrac{1}{2}. \qquad ⑤$$

解式④、式⑤组成的方程组，有

$$a=-2, \quad b=\dfrac{3}{2}.$$

于是所求圆的方程为

$$(x+2)^2+\left(y-\dfrac{3}{2}\right)^2=\dfrac{5}{4}.$$

【例 7-15】 过抛物线 $y=x^2$ 的顶点 O，任作两条相互垂直的弦 OA,OB，若分别以 OA,OB 为直径作圆，则两圆除交于原点外，另交于一点 C，试求 C 点的轨迹方程，并指出轨迹是什么曲线（图 7-15）.

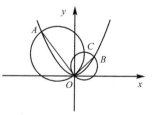

图 7-15

解 设 $l_{OA}:y=kx$；$l_{OB}:y=-\dfrac{1}{k}x.$ 由

$$\begin{cases} y=kx, \\ y=x^2, \end{cases} \quad \begin{cases} y=-\dfrac{1}{k}x, \\ y=x^2 \end{cases}$$

解得

$$\begin{cases} x_1=0 \\ y_1=0 \end{cases}, \quad \begin{cases} x_2=k \\ y_2=k^2 \end{cases},$$

$$\begin{cases} x_3=0 \\ y_3=0 \end{cases}, \quad \begin{cases} x_4=-\dfrac{1}{k} \\ y_4=\dfrac{1}{k^2} \end{cases}.$$

设点 C 的坐标为 (x,y)，则有

$$\begin{cases} \dfrac{y}{x} \cdot \dfrac{y-k^2}{x-k}=-1 & \text{①} \\[4mm] \dfrac{y}{x} \cdot \dfrac{y-\dfrac{1}{k^2}}{x+\dfrac{1}{k}}=-1 & \text{②} \end{cases}.$$

由式①得

$$y^2-k^2y+x^2-kx=0, \qquad\qquad\qquad ①'$$

由式②得

$$k^2y^2-y+k^2x^2+kx=0. \qquad\qquad\qquad ②'$$

式①′＋式②′得

$$(k^2+1)(y^2-y+x^2)=0. \qquad\qquad\qquad ③$$

因为 $k^2+1\neq0$，所以 $y^2-y+x^2=0$，即

$$x^2+\left(y-\frac{1}{2}\right)^2=\frac{1}{4},$$

所以所求轨迹是以 $\left(0,\dfrac{1}{2}\right)$ 为圆心，$\dfrac{1}{2}$ 为半径的圆，点 $(0,0)$ 除外.

7.4.2　椭　圆

1.椭圆及其标准方程

定义 7-1　平面内到两定点的距离的和等于常数的点的轨迹叫作**椭圆**.这两个定点叫作椭圆的**焦点**,两焦点的距离叫作**焦距**,集距的一半叫作**半焦距**.

根据椭圆的定义,我们来求椭圆的方程.

用 F_1、F_2 表示焦点,取过焦点的直线作为 x 轴,线段 F_1F_2 的垂直平分线作为 y 轴,建立直角坐标系(图 7-16).

设 $P(x,y)$ 是椭圆上任意一点,椭圆的焦距为 $2c(c>0)$,P 与 F_1 和 F_2 的距离之和为 $2a(a>0)$,则 F_1、F_2 的坐标分别是 $(-c,0)$、$(c,0)$.

根据椭圆的定义,得

$$|PF_1|+|PF_2|=2a. \qquad (4)$$

根据两点间的距离公式,得

$$\sqrt{(x+c)^2+y^2}+\sqrt{(x-c)^2+y^2}=2a. \qquad (5)$$

将式(5)移项,两端平方,得

$$(x+c)^2+y^2=4a^2-4a\sqrt{(x-c)^2+y^2}+(x-c)^2+y^2,$$

即

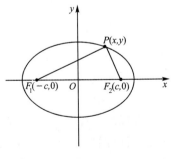

图 7-16

$$a^2 - cx = a\sqrt{(x-c)^2 + y^2}. \tag{6}$$

由 $2a - \sqrt{(x-c)^2 + y^2} > 0$ 知式(5)与式(6)同解. 两端再平方,得

$$a^4 - 2a^2cx + c^2x^2 = a^2x^2 - 2a^2cx + a^2c^2 + a^2y^2,$$

整理得

$$(a^2 - c^2)x^2 + a^2y^2 = a^2(a^2 - c^2). \tag{7}$$

由椭圆的定义可知,$2a > 2c$,即 $a > c$,所以 $a^2 - c^2 > 0$.

设 $a^2 - c^2 = b^2(b > 0)$,代入式(7),得

$$b^2x^2 + a^2y^2 = a^2b^2.$$

两端除以 a^2b^2,得

$$\frac{x^2}{a^2} + \frac{y^2}{b^2} = 1 \quad (a > b > 0). \tag{8}$$

由式(8)知,$-a \leqslant x \leqslant a$,从而 $a^2 - xc > 0$. 于是式(8)与式(6)同解,即式(8)与式(5)同解. 因此式(8)是所求的椭圆的方程.

式(8)叫作**椭圆的标准方程**. 它所表示的椭圆的焦点在 x 轴上,焦点是 $F_1(-c, 0)$、$F_2(c, 0)$,这里 $c^2 = a^2 - b^2$.

如果椭圆的焦点在 y 轴上,焦点是 $F_1(0, -c)$、$F_2(0, c)$ (图 7-17),只要将式(8)的 x, y 互换,就可以得到它的方程. 这时方程为

$$\frac{y^2}{a^2} + \frac{x^2}{b^2} = 1 \quad (a > b > 0). \tag{9}$$

这个方程也是椭圆的标准方程. 其中,a, b, c 的关系仍然是 $c^2 = a^2 - b^2$.

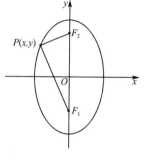

图 7-17

2. 椭圆的几何性质

我们根据椭圆的标准方程

$$\frac{x^2}{a^2} + \frac{y^2}{b^2} = 1 \quad (a > b > 0)$$

来研究椭圆的几何性质.

(1)范围

由标准方程可知,椭圆上点的坐标 (x, y) 都适合不等式

$$\frac{x^2}{a^2} \leqslant 1, \quad \frac{y^2}{b^2} \leqslant 1,$$

即 $x^2 \leqslant a^2$,$y^2 \leqslant b^2$,所以 $|x| \leqslant a$,$|y| \leqslant b$.

这说明椭圆位于直线 $x = \pm a$ 和 $y = \pm b$ 所围成的矩形里(图 7-18).

(2)对称性

在标准方程中,把 x 换成 $-x$;或把 y 换成 $-y$;或把 x、y 同时换成 $-x$,$-y$ 时,方程都不变,所以图形关于 y 轴、x 轴和原点都是对称的. 这时,坐标轴是椭圆的对称轴,原点是椭圆的对称中心,焦点所在的对称轴叫作**焦点轴**,椭圆的对称中心叫作**椭圆的中心**.

(3)顶点

在标准方程中,令 $x = 0$,得 $y = \pm b$,这说明 $B_1(0, -b)$、$B_2(0, b)$ 是椭圆和 y 轴的两个交

点(图 7-18).同理,令 $y=0$,得 $x=\pm a$,这说明 $A_1(-a,0)$、$A_2(a,0)$ 是椭圆和 x 轴的两个交点(图 7-18).椭圆和它的对称轴的四个交点,叫作椭圆的**顶点**.

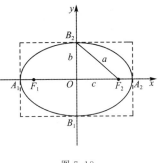

焦点轴上两个顶点之间的线段 A_1A_2 叫作椭圆的**长轴**,另外两个顶点之间的线段 B_1B_2 叫作椭圆的**短轴**.它们的长分别等于 $2a$ 和 $2b$,a 和 b 分别叫作**长半轴之长**和**短半轴之长**.

图 7-18

(4)离心率

椭圆的焦距与长轴长之比 $e=\dfrac{c}{a}$,叫作椭圆的**离心率**.因为 $0<c<a$,所以 $0<e<1$.

【**例 7-16**】 求椭圆 $\dfrac{x^2}{a^2}+\dfrac{y^2}{b^2}=1$ 中斜率为 k 的平行弦中点的轨迹方程.

解 设 $P(x,y)$ 为轨迹上任意一点,AB 弦的两个端点是 $A(x_1,y_1)$ 和 $B(x_2,y_2)$(图 7-19).

因为 A、B 在椭圆 $\dfrac{x^2}{a^2}+\dfrac{y^2}{b^2}=1$ 上,所以

$$\frac{x_1^2}{a^2}+\frac{y_1^2}{b^2}=1, \qquad ①$$

$$\frac{x_2^2}{a^2}+\frac{y_2^2}{b^2}=1. \qquad ②$$

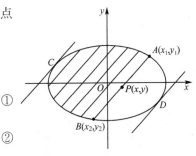

图 7-19

式①-式②,得

$$\frac{1}{a^2}(x_1^2-x_2^2)+\frac{1}{b^2}(y_1^2-y_2^2)=0,$$

即

$$b^2(x_1-x_2)(x_1+x_2)+a^2(y_1-y_2)(y_1+y_2)=0. \qquad ③$$

因为 A、B 为弦的端点,且 AB 与 x 轴不相垂直,所以 $x_1\neq x_2$.把式③两端除以 $2(x_1-x_2)$,得

$$b^2\left(\frac{x_1+x_2}{2}\right)+a^2\cdot\frac{y_1-y_2}{x_1-x_2}\cdot\frac{y_1+y_2}{2}=0. \qquad ④$$

而

$$\frac{y_1-y_2}{x_1-x_2}=k, \quad \frac{x_1+x_2}{2}=x, \quad \frac{y_1+y_2}{2}=y,$$

代入式④得

$$b^2x+a^2ky=0.$$

这是椭圆中心的一条直线,所求轨迹为此直线介于椭圆内的一个线段 CD.这个线段叫作椭圆的**直径**.

【**例 7-17**】 直线 $l:x-y+1=0$ 与椭圆 $3x^2+4y^2=12$ 相交于 A、B 两点,求弦 AB 的长.

解 设已给直线与椭圆的交点坐标为 $A(x_1,y_1)$、$B(x_2,y_2)$,于是有

$$|AB|=\sqrt{(x_1-x_2)^2+(y_1-y_2)^2}. \qquad ①$$

因为 A、B 在直线 $y=x+1$ 上，所以

$$y_1=x_1+1, \qquad\qquad ②$$
$$y_2=x_2+1. \qquad\qquad ③$$

式②－式③得

$$y_1-y_2=x_1-x_2, \qquad\qquad ④$$

将式④代入式①得

$$|AB|=\sqrt{2(x_1-x_2)^2}=\sqrt{2}\,|x_1-x_2|. \qquad\qquad ⑤$$

由方程组

$$\begin{cases} 3x^2+4y^2=12 \\ x-y+1=0 \end{cases},$$

消去 y 并整理得

$$7x^2+8x-8=0.$$

根据韦达定理得

$$x_1+x_2=-\frac{8}{7}, \quad x_1x_2=-\frac{8}{7}.$$

又

$$|x_1-x_2|=\sqrt{(x_1+x_2)^2-4x_1x_2}=\sqrt{\left(-\frac{8}{7}\right)^2-4\times\left(-\frac{8}{7}\right)}$$
$$=\frac{12\sqrt{2}}{7}, \qquad\qquad ⑥$$

将式⑥代入式⑤，得弦长

$$|AB|=\sqrt{2}\,|x_1-x_2|=\sqrt{2}\times\frac{12\sqrt{2}}{7}=\frac{24}{7}.$$

7.4.3 双曲线

1. 双曲线及其标准方程

定义 7-2 平面内到两个定点的距离之差的绝对值是常数的点的轨迹叫作**双曲线**. 这两个定点叫作双曲线的**焦点**，两焦点的距离叫作**焦距**，焦距的一半叫作**半焦距**.

根据双曲线的定义，我们来求双曲线的方程.

用 F_1、F_2 表示焦点，取过焦点的直线为 x 轴，线段 F_1F_2 的垂直平分线为 y 轴（图 7-20）.

设 $P(x,y)$ 是双曲线上任意一点，双曲线的焦距是 $2c(c>0)$，那么，F_1、F_2 的坐标分别是 $(-c,0)$、$(c,0)$. 又设点 P 与 F_1 和 F_2 的距离的差的绝对值等于常数 $2a(a>0)$.

根据双曲线的定义，得

$$|PF_1|-|PF_2|=\pm 2a. \qquad\qquad (10)$$

根据两点间的距离公式，得

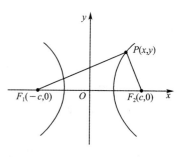

图 7-20

$$\sqrt{(x+c)^2+y^2}-\sqrt{(x-c)^2+y^2}=\pm 2a. \qquad (11)$$

化简得

$$(c^2-a^2)x^2-a^2y^2=a^2(c^2-a^2).$$

由双曲线的定义,$2c>2a$,即 $c>a$,所以 $c^2-a^2>0$. 设 $c^2-a^2=b^2(b>0)$,代入上式得

$$b^2x^2-a^2y^2=a^2b^2,$$

也就是

$$\frac{x^2}{a^2}-\frac{y^2}{b^2}=1. \qquad (12)$$

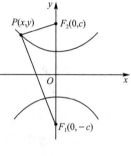

图 7-21

类似于椭圆方程的推导形式,可以证明方程(11)与方程(12)是同解的,因此方程(12)就是所求双曲线的方程.方程(12)叫作**双曲线的标准方程**,它所表示的双曲线的焦点在 x 轴上,焦点是 $F_1(-c,0)$,$F_2(c,0)$,这里 $c^2=a^2+b^2$.

如果双曲线的焦点在 y 轴上(图 7-21),焦点是 $F_1(0,-c)$、$F_2(0,c)$,这时,只要将方程(12)的 x,y 互换就可以得到它的方程

$$\frac{y^2}{a^2}-\frac{x^2}{b^2}=1. \qquad (13)$$

这个方程也叫作双曲线的标准方程.其中 a,b,c 的关系仍然是 $c^2=a^2+b^2$.

【例 7-18】 已知点 $A(-7,0)$、$B(7,0)$、$C(2,-12)$,椭圆过 A、B 两点,且以 C 为其一个焦点,求椭圆的另一个焦点 P 的轨迹方程.

解　设椭圆的另一个焦点 P 的坐标为 (x,y).由椭圆的定义知

$$|AC|+|AP|=|BC|+|BP|. \qquad ①$$

其中 $|AC|=15$,$|BC|=13$.由式①得

$$|PB|-|PA|=|AC|-|BC|=2.$$

于是由双曲线的定义知,点 P 的轨迹是以 A、B 为焦点的双曲线中位置居左的一支,由于它的焦点在 x 轴上,所以可设它的方程为

$$\frac{x^2}{a^2}-\frac{y^2}{b^2}=1 \quad (x\leqslant -a).$$

由已知 $a=1,c=7$,可得 $b^2=c^2-a^2=48$.

所以椭圆的另一个焦点 P 的轨迹方程是

$$x^2-\frac{y^2}{48}=1 \quad (x\leqslant -1).$$

2. 双曲线的几何性质

下面根据双曲线的标准方程

$$\frac{x^2}{a^2}-\frac{y^2}{b^2}=1$$

来研究双曲线的几何性质.

（1）范围

由标准方程可知,双曲线上任意一点的坐标(x,y)都适合不等式$\dfrac{x^2}{a^2}\geqslant 1$,即$x^2\geqslant a^2$,所以

$$x\geqslant a \quad\text{或}\quad x\leqslant -a.$$

这说明双曲线在两条直线$x=a,x=-a$的外侧.

（2）对称性

在双曲线的标准方程中,把x换成$-x$,或把y换成$-y$,或把x,y同时换成$-x,-y$时,方程都不变.这说明双曲线关于两个坐标轴和原点都是对称的.这时,坐标轴是双曲线的对称轴,原点是双曲线的对称中心.双曲线的焦点所在的对称轴叫作双曲线的**焦点轴**,双曲线的对称中心叫作双曲线的**中心**.

（3）顶点

在标准方程中,令$y=0$,得$x=\pm a$.因此双曲线与x轴有两个交点$A_1(-a,0)$,$A_2(a,0)$.双曲线和它的焦点轴的交点A_1、A_2叫作双曲线的**顶点**,两个顶点之间的线段A_1A_2叫作双曲线的**实轴**,实轴长等于$2a$,a叫作双曲线的**实半轴长**.

在标准方程中,令$x=0$,得$y^2=-b^2$.这个方程没有实数根,说明双曲线和y轴没有交点,但我们可以在y轴上取$B_1(0,-b)$,$B_2(0,b)$(图7-22).线段B_1B_2叫作双曲线的**虚轴**,虚轴长等于$2b$,b叫作双曲线的**虚半轴长**.

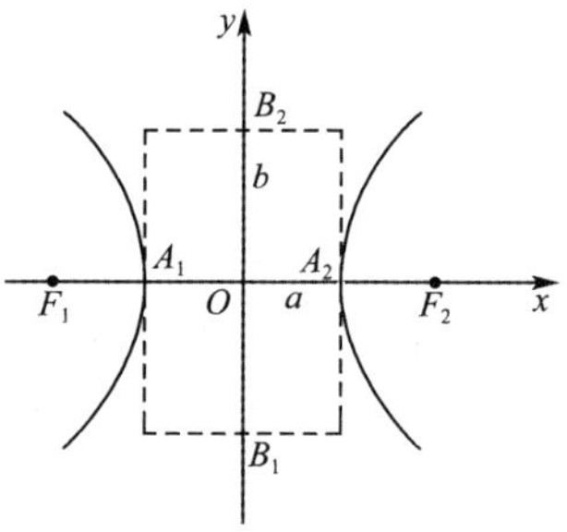

（4）渐近线

为了了解双曲线图象的伸展趋势,我们把双曲线的标准方程(12)化为

图 7-22

$$y=\pm\frac{b}{a}x\sqrt{1-\frac{a^2}{x^2}}.$$

当$|x|$无限增大时,$\dfrac{a^2}{x^2}$就无限接近于0,从而$\sqrt{1-\dfrac{a^2}{x^2}}$就无限接近于$1$,所以双曲线$\dfrac{x^2}{a^2}-\dfrac{y^2}{b^2}=1$无限接近于直线

$$y=\pm\frac{b}{a}x.$$

我们把两条直线$y=\pm\dfrac{b}{a}x$叫作双曲线$\dfrac{x^2}{a^2}-\dfrac{y^2}{b^2}=1$的**渐近线**.它们就是以原点为中心,边平行于坐标轴,边长分别是$2a$和$2b$的矩形的对角线(图7-23).焦点在y轴上的双曲线$\dfrac{y^2}{a^2}-\dfrac{x^2}{b^2}=1$的渐近线是$x=\pm\dfrac{b}{a}y$,即$y=\pm\dfrac{a}{b}x$.

在方程$\dfrac{x^2}{a^2}-\dfrac{y^2}{b^2}=1$或$\dfrac{y^2}{a^2}-\dfrac{x^2}{b^2}=1$中,如果$a=b$,那么双曲线的方程为$x^2-y^2=a^2$或$y^2-x^2=a^2$.它们都是实轴长和虚轴长相等的双曲线,这样的双曲线叫作**等轴双曲线**.等轴双曲线的渐近线方程为$y=\pm x$,这两条渐近线互相垂直且平分等轴双曲线的实轴和虚轴所

成的角.

（5）离心率

双曲线的焦距与实轴长之比，叫作双曲线的**离心率**，记作 e，即

$$e=\frac{c}{a}.$$

由 $0<a<c$ 知 $e>1$.

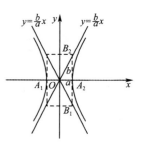

图 7-23

【例 7-19】 求双曲线 $9y^2-16x^2=144$ 的实半轴长、虚半轴长、焦点坐标、离心率和渐近线方程.

解 把已知方程化为标准方程

$$\frac{y^2}{4^2}-\frac{x^2}{3^2}=1.$$

由此可知，实半轴长 $a=4$，虚半轴长 $b=3$；焦点在 y 轴上，$c=\sqrt{a^2+b^2}=\sqrt{4^2+3^2}=5$，焦点坐标是 $(0,-5)$，$(0,5)$，离心率 $e=\frac{c}{a}=\frac{5}{4}$；渐近线方程为 $x=\pm\frac{3}{4}y$，即 $y=\pm\frac{4}{3}x$.

【例 7-20】 求中心在原点，一个焦点是 $(-4,0)$，一条渐近线是 $3x-2y=0$ 的双曲线方程.

解 根据所给条件可知，双曲线的焦点在 x 轴上，$c=4$. 把渐近线方程写成 $y=\frac{3}{2}x$，于是 $\frac{b}{a}=\frac{3}{2}$，即 $3a=2b$.

解关于 a，b 的方程组：

$$\begin{cases} 3a=2b \\ a^2+b^2=16 \end{cases},$$

得 $a^2=\frac{64}{13}$，$b^2=\frac{144}{13}$. 于是所求双曲线方程为 $\frac{13x^2}{64}-\frac{13y^2}{144}=1$.

【例 7-21】 给定直线 l 的倾斜角为 $\frac{\pi}{4}$，在 y 轴上的截距为 3，以双曲线 $12x^2-4y^2=3$ 的焦点为焦点作椭圆，且椭圆与直线 l 有交点，若所作椭圆的长轴最短，试求该椭圆的方程.

解 所给双曲线的标准方程为

$$\frac{x^2}{\frac{1}{4}}-\frac{y^2}{\frac{3}{4}}=1,$$

焦点坐标为 $(1,0)$ 及 $(-1,0)$.

设椭圆方程为

$$\frac{x^2}{a^2}+\frac{y^2}{a^2-1}=1. \tag{①}$$

把 $y=x+3$ 代入式①，整理得

$$(a^2-1)x^2+a^2(x+3)^2=a^2(a^2-1),$$

即

$$(2a^2-1)x^2+6a^2x+10a^2-a^4=0. \qquad ②$$

在式②中，由于 $a>1$，所以 $2a^2-1\neq0$. 又由题意知 $\Delta\geqslant0$，即

$$36a^4-4(2a^2-1)(10a^2-a^4)\geqslant0, \qquad ③$$

解得 $a^2\geqslant5$. 所以当 $a^2=5$ 时，所作椭圆的长轴最短，此时椭圆方程为

$$\frac{x^2}{5}+\frac{y^2}{4}=1.$$

7.4.4 抛物线

1.抛物线及其标准方程

定义 7-3 平面内到一个定点和一条定直线的距离相等的点的轨迹叫作**抛物线**. 这个定点叫作抛物线的**焦点**，这条定直线叫作抛物线的**准线**，焦点到准线的距离叫作**焦参数**.

根据定义，我们来求抛物线的方程.

用 F 表示抛物线的焦点，用 l 表示准线，$p(p>0)$ 表示焦参数.

取经过焦点 F 且垂直于准线 l 的直线为 x 轴，以准线 l 到焦点 F 的方向为正方向，x 轴与 l 相交于 K，取线段 KF 的垂直平分线为 y 轴（图 7-24）. 那么，焦点 F 的坐标为 $\left(\frac{p}{2},0\right)$，准线 l 的方程为 $x=-\frac{p}{2}$.

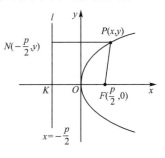

图 7-24

设 $P(x,y)$ 是抛物线上任意一点，点 P 到准线 l 的距离为 d. 根据抛物线的定义，得

$$|PF|=d. \qquad (14)$$

但 $|PF|=\sqrt{\left(x-\frac{p}{2}\right)^2+y^2}$，$d=\left|x+\frac{p}{2}\right|$，所以

$$\sqrt{\left(x-\frac{p}{2}\right)^2+y^2}=\left|x+\frac{p}{2}\right|. \qquad (15)$$

将上式两端平方，并化简得

$$y^2=2px \quad (p>0). \qquad (16)$$

根据 $\left|x+\frac{p}{2}\right|>0$，知方程(15)与(16)同解. 因此方程(16)就是所求的抛物线方程，这个方程叫作**抛物线的标准方程**，它表示的抛物线的焦点在 x 轴的正半轴上，坐标是 $\left(\frac{p}{2},0\right)$，准线方程是 $x=-\frac{p}{2}$.

在实际问题中，由于抛物线的开口方向不同，在建立坐标系时，它们的焦点还可以选择在 x 轴的负半轴、y 轴的正半轴或 y 轴的负半轴上，所以根据抛物线的定义还可得到下面三种标准方程：$y^2=-2px$，$x^2=2py$，$x^2=-2py$. 它们的焦点坐标、准线方程以及图形见表 7-3.

表 7-3　　　　　　　　　抛物线的图形、方程、焦点坐标与准线方程

图形	方程	焦点坐标	准线方程
	$y^2 = 2px$	$\left(\dfrac{p}{2}, 0\right)$	$x = -\dfrac{p}{2}$
	$y^2 = -2px$	$\left(-\dfrac{p}{2}, 0\right)$	$x = \dfrac{p}{2}$
	$x^2 = 2py$	$\left(0, \dfrac{p}{2}\right)$	$y = -\dfrac{p}{2}$
	$x^2 = -2py$	$\left(0, -\dfrac{p}{2}\right)$	$y = \dfrac{p}{2}$

显然,焦参数 p 越大,抛物线的开口就越大.

2. 抛物线的几何性质

我们根据抛物线的标准方程

$$y^2 = 2px \quad (p > 0)$$

来研究抛物线的几何性质.

(1)范围

由方程(16)可知,对于抛物线(16)上的任意一点 $P(x, y)$,都有 $x = \dfrac{y^2}{2p} \geqslant 0$,而 y 可以取任何实数值,所以抛物线 $y^2 = 2px$ 的图形在 y 轴的右侧,当 x 由零不断增大时,$|y|$ 也不断增大,由此可知抛物线向右上方和右下方无限延伸,它是无界曲线.

(2)对称性

把 y 换成 $-y$,方程(16)不变,所以抛物线 $y^2 = 2px$ 关于 x 轴对称.我们把抛物线的对称轴叫作抛物线的**轴**.

(3)顶点

抛物线和它的轴的交点叫作抛物线的**顶点**.在方程(16)中,当 $y = 0$ 时,$x = 0$,因此抛物线的顶点就是坐标原点.

（4）离心率

抛物线上任意一点 P 到焦点和准线的距离之比，叫作抛物线的**离心率**，用 e 表示．根据抛物线定义知 $e=1$．

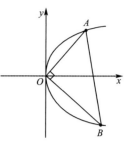

图 7-25

【例 7-22】 过抛物线 $y^2=2px$ 的顶点 O，任作两条互相垂直的弦，交抛物线于 A、B 两点（图 7-25），证明直线 AB 恒过定点．

证明 设点 A、B 的坐标分别为 (x_1,y_1)，(x_2,y_2)，直线 AB 与 x 轴的交点坐标为 $(a,0)$，直线 AB 的方程为 $y=k(x-a)$，直线 OA，OB 的斜率分别为 k_1,k_2．则有

$$k_1=\frac{y_1}{x_1},\quad k_2=\frac{y_2}{x_2}.$$

因为 $OA\perp OB$，所以

$$y_1y_2=-x_1x_2. \tag{①}$$

由方程组

$$\begin{cases} y^2=2px \\ y=k(x-a) \end{cases}, \tag{②}$$

消去 x，得

$$y^2-\frac{2p}{k}y-2pa=0. \tag{③}$$

消去 y，得

$$k^2x^2-(2k^2a+2p)x+k^2a^2=0. \tag{④}$$

由韦达定理知

$$y_1y_2=-2pa, \tag{⑤}$$

$$x_1x_2=a^2. \tag{⑥}$$

把式⑤、式⑥代入式①，得

$$a^2=2pa,\quad 即 \ a=2p.$$

所以直线 AB 恒过定点 $(2p,0)$．

【例 7-23】 已知抛物线 $y^2=-x$ 与直线 $y=k(x+1)$ 相交于 A、B 两点．(1)求证 $OA\perp OB$；(2)当 $\triangle OAB$ 的面积等于 $\sqrt{10}$ 时，求 k 的值．

解 (1)设 $A(x_A,y_A)$，$B(x_B,y_B)$，则

$$k_{OA}k_{OB}=\frac{y_Ay_B}{x_Ax_B}. \tag{①}$$

$$x_Ax_B=1. \tag{②}$$

因为点 A、B 在抛物线 $y^2=-x$ 上，所以

$$y_A^2y_B^2=x_Ax_B, \tag{③}$$

于是

$$y_Ay_B=\pm\sqrt{x_Ax_B}=\pm 1. \tag{④}$$

依题意

$$y_Ay_B=-1. \tag{⑤}$$

将式②、式⑤代入式①，得 $k_{OA}k_{OB}=-1$，所以 $OA\perp OB$．

（2）因为 $y^2 = -\left(\dfrac{y}{k}-1\right)$，即

$$y^2 + \frac{y}{k} - 1 = 0.$$

由韦达定理得

$$|y_A - y_B| = \sqrt{(y_A+y_B)^2 - 4y_Ay_B} = \left|\frac{1}{k^2} + 4\times 1\right|,$$

$$S_{\triangle AOB} = \frac{1}{2}\times 1\times|y_A-y_B| = \frac{1}{2}\sqrt{\frac{1}{k^2}+4} = \sqrt{10},$$

所以 $k = \pm\dfrac{1}{6}$.

习题 7.4

1. 完成下列填空：

（1）已知两点 $P_1(4,9)$，$P_2(6,3)$，以 P_1P_2 为直径的圆的方程是_____，点 $A(6,9)$ 在圆_____，点 $B(3,3)$ 在圆_____，点 $C(5,3)$ 在圆_____.

（2）圆 $x^2+y^2-8x+6y=0$ 的圆心坐标是_____，半径是_____.

（3）经过直线 $x+3y+7=0$ 与 $3x-2y-12=0$ 的交点，圆心在 $C(-1,1)$ 的圆的方程是_____.

2. 求经过点 $A(8,-5)$，$B(9,2)$，圆心在直线 $2x+y-9=0$ 上的圆的方程.

3. 求证两圆 $x^2+y^2-4x-6y+9=0$ 和 $x^2+y^2+12x+6y-19=0$ 相切.

4. 已知圆 $(x-4)^2+y^2=4$ 和直线 $y=kx$，当 k 为何值时，直线与圆相交、相切、相离？

5. 设圆 $x^2+y^2=13$ 的切线平行于直线 $4x+6y-5=0$，求切线方程.

6. 设圆 $x^2+y^2+5x=0$ 的切线垂直于直线 $4x-3y+7=0$，求切线方程.

7. 完成下列填空：

（1）椭圆 $\dfrac{x^2}{16}+\dfrac{y^2}{25}=1$ 的焦点在_____轴上，椭圆上任一点到两个焦点距离的和是_____.

（2）椭圆 $8x^2+9y^2=72$ 的长轴长是_____，短轴长是_____，焦点的坐标是_____，_____，离心率 $e=$_____.

（3）经过点 $(0,-3)$ 和 $(\sqrt{10},0)$ 的椭圆的标准方程是_____.

8. 求中心在圆点，对称轴为坐标轴，并且满足下列条件的椭圆的标准方程，并画出图形.

（1）焦点在 x 轴上，长轴长是 10，焦距是 8.

（2）焦点在 x 轴上，长半轴长是 10，离心率是 $\dfrac{3}{5}$.

（3）焦点在 y 轴上，离心率是 $\dfrac{3}{5}$，焦距是 6.

（4）焦点在 x 轴上，长、短轴长的和是 20，焦距为 $4\sqrt{5}$.

9. 在椭圆 $\dfrac{x^2}{25}+\dfrac{y^2}{9}=1$ 上求一点 P，使点 P 与椭圆的两个焦点的连线相互垂直.

10. 已知两点 $A(-2,-2)$ 与 $B(2,2)$，求满足条件 $|PA|-|PB|=4$ 的动点 P 的轨迹方程.

11. 完成下列填空：

(1) 双曲线 $\dfrac{x^2}{16}-\dfrac{y^2}{9}=1$ 的实轴长是_____，虚轴长是_____，顶点坐标是_____、_____，渐近线方程是_____.

(2) 双曲线 $4y^2-x^2=20$ 的焦点坐标是_____、_____.

(3) 已知双曲线的实半轴长 $a=4$，虚半轴长 $b=3$，它的离心率 $e=$_____.

12. 求满足下列条件的双曲线的标准方程：

(1) 焦点坐标是 $F_1(0,\sqrt{13})$，$F_2(0,-\sqrt{13})$，且 $a=2$.

(2) 焦点坐标是 $F_1(-6,0)$，$F_2(6,0)$，并且经过点 $A(-5,2)$.

(3) 焦点坐标是 $F_1(-\sqrt{3},0)$，$F_2(\sqrt{3},0)$，渐近线方程为 $y=\pm\dfrac{4}{3}x$.

13. 求双曲线 $16x^2-9y^2=144$ 的实轴长和虚轴长、焦点坐标、离心率和渐近线方程.

14. 求以椭圆 $\dfrac{x^2}{8}+\dfrac{y^2}{5}=1$ 的焦点为顶点，且以椭圆的顶点为焦点的双曲线方程.

15. 求满足下列条件抛物线的标准方程：

(1) 顶点在原点，对称轴是 x 轴，并且顶点与焦点的距离等于 4.

(2) 顶点在原点，对称轴是 x 轴，并经过点 $P(-2,4)$.

(3) 顶点在原点，对称轴是 y 轴，焦点是 $F(0,3)$.

16. 若从抛物线 $y^2=4x$ 上一点 P 到该抛物线的焦点距离为 10，求点 P 的坐标.

17. 求证：不论 a 为任何实数，抛物线 $y=x^2+ax+a-2$ 与 x 轴相交于两个不同的点. 并回答 a 取何值时，这两点间的距离最小？最小的距离为多少？

18. 证明：当 m 取不同值时，方程
$$x^2+y^2-2m(mx+2y)=5-4m^2-m^4$$
所表示的各圆的圆心在一条抛物线上.

19. 直线 $y=kx+b$ 与抛物线及 x 轴交点的横坐标分别为 x_1,x_2,x_3，求证：
$$\frac{1}{x_3}=\frac{1}{x_1}+\frac{1}{x_2}.$$

20. 已知抛物线 $y^2=\dfrac{1}{2}x$ 与圆 $x^2+y^2-2ax+a^2-1=0$.

(1) 若两曲线只有三个交点，求 a 的取值范围.

(2) 若两曲线只有两个交点，求 a 的取值范围.

7.5　坐标变换

我们知道，点的坐标、曲线的方程都和坐标系有关. 一般地，在不同的坐标系中，同一个点有不同的坐标，同一条曲线有不同的方程.

在实际问题中，坐标系的选取受各种因素的影响，因此曲线的方程不一定具有标准形式. 为了便于研究方程和了解曲线的几何性质，我们需要变动坐标系的位置，使曲线的方程

转换为标准方程.本节主要研究如何利用坐标变换把一般的二元二次方程化为标准方程.

7.5.1 坐标轴的平移

不改变坐标轴的方向和长度单位,只改变原点的位置,这种坐标系的变换叫作**坐标轴的平移**,简称**移轴**.

1. 平移(移轴)公式

设原坐标系 xOy 平移为新坐标 $x'O'y'$,且 O' 在原坐标系 xOy 中的坐标为 (h,k)(图 7-26).在平面内任取一点 P,如果它在原坐标系和新坐标系中的坐标分别为 (x,y) 和 (x',y'),那么它们有以下关系:

$$x=OM_1=OM_1'+M_1'M_1=h+x',$$
$$y=OM_2=OM_2'+M_2'M_2=k+y',$$

即

$$\begin{cases} x=x'+h \\ y=y'+k \end{cases}. \qquad (1)$$

或者写成

$$\begin{cases} x'=x-h \\ y'=y-k \end{cases}. \qquad (2)$$

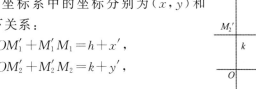

图 7-26

公式(1)、(2)叫作**平移(移轴)公式**.

【例 7-24】 平移坐标轴,以 $O'(-3,4)$ 为新原点,求下列各点的新坐标:$O(0,0)$,$A(-4,2)$,$B(0,4)$,$C(-1,-2)$.

解 把已知各点的坐标分别代入平移公式(2)

$$\begin{cases} x'=x-(-3) \\ y'=y-4 \end{cases},$$

于是便得到已知各点在新坐标系 $x'O'y'$ 中的坐标(图 7-27):

$$O(3,-4),A(-1,-2),$$
$$B(3,0),C(2,-6).$$

【例 7-25】 平移坐标轴,把原点移到 $(-1,1)$,求曲线 $x^2+2y^2+2x-4y-3=0$ 关于新坐标系的方程.

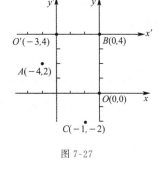

图 7-27

解 设曲线上任意一点的新坐标为 (x',y'),由平移公式(1),得

$$\begin{cases} x=x'-1 \\ y=y'+1 \end{cases},$$

代入原方程,得

$$(x'-1)^2+2(y'+1)^2+2(x'-1)-4(y'+1)-3=0,$$

化简,得

$$x'^2+2y'^2=6.$$

这就是曲线在新坐标系中的方程.

2. 利用坐标轴的平移化简二元二次方程

对于缺 xy 项的二元二次方程

$$Ax^2 + Cy^2 + Dx + Ey + F = 0 \quad (A, C \text{ 不同时为 } 0),$$

利用平移变换,可以把它化成标准形式.

【例 7-26】 化简方程 $4x^2 + 9y^2 - 8x + 18y - 23 = 0$,并画出它的图形.

解法 1 待定系数法.

把平移公式(1)代入原方程,得

$$4(x'+h)^2 + 9(y'+k)^2 - 8(x'+h) + 18(y'+k) - 23 = 0,$$

整理得

$$4x'^2 + 9y'^2 + (8h-8)x' + (18k+18)y' + 4h^2 + 9k^2 - 8h + 18k - 23 = 0. \qquad ①$$

令 $\begin{cases} 8h-8=0 \\ 18k+18=0 \end{cases}$,解得 $\begin{cases} h=1 \\ k=-1 \end{cases}$.代入式①,得

$$4x'^2 + 9y'^2 = 36,$$

即 $\dfrac{x'^2}{9} + \dfrac{y'^2}{4} = 1.$

解法 2 配方法.

把原方程化为

$$4(x-1)^2 + 9(y+1)^2 = 36,$$

即

$$\frac{(x-1)^2}{9} + \frac{(y+1)^2}{4} = 1.$$

令 $\begin{cases} x'=x-1 \\ y'=y+1 \end{cases}$,即把坐标原点 O 移到 $O'(1, -1)$.代入式②,得

$$\frac{x'^2}{9} + \frac{y'^2}{4} = 1.$$

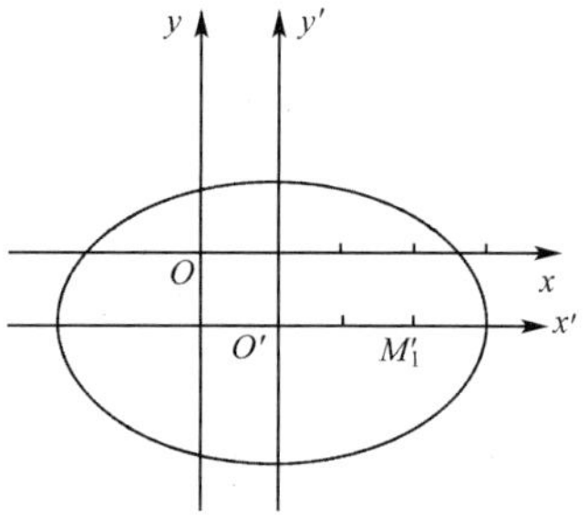

图 7-28

这是椭圆,它的图形如图 7-28 所示.

方程②是中心在新坐标系的原点 $O'(1, -1)$,对称轴为直线 $x=1, y=-1$,长半轴的长是 $a=3$,短半轴的长是 $b=2$ 的一个椭圆.坐标轴的平移,就是把原点 $O(0,0)$ 移到椭圆的中心 $O'(1, -1)$,使新坐标系 $x'O'y'$ 的坐标轴与椭圆的对称轴相重合,从而达到化简方程的目的.

7.5.2 坐标轴的旋转

不改变原点的位置和长度单位,而只改变坐标轴的方向,即两坐标轴绕原点按同一方向旋转同一角度.这种坐标系的变换叫作**坐标轴的旋转**,简称**转轴**.

1. 旋转(转轴)公式

设坐标系 xOy 旋转变换为新坐标系 $x'Oy'$,旋转角为 θ.在平面内任取一点 P,它在旧坐标系和新坐标系中的坐标分别为 (x, y) 和 (x', y')(图 7-29).

作 PS、PM 分别垂直于 x 轴、x' 轴,连接 OP,设 $\angle MOP = \alpha$,则有

$$x' = |OP| \cos \alpha,$$
$$y' = |OP| \sin \alpha,$$

所以

$$x = |OP| \cos(\theta + \alpha) = |OP|(\cos \theta \cos \alpha - \sin \theta \sin \alpha)$$
$$= x' \cos \theta - y' \sin \theta,$$
$$y = |OP| \sin(\theta + \alpha) = |OP|(\sin \theta \cos \alpha + \cos \theta \sin \alpha)$$
$$= x' \sin \theta + y' \cos \theta.$$

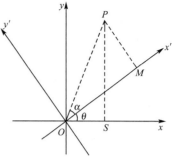

图 7-29

于是,我们得到了同一个点 P 在新、旧两个坐标系里的坐标
之间的关系:

$$\begin{cases} x = x' \cos \theta - y' \sin \theta \\ y = x' \sin \theta + y' \cos \theta \end{cases} \tag{3}$$

由式(3)解出 x',y',得

$$\begin{cases} x' = x \cos \theta + y \sin \theta \\ y' = -x \sin \theta + y \cos \theta \end{cases} \tag{4}$$

公式(3)是用新坐标表示旧坐标的旋转变换公式,公式(4)是用旧坐标表示新坐标的旋
转变换公式,统称**旋转(转轴)公式**.

【**例 7-27**】　把坐标轴旋转 $\dfrac{\pi}{6}$,求点 $P(1,2)$ 在新坐标系中的坐标(图 7-30).

解　把 $\theta = \dfrac{\pi}{6}$,$x = 1$,$y = 2$ 代入公式(4),得

$$x' = 1 \times \cos \frac{\pi}{6} + 2 \sin \frac{\pi}{6}$$
$$= \frac{\sqrt{3}}{2} + 2 \times \frac{1}{2}$$
$$= \frac{\sqrt{3} + 2}{2} \approx 1.87,$$
$$y' = (-1) \times \sin \frac{\pi}{6} + 2 \cos \frac{\pi}{6}$$
$$= -\frac{1}{2} + 2 \times \frac{\sqrt{3}}{2}$$
$$= \frac{2\sqrt{3} - 1}{2} \approx 1.23.$$

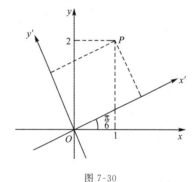

图 7-30

所以,点 P 在新坐标系中的坐标的近似值是 $(1.87, 1.23)$.

【**例 7-28**】　把坐标轴旋转 $\dfrac{\pi}{4}$,求曲线

$$13x^2 - 10xy + 13y^2 = 72$$

在新坐标系中的方程,并画图.

解　把 $\theta = \dfrac{\pi}{4}$ 代入公式(3),得

$$x = x' \cos \frac{\pi}{4} - y' \sin \frac{\pi}{4} = \frac{x' - y'}{\sqrt{2}},$$

$$y = x' \sin \frac{\pi}{4} + y' \cos \frac{\pi}{4} = \frac{x' + y'}{\sqrt{2}}.$$

代入原方程,得

$$13\left(\frac{x' - y'}{\sqrt{2}}\right)^2 - 10\left(\frac{x' - y'}{\sqrt{2}}\right)\left(\frac{x' + y'}{\sqrt{2}}\right) + 13\left(\frac{x' + y'}{\sqrt{2}}\right)^2 = 72,$$

化简后,得

$$4x'^2 + 9y'^2 = 36,$$

即

$$\frac{x'^2}{9} + \frac{y'^2}{4} = 1.$$

这就是所给曲线在新坐标系中的方程,它是一个椭圆,如图 7-31 所示.

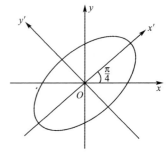

图 7-31

2. 利用坐标轴的旋转化简二元二次方程

从例 7-28 看到,利用坐标轴的旋转,可以消去二元二次方程中的 xy 项,现在把这个结论推广到一般二元二次方程的情况.

二元二次方程的一般形式为

$$Ax^2 + Bxy + Cy^2 + Dx + Ey + F = 0 \quad (B \neq 0). \tag{5}$$

把转轴公式(3)代入方程(5)中,整理后得

$$A'x'^2 + B'x'y' + C'y'^2 + D'x' + E'y' + F' = 0,$$

其中

$$A' = A\cos^2\theta + B\sin\theta\cos\theta + C\sin^2\theta, \tag{6}$$

$$B' = -(A - C)\sin 2\theta + B\cos 2\theta, \tag{7}$$

$$C' = A\sin^2\theta - B\sin\theta\cos\theta + C\cos^2\theta, \tag{8}$$

$$D' = D\cos\theta + E\sin\theta,$$

$$E' = -D\sin\theta + E\cos\theta,$$

$$F' = F.$$

令 $B' = 0$,得

$$B\cos 2\theta = (A - C)\sin 2\theta,$$

所以

$$\cot 2\theta = \frac{A - C}{B}. \tag{9}$$

取由公式(9)确定的转角 θ,旋转坐标轴后就可以消去方程(5)中的 xy 项.

由于旋转公式里只用到 $\sin\theta$ 和 $\cos\theta$ 的值,因此不一定要求出 θ 角的度数,有时可以利用下面的三角恒等式来计算.

$$\begin{cases} \cos 2\theta = \dfrac{\cot 2\theta}{\sqrt{1 + \cot^2 2\theta}} \\ \sin\theta = \sqrt{\dfrac{1 - \cos 2\theta}{2}} \\ \cos\theta = \sqrt{\dfrac{1 + \cos 2\theta}{2}} \end{cases}. \tag{10}$$

考虑到消去 xy 项,只要取 2θ 的最小正值就可以了,也就是取 $0<2\theta<\pi$,则 $\cos 2\theta$ 与 $\cot 2\theta$ 的符号相同. 这时 $0<\theta<\dfrac{\pi}{2}$,所以 $\sin\theta$ 和 $\cos\theta$ 都是正值,因此,式(10)根号前都取正号.

【例 7-29】　证明方程 $xy=1$ 的图形是双曲线.

证明　用坐标轴的旋转消去 xy 项. 已知 $A=0,B=1,C=0$. 代入公式(9),得

$$\cot 2\theta=\frac{A-C}{B}=0,$$

所以 $2\theta=\dfrac{\pi}{2},\theta=\dfrac{\pi}{4}$. 于是 $\sin\theta=\cos\theta=\dfrac{\sqrt{2}}{2}$. 代入公式(3),得

$$\begin{cases} x=\dfrac{\sqrt{2}}{2}(x'-y') \\[2mm] y=\dfrac{\sqrt{2}}{2}(x'+y') \end{cases}.$$

把这个关系式代入原方程,得曲线在新坐标系中的方程为

$$\frac{x'^2}{2}-\frac{y'^2}{2}=1.$$

这是双曲线的标准方程,可见方程 $xy=1$ 的图形是双曲线(图 7-32).

【例 7-30】　化简方程 $2x^2+4xy+5y^2-36=0$,并画出它的图形.

解　作坐标轴的旋转,消去 xy 项. 把 $\cot 2\theta=\dfrac{2-5}{4}=-\dfrac{3}{4}$ 代入公式(10),得

$$\cos 2\theta=\frac{-\dfrac{3}{4}}{\sqrt{1+\dfrac{9}{16}}}=-\frac{3}{5},$$

$$\sin\theta=\sqrt{\frac{1+\dfrac{3}{5}}{2}}=\frac{2}{\sqrt{5}},$$

$$\cos\theta=\sqrt{\frac{1-\dfrac{3}{5}}{2}}=\frac{1}{\sqrt{5}},$$

所以

$$\begin{cases} x=\dfrac{1}{\sqrt{5}}x'-\dfrac{2}{\sqrt{5}}y'=\dfrac{1}{\sqrt{5}}(x'-2y') \\[2mm] y=\dfrac{2}{\sqrt{5}}x'+\dfrac{1}{\sqrt{5}}y'=\dfrac{1}{\sqrt{5}}(2x'+y') \end{cases}.$$

把上式代入原方程化简,得 $6x'^2+y'^2=36$,即

$$\frac{x'^2}{6}+\frac{y'^2}{36}=1.$$

由 $\cot 2\theta=-\dfrac{3}{4}=-0.75$,取 2θ 的最小正值,即 $2\theta=126°52',\theta=63°26'$. 方程的图形是一个椭圆,如图 7-33 所示.

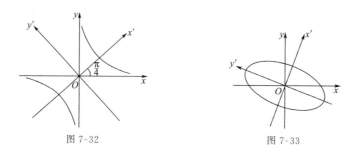

图 7-32   图 7-33

7.5.3 一般二元二次方程的讨论

1. 一般二元二次方程类型的判定

在化简二元二次方程以前,如何直接根据方程的系数来判定方程的类型呢? 现在我们来解决这个问题.

设二元二次方程

$$Ax^2+Bxy+Cy^2+Dx+Ey+F=0 \tag{11}$$

是某曲线的方程(这里 A,B,C 不全为 0).下面分为 $B=0$ 与 $B\neq0$ 两种情形来讨论.

Ⅰ. $B=0$ 的情形.

这时方程(11)为

$$Ax^2+Cy^2+Dx+Ey+F=0, \tag{12}$$

又分为两种情形:(1) A,C 都不为 0(即 $AC\neq0$);(2) A,C 中有一个为 0(即 $AC=0$).

(1) $AC\neq0$ 的情形.

将方程(12)配方,得

$$A\left(x+\frac{D}{2A}\right)^2+C\left(y+\frac{E}{2C}\right)^2=\frac{D^2}{4A}+\frac{E^2}{4C}-F.$$

令 $x'=x+\dfrac{D}{2A}$,$y'=y+\dfrac{E}{2C}$,即作坐标轴的平移,把坐标原点平移到点 $\left(-\dfrac{D}{2A},-\dfrac{E}{2C}\right)$;同时令

$$\frac{D^2}{4A}+\frac{E^2}{4C}-F=K,$$

于是方程(12)就化为

$$Ax'^2+Cy'^2=K. \tag{13}$$

由此可见:

①当 $AC>0$(即 A,C 同号)时,方程(12)的曲线是椭圆(A,C 与 K 同号时),或者是一个点($K=0$ 时),或者没有轨迹(A,C 与 K 反号时).这时我们把方程(12)叫作**椭圆型方程**;

②当 $AC<0$(即 A,C 反号)时,方程(12)的曲线是双曲线($K\neq0$ 时),或者是两条相交直线($K=0$ 时).这时我们把方程(12)叫作**双曲线型方程**.

对于方程(13),同时把 x' 换成 $-x'$,把 y' 换成 $-y'$,方程不变,所以椭圆型和双曲线型方程的曲线都是有一个对称中心的中心对称图形,这样的曲线统称**有心曲线**.

(2) $AC=0$ 的情形.

不妨假设 $A=0$,$C\neq0$,此时,方程(12)为

$$Cy^2+Dx+Ey+F=0. \tag{14}$$

①如果 $D\neq0$,将上式配方,得

$$C\left(y+\frac{E}{2C}\right)^2=-D\left(x+\frac{F}{D}-\frac{E^2}{4CD}\right).$$

令 $x'=x+\dfrac{F}{D}-\dfrac{E^2}{4CD}$,$y'=y+\dfrac{E}{2C}$,即作坐标轴的平移,把坐标原点平移到点 $\left(-\dfrac{F}{D}+\dfrac{E^2}{4CD},-\dfrac{E}{2C}\right)$,于是方程(14)就化为

$$Cy'^2=-Dx', \tag{15}$$

这是一条抛物线;

②如果 $D=0$,方程(14)变为

$$Cy^2+Ey+F=0, \tag{16}$$

这是两条平行直线(方程有两个不相同的实数解时),或者是两条重合直线(方程有两个相同的实数解时),或者没有轨迹(方程没有实数解时).

当 $AC=0$ 时,我们把方程(12)叫作**抛物线型方程**.

当 $A\neq0$,$C=0$ 时,讨论和 $A=0$,$C\neq0$ 的情形相仿,方程也是抛物线型.

抛物线型方程的曲线没有对称中心(特殊情况下没有确定的对称中心),这样的曲线统称为**无心曲线**.

Ⅱ.$B\neq0$ 的情形.

首先,我们把坐标轴旋转一个适当的角 θ,使新方程没有 $x'y'$ 项.经过这样的旋转变换后,方程(11)变为

$$A'x'^2+C'y'^2+D'x'+E'y'+F=0. \tag{17}$$

在 7.5.2 节中已经知道,上式中

$$A'=A\cos^2\theta+B\sin\theta\cos\theta+C\sin^2\theta, \tag{18}$$

$$B'=-(A-C)\sin2\theta+B\cos2\theta=0, \tag{19}$$

$$C'=A\sin^2\theta-B\sin\theta\cos\theta+C\cos^2\theta. \tag{20}$$

式(18)+式(20),得

$$A+C=A'+C'. \tag{21}$$

式(18)-式(20),得

$$(A-C)\cos2\theta+B\sin2\theta=A'-C'. \tag{22}$$

式(19)²+式(20)²,得

$$(A-C)^2+B^2=(A'-C')^2. \tag{23}$$

式(23)²-式(21)²,得

$$B^2-4AC=-4A'C'. \tag{24}$$

式(24)就是坐标旋转变换前后方程的二次项系数之间的关系.根据这个关系式,再利用Ⅰ中 $B=0$ 的情形的讨论结果,就可以得到下面的结论:

①如果 $B^2-4AC<0$,那么 $A'C'>0$,所以 A',C' 同号,因此方程是椭圆型;

②如果 $B^2-4AC>0$,那么 $A'C'<0$,所以 A',C' 反号,因此方程是双曲线型;

③如果 $B^2-4AC=0$,那么 $A'C'=0$,因此方程是抛物线型.

根据上述结论可列于表 7-4.

表 7-4   一般二元二次方程 $Ax^2+Bxy+Cy^2+Dx+Ey+F=0$ 的情况

条 件	类 型	一般情形	特殊情形
$B^2-4AC<0$	椭圆型	椭圆或圆	一点或没有轨迹
$B^2-4AC>0$	双曲线型	双曲线	两条相交直线
$B^2-4AC=0$	抛物线型	抛物线	两条平行直线,两条重合直线或没有轨迹

B^2-4AC 叫作一般二元二次方程的**判别式**.根据判别式的值,不需要化简方程,就能判别一般二元二次方程的类型.

【例 7-31】 判别下列方程的类型:

(1) $14x^2+24xy+21y^2-4x+18y-139=0$;

(2) $4xy+3y^2+16x+12y-36=0$;

(3) $9x^2-24xy+16y^2-20x-140y+200=0$.

解 (1)因为 $B^2-4AC=24^2-4\times14\times21=-600<0$,所以方程是椭圆型;

(2)因为 $B^2-4AC=4^2-4\times0\times3=16>0$,所以方程是双曲线型;

(3)因为 $B^2-4AC=(-24)^2-4\times9\times16=0$,所以方程是抛物线型.

2. 一般二元二次方程的化简

一般二元二次方程

$$Ax^2+Bxy+Cy^2+Dx+Ey+F=0$$

所表示的曲线统称为一般二次曲线,从上面的讨论知道,它又可分为有心二次曲线(椭圆型曲线、双曲线型曲线)和无心二次曲线(抛物线型曲线).

对于有心二次曲线的方程可用先移轴、后转轴的方法进行化简,即先把坐标原点移到曲线的中心,通过移轴消去 x,y 的一次项,再转轴消去 xy 项;对于无心二次曲线的方程,一般用先转轴、后移轴的方法进行化简.

【例 7-32】 化简方程 $5x^2+12xy-22x-12y-19=0$,并作图.

解 因为 $B^2-4AC=12^2=144>0$,方程为双曲线型,因此可先移轴.

设新原点的坐标是 (h,k),那么

$$\begin{cases} x=x'+h \\ y=y'+k \end{cases}.$$

把上式代入原方程,化简得

$$5x'^2+12x'y'+(10h+12k-22)x'+(12h-12)y'+$$
$$(5h^2+12hk-22h-12k-19)=0. \tag{①}$$

令一次项系数等于零,得

$$\begin{cases} 10h+12k-22=0 \\ 12h-12=0 \end{cases}.$$

解这个方程组,得 $h=1$,$k=1$.代入方程①,得平移后的方程为

$$5x'^2+12x'y'-36=0. \tag{②}$$

再作转轴,因为

$$\cot 2\theta=\frac{A'-C'}{B'}=\frac{5}{12}, \quad \cos 2\theta=\frac{\frac{5}{12}}{\sqrt{1+\frac{25}{144}}}=\frac{5}{13},$$

$$\sin \theta = \sqrt{\frac{1-\frac{5}{13}}{2}} = \frac{2}{\sqrt{13}}, \quad \cos \theta = \sqrt{\frac{1+\frac{5}{13}}{2}} = \frac{3}{\sqrt{13}},$$

所以转轴公式为

$$\begin{cases} x' = x'' \cos \theta - y'' \sin \theta = \dfrac{1}{\sqrt{13}}(3x''-2y'') \\ y' = x'' \sin \theta + y'' \cos \theta = \dfrac{1}{\sqrt{13}}(2x''+3y'') \end{cases}.$$

代入方程②整理得 $117x''^2 - 52y''^2 - 468 = 0$，即

$$\frac{x''^2}{4} - \frac{y''^2}{9} = 1.$$

这是双曲线，它的实轴在 x'' 轴上，实半轴长是 2；虚轴在 y'' 轴上，虚半轴长是 3．它的图形如图 7-34 所示．

【例 7-33】　化简方程 $x^2 + 2xy + y^2 + 3x + y = 0$ 并作图．

解　因为 $B^2 - 4AC = 2^2 - 4 \times 1 \times 1 = 0$，所以曲线是抛物线型．先转轴，后移轴．

$$\cot 2\theta = \frac{A-C}{B} = \frac{1-1}{2} = 0,$$

则

$$2\theta = \frac{\pi}{2}, \quad \theta = \frac{\pi}{4}.$$

转轴公式是

$$\begin{cases} x = x' \cos \dfrac{\pi}{4} - y' \sin \dfrac{\pi}{4} = \dfrac{1}{\sqrt{2}}(x'-y') \\ y = x' \sin \dfrac{\pi}{4} + y' \cos \dfrac{\pi}{4} = \dfrac{1}{\sqrt{2}}(x'+y') \end{cases}.$$

代入原方程，化简得

$$\sqrt{2} x'^2 + 2x' - y' = 0,$$

配方，得

$$\sqrt{2}\left(x' + \frac{1}{\sqrt{2}}\right)^2 = y' + \frac{1}{\sqrt{2}}.$$

令

$$\begin{cases} x'' = x' + \dfrac{1}{\sqrt{2}} \\ y'' = y' + \dfrac{1}{\sqrt{2}} \end{cases},$$

得平移后的新方程为

$$\sqrt{2} x''^2 = y'',$$

即

$$x''^2 = \frac{\sqrt{2}}{2} y''.$$

它的图形是抛物线,如图 7-35 所示.

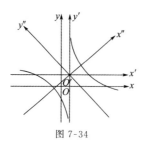
图 7-34

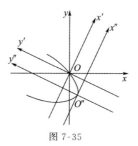
图 7-35

习题 7.5

1. 平移坐标轴,把原点移到 $O'(2,-3)$,求:

(1)在旧坐标系中的点 $A(-3,5)$ 和原点 O 的新坐标.

(2)在新坐标系中的点 $B(1,-2)$ 的旧坐标.

2. 平移坐标轴,把原点移到何处,点的旧坐标有如下变化:

(1) $A(2,4) \rightarrow A'(-3,2)$.　　　　　　(2) $B(-4,0) \rightarrow B'(0,3)$.

3. 平移坐标轴,把原点移到 O',求下列各曲线的新方程,并画出新旧坐标轴和图形:

(1) $3x-2y=0, O'(3,-4)$.　　　　　　(2) $x^2+y^2-6x=0, O'(3,0)$.

4. 完成下列填空:

(1)方程 $\dfrac{(x-h)^2}{a^2}+\dfrac{(y-k)^2}{b^2}=1$ 的图形是_____,它的中心在点 O'(_____,

_____),对称轴是直线_____,_____,长半轴长是_____,短半轴长是_____.

(2)方程 $\dfrac{(y-k)^2}{a^2}-\dfrac{(x-h)^2}{b^2}=1$ 的图形是_____,它的中心在点 O'(_____,

_____),对称轴是直线 _____,_____,实半轴长是_____.

(3)方程 $(y-k)^2=\pm 2p(x-h)$ 的图形是_____,它的顶点在点 O'(_____,

_____),对称轴是直线_____.

5. 求两顶点在 $A_1(5,1), A_2(-1,1)$,焦点在 $F_1(7,1)$ 的双曲线方程并作图.

6. 已知抛物线的焦点是 $F\left(\dfrac{3}{8},-3\right)$,准线是 $x=\dfrac{13}{8}$,写出它的方程并作图.

7. 已知椭圆方程为 $x^2+4y^2-2x+8y+1=0$,求椭圆的焦点坐标和离心率.

8. 把坐标轴旋转 $\dfrac{\pi}{6}$.

(1)点 A 的旧坐标是 $(-1,\sqrt{3})$,求 A 的新坐标.

(2)点 B 的新坐标是 $(-2,1)$,求 B 的旧坐标.

9. 把坐标轴旋转 $\dfrac{\pi}{4}$,求曲线 $xy=12$ 在新坐标系中的方程.

10. 利用坐标轴的旋转,化简方程 $2x^2-\sqrt{3}xy+y^2=10$.

11. 利用坐标轴的旋转,化简方程 $16x^2-24xy+9y^2+60x+80y=0$.

12. 判别下列方程的类型：

(1) $x^2 - 3xy + 4y - 1 = 0$.

(2) $4x^2 + 4xy + y^2 + 6x - 12y = 0$.

(3) $2x^2 + 4xy + 5y^2 - 4x - 22y + 7 = 0$.

13. 化简下列方程：

(1) $5x^2 + 6xy + 5y^2 - 16x - 16y - 16 = 0$.

(2) $x^2 + 4xy + 4y^2 - 20x + 10y - 50 = 0$.

7.6　参数方程

7.6.1　曲线的参数方程

前面研究过的曲线方程都是用曲线上动点的坐标 x 与 y 的直接关系式 $f(x, y) = 0$ 来表达的. 但对某些轨迹问题, 要求出这样的表达式是很困难的, 因此我们必须研究其他的表达形式.

在直角坐标系 xOy 中, 设坐标 x, y 分别是 t 的函数

$$\begin{cases} x = f(t) \\ y = \varphi(t) \end{cases} \quad (a \leqslant t \leqslant b). \tag{1}$$

如果对于任意一个 $t \in [a, b]$, 都能通过方程组 (1) 求得曲线 C 上的点 $P(x, y)$; 反之, 对于曲线 C 上任意一点 $P(x, y)$, 均存在某个 $t \in [a, b]$ 使得方程组 (1) 成立, 那么方程组 (1) 叫作曲线 C 的**参数方程**, 变数 t 叫作**参变数**, 简称**参数**.

参数可以是时间、角度、有向线段的数值等.

相对于参数方程来说, 前面学过的用曲线上动点的坐标 x 与 y 的关系式 $f(x, y) = 0$ 来表示的方程叫作曲线的**普通方程**.

【**例 7-34**】　求圆心在原点, 半径为 r 的圆的参数方程.

解　如图 7-36 所示, 设 $P(x, y)$ 是圆上任意一点, φ 是以 Ox 为始边、OP 为终边的角. 因为对于圆上的每一点 $P(x, y)$ 都有一个 φ 值和它对应, 所以取 φ 作为参数, 则有

$$\begin{cases} x = r\cos\varphi \\ y = r\sin\varphi \end{cases} \quad (0 \leqslant \varphi < 2\pi),$$

这就是所求的圆的参数方程.

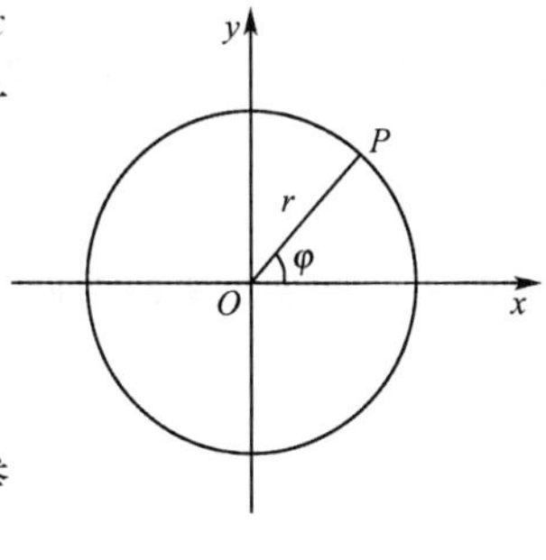

图 7-36

【**例 7-35**】　求经过点 $P_0(x_0, y_0)$, 倾斜角为 α 的直线 l 的参数方程 (图 7-37).

解　设点 $P(x, y)$ 是直线 l 上任意一点, 过点 P_0、P 分别作 x 轴的垂线, 依次交 x 轴于 R、N, 过 P_0 作 NP 的垂线交 NP 于 Q. 取直线 l 向上的方向为正向, 则直线 l 上任意一点 P 与有向线段 $\overline{P_0 P}$ 的数值

$$t = P_0 P$$

一一对应, 我们取 t 作为参数.

当 $\overline{P_0P}$ 与 l 同方向,或两点 P_0、P 重合时,因 $P_0P = |P_0P|$,根据三角函数的定义,有

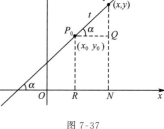

$$\begin{cases} P_0Q = P_0P\cos\alpha \\ QP = P_0P\sin\alpha \end{cases},$$

即

$$\begin{cases} x - x_0 = t\cos\alpha \\ y - y_0 = t\sin\alpha \end{cases} \quad (-\infty < t < +\infty).$$

图 7-37

当 $\overline{P_0P}$ 与 l 反方向时,P_0P,P_0Q,QP 同时改变符号,上式仍成立,所以所求直线的参数方程是

$$\begin{cases} x = x_0 + t\cos\alpha \\ y = y_0 + t\sin\alpha \end{cases} \quad (-\infty < t < +\infty). \tag{2}$$

一般地,过点 $P_0(x_0,y_0)$,斜率是 $\dfrac{b}{a}$ 的直线的参数方程的一般形式为

$$\begin{cases} x = x_0 + at \\ y = y_0 + bt \end{cases} \quad (t\ 为参数,-\infty < t < +\infty). \tag{3}$$

但是只有当 $a^2 + b^2 = 1$ 时,参数 t 才有上述的几何意义(表示有向线段 $\overline{P_0P}$ 的数值);当 $a^2 + b^2 \neq 1$ 时,参数 t 就不再有上述的几何意义了.

为了区别,称方程(3)为直线参数方程的标准型.

【例 7-36】 已知直线 $l:\begin{cases} x = 2 - \dfrac{1}{2}t \\ y = -1 + \dfrac{1}{2}t \end{cases}$ (t 为参数)与圆 $x^2 + y^2 = 4$ 交于 A、B 两点,点 $P_0(4,-3)$ 是直线 l 上一点,求 $|AB|$ 和 $|P_0A| \cdot |P_0B|$.

解 在已给直线的参数方程中,$a^2 + b^2 = \dfrac{1}{2} \neq 1$,为此先把它化为标准型.由已给直线的参数方程消去参数 t,得

$$y = -x + 1.$$

由此可知 $\tan x = -1$,从而可得

$$\cos\alpha = -\frac{\sqrt{2}}{2}, \quad \sin\alpha = \frac{\sqrt{2}}{2}.$$

于是已给直线的参数方程的标准型为

$$\begin{cases} x = 4 - \dfrac{\sqrt{2}}{2}t' \\ y = -3 + \dfrac{\sqrt{2}}{2}t' \end{cases} \quad (t'\ 为参数). \tag{①}$$

把式①代入 $x^2 + y^2 = 4$,整理得

$$t'^2 - 7\sqrt{2}t' + 21 = 0.$$

因为 $t'_1 + t'_2 = 7\sqrt{2}$,$t'_1 \cdot t'_2 = 21$,所以

$$|P_0A| \cdot |P_0B| = 21,$$

$$|AB| = |t_1' - t_2'| = \sqrt{(t_1' + t_2')^2 - 4t_1t_2}$$
$$= \sqrt{(7\sqrt{2})^2 - 4 \times 21} = \sqrt{14}.$$

7.6.2　曲线的参数方程与普通方程的互化

如果能从参数方程中消去参数 t，那么就得出曲线的普通方程；反之，选择适当的参数 t，在一般情况下，也可把曲线的普通方程化为参数方程.

【例 7-37】　把参数方程

$$\begin{cases} x = x_0 + r\cos\varphi \\ y = y_0 + r\sin\varphi \end{cases} \quad (r > 0, \varphi \text{ 是参数}, 0 \leqslant \varphi < 2\pi)$$

化为普通方程.

解　由原方程得

$$\cos\varphi = \frac{x - x_0}{r}, \quad \sin\varphi = \frac{y - y_0}{r},$$

把两式平方后相加，得

$$(x - x_0)^2 + (y - y_0)^2 = r^2.$$

这是圆心为 (x_0, y_0)，半径为 r 的圆的方程.

【例 7-38】　把参数方程

$$\begin{cases} x = a\cos\varphi \\ y = b\sin\varphi \end{cases} \quad (a > b > 0, \varphi \text{ 是参数}, 0 \leqslant \varphi < 2\pi)$$

化为普通方程.

解　由原方程得

$$\frac{x}{a} = \cos\varphi, \quad \frac{y}{b} = \sin\varphi,$$

把两式平方后相加，得

$$\frac{x^2}{a^2} + \frac{y^2}{b^2} = 1.$$

这是中心在原点，焦点在 x 轴上的椭圆方程.

【例 7-39】　把参数方程

$$\begin{cases} x = a\sec\varphi \\ y = b\tan\varphi \end{cases} \quad \left(\varphi \text{ 是参数}, 0 \leqslant \varphi < 2\pi, \varphi \neq \frac{\pi}{2}\right)$$

化为普通方程.

解　由原方程得

$$\frac{x}{a} = \sec\varphi, \quad \frac{y}{b} = \tan\varphi,$$

把两式平方后相减，得

$$\frac{x^2}{a^2} - \frac{y^2}{b^2} = 1.$$

这是双曲线的标准方程.

【例 7-40】　把参数方程

$$\begin{cases} x=2pt^2 \\ y=2pt \end{cases} \quad (p>0, t \text{ 是参数}, -\infty<t<+\infty)$$

化为普通方程.

解 由第二个方程得

$$t=\frac{y}{2p},$$

代入第一个方程,得

$$x=\frac{y^2}{2p},$$

即 $y^2=2px$,这是抛物线的标准方程.

【例 7-41】 化 $2x-5y+10=0$ 为参数方程.

解 原方程可写为 $2x=5y-10$,即

$$\frac{x}{5}=\frac{y-2}{2}.$$

设此比值为 t,取 t 为参数,得参数方程

$$\begin{cases} x=5t \\ y=2t+2 \end{cases} \quad (-\infty<t<+\infty).$$

原方程也可以写为 $\dfrac{y}{2}=\dfrac{x+5}{5}$,设此比值为 u,取 u 为参数,得参数方程

$$\begin{cases} x=5u-5 \\ y=2u \end{cases} \quad (-\infty<u<+\infty).$$

从这个例子可以看出,对于同一条曲线,由于所选参数的不同,所建立的参数方程也具有不同的形式.

在曲线的参数方程与普通方程互化时,必须注意这两种不同形式的方程应等价,即它们应代表同一条曲线.但在互化时由于变量的允许值可能产生变化,因而可能导致两者所表示的曲线不完全一致,其中某条曲线可能是另一条曲线的一部分.

【例 7-42】 把参数方程

$$\begin{cases} x=t^4 \\ y=t^2 \end{cases} \quad (-\infty<t<+\infty) \qquad ①$$

化为普通方程.

解 由已给方程①消去参数 t,得

$$y^2=x. \qquad ②$$

显然,在方程①和②中,y 的取值范围是不同的,因而这两个方程不等价.

在方程①中,由于 $x\geqslant0, y\geqslant0$,所以方程①所表示的曲线仅是抛物线 $y^2=x$ 在第一象限内的部分.而在方程②中,由于 $x\geqslant0, -\infty<y<+\infty$,所以方程②表示整条抛物线.但如果对方程②附加条件 $y\geqslant0$,则方程①与方程②就等价了.因此方程①所表示的曲线的普通方程应为

$$y^2=x \quad (y\geqslant0). \qquad ③$$

【例 7-43】 设 $P(x_1, y_1)$ 是双曲线 $\dfrac{x^2}{a^2}-\dfrac{y^2}{b^2}=1$ 上任意一点,过 P 作双曲线的两条渐近

线的平行线,分别与另一条渐近线交于 Q、R. 求证:$|PQ| \cdot |PR| = \frac{1}{4}(a^2+b^2)$.

证明 设过已给双曲线上任意一点 $P(a\sec\varphi, b\tan\varphi)$ 与渐近线 $bx+ay=0$ 平行的直线的参数方程为

$$
\begin{cases}
x = a\sec\varphi - \dfrac{at}{\sqrt{a^2+b^2}} \\
y = b\tan\varphi + \dfrac{bt}{\sqrt{a^2+b^2}}
\end{cases},
$$

它交另一条渐近线 $bx-ay=0$ 于点 Q,则

$$
b\left(a\sec\varphi - \frac{at}{\sqrt{a^2+b^2}}\right) - a\left(b\tan\varphi + \frac{bt}{\sqrt{a^2+b^2}}\right) = 0,
$$

所以

$$
PQ = t = \frac{1}{2}\sqrt{a^2+b^2}(\sec\varphi - \tan\varphi),
$$

同理可得

$$
PR = -\frac{1}{2}\sqrt{a^2+b^2}(\sec\varphi + \tan\varphi),
$$

所以

$$
|PQ| \cdot |PR| = \frac{1}{4}(a^2+b^2).
$$

【例 7-44】 已知双曲线 $(x-k)^2 - \dfrac{(y-3k)^2}{4} = 1$ 的两条渐近线 l_1,l_2 分别交抛物线 $y = x^2 - 4x + 1$ 于 A、C 和 B、D 两点.

(1)试求 k 的值组成的集合 M;

(2)当 $k \in M$ 时,试证 A、B、C、D 四点共圆.

解 (1)由题设知 l_1,l_2 的方程分别是 $l_1:y=2x+k$,$l_2:y=-2x+5k$.

将 l_1 的方程代入抛物线方程,得

$$
x^2 - 6x + 1 - k = 0.
$$

由 $\Delta_1 = 36 - 4(1-k) > 0$,得

$$4k + 32 > 0. \tag{①}$$

将 l_2 代入抛物线方程并整理,得

$$20k > 0. \tag{②}$$

由式①、式②可得 $M = \{k \mid k > 0\}$.

(2)$l_1 \bigcap l_2 = p(k, 3k)$.

l_1 的参数方程为

$$
\begin{cases}
x = k + \dfrac{1}{\sqrt{5}}t \\
y = 3k + \dfrac{2}{\sqrt{5}}t
\end{cases}, \tag{③}
$$

l_2 的参数方程为

$$\begin{cases} x=k-\dfrac{1}{\sqrt{5}}t \\[2mm] y=3k+\dfrac{2}{\sqrt{5}}t \end{cases}. \qquad ④$$

将式③、式④分别代入 $y=x^2-4x+1$ 中,得

$$\frac{1}{5}t^2 \pm \frac{2}{\sqrt{5}}(k-3)t+k^2-7k+1=0.$$

因此

$$|PA| \cdot |PC| = |t_1 t_2| = 5|k^2-7k+1|,$$
$$|PB| \cdot |PD| = |t_3 t_4| = 5|k^2-7k+1|.$$

因为

$$|PA| \cdot |PC| = |PB| \cdot |PD|,$$

所以 A、B、C、D 四点共圆.

7.6.3 摆 线

一个圆沿一条定直线作无滑动的滚动,圆周上一个定点运动的轨迹叫作**摆线**,又叫**旋轮线**.

例如,车轮沿直线行驶时,轮周上任一点的轨迹都是摆线.

下面我们来建立摆线的参数方程.

如图 7-38 所示,取定直线为 x 轴,圆上的定点 P 落在定直线上时的一个位置为原点,建立直角坐标系.设动圆半径为 a,在运动中的任意位置时圆心为 C,动圆与 x 轴相切于 A,圆上定点 P 的坐标为 (x,y).过点

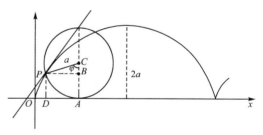

图 7-38

P 作 $PD \perp Ox$,$PB \perp CA$,取通过点 P 的半径 CP 与 CA 所成的角 φ 为参数,于是得点 P 的坐标为

$$x=OD=OA-PB,$$
$$y=DP=AC-BC.$$

因此

$$OA=\overset{\frown}{AP}=a\varphi, \quad PB=a\sin\varphi, \quad BC=a\cos\varphi,$$

所以

$$\begin{cases} x=a(\varphi-\sin\varphi) \\ y=a(1-\cos\varphi) \end{cases} \quad (-\infty<\varphi<+\infty).$$

这就是摆线的参数方程.参变量 φ 是圆的半径所转过的角(弧度),叫作**滚动角**.

摆线由无限多支完全相同的分支组成,每一分支叫作摆线的一拱.当圆滚动一周,即 φ 由 0 变到 2π 时,点 P 就描出了摆线的第一拱.摆线每一拱的高为 $2a$,宽为 $2\pi a$.

机器上齿轮的齿形多数采用渐开线,也有采用摆线和其他齿形的.用渐开线齿形或摆线齿形的齿轮具有传动平稳、磨损少等优点.

习题 7.6

1. 写出下列曲线的参数方程:

(1)经过点 $P(2,-1)$,倾斜角为 $\dfrac{\pi}{6}$ 的直线.

(2)圆心在 $C(1,2)$,半径为 4 的圆周.

(3)中心在原点,长轴、短轴在坐标轴上,长分别是 6 和 4 的椭圆.

(4)中心在原点,焦点在 x 轴上,实半轴长是 4,虚半轴长是 5 的双曲线.

2. 把下列参数方程化为普通方程(其中 t,θ,φ 是参数):

(1) $\begin{cases} x=t^2+4t-2 \\ y=t-1 \end{cases}$.
(2) $\begin{cases} x=3+2\cos\theta \\ y=-2+5\sin\theta \end{cases}$.

(3) $\begin{cases} x=a\cos^3\varphi \\ y=a\sin^3\varphi \end{cases}$.
(4) $\begin{cases} x=t^2 \\ y=t^6 \end{cases}$.

3. 根据所给的条件,把下列各方程化为参数方程(t 和 φ 是参数):

(1) $y=2x^2-3x$,已知 $y=tx$.

(2) $x^2+4y^2=4$,已知 $y=\sin\varphi$.

4. 设 $x=at$,t 是参数,求椭圆 $\dfrac{x^2}{a^2}+\dfrac{y^2}{b^2}=1$ 的参数方程.

5. 在参数方程 $\begin{cases} x=x_1+\rho\cos\theta \\ y=y_1+\rho\sin\theta \end{cases}$ 中,(1)如果 ρ 为定值,θ 为参数.(2)如果 θ 为定值,ρ 为参数.它所表示的曲线各是什么?

6. 证明:当 $m\neq 0$ 时,参数方程 $\begin{cases} x=a+mt \\ y=b+nt \end{cases}$ 表示经过点 (a,b) 且斜率为 $\dfrac{n}{m}$ 的直线.

7. 求直线 $\begin{cases} x=1+t \\ y=1-t \end{cases}$ 与圆 $(x-1)^2+y^2=16$ 的交点.

8. 已知直线 $l:\begin{cases} x=t+1 \\ y=2t+k^2+2 \end{cases}$ (t 为参数)和抛物线 $c:\begin{cases} x=\dfrac{1}{2}s \\ y=s^2 \end{cases}$ (s 为参数),若直线被抛物线截得的弦长为 $3\sqrt{5}$,求待定常数 k.

9. 设实数 x,y 满足方程 $x^2+y^2-4x-4y+7=0$,求:(1)$x+y$.(2)xy 的最大值.

10. 设 $-1<a<1,z\in\mathbf{C}$(复数集),且 $(1+ai)z=a+i$,画出 z 在复平面上所对应的点的轨迹图形.

7.7　极坐标

7.7.1　极坐标系

前面所用的直角坐标系是最常用的一种坐标系,但它并不是用数来表示点的位置的唯一方法.在某些实际问题中,用这种方法不太方便,例如,炮兵指挥所向炮兵指出射击目标时,用直角坐标就不方便,而通常是指出目标的方位角(即方向)和距离.用方向和距离表示平面内点的位置的坐标系,就是极坐标系.

在平面内取一个定点 O,从 O 点出发作一条射线 Ox,并规定一个长度单位和角度的正方向(通常取逆时针方向为正向),这样就构成了一个**极坐标系**.定点 O 叫作**极点**,射线 Ox 叫作**极轴**(图 7-39).

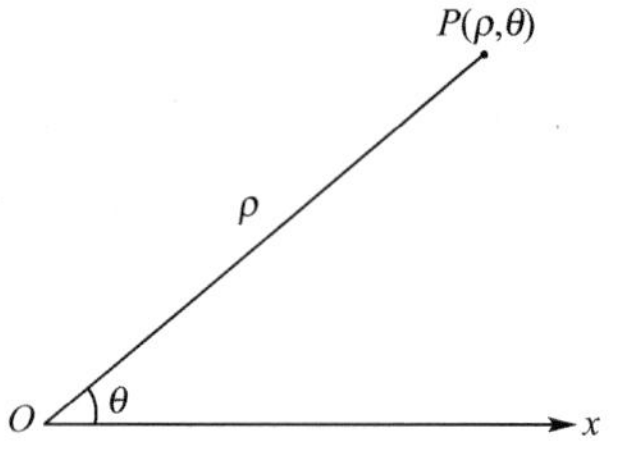

平面内任意一点 P 的位置都可以由 OP 的长度 ρ 和从 Ox 旋转到 OP 的角度 θ 来确定.

图 7-39

有序数对 (ρ,θ) 叫作点 P 的**极坐标**,ρ 叫作点 P 的**极径**,θ 叫作点 P 的**极角**.

当点 P 与极点重合时,它的极径 $\rho=0$,极角 θ 可以取任意值.

【例 7-45】 在极坐标系中,画出下列各点:

$$A\left(4,\frac{3\pi}{2}\right);\quad B\left(3,\frac{8}{3}\pi\right);\quad C\left(3,-\frac{\pi}{4}\right);\quad D\left(3,\frac{3}{2}\pi\right);\quad E\left(0,\frac{\pi}{4}\right);\quad F(5,0).$$

解 如图 7-40 所示,作射线 OA,使 $\angle xOA=\frac{3\pi}{2}$,在射线 OA 上取 $|OA|=4$,就得到了 A 点.用同样方法,可以作出其他各点.

为了研究问题的方便,有时也允许 ρ 取负值.当 $\rho<0$ 时,点 $P(\rho,\theta)$ 的位置可以按下列规则来确定:作射线 OM,使 $\angle xOM=\theta$,在 OM 的反向延长线上取一点 P,使 $|OP|=|\rho|$.点 P 就是坐标为 (ρ,θ) 的点(图 7-41).

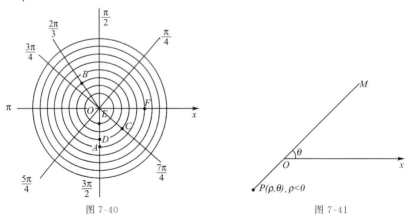

图 7-40   图 7-41

【例 7-46】 在极坐标系中,作出下列各点:

$$M\left(6,\frac{\pi}{3}\right);\quad N\left(6,\frac{7\pi}{3}\right);\quad P\left(-6,\frac{4\pi}{3}\right);\quad Q\left(-6,-\frac{2}{3}\pi\right).$$

解
$$M\left(6,\frac{\pi}{3}\right):\theta=\frac{\pi}{3},\rho=6;$$

$$N\left(6,\frac{7\pi}{3}\right):\theta=2\pi+\frac{\pi}{3},\rho=6;$$

$$P\left(-6,\frac{4\pi}{3}\right):\theta=\pi+\frac{\pi}{3},\rho=-6;$$

$$Q\left(-6,-\frac{2\pi}{3}\right):\theta=(-\pi)+\frac{\pi}{3},\rho=-6.$$

作图后可知,上述各点是重合的(图 7-42).

从例 7-45、例 7-46 可以看出,在极坐标系中,给定 ρ 和 θ,就可以在平面内确定唯一的一点;但是反过来,同一个点的极坐标却可以有无数种表示法.例如,在例 7-46 中,如果 $\left(6,\dfrac{\pi}{3}\right)$ 是点 M 的极坐标,那么 $\left(6,2n\pi+\dfrac{\pi}{3}\right)$,

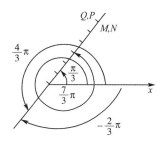

图 7-42

$\left[-6,(2n+1)\pi+\dfrac{\pi}{3}\right]$($n$ 是任意整数)都可以是点 M 的极坐标.一般地说,如果 (ρ,θ) 是某点的极坐标,那么,$(\rho,\theta+2n\pi)$ 和 $[-\rho,\theta+(2n+1)\pi]$(n 是整数)都是它的极坐标.由此可见,点与它的极坐标的对应关系,不是一一对应关系.但如果限定 $\rho>0$,$0\leqslant\theta<2\pi$ 或 $-\pi<\theta\leqslant\pi$,那么除极点外,平面内的点和极坐标就可以一一对应了.以后,在不作特殊说明时,认为 $\rho\geqslant0$.

7.7.2　曲线的极坐标方程

1.曲线的极坐标方程的概念

在直角坐标系中,曲线用含有变量 x,y 的方程来表示.同样的,在极坐标系中,曲线可以用含有变量 ρ,θ 的方程来表示.

在极坐标系中,如果曲线 C 和方程 $f(\rho,\theta)=0$ 满足条件:

(1)曲线 C 上任意一点的所有极坐标中,至少有一对适合方程 $f(\rho,\theta)=0$.

(2)坐标适合方程 $f(\rho,\theta)=0$ 的所有点都在曲线 C 上,

那么,方程 $f(\rho,\theta)$ 叫作曲线 C 的**极坐标方程**;曲线 C 叫作极坐标 $f(\rho,\theta)$ 的曲线.

上述定义中的条件(1)与直角坐标系下曲线方程的定义不同,这是由于点的极坐标的多值性.曲线上同一个点 P 的不同极坐标不一定都适合曲线方程,这样只要求曲线上任意一点的所有极坐标中至少有一对适合曲线方程.

与直角坐标系中对曲线与方程的讨论一样,我们将讨论关于曲线的极坐标方程的两个基本问题:

(1)由曲线上的点所具备的条件或性质,求表示曲线的极坐标方程.

(2)由极坐标方程作出它所表示的曲线(图形).

2.求曲线的极坐标方程

求曲线的极坐标方程的方法和求直角坐标方程的方法基本相同,它的主要步骤是:选取适当的极坐标系,将已知的轨迹条件用曲线上任意一点的坐标 ρ,θ 的关系式表示出来,再化简整理后,就得到所求的极坐标方程.

【例 7-47】 求从极点出发,极角是 $\dfrac{\pi}{6}$ 的射线的极坐标方程.

解 设 $P(\rho,\theta)$ 为射线上任意一点.将已知条件用坐标表示,得

$$\theta=\frac{\pi}{6}.$$

这就是所求的射线的极坐标方程.方程中不含 ρ,说明对于射线上的所有点,无论 ρ 取任何正值,θ 的对应值都是 $\dfrac{\pi}{6}$(图 7-43).

当允许 ρ 取负值时，$\theta=\dfrac{\pi}{6}$ 表示倾斜角为 $\dfrac{\pi}{6}$ 的一条直线. 如果不允许 ρ 取负值，这条直线就要用两个方程 $\theta=\dfrac{\pi}{6}$ 和 $\theta=\dfrac{7\pi}{6}$ 来表示.

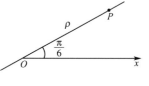

图 7-43

【例 7-48】 求圆心为 $C(r,0)$，半径是 r 的圆的极坐标方程.

解 由已知条件，圆心在极轴上，圆经过极点 O. 设圆和极轴的另一个交点是 A，则 $|OA|=2r$.

设 $P(\rho,\theta)$ 是圆上任意一点（图 7-44），连接 PO 及 PA，则 $PO\perp PA$，于是 $\cos\theta=\dfrac{\rho}{2r}$，即

$$\rho=2r\cos\theta.$$

这就是所求的圆的极坐标方程.

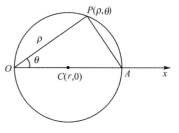

图 7-44

【例 7-49】 直径为 a 的圆上有一个定点 O，过点 O 作射线交圆于 Q，在射线 OQ 上取一点 P，使 $QP=a$（图 7-45），求点 P 的轨迹的极坐标方程.

解 以定点 O 作极点，过点 O 和圆心的射线为 Ox 轴，建立极坐标系. 设点 P 的极坐标为 (ρ,θ)，点 Q 的极坐标为 (ρ_1,θ). 由于点 Q 在已知圆上，所以

$$\rho_1=a\cos\theta.$$

因为 $|OP|=a+\rho_1=a(1+\cos\theta)$，所以

$$\rho=a(1+\cos\theta).$$

这就是所求的极坐标方程.

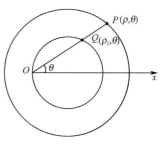

图 7-45

3. 由极坐标方程画曲线（图形）

极坐标方程作图法与直角坐标方程作图法一样，使用列表、描点、连线的方法. 为了作图的方便，在作图之前，通常先对极坐标方程进行讨论，以掌握曲线的性质. 讨论的内容主要有下列几方面：

（1）曲线与极轴的交点；

（2）曲线的对称性；

（3）曲线的变化范围.

设 $P_1(\rho,\theta)$ 是极坐标系中的任意一点（图 7-46），则点 $P_1(\rho,\theta)$ 关于极轴的对称点是 $P_4(\rho,-\theta)$，$P_1(\rho,\theta)$ 关于直线 $\theta=\dfrac{\pi}{2}$（以后简称极垂线）的对称点是 $P_2(-\rho,-\theta)$，$P_1(\rho,\theta)$ 关于极点的对称点是 $P_3(-\rho,\theta)$.

从图 7-46 中可看出：

如果以 $-\rho$ 代替 ρ，原方程不变，则曲线关于极点对称；

如果以 $-\theta$ 代替 θ，原方程不变，则曲线关于极轴对称；

如果以 $-\rho$ 代替 ρ，同时以 $-\theta$ 代替 θ，原方程不变，则曲线关于极垂线对称.

【例 7-50】 讨论方程 $\rho=a(1+\cos\theta)(a>0)$，并画出图形.

解　(1)当 $\theta=0$ 时,$\rho=2a$;当 $\theta=\pi$ 时,$\rho=0$,可知曲线经过极点,且和极轴相交于点 $(2a,0)$;

(2)以 $-\theta$ 代替 θ,得 $\rho=a[1+\cos(-\theta)]=a(1+\cos\theta)$,原方程不变,由此可知曲线关于极轴对称,所以列表时,θ 只要在 $[0,\pi]$ 内取值,再由对称性就可以画出整个曲线;

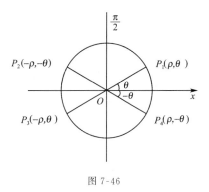

图 7-46

(3)当 θ 由 0 变到 $\dfrac{\pi}{2}$ 时,ρ 从 $2a$ 变到 a;当 θ 由 $\dfrac{\pi}{2}$ 变到 π 时,ρ 从 a 变到 0.又 $|\cos\theta|\leqslant1$,可知 $0\leqslant\rho\leqslant2a$,曲线是有界的.

在 $[0,\pi]$ 内给 θ 以一系列数值,求出对应的 ρ 的数值,列表,见表 7-5.

表 7-5　　　　　　　　　　　　$\rho=a(1+\cos\theta)$ 的取值

θ	0	$\dfrac{\pi}{6}$	$\dfrac{\pi}{3}$	$\dfrac{\pi}{2}$	$\dfrac{2\pi}{3}$	$\dfrac{5\pi}{6}$	π
ρ	$2a$	$1.87a$	$1.5a$	a	$0.5a$	$0.13a$	0

描出 $[0,\pi]$ 内曲线上的点,用光滑曲线依次连接这些点得到极轴上方的一半曲线,再根据对称性,作出在极轴下方的一半曲线,就得到所求的曲线(图 7-47).这条曲线叫作**心脏线**.

【例 7-51】　讨论方程 $\rho^2=a^2\cos2\theta(a>0)$,并画出图形.

解　由原方程可得

$$\rho=\pm a\sqrt{\cos2\theta}.$$

(1)当 $\theta=0$ 时,$\rho=\pm a$,曲线极轴相交于点 $(a,0)$ 和点 $(-a,0)$;又当 $\theta=\dfrac{\pi}{4}$ 时,$\rho=0$ 时,曲线过极点;

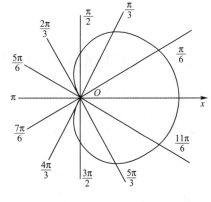

图 7-47

(2)以 $-\rho$ 代替 ρ,原方程不变,所以曲线关于极点对称;以 $-\theta$ 代替 θ,原方程不变,所以曲线关于极轴对称;以 $-\rho$ 代替 ρ,同时以 $-\theta$ 代替 θ,原方程不变,所以曲线关于极垂线对称;

(3)由于 $|\cos2\theta|\leqslant1$,所以 $|\rho|\leqslant a$,这说明曲线在以极点为圆心,半径为 a 的圆内,它是有界的.由 $\rho=\pm a\sqrt{\cos2\theta}$ 可知,只有当 $\cos2\theta\geqslant0$ 时,ρ 才是实数,所以在 0 到 2π 之间,要求

$$0\leqslant2\theta\leqslant\dfrac{\pi}{2}\quad\text{或}\quad\dfrac{3\pi}{2}\leqslant2\theta\leqslant2\pi.$$

即在 0 到 π 之间,要求

$$0\leqslant\theta\leqslant\dfrac{\pi}{4}\quad\text{或}\quad\dfrac{3\pi}{4}\leqslant\theta\leqslant\pi.$$

这说明在 0 到 π 范围内,当 $\dfrac{\pi}{4}<\theta<\dfrac{3\pi}{4}$ 时,曲线不存在.所以 θ 只要取 0 到 $\dfrac{\pi}{4}$ 之间的值,利用曲线的对称性,就可以画出整条曲线.

在 $\left[0,\dfrac{\pi}{4}\right]$ 内给 θ 以一系列数值,求出对应的 ρ 的数值,列表,见表 7-6.

表 7-6　　$\rho^2 = a^2\cos 2\theta$ 的取值

θ	0	$\dfrac{\pi}{12}$	$\dfrac{\pi}{6}$	$\dfrac{\pi}{4}$
ρ	$\pm a$	$\pm 0.93a$	$\pm 0.71a$	0

描点、连线,再根据曲线的对称性,就可画出整条曲线(图 7-48).这条曲线叫作**双纽线**(也叫**双叶玫瑰线**).

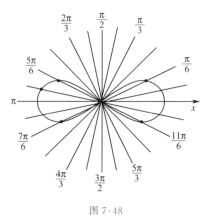

图 7-48

7.7.3　极坐标和直角坐标的互化

极坐标系和直角坐标系是两种不同的坐标系.为了研究问题的方便,有时需要把某种坐标化为另一种坐标.下面我们研究它们的互化公式.

使极坐标的极点与直角坐标系的原点重合,极轴与 x 的正半轴重合(图 7-49),并在两种坐标系中取相同的长度单位.

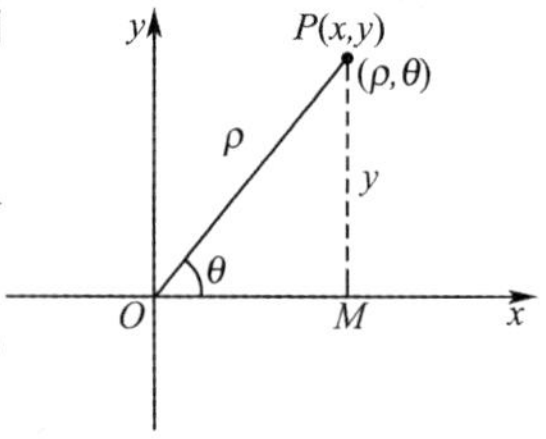

设平面内任意一点 P 的直角坐标为 (x,y),极坐标为 (ρ,θ).从点 P 作 $PM\perp Ox$,由三角函数的定义,可得

$$x=\rho\cos\theta,\quad y=\rho\sin\theta. \tag{1}$$

由以上关系式又可得

$$\rho^2=x^2+y^2,\quad \tan\theta=\frac{y}{x}(x\neq 0). \tag{2}$$

图 7-49

用公式(2)确定极角 θ 时,应根据直角坐标平面内点 (x,y) 所在象限,确定对应的 θ 的值.

通常规定 $\rho\geq 0$ 且 $0\leq\theta<2\pi$ 或 $-\pi\leq\theta\leq\pi$.

【例 7-52】 把点 P 的极坐标 $\left(5,\dfrac{\pi}{3}\right)$ 化为直角坐标.

解　由公式(1),得

$$x=5\cos\frac{\pi}{3}=\frac{5}{2},$$

$$y=5\sin\frac{\pi}{3}=\frac{5}{2}\sqrt{3}.$$

所以点 P 的直角坐标为 $\left(\dfrac{5}{2},\dfrac{5}{2}\sqrt{3}\right)$.

【例 7-53】 把点 P 的直角坐标 $(-3\sqrt{3},3)$ 化为极坐标.

解　由公式(2),得

$$\rho=\sqrt{(-3\sqrt{3})^2+3^2}=6,$$

$$\tan\theta=\frac{3}{-3\sqrt{3}}=-\frac{\sqrt{3}}{3}.$$

因为点 P 在第二象限,所以 $\theta=\dfrac{5\pi}{6}$.因此,点 P 的极坐标为 $\left(6,\dfrac{5\pi}{6}\right)$.

【**例 7-54**】　把下列直角坐标方程化为极坐标方程:

(1) $3x-2y+5=0$;　　　　　　　　(2) $x^2+y^2-2ax=0$;

(3) $x^2+y^2=a^2$.

解　把公式(1)代入各方程.

(1)　　　　　　　　　　　$3\rho\cos\theta-2\rho\sin\theta+5=0,$

即

$$\rho(3\cos\theta-2\sin\theta)+5=0.$$

(2)　　　　　　　　　　$\rho^2\cos^2\theta+\rho^2\sin^2\theta-2a\rho\cos\theta=0,$

$$\rho^2-2a\rho\cos\theta=0,$$

即

$$\rho(\rho-2a\cos\theta)=0.$$

于是

$$\rho=0\quad\text{或}\quad\rho=2a\cos\theta.$$

因为 $\rho=2a\cos\theta$ 包含了 $\rho=0$,所以极坐标方程为

$$\rho=2a\cos\theta.$$

(3)　　　　　　　　　　$\rho^2\cos^2\theta+\rho^2\sin^2\theta=a^2,$

$$\rho^2=a^2.$$

由于 $\rho=a$ 和 $\rho=-a$ 表示一个圆,所以极坐标方程为

$$\rho=a.$$

【**例 7-55**】　把下列极坐标方程化为直角坐标方程:

(1) $\theta=\dfrac{\pi}{3}$;　　　(2) $\rho=10\sin\theta$;　　　(3) $\rho=\dfrac{4}{1-3\cos\theta}$.

解　(1) $\tan\dfrac{\pi}{3}=\dfrac{y}{x}$,即 $\sqrt{3}=\dfrac{y}{x}$,所以

$$y=\sqrt{3}x.$$

(2)由公式(1)可知

$$\sin\theta=\frac{y}{\rho},$$

代入原方程,得 $\rho=10\dfrac{y}{\rho}$,即 $\rho^2=10y$,所以

$$x^2+y^2=10y.$$

(3)把原方程化为

$$\rho-3\rho\cos\theta=4,$$

$$\rho-3x=4,$$

即

$$\rho = 3x + 4,$$

两端平方,得 $\rho^2 = (3x+4)^2$,即 $x^2 + y^2 = (3x+4)^2$,所以

$$8x^2 - y^2 + 24x + 16 = 0.$$

【例 7-56】 椭圆 $\dfrac{x^2}{a^2} + \dfrac{y^2}{b^2} = 1$ 的两半径 OA、OB 互相垂直,求证:$\dfrac{1}{OA^2} + \dfrac{1}{OB^2} = \dfrac{a^2 + b^2}{a^2 b^2}$.

证明 以原点为极点,Ox 轴为极轴建立极坐标系,则椭圆方程可化为

$$b^2 \rho^2 \cos^2\theta + a^2 \rho^2 \sin^2\theta = a^2 b^2.$$

设点 A 的极坐标为 (ρ_1, θ),点 B 的极坐标为 $\left(\rho_2, \theta + \dfrac{\pi}{2}\right)$,因为 A、B 均在椭圆上,所以

$$b^2 \rho_1^2 \cos^2\theta + a^2 \rho_1^2 \sin^2\theta = a^2 b^2, \qquad\qquad ①$$

$$b^2 \rho_2^2 \cos^2\left(\theta + \dfrac{\pi}{2}\right) + a^2 \rho_2^2 \sin^2\left(\theta + \dfrac{\pi}{2}\right) = a^2 b^2, \qquad\qquad ②$$

即

$$b^2 \rho_2^2 \sin^2\theta + a^2 \rho_2^2 \cos^2\theta = a^2 b^2. \qquad\qquad ②'$$

由式①得

$$\rho_1^2 = \frac{a^2 b^2}{b^2 \cos^2\theta + a^2 \sin^2\theta},$$

由式②′得

$$\rho_2^2 = \frac{a^2 b^2}{b^2 \sin^2\theta + a^2 \cos^2\theta},$$

所以

$$\frac{1}{OA^2} + \frac{1}{OB^2} = \frac{1}{\rho_1^2} + \frac{1}{\rho_2^2} = \frac{a^2 + b^2}{a^2 b^2}.$$

【例 7-57】 如图 7-50 所示,圆 $C:\rho = d\cos\theta$ 上有一点 P,过点 P 引圆的切线 PQ,过极点引 $OQ \perp PQ$,Q 为垂足,求点 Q 的轨迹方程.

解 设 $Q(\rho, \theta)$ 为轨迹上任一点,P 的坐标为 $P(\rho_1, \theta_1)$,则

$$\rho_1 = d\cos\theta_1. \qquad ①$$

因为 $CP /\!/ OQ$,所以

$$\theta = \angle xOQ = \angle xCP$$
$$= 2\angle xOP = 2\theta_1. \qquad ②$$

因为 $\angle POQ = \theta_1$,所以

$$OQ = \rho_1 \cos\theta_1. \qquad ③$$

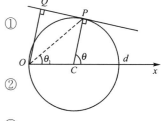

图 7-50

将式①代入式③,再利用式②消去 ρ_1, θ_1,得

$$\rho = d\cos^2\theta_1 = d\cos^2\frac{\theta}{2} = \frac{d}{2}(1 + \cos\theta).$$

此轨迹为心脏线.

7.7.4 等速螺线

当一个动点沿一条射线作等速直线运动,同时这条射线又绕着它的端点作等角速旋转时,这个动点的轨迹叫作**等速螺线**(又叫作**阿基米德螺线**).

下面,我们来求等速螺线的极坐标方程.

如图 7-51 所示,取射线 l 的端点 O 为极点,l 的初始位置为极轴,建立极坐标系.

设 $P_0(\rho_0,0)$ 是动点 P 的初始位置,P 在 l 上运动的速度为 v,l 绕点 O 转动的角速度为 ω,经时间 t 后,l 转过的角为 θ,而动点 P 到达位置 (ρ,θ).

根据等速螺线的定义可知

$$\begin{cases}\rho=\rho_0+vt\\\theta=\omega t\end{cases}\quad(v,\omega\ \text{是常数}),$$

消去参数 t,得

$$\rho=\rho_0+\frac{v}{\omega}\theta,$$

令 $\dfrac{v}{\omega}=a$,得

$$\rho=\rho_0+a\theta.$$

这就是等速螺线的极坐标方程,其中 ρ_0,a 是常数,且 $a\ne0$.

当初始位置 P_0 和极点 O 重合时,等速螺线的方程变为

$$\rho=a\theta.$$

从方程 $\rho=\rho_0+a\theta$ 可知等速螺线的特性是:动点 P 沿等速螺线运动时,它的极径差与极角差成正比.即是说,当动点由 $P_1(\rho_1,\theta_1)$ 运动到 $P_2(\rho_2,\theta_2)$ 时,有 $\dfrac{\rho_2-\rho_1}{\theta_2-\theta_1}=a$ 成立.

等速螺线的这个性质,常用于机械凸轮的设计.凸轮的轮廓线常采用等速螺线,它能把等角速转动变为等速直线运动.

【例 7-58】　作等速螺线 $\rho=5+\dfrac{1}{3}\theta$ 的图形.

解　从方程看出,图形是不对称的.ρ 随 θ 的无限增大而无限增大,所以图形是盘旋地无限伸延的.

列表,见表 7-7.

表 7-7　　　　　　　　　$\rho=5+\dfrac{1}{3}\theta$ 的取值

θ	0	$\dfrac{\pi}{6}$	$\dfrac{\pi}{3}$	$\dfrac{\pi}{2}$	$\dfrac{2}{3}\pi$	$\dfrac{5}{6}\pi$	π	$\dfrac{7}{6}\pi$	$\dfrac{4}{3}\pi$
ρ	5	5.17	5.35	5.52	5.70	5.87	6.05	6.22	6.40
θ	$\dfrac{3}{2}\pi$	$\dfrac{5}{3}\pi$	$\dfrac{11}{6}\pi$	2π	$\dfrac{13}{6}\pi$	$\dfrac{7}{3}\pi$	$\dfrac{5}{2}\pi$	$\dfrac{8}{3}\pi\cdots$	
ρ	6.57	6.75	6.92	7.09	7.27	7.44	7.62	7.79 $\cdots$	

描点、连线,得到如图 7-52 所示的图形.

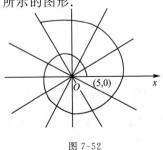

图 7-52

习题 7.7

1. 在极坐标系中, 作出下列各点:

$$A\left(3, \frac{\pi}{6}\right); \quad B\left(\frac{9}{2}, -\frac{\pi}{2}\right); \quad C(-2, 60°); \quad D(-3, -30°).$$

2. 在极坐标系中, 已知点 P 的坐标是 $\left(6, \frac{\pi}{3}\right)$, 写出点 P 关于极轴和极点的对称点的坐标(限定 $\rho > 0, 0 \leqslant \theta \leqslant 2\pi$).

3. 在极坐标系中, 推导已知两点 $M_1(\rho_1, \theta_1)$、$M_2(\rho_2, \theta_2)$ 间的距离公式.

4. 求圆心在点 $\left(r, \frac{\pi}{2}\right)$, 半径是 r 的圆的极坐标方程.

5. 从极点 O 作圆 $\rho = 2\cos\theta$ 的弦 OP, 求 OP 的中点 M 的轨迹方程.

6. 下列各方程所表示的曲线是否相同?

$(1) \theta = \frac{\pi}{4}$ 和 $\cos\theta = \frac{\sqrt{2}}{2}$.

$(2) \tan\theta = \frac{\sqrt{3}}{3}$ 和 $\theta = \frac{\pi}{6}$.

$(3) \rho^2 - 16 = 0$ 和 $\rho = 4$, 其中 $\rho > 0, 0 \leqslant \theta \leqslant 2\pi$.

7. 求下列两曲线的交点:

$(1) \begin{cases} \rho = 4\cos\theta \\ \rho\sin\theta = \sqrt{3} \end{cases}.$ 　　　　$(2) \begin{cases} \rho = 4(1 + \cos\theta) \\ \rho = \dfrac{9}{1 + \cos\theta} \end{cases}.$

8. 把下列各点的极坐标化为直角坐标:

$$A\left(2, \frac{\pi}{6}\right); \quad B\left(3, -\frac{2}{3}\pi\right); \quad C\left(-4, \frac{\pi}{6}\right); \quad D(-4, -225°).$$

9. 把下列各点的直角坐标化为极坐标:

$$A(-2, 0); \quad B(\sqrt{3}, -1); \quad C\left(\frac{1}{2}, \frac{1}{6}\right); \quad D(0, 3).$$

10. 把下列直角坐标方程化为极坐标方程:

$(1) y^2 = 12x.$ 　　　　　　　　$(2) x^2 + y^2 = 4x.$

$(3) x^2 - y^2 = 20.$

11. 把下列极坐标方程化为直角坐标方程:

$(1) \rho(\sin\theta + 2\cos\theta) = 6.$ 　　　　$(2) \rho\sin\theta = 10.$

$(3) \rho^2\cos2\theta = -1.$

12 过抛物线 $y^2 = 2px$ 焦点 F 的直线与抛物线交于点 A、B, 求证:

$$\frac{1}{|FA|} + \frac{1}{|FB|} = \frac{2}{p}.$$

13. 极坐标的极点为 O, $A(a, 0)$ 是定点, 点 P 在保持 $\angle OPA = \frac{\pi}{3}$ 的条件下变动, 在线段 OP 的延长线上取一点 Q, 使 $PQ = PA$, 求点 Q 的轨迹, 并把这个轨迹化为直角坐标方程.

第 8 章 行列式

行列式是由解线性方程组产生的,它是一个重要的数学工具,在科学技术的各个领域中有广泛的应用.本章先介绍二、三阶行列式,并把它推广到 n 阶行列式,然后给出行列式的性质和计算方法.此外还要介绍用 n 阶行列式求解 n 元线性方程组的克拉默(Cramer)法则.

8.1　二阶与三阶行列式

8.1.1　二元线性方程组与二阶行列式

设二元线性方程组
$$\begin{cases} a_{11}x_1 + a_{12}x_2 = b_1 \\ a_{21}x_1 + a_{22}x_2 = b_2 \end{cases}, \tag{1}$$
其中 x_1, x_2 为未知量;$a_{11}, a_{12}, a_{21}, a_{22}$ 为未知量的系数;b_1, b_2 为常数项.下面用消元法解线性方程组(1).

为消去未知量 x_2,用 a_{22} 和 a_{12} 分别乘方程组(1)的两端,然后两个方程相减,得
$$(a_{11}a_{22} - a_{12}a_{21})x_1 = b_1 a_{22} - a_{12}b_2;$$
类似地,消去 x_1,得
$$(a_{11}a_{22} - a_{12}a_{21})x_2 = a_{11}b_2 - b_1 a_{21}.$$
当 $a_{11}a_{22} - a_{12}a_{21} \neq 0$ 时,求得线性方程组(1)的解为
$$x_1 = \frac{b_1 a_{22} - a_{12}b_1}{a_{11}a_{22} - a_{12}a_{21}}, \quad x_2 = \frac{a_{11}b_2 - b_1 a_{21}}{a_{11}a_{22} - a_{12}a_{21}}. \tag{2}$$

式(2)中的分子、分母都是四个数分两对相乘再相减而得.其中分母 $(a_{11}a_{22} - a_{12}a_{21})$ 是由方程组(1)的四个系数确定的,把这四个系数按它们在方程组(1)中的位置,排成二行二列(横排称行、竖排称列)的数表
$$\begin{array}{cc} a_{11} & a_{12} \\ a_{21} & a_{22} \end{array}, \tag{3}$$
表达式 $a_{11}a_{22} - a_{12}a_{21}$ 称为数表(3)所确定的**二阶行列式**,并记作
$$\begin{vmatrix} a_{11} & a_{12} \\ a_{21} & a_{22} \end{vmatrix}. \tag{4}$$
数 $a_{ij}(i=1,2;j=1,2)$ 称为行列式(4)的元素,a_{ij} 的第一个下标 i 称为行标,表明该元素

位于第 i 行,第二个下标 j 称为列标,表明该元素位于第 j 列.

上述二阶行列式可用对角线法则来记忆.参看图 8-1,把左上角到右下角的实连线称为主对角线,从右上角到左下角的虚连线称为副对角线,于是二阶行列式便是主对角线上的两个元素之积减去副对角线上两个元素之积所得的差.

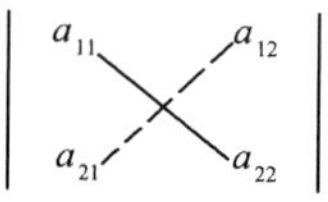

图 8-1

根据二阶行列式的定义,二元线性方程组的解(2)中的分子也可用二阶行列式来表示,即

$$b_1a_{22}-a_{12}b_2=\begin{vmatrix} b_1 & a_{12} \\ b_2 & a_{22} \end{vmatrix}, a_{11}b_2-b_1a_{21}=\begin{vmatrix} a_{11} & b_1 \\ a_{21} & b_2 \end{vmatrix}.$$

若记

$$D=\begin{vmatrix} a_{11} & a_{12} \\ a_{21} & a_{22} \end{vmatrix}, D_1=\begin{vmatrix} b_1 & a_{12} \\ b_2 & a_{22} \end{vmatrix}, D_2=\begin{vmatrix} a_{11} & b_1 \\ a_{21} & b_2 \end{vmatrix},$$

于是,当 $D\neq0$,二元线性方程组(1)的解就唯一地表示为

$$x_1=\frac{D_1}{D}=\frac{\begin{vmatrix} b_1 & a_{12} \\ b_2 & a_{22} \end{vmatrix}}{\begin{vmatrix} a_{11} & a_{12} \\ a_{21} & a_{22} \end{vmatrix}}, x_2=\frac{D_2}{D}=\frac{\begin{vmatrix} a_{11} & b_1 \\ a_{21} & b_2 \end{vmatrix}}{\begin{vmatrix} a_{11} & a_{12} \\ a_{21} & a_{22} \end{vmatrix}}.$$

上式中的分母 D 是由方程组(1)的系数所确定的二阶行列式(称为系数行列式),x_1 中的分子 D_1 是用常数项 b_1,b_2 替换 D 中 x_1 的系数 a_{11},a_{21} 所得的二阶行列式,x_2 的分子 D_2 是用常数项 b_1,b_2 替换 D 中 x_2 的系数 a_{12},a_{22} 所得的二阶行列式.

【例 8-1】 求解二元线性方程组

$$\begin{cases} 3x_1-2x_2=12 \\ 2x_1+x_2=1 \end{cases}.$$

解 计算二阶行列式

$$D=\begin{vmatrix} 3 & -2 \\ 2 & 1 \end{vmatrix}=3-(-4)=7\neq0,$$

$$D_1=\begin{vmatrix} 12 & -2 \\ 1 & 1 \end{vmatrix}=12-(-2)=14,$$

$$D_2=\begin{vmatrix} 3 & 12 \\ 2 & 1 \end{vmatrix}=3-24=-21,$$

因此

$$x_1=\frac{D_1}{D}=\frac{14}{7}=2, x_2=\frac{D_2}{D}=-\frac{21}{7}=-3.$$

8.1.2 三阶行列式

定义 8-1 设有 9 个数排成 3 行 3 列的数表

$$\begin{matrix} a_{11} & a_{12} & a_{13} \\ a_{21} & a_{22} & a_{23} \\ a_{31} & a_{32} & a_{33} \end{matrix}$$ (5)

记

$$\begin{vmatrix} a_{11} & a_{12} & a_{13} \\ a_{21} & a_{22} & a_{23} \\ a_{31} & a_{32} & a_{33} \end{vmatrix} = \begin{aligned} & a_{11}a_{22}a_{33} + a_{12}a_{23}a_{31} + a_{13}a_{21}a_{32} - \\ & a_{11}a_{23}a_{32} - a_{12}a_{21}a_{33} - a_{13}a_{22}a_{31}, \end{aligned}$$ （6）

则式(6)称为数表(5)所确定的三阶行列式.

上面定义的三阶行列式含有 6 项,每一项均为不同行不同列的三个元素的乘积,并按照一定的规则带有正号或负号,其规律遵循图 8-2 所示的对角线法则:图 8-2 中实线看作是平行于主对角线的连线,虚线看作是平行于副对角线的连线,实线上三个元素的乘积取正号,虚线上三个元素的乘积取负号.

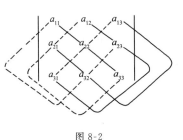

图 8-2

【例 8-2】　计算三阶行列式

$$D = \begin{vmatrix} 1 & 2 & -4 \\ -2 & 2 & 1 \\ -3 & 4 & -2 \end{vmatrix}.$$

解　按对角线法则,有

$$\begin{aligned} D &= 1 \times 2 \times (-2) + 2 \times 1 \times (-3) + (-4) \times (-2) \times 4 - \\ & \quad 1 \times 1 \times 4 - 2 \times (-2) \times (-2) - (-4) \times 2 \times (-3) \\ &= -4 - 6 + 32 - 4 - 8 - 24 = -14. \end{aligned}$$

【例 8-3】　求解方程

$$\begin{vmatrix} 1 & 1 & 1 \\ 2 & 3 & x \\ 4 & 9 & x^2 \end{vmatrix} = 0$$

解　方程左端的三阶行列式

$$\begin{aligned} D &= 3x^2 + 4x + 18 - 9x - 2x^2 - 12 \\ &= x^2 - 5x + 6 \end{aligned}$$

由 $D=0$,即 $x^2 - 5x + 6 = 0$,解得 $x=2$ 或 $x=3$.

【例 8-4】　解三元线性方程组

$$\begin{cases} 3x_1 + x_2 + x_3 = 8 \\ x_1 + x_2 + x_3 = 6 \\ x_1 + 2x_2 + x_3 = 8 \end{cases}.$$

解　用对角线法则计算三阶行列式,得

$$D = \begin{vmatrix} 3 & 1 & 1 \\ 1 & 1 & 1 \\ 1 & 2 & 1 \end{vmatrix} = -2,$$

$$D_1 = \begin{vmatrix} 8 & 1 & 1 \\ 6 & 1 & 1 \\ 8 & 2 & 1 \end{vmatrix} = -2,$$

$$D_2 = \begin{vmatrix} 3 & 8 & 1 \\ 1 & 6 & 1 \\ 1 & 8 & 1 \end{vmatrix} = -4,$$

$$D_3 = \begin{vmatrix} 3 & 1 & 8 \\ 1 & 1 & 6 \\ 1 & 2 & 8 \end{vmatrix} = -6,$$

因此方程组的解为

$$x_1 = \frac{D_1}{D} = 1, x_2 = \frac{D_2}{D} = 2, x_3 = \frac{D_3}{D} = 3.$$

习题 8.1

1. 利用对角线法则计算下列三阶行列式：

(1) $\begin{vmatrix} 10 & 8 & 2 \\ 15 & 12 & 3 \\ 20 & 32 & 12 \end{vmatrix}.$
(2) $\begin{vmatrix} a & b & c \\ b & c & a \\ c & a & b \end{vmatrix}.$

(3) $\begin{vmatrix} 1+a & b & c \\ a & 1+b & c \\ a & b & 1+c \end{vmatrix}.$
(4) $\begin{vmatrix} x & y & x+y \\ y & x+y & x \\ x+y & x & y \end{vmatrix}.$

2. 用行列式解下列线性方程组：

(1) $\begin{cases} x_1\cos\theta - x_2\sin\theta = a \\ x_1\sin\theta + x_2\cos\theta = b \end{cases}.$
(2) $\begin{cases} 8x+3y=2 \\ 6x+2y=3 \end{cases}.$

(3) $\begin{cases} x+y+z=10 \\ 3x+2y+z=14 \\ 2x+3y-z=1 \end{cases}.$
(4) $\begin{cases} 2x_1-3x_2+2x_3=-3 \\ x_1+4x_2-3x_3=6 \\ 3x_1-x_2-x_3=1 \end{cases}.$

3. $x=-2$ 是三阶行列式 $\begin{vmatrix} 1 & 1 & 1 \\ 1 & x & x^2 \\ 1 & -2 & 4 \end{vmatrix}=0$ 的 (　　).

A. 充分必要条件　　　　　　　B. 充分而非必要条件

C. 必要而非充分条件　　　　　D. 既不充分也非必要条件

4. 设 a,b 为实数，且 $\begin{vmatrix} a & b & 0 \\ -b & a & 0 \\ -1 & 0 & -1 \end{vmatrix}=0$，则 (　　).

A. $a=1, b=0$　　　　　　　　B. $a=0, b=1$

C. $a=0, b=0$　　　　　　　　D. $a=1, b=1$

8.2　全排列及其逆序数

用对角线法则计算行列式,虽然直观,但该方法只适合于二阶与三阶行列式.为了研究四阶及更高阶行列式,下面先介绍全排列及其逆序数的概念及性质.

8.2.1　排列的逆序数

先看一个例子.

【例 8-5】　用 1,2,3 三个数字,可以组成多少个没有重复数字的三位数?

解　这个问题相当于说,把三个数字分别放在百位、十位与个位,有几种不同的排法?

显然,百位可以从 1,2,3 三个数字中任选一个,所以有 3 种排法;十位只能从剩下的两个数字中选一个,所以有两种排法;而个位只能排最后剩下的一个数字,所以只有一种排法.因此,共有 $3 \times 2 \times 1 = 6$ 种排法.

这六个不同的三位数分别是:

$$123,231,312,132,213,321.$$

在数学中,把考察的对象,例如,例 8-5 中的 1,2,3 叫作元素.上述问题就是:把 3 个不同的元素排成一列,共有几种不同的排法?

对于 n 个不同的元素,也可以提出类似的问题:把 n 个不同的元素排成一列,共有几种不同的排法?

自然数 $1,2,3,\cdots,n$ 按一定次序排成一列,称为一个 **n 元排列**,记为 $p_1 p_2 \cdots p_n$.排列 $123 \cdots n$ 称为自然排列.规定自然排列为**标准次序**.n 元排列总共有 $n!$ 个.

下面定义排列的逆序数.

定义 8-2　在一个 n 元排列 $p_1 p_2 \cdots p_n$ 中,若一个大的数排在一个小的数的前面(即与标准次序不同时),则称这两个数有一个**逆序**.一个排列中所有逆序的总数叫作这个排列的**逆序数**,记为 $\tau(p_1 p_2 \cdots p_n)$.

例如,在四元排列 4132 中出现的所有逆序为 41,43,42,32,所以 $\tau(4132) = 4$.

在自然排列(标准次序)中没有逆序,其逆序数为 0.

下面给出逆序数的计算方法:

设 $p_1 p_2 \cdots p_n$ 为 n 个自然数 $1,2,3,\cdots,n$ 的一个排列,考虑元素 $p_i (i=1,2,\cdots,n)$,如果比 p_i 大且排在 p_i 前面的数有 t_i 个,就说 p_i 这个元素的逆序数是 t_i,全体元素的逆序数的总和就是这个排列的逆序数,即

$$\tau(p_1 p_2 \cdots p_n) = t_1 + t_2 + \cdots + t_n = \sum_{i=1}^{n} t_i.$$

【例 8-6】　求下列排列的逆序数

(1)31524;　　　　　　(2)$n(n-1) \cdots 21$.

解　(1)在排列 31524 中:

3 排在首位,逆序数为 0;

1 的前面比 1 大的数有一个,它是 3,故逆序数为 1;

5 是最大数,逆序数为 0;

2 的前面比 2 大的数有两个,它们是 3,5,故逆序数为 2;

4 的前面比 4 大的数有一个,它是 5,故逆序数为 1.

因此这个排列的逆序数为

$$\tau(31524) = 0+1+0+2+1 = 4.$$

（2）同理可得

$$\tau[n(n-1)\cdots21]=0+1+2+\cdots+(n-2)+(n-1)$$
$$=\frac{n(n-1)}{2}.$$

8.2.2 逆序数的性质

定义 8-3 逆序数为奇数的排列称为**奇排列**,逆序数为偶数的排列称为**偶排列**.

例如,自然数 1,2,3 的 6 个排列中,经计算可知偶排列为 123,231,312;奇排列为 321,132,213.

定义 8-4 将一个排列中的某两个数的位置互换,而其余的数不动,就得到了一个新的排列,称这样的变换为一次**对换**.将相邻两个数对换,称为**相邻对换**.

定理 8-1 对排列进行一次对换,则改变其奇偶性.

证明 首先证明相邻对换的情形.

设排列为 $a_1\cdots a_labb_1\cdots b_m$,对换 a 与 b 得到新的排列 $a_1\cdots a_lbab_1\cdots b_m$. 显然,元素 $a_1,\cdots,a_l;b_1,\cdots,b_m$ 的逆序数没有改变,只有元素 a 和 b 的逆序数改变了.

当 $a<b$ 时,对换后,a 的逆序数增加 1,而 b 的逆序数不变;

当 $a>b$ 时,对换后,a 的逆序数不变,而 b 的逆序数减少 1.

因此,对换后新的排列与原排列的奇偶性不同.

再证一般对换的情形.

设排列为 $a_1\cdots a_lab_1\cdots b_kbc_1\cdots c_s$,$a$ 和 b 之间相隔 k 个数,要实现 a 与 b 的对换,可先将 a 与 b_1 做相邻对换,再将 a 与 b_2 做相邻对换,照此继续下去,经 $k+1$ 次相邻对换,调成

$$a_1\cdots a_lb_1\cdots b_kbac_1\cdots c_s,$$

然后再把 b 依次与 $b_k,\cdots,b_1$ 做 k 次相邻对换,调成

$$a_1\cdots a_lbb_1\cdots b_kac_1\cdots c_s.$$

这样,对换 a 和 b,可经过 $2k+1$ 次相邻对换而得到,所以这两个排列的奇偶性正好相反.

由定理 8-1 可得到下面的推论.

推论 1 奇排列调成自然排列的对换次数为奇数,偶排列调成自然排列的对换次数为偶数.

证明 因为自然排列 $12\cdots n$ 是偶排列(自然排列的逆序数为 0),由定理 8-1 知,一次对换改变排列的奇偶性,当排列 $p_1p_2\cdots p_n$ 是奇(偶)排列时,必须做奇(偶)次对换才能变成自然排列 $12\cdots n$,故所做的对换次数与排列具有相同的奇偶性.

推论 2 全体 n 元排列($n>1$)的集合中,奇排列与偶排列各一半.

习题 8.2

1.求下列排列的逆序数.

(1)351426.   (2)7135246.

(3)215479683.   (4)$135\cdots(2n-1)(2n)(2n-2)\cdots42$.

2. 确定下列五阶行列式的项所带的符号：

(1)$a_{12}a_{23}a_{31}a_{45}a_{54}$；　　　(2)$a_{24}a_{32}a_{15}a_{43}a_{51}$.

8.3　n 阶行列式的概念

为了把二阶、三阶行列式的概念推广到一般的 n 阶行列式，下面先研究三阶行列式的结构.

三阶行列式的定义为

$$\begin{vmatrix} a_{11} & a_{12} & {}_{13} \\ a_{21} & a_{22} & a_{23} \\ a_{31} & a_{32} & a_{33} \end{vmatrix} = \begin{aligned} & a_{11}a_{22}a_{33} + a_{12}a_{23}a_{31} + a_{13}a_{21}a_{32} - \\ & a_{11}a_{23}a_{32} - a_{12}a_{21}a_{33} - a_{13}a_{22}a_{31}. \end{aligned} \tag{1}$$

可以看出：

(1)三阶行列式的每一项都是不同行、不同列的三个元素的乘积.

(2)每一项的三个元素的行标排成自然排列 123 时，列标都是 1,2,3 的某一排列，这样的排列共有 6 种，故三阶行列式共有 6 项.

(3)带正号的三项的列标排列是

$$123,231,312,$$

经计算可知全为偶排列；

带负号的三项的列标排列是

$$132,213,321,$$

经计算可知全为奇排列.

因此，三阶行列式可写为

$$\begin{vmatrix} a_{11} & a_{12} & a_{13} \\ a_{21} & a_{22} & a_{23} \\ a_{31} & a_{32} & a_{33} \end{vmatrix} = \sum (-1)^{\tau(p_1 p_2 p_3)} a_{1p_1} a_{2p_2} a_{3p_3},$$

$\sum$ 表示对 $1,2,3$ 三个数的所有排列 $p_1 p_2 p_3$ 求和.

仿此，可以把行列式推广到一般情形.

定义 8-5　设有 n^2 个数，排成 n 行 n 列的数表

$$\begin{matrix} a_{11} & a_{12} & \cdots & a_{1n} \\ a_{21} & a_{22} & \cdots & a_{2n} \\ \vdots & \vdots & & \vdots \\ a_{n1} & a_{n2} & \cdots & a_{nn} \end{matrix}$$

作出数表中位于不同行、不同列的 n 个数的乘积，并冠以符号 $(-1)^\tau$，得到形如

$$(-1)^\tau a_{1p_1} a_{2p_2} \cdots a_{np_n} \tag{2}$$

的项，其中 $p_1 p_2 \cdots p_n$ 为自然数 $1,2,\cdots,n$ 的一个排列，τ 为这个排列的逆序数. 由于这样的排列共有 $n!$ 个，因而形如式(2)的项共有 $n!$ 项. 所有这 $n!$ 项的代数和

$$\sum (-1)^\tau a_{1p_1} a_{2p_2} \cdots a_{np_n}$$

称为 n 阶行列式，记作

$$D = \begin{vmatrix} a_{11} & a_{12} & \cdots & a_{1n} \\ a_{21} & a_{22} & \cdots & a_{2n} \\ \vdots & \vdots & & \vdots \\ a_{n1} & a_{n2} & \cdots & a_{nn} \end{vmatrix},$$

简记作 $\det(a_{ij})$,其中 a_{ij} 为行列式 D 的 (i,j) 元.

按此定义的二阶、三阶行列式,与 §8.1 中用对角线法则定义的二阶、三阶行列式,显然是一致的. 当 $n=1$ 时,一阶行列式 $|a|=a$,注意不要与绝对值记号相混淆.

主对角线以下(上)的元素都为 0 的行列式叫作上(下)三角形行列式.

【例 8-7】 证明下三角形行列式

$$D = \begin{vmatrix} a_{11} & & & \\ a_{21} & a_{22} & & \boldsymbol{O} \\ \vdots & \vdots & \ddots & \\ a_{n1} & a_{n2} & \cdots & a_{nn} \end{vmatrix} = a_{11} a_{22} \cdots a_{nn}.$$

证明 由于当 $j > i$ 时,$a_{ij} = 0$,故 D 中可能不为 0 的元素 a_{ip_i},其下标应有 $p_i \leqslant i$,即 $p_1 \leqslant 1, p_2 \leqslant 2, \cdots, p_n \leqslant n$.

在所有排列 $p_1 p_2 \cdots p_n$ 中,能满足上述关系的排列只有一个自然排列 $12 \cdots n$,所以 D 中可能不为 0 的项只有一项 $(-1)^\tau a_{11} a_{22} \cdots a_{nn}$. 此项的符号 $(-1)^\tau = (-1)^0 = 1$,所以
$$D = a_{11} a_{22} \cdots a_{nn}.$$

特别地,对于**对角形行列式** Λ(主对角线外的元素都为 0)有

$$\Lambda = \begin{vmatrix} a_{11} & & & \\ & a_{22} & & \\ & & \ddots & \\ & & & a_{nn} \end{vmatrix} = a_{11} a_{22} \cdots a_{nn}.$$

习题 8.3

1. 用行列式定义确定下列行列式中项 x^3, x^4 的系数:

$$\begin{vmatrix} x-1 & 4 & 3 & 1 \\ 2 & x-2 & 3 & 1 \\ 7 & 9 & x & 0 \\ 5 & 3 & 1 & x-1 \end{vmatrix}.$$

2. 写出四阶行列式中含有因子 $a_{11} a_{23}$ 的项.

3. 利用行列式定义证明

$$\begin{vmatrix} a_1 & a_2 & a_3 & a_4 & a_5 \\ b_1 & b_2 & b_3 & b_4 & b_5 \\ c_1 & c_2 & 0 & 0 & 0 \\ d_1 & d_2 & 0 & 0 & 0 \\ e_1 & e_2 & 0 & 0 & 0 \end{vmatrix} = 0.$$

8.4 行列式的性质

用行列式定义计算行列式,三阶行列式有 6 项,四阶行列式有 24 项,五阶行列式有 120 项,……,行列式的阶数越大,计算量就越大,其增长速度是惊人的.为此,下面将介绍行列式的基本性质,利用这些性质可简化行列式的计算.

设

$$D = \begin{vmatrix} a_{11} & a_{12} & \cdots & a_{1n} \\ a_{21} & a_{22} & \cdots & a_{2n} \\ \vdots & \vdots & & \vdots \\ a_{n1} & a_{n2} & \cdots & a_{nn} \end{vmatrix},$$

把 D 的行与列互换,得到新的行列式,记为

$$D^{\mathrm{T}} = \begin{vmatrix} a_{11} & a_{21} & \cdots & a_{n1} \\ a_{12} & a_{22} & \cdots & a_{n2} \\ \vdots & \vdots & & \vdots \\ a_{1n} & a_{2n} & \cdots & a_{nn} \end{vmatrix},$$

称 D^{T} 为 D 的转置行列式.

显然有

$$(D^{\mathrm{T}})^{\mathrm{T}} = D.$$

性质 1 行列式与它的转置行列式相等,即

$$D^{\mathrm{T}} = D.$$

证明 设 $D = \det(a_{ij})$ 的转置行列式为

$$D^{\mathrm{T}} = \begin{vmatrix} b_{11} & b_{12} & \cdots & b_{1n} \\ b_{21} & b_{22} & \cdots & b_{2n} \\ \vdots & \vdots & & \vdots \\ b_{n1} & b_{n2} & \cdots & b_{nn} \end{vmatrix},$$

即 $b_{ij} = a_{ji}(i,j=1,2,\cdots,n)$,根据行列式的定义,有

$$D^{\mathrm{T}} = \sum (-1)^{\tau(p_1 p_2 \cdots p_n)} b_{1p_1} b_{2p_2} \cdots b_{np_n}$$
$$= \sum (-1)^{\tau(p_1 p_2 \cdots p_n)} a_{p_1 1} a_{p_2 2} \cdots a_{p_n n}.$$

由定义 8-5 得

$$D = \sum (-1)^{\tau(p_1 p_2 \cdots p_n)} a_{p_1 1} a_{p_2 2} \cdots a_{p_n n},$$

从而

$$D^{\mathrm{T}} = D.$$

性质 1 说明行列式的行和列具有同等地位,因而凡是对行成立的性质,对列也一样成立,反之亦然.因此下面所讨论的行列式的性质,只对行的情形加以证明.

性质 2 对换行列式的任意两行(列),行列式变号.

证明 设行列式

$$D = \begin{vmatrix} a_{11} & a_{12} & \cdots & a_{1n} \\ \vdots & \vdots & & \vdots \\ a_{i1} & a_{i2} & \cdots & a_{in} \\ \vdots & \vdots & & \vdots \\ a_{j1} & a_{j2} & \cdots & a_{jn} \\ \vdots & \vdots & & \vdots \\ a_{n1} & a_{n2} & \cdots & a_{m} \end{vmatrix}$$

交换 i,j 两行得

$$D_1 = \begin{vmatrix} a_{11} & a_{12} & \cdots & a_{1n} \\ \vdots & \vdots & & \vdots \\ a_{j1} & a_{j2} & \cdots & a_{jn} \\ \vdots & \vdots & & \vdots \\ a_{i1} & a_{i2} & \cdots & a_{in} \\ \vdots & \vdots & & \vdots \\ a_{n1} & a_{n2} & \cdots & a_{m} \end{vmatrix}$$

因为 D 中的任一项为

$$(-1)^{\tau(p_1 \cdots k \cdots l \cdots p_n)} a_{1p_1} \cdots a_{ik} \cdots a_{jl} \cdots a_{np_n},$$

与之对应的 D_1 中的一项为

$$(-1)^{\tau(p_1 \cdots l \cdots k \cdots p_n)} a_{1p_1} \cdots a_{jl} \cdots a_{ik} \cdots a_{np_n},$$

由定义 8-5 知

$$(-1)^{\tau(p_1 \cdots k \cdots l \cdots p_n)} = (-1)(-1)^{\tau(p_1 \cdots l \cdots k \cdots p_n)},$$

即 D 与 D_1 对应项的符号都相反,因此

$$D = -D_1.$$

例如

$$\begin{vmatrix} 1 & 2 & 3 \\ 4 & 5 & 6 \\ 7 & 8 & 9 \end{vmatrix} = - \begin{vmatrix} 7 & 8 & 9 \\ 4 & 5 & 6 \\ 1 & 2 & 3 \end{vmatrix}.$$

推论 如果行列式有两行(列)完全相同,则行列式为零.

证明 设行列式 D 中 i 行和 j 行完全相同,把 D 的 i 行与 j 行对换,由性质 2 有

$$D = -D,$$

即

$$D = 0.$$

例如

$$\begin{vmatrix} a & b & c \\ d & e & f \\ a & b & c \end{vmatrix} = 0.$$

性质 3 行列式的某一行(列)中所有的元素都乘以同一个数 k,等于用数 k 乘以此行列式.

证明 把行列式 $D = \det(a_{ij})$ 的第 i 行乘以同一个数 k，得

$$D_1 = \begin{vmatrix} a_{11} & a_{12} & \cdots & a_{1n} \\ \vdots & \vdots & & \vdots \\ ka_{i1} & ka_{i2} & \cdots & ka_{in} \\ \vdots & \vdots & & \vdots \\ a_{n1} & a_{n2} & \cdots & a_{nn} \end{vmatrix}$$

由行列式的定义有

$$\begin{aligned} D_1 &= \sum (-1)^{\tau(p_1 \cdots p_i \cdots p_n)} a_{1p_1} \cdots (ka_{ip_i}) \cdots a_{np_n} \\ &= k \sum (-1)^{\tau(p_1 \cdots p_i \cdots p_n)} a_{1p_1} \cdots a_{ip_i} \cdots a_{np_n} \\ &= kD. \end{aligned}$$

推论 1 行列式中某一行(列)中所有元素的公因子可以提到行列式符号的外面.

推论 2 如果行列式中某一行(列)的元素全为零,则此行列式等于零.

性质 4 如果行列式中有两行(列)元素成比例,则此行列式为零.

证明 如果行列式中有两行成比例,那么提出比例系数后则有两行完全相同,故行列式为零.

性质 5 如果行列式的某一行(列)的元素都是两数之和,则该行列式可表示为两个行列式之和,即

$$D = \begin{vmatrix} a_{11} & a_{12} & \cdots & a_{1n} \\ \vdots & \vdots & & \vdots \\ a_{i1} + a'_{i1} & a_{i2} + a'_{i2} & \cdots & a_{in} + a'_{in} \\ \vdots & \vdots & & \vdots \\ a_{n1} & a_{n2} & \cdots & a_{nn} \end{vmatrix}$$

$$= \begin{vmatrix} a_{11} & a_{12} & \cdots & a_{1n} \\ \vdots & \vdots & & \vdots \\ a_{i1} & a_{i2} & \cdots & a_{in} \\ \vdots & \vdots & & \vdots \\ a_{n1} & a_{n2} & \cdots & a_{nn} \end{vmatrix} + \begin{vmatrix} a_{11} & a_{12} & \cdots & a_{1n} \\ \vdots & \vdots & & \vdots \\ a'_{i1} & a'_{i2} & \cdots & a'_{in} \\ \vdots & \vdots & & \vdots \\ a_{n1} & a_{n2} & \cdots & a_{in} \end{vmatrix}$$

证明 由行列式的定义

$$\begin{aligned} D &= \sum (-1)^{\tau(p_1 \cdots p_i \cdots p_n)} a_{1p_1} \cdots (a_{ip_i} + a'_{ip_i}) \cdots a_{np_n} \\ &= \sum (-1)^{\tau(p_1 \cdots p_i \cdots p_n)} a_{1p_1} \cdots a_{ip_i} \cdots a_{np_n} + \\ &\quad \sum (-1)^{\tau(p_1 \cdots p_i \cdots p_n)} a_{1p_1} \cdots a'_{ip_i} \cdots a_{np_n}. \end{aligned}$$

这正好是等式右端两个行列式之和.

性质 6 把行列式的某一行(列)的各元素都乘以同一数后加到另一行(列)对应的元素上,行列式的值不变. 即

$$\begin{vmatrix} a_{11} & a_{12} & \cdots & a_{1n} \\ \vdots & \vdots & & \vdots \\ a_{i1}+ka_{j1} & a_{i2}+ka_{j2} & \cdots & a_{in}+ka_{jn} \\ \vdots & \vdots & & \vdots \\ a_{j1} & a_{j2} & \cdots & a_{jn} \\ \vdots & \vdots & & \vdots \\ a_{n1} & a_{n2} & \cdots & a_{m} \end{vmatrix} = \begin{vmatrix} a_{11} & a_{12} & \cdots & a_{1n} \\ \vdots & \vdots & & \vdots \\ a_{i1} & a_{i2} & \cdots & a_{in} \\ \vdots & \vdots & & \vdots \\ a_{n1} & a_{n2} & \cdots & a_{m} \end{vmatrix}$$

证明 由性质 5,得

$$左端 = \begin{vmatrix} a_{11} & a_{12} & \cdots & a_{1n} \\ \vdots & \vdots & & \vdots \\ a_{i1} & a_{i2} & \cdots & a_{in} \\ \vdots & \vdots & & \vdots \\ a_{j1} & a_{j2} & \cdots & a_{jn} \\ \vdots & \vdots & & \vdots \\ a_{n1} & a_{n2} & \cdots & a_{m} \end{vmatrix} + \begin{vmatrix} a_{11} & a_{12} & \cdots & a_{1n} \\ \vdots & \vdots & & \vdots \\ ka_{j1} & ka_{j2} & \cdots & ka_{jn} \\ \vdots & \vdots & & \vdots \\ a_{j1} & a_{j2} & \cdots & a_{jn} \\ \vdots & \vdots & & \vdots \\ a_{n1} & a_{n2} & \cdots & a_{m} \end{vmatrix}.$$

由性质 4 知上面的第 2 个行列式为零,故左、右两端相等.

利用行列式的这些性质可以简化行列式的计算.

为了叙述方便,引进以下记号:

(1)对换行列式的 i,j 两行(或列),记作 $r_i \leftrightarrow r_j$(或 $c_i \leftrightarrow c_j$);

(2)把行列式的第 i 行(或列)提出公因子 k,记作 $r_i \div k$(或 $c_i \div k$);

(3)把行列式的第 j 行(或列)的 k 倍加到第 i 行(或列)上,记作 $r_i + kr_j$(或 $c_i + kc_j$).

【例 8-8】 计算下面行列式的值:

$$D = \begin{vmatrix} 4 & 1 & 2 & 40 \\ 1 & 2 & 0 & 2 \\ 10 & 5 & 2 & 0 \\ 0 & 1 & 1 & 7 \end{vmatrix}.$$

解

$$D \xrightarrow{r_1 \leftrightarrow r_2} - \begin{vmatrix} 1 & 2 & 0 & 2 \\ 4 & 1 & 2 & 40 \\ 10 & 5 & 2 & 0 \\ 0 & 1 & 1 & 7 \end{vmatrix}$$

$$\xrightarrow[r_3 - 10r_1]{r_2 - 4r_1} - \begin{vmatrix} 1 & 2 & 0 & 2 \\ 0 & -7 & 2 & 32 \\ 0 & -15 & 2 & -20 \\ 0 & 1 & 1 & 7 \end{vmatrix}$$

$$\xrightarrow{r_2 \leftrightarrow r_4} \begin{vmatrix} 1 & 2 & 0 & 2 \\ 0 & 1 & 1 & 7 \\ 0 & -15 & 2 & -20 \\ 0 & -7 & 2 & 32 \end{vmatrix}$$

$$\xrightarrow[\substack{r_4+7r_2}]{r_3+15r_2} \begin{vmatrix} 1 & 2 & 0 & 2 \\ 0 & 1 & 1 & 7 \\ 0 & 0 & 17 & 85 \\ 0 & 0 & 9 & 81 \end{vmatrix}$$

$$\xrightarrow[\substack{r_4\div 9}]{r_3\div 17} 17\times 9\times \begin{vmatrix} 1 & 2 & 0 & 2 \\ 0 & 1 & 1 & 7 \\ 0 & 0 & 1 & 5 \\ 0 & 0 & 1 & 9 \end{vmatrix}$$

$$\xrightarrow{r_4-r_3} 153\times \begin{vmatrix} 1 & 2 & 0 & 2 \\ 0 & 1 & 1 & 7 \\ 0 & 0 & 1 & 5 \\ 0 & 0 & 0 & 4 \end{vmatrix}$$

$$=153\times 4=612.$$

【例 8-9】　计算

$$D=\begin{vmatrix} a & b & b & b \\ b & a & b & b \\ b & b & a & b \\ b & b & b & a \end{vmatrix}.$$

解　由于这个行列式各行的 4 个数之和都是 $a+3b$,把第 $2,3,4$ 列都加到第 1 列,提出第 1 列的公因子 $a+3b$,然后第 $2,3,4$ 行都减去第 1 行.

$$D\xrightarrow[\substack{c_1+c_3 \\ c_1+c_4}]{c_1+c_2} \begin{vmatrix} a+3b & b & b & b \\ a+3b & a & b & b \\ a+3b & b & a & b \\ a+3b & b & b & a \end{vmatrix}$$

$$\xrightarrow{c_1\div(a+3b)} (a+3b)\begin{vmatrix} 1 & b & b & b \\ 1 & a & b & b \\ 1 & b & a & b \\ 1 & b & b & a \end{vmatrix}$$

$$\xrightarrow[\substack{r_3-r_1 \\ r_4-r_1}]{r_2-r_1} (a+3b)\begin{vmatrix} 1 & b & b & b \\ 0 & a-b & 0 & 0 \\ 0 & 0 & a-b & 0 \\ 0 & 0 & 0 & a-b \end{vmatrix}$$

$$=(a+3b)(a-b)^3.$$

【例 8-10】　计算

$$D=\begin{vmatrix} (a+4)^2 & (a+3)^2 & (a+2)^2 & (a+1)^2 \\ (b+4)^2 & (b+3)^2 & (b+2)^2 & (b+1)^2 \\ (c+4)^2 & (c+3)^2 & (c+2)^2 & (c+1)^2 \\ (d+4)^2 & (d+3)^2 & (d+2)^2 & (d+1)^2 \end{vmatrix}$$

解　从第 1 列开始,前列减后列,然后再在前 3 列中,前列减后列.

269

$$D \xlongequal[\substack{c_2-c_3 \\ c_3-c_4}]{c_1-c_2} \begin{vmatrix} 2a+7 & 2a+5 & 2a+3 & (a+1)^2 \\ 2b+7 & 2b+5 & 2b+3 & (b+1)^2 \\ 2c+7 & 2c+5 & 2c+3 & (c+1)^2 \\ 2d+7 & 2d+5 & 2d+3 & (d+1)^2 \end{vmatrix}$$

$$\xlongequal[c_2-c_3]{c_1-c_2} \begin{vmatrix} 2 & 2 & 2a+3 & (a+1)^2 \\ 2 & 2 & 2b+3 & (b+1)^2 \\ 2 & 2 & 2c+3 & (c+1)^2 \\ 2 & 2 & 2d+3 & (d+1)^2 \end{vmatrix} = 0.$$

【例 8-11】 计算 n 阶行列式

$$D_n = \begin{vmatrix} x_1 & a_{12} & a_{13} & \cdots & a_{1n} \\ x_1 & x_2 & a_{23} & \cdots & a_{2n} \\ x_1 & x_2 & x_3 & \cdots & a_{3n} \\ \vdots & \vdots & \vdots & & \vdots \\ x_1 & x_2 & x_3 & \cdots & x_n \end{vmatrix}.$$

解 从第 n 行开始依次让下面一行减去上面一行,得

$$D = \begin{vmatrix} x_1 & a_{12} & a_{13} & \cdots & a_{1n} \\ 0 & x_2-a_{12} & a_{23}-a_{13} & \cdots & a_{2n}-a_{1n} \\ 0 & 0 & x_3-a_{23} & \cdots & a_{3n}-a_{2n} \\ \vdots & \vdots & \vdots & & \vdots \\ 0 & 0 & 0 & \cdots & x_n-a_{(n-1)n} \end{vmatrix}$$

$$= x_1(x_2-a_{12})(x_3-a_{23})\cdots(x_n-a_{(n-1)n})$$

$$= x_1 \prod_{i=2}^{n}(x_i-a_{(i-1)i})$$

其中记号"$\prod$"表示全体同类因子的乘积.

【例 8-12】 设

$$D = \begin{vmatrix} a_{11} & \cdots & a_{1k} & & & \\ \vdots & & \vdots & & \boldsymbol{O} & \\ a_{k1} & \cdots & a_{kk} & & & \\ c_{11} & \cdots & c_{1k} & b_{11} & \cdots & b_{1n} \\ \vdots & & \vdots & \vdots & & \vdots \\ c_{n1} & \cdots & c_{nk} & b_{n1} & \cdots & b_{nn} \end{vmatrix},$$

$$D_1 = \det(a_{ij}) = \begin{vmatrix} a_{11} & \cdots & a_{1k} \\ \vdots & & \vdots \\ a_{k1} & \cdots & a_{kk} \end{vmatrix},$$

$$D_2 = \det(b_{ij}) = \begin{vmatrix} b_{11} & \cdots & b_{1n} \\ \vdots & & \vdots \\ b_{n1} & \cdots & b_{nn} \end{vmatrix},$$

证明 $D = D_1 D_2$.

证明　对 D_1 作运算 $r_i + \lambda r_j$，把 D_1 化为下三角形行列式：

$$D_1 = \begin{vmatrix} p_{11} & & \boldsymbol{O} \\ \vdots & \ddots & \\ p_{k1} & \cdots & p_{kk} \end{vmatrix} = p_{11} \cdots p_{kk},$$

对 D_2 作运算 $c_i + \lambda c_j$，把 D_2 化为下三角形行列式：

$$D_2 = \begin{vmatrix} q_{11} & & \boldsymbol{O} \\ \vdots & \ddots & \\ q_{n1} & \cdots & q_{nn} \end{vmatrix} = q_{11} \cdots q_{nn}.$$

于是，对 D 的前 k 行作运算 $r_i + \lambda r_j$，再对后 n 列作运算 $c_i + \lambda c_j$，把 D 化为下三角形行列式：

$$D = \begin{vmatrix} p_{11} & & & & & \\ \vdots & \ddots & & & \boldsymbol{O} & \\ p_{k1} & \cdots & p_{kk} & & & \\ c_{11} & \cdots & c_{1k} & q_{11} & & \\ \vdots & & \vdots & \vdots & \ddots & \\ c_{n1} & \cdots & c_{nk} & q_{n1} & \cdots & q_{nn} \end{vmatrix}$$

故

$$D = p_{11} \cdot \cdots \cdot p_{kk} \cdot q_{11} \cdot \cdots \cdot q_{nn} = D_1 D_2.$$

习题 8.4

1. 计算下列行列式：

(1) $\begin{vmatrix} 4 & 1 & 2 & 4 \\ 1 & 2 & 0 & 2 \\ 10 & 5 & 2 & 0 \\ 0 & 1 & 1 & 7 \end{vmatrix}.$

(2) $\begin{vmatrix} 2 & 1 & 4 & 1 \\ 3 & -1 & 2 & 1 \\ 1 & 2 & 3 & 2 \\ 5 & 0 & 6 & 2 \end{vmatrix}.$

(3) $\begin{vmatrix} -ab & ac & ae \\ bd & -cd & de \\ bf & cf & -ef \end{vmatrix};$

(4) $\begin{vmatrix} a & 1 & 0 & 0 \\ -1 & b & 1 & 0 \\ 0 & -1 & c & 1 \\ 0 & 0 & -1 & d \end{vmatrix}.$

2. 求解下列方程：

(1) $\begin{vmatrix} x+1 & 2 & -1 \\ 2 & x+1 & 1 \\ -1 & 1 & x+1 \end{vmatrix} = 0.$

(2) $\begin{vmatrix} 1 & 1 & 1 & 1 \\ x & a & b & c \\ x^2 & a^2 & b^2 & c^2 \\ x^3 & a^3 & b^3 & c^3 \end{vmatrix} = 0$，其中 a, b, c 互不相等。

3. 证明：

(1) $\begin{vmatrix} a^2 & ab & b^2 \\ 2a & a+b & 2b \\ 1 & 1 & 1 \end{vmatrix} = (a-b)^3.$

(2) $\begin{vmatrix} ax+by & ay+bz & az+bx \\ ay+bz & az+bx & ax+by \\ az+bx & ax+by & ay+bz \end{vmatrix} = (a^3+b^3) \begin{vmatrix} x & y & z \\ y & z & x \\ z & x & y \end{vmatrix}.$

(3) $\begin{vmatrix} a^2 & (a+1)^2 & (a+2)^2 & (a+3)^2 \\ b^2 & (b+1)^2 & (b+2)^2 & (b+3)^2 \\ c^2 & (c+1)^2 & (c+2)^2 & (c+3)^2 \\ d^2 & (d+1)^2 & (d+2)^2 & (d+3)^2 \end{vmatrix} = 0.$

(4) $= \begin{vmatrix} 1 & 1 & 1 & 1 \\ a & b & c & d \\ a^2 & b^2 & c^2 & d^2 \\ a^4 & b^4 & c^4 & d^4 \end{vmatrix}$

$= (a-b)(a-c)(a-d)(b-c)(b-d)(c-d)(a+b+c+d).$

4. 设 $f(x) = \begin{vmatrix} 0 & 4 & 2-x \\ 2 & 3-x & 1 \\ 1-x & 2 & 3 \end{vmatrix}$,求方程 $f(x)=0$ 的实根.

5. 如果 n 阶行列式 $D_n = |a_{ij}|$ 满足 $a_{ij} = -a_{ji}(i,j=1,2,\cdots,n)$,则称 D_n 为反对称行列式. 证明:奇数阶反对称行列式为零.

8.5 行列式的展开定理

一般说来,低阶行列式的计算比高阶行列式的计算要简便,于是,我们自然地考虑用低阶行列式来表示高阶行列式的问题. 为此,先引进余子式和代数余子式的概念.

在 n 阶行列式中,把 (i,j) 元 a_{ij} 所在的第 i 行和第 j 列划去后,留下来的 $n-1$ 阶行列式叫作 (i,j) 元 a_{ij} 的**余子式**,记作 M_{ij};记

$$A_{ij} = (-1)^{i+j} M_{ij},$$

A_{ij} 叫作 (i,j) 元 a_{ij} 的**代数余子式**.

例如,在四阶行列式

$$D = \begin{vmatrix} a_{11} & a_{12} & a_{13} & a_{14} \\ a_{21} & a_{22} & a_{23} & a_{24} \\ a_{31} & a_{32} & a_{33} & a_{34} \\ a_{41} & a_{42} & a_{43} & a_{44} \end{vmatrix}$$

中,元素 a_{23} 的余子式和代数余子式分别为

$$M_{23} = \begin{vmatrix} a_{11} & a_{12} & a_{14} \\ a_{31} & a_{32} & a_{34} \\ a_{41} & a_{42} & a_{44} \end{vmatrix},$$

$$A_{23} = (-1)^{2+3} M_{23} = -M_{23}.$$

再如，元素 a_{31} 的余子式和代数余子式分别为

$$M_{31} = \begin{vmatrix} a_{12} & a_{13} & a_{14} \\ a_{22} & a_{23} & a_{24} \\ a_{42} & a_{43} & a_{44} \end{vmatrix},$$

$$A_{31} = (-1)^{3+1} M_{31} = M_{31}.$$

定理 8-2　行列式等于它的任一行(列)的各元素与其对应的代数余子式的乘积之和，即

$$D = a_{i1}A_{i1} + a_{i2}A_{i2} + \cdots + a_{in}A_{in} \quad (i = 1, 2, \cdots, n),$$

或

$$D = a_{1j}A_{1j} + a_{2j}A_{2j} + \cdots + a_{nj}A_{nj} \quad (j = 1, 2, \cdots, n).$$

证明　分三步证明此定理.

(1) 考虑行列式

$$D_1 = \begin{vmatrix} a_{11} & 0 & \cdots & 0 \\ a_{21} & a_{22} & \cdots & a_{2n} \\ \vdots & \vdots & & \vdots \\ a_{n1} & a_{n2} & \cdots & a_{nn} \end{vmatrix}$$

D_1 中第 1 行除 a_{11} 外，其余的元素全为零，根据行列式的定义有

$$\begin{aligned} D_1 &= \sum (-1)^{\tau(p_1 p_2 \cdots p_n)} a_{1p_1} a_{2p_2} \cdots a_{np_n} \\ &= \sum_{p_1 = 1} (-1)^{\tau(1 p_2 \cdots p_n)} a_{11} a_{2p_2} \cdots a_{np_n} + \\ &\quad \sum_{p_1 \neq 1} (-1)^{\tau(p_1 p_2 \cdots p_n)} a_{1p_1} a_{2p_2} \cdots a_{np_n}, \end{aligned}$$

由于当 $p_1 \neq 1$ 时，$a_{1p_1} = 0$，故

$$\begin{aligned} D_1 &= \sum (-1)^{\tau(1 p_2 \cdots p_n)} a_{11} a_{2p_2} \cdots a_{np_n} \\ &= a_{11} \sum (-1)^{\tau(p_2 \cdots p_n)} a_{2p_2} \cdots a_{np_n} \\ &= a_{11} M_{11} = a_{11}(-1)^{1+1} M_{11} = a_{11} A_{11}. \end{aligned}$$

(2) 设行列式

$$D_2 = \begin{vmatrix} a_{11} & \cdots & a_{1j} & \cdots & a_{1n} \\ \vdots & & \vdots & & \vdots \\ 0 & \cdots & a_{ij} & \cdots & 0 \\ \vdots & & \vdots & & \vdots \\ a_{n1} & \cdots & a_{nj} & \cdots & a_{nn} \end{vmatrix},$$

D_2 中第 i 行除 a_{ij} 外其余的元素都为零. 为了利用(1)的结果，可将行列进行调换，使得 a_{ij} 位于行列式的左上角. 首先把第 i 行依次与第 $i-1$ 行，第 $i-2$ 行，$\cdots$，第 1 行作相邻对换，这样就把第 i 行移到第 1 行，对换的次数为 $i-1$ 次；再把第 j 列依次与第 $j-1$ 列，第 $j-2$ 列，$\cdots$，第 1 列作相邻对换，这样又作了 $j-1$ 次对换，a_{ij} 调换到行列式的左上角，总共作了 $i+j-2$ 次对换，根据行列式的性质有

$$D_2 = (-1)^{i+j-2} \begin{vmatrix} a_{ij} & 0 & \cdots & 0 & 0 & \cdots & 0 \\ a_{1j} & a_{11} & \cdots & a_{1(j-1)} & a_{1(j+1)} & \cdots & a_{1n} \\ \vdots & \vdots & & \vdots & \vdots & & \vdots \\ a_{(i-1)j} & a_{(i-1)1} & \cdots & a_{(i-1)(j-1)} & a_{(i-1)(j+1)} & \cdots & a_{(i-1)n} \\ a_{(i+1)j} & a_{(i+1)1} & \cdots & a_{(i+1)(j-1)} & a_{(i+1)(j+1)} & \cdots & a_{i+1n} \\ \vdots & \vdots & & \vdots & \vdots & & \vdots \\ a_{nj} & a_{n1} & \cdots & a_{n(j-1)} & a_{n(j+1)} & \cdots & a_{nn} \end{vmatrix}$$

利用(1)的结果得

$$\begin{aligned} D_2 &= (-1)^{i+j-2} a_{ij} M_{ij} \\ &= (-1)^{i+j} a_{ij} M_{ij} \\ &= a_{ij} A_{ij}. \end{aligned}$$

(3)由行列式的性质,可得

$$D = \begin{vmatrix} a_{11} & a_{12} & \cdots & a_{1n} \\ \vdots & \vdots & & \vdots \\ a_{i1}+0+\cdots+0 & 0+a_{i2}+\cdots+0 & \cdots & 0+\cdots+0+a_{in} \\ \vdots & \vdots & & \vdots \\ a_{n1} & a_{n2} & \cdots & a_{nn} \end{vmatrix}$$

$$= \begin{vmatrix} a_{11} & a_{12} & \cdots & a_{1n} \\ \vdots & \vdots & & \vdots \\ a_{i1} & 0 & \cdots & 0 \\ \vdots & \vdots & & \vdots \\ a_{n1} & a_{n2} & \cdots & a_{nn} \end{vmatrix} + \begin{vmatrix} a_{11} & a_{12} & \cdots & a_{1n} \\ \vdots & \vdots & & \vdots \\ 0 & a_{i2} & \cdots & 0 \\ \vdots & \vdots & & \vdots \\ a_{n1} & a_{n2} & \cdots & a_{nn} \end{vmatrix} + \cdots +$$

$$\begin{vmatrix} a_{11} & a_{12} & \cdots & a_{1n} \\ \vdots & \vdots & & \vdots \\ 0 & 0 & \cdots & a_{in} \\ \vdots & \vdots & & \vdots \\ a_{n1} & a_{n2} & \cdots & a_{nn} \end{vmatrix},$$

再利用(2)的结果,有

$$D = a_{i1}A_{i1} + a_{i2}A_{i2} + \cdots + a_{in}A_{in} \quad (i=1,2,\cdots,n).$$

这个定理叫作**行列式按行(列)展开法则**.

由定理 8-2,可得下面重要推论.

推论 行列式某一行(列)的元素与另一行(列)的对应元素的代数余子式乘积之和等于零. 即

$$a_{i1}A_{j1} + a_{i2}A_{j2} + \cdots + a_{in}A_{jn} = 0 \quad (i \neq j),$$

或

$$a_{1i}A_{1j} + a_{2i}A_{2j} + \cdots + a_{ni}A_{nj} = 0 \quad (i \neq j).$$

证明 设 $D = \det(a_{ij})$,把 D 的第 j 行元素换成第 i 行元素所得新的行列式记为

$$D_1 = \begin{vmatrix} a_{11} & a_{12} & \cdots & a_{1n} \\ \vdots & \vdots & & \vdots \\ a_{i1} & a_{i2} & \cdots & a_{in} \\ \vdots & \vdots & & \vdots \\ a_{i1} & a_{i2} & \cdots & a_{in} \\ \vdots & \vdots & & \vdots \\ a_{n1} & a_{n2} & \cdots & a_{nn} \end{vmatrix} \begin{matrix} \\ \\ i\ 行 \\ \\ j\ 行 \\ \\ \\ \end{matrix}.$$

将 D_1 按第 j 行展开,则

$$D_1 = a_{i1}A_{j1} + a_{i2}A_{j2} + \cdots + a_{in}A_{jn},$$

因为 D_1 有两行完全相同,故 $D_1 = 0$,从而

$$a_{i1}A_{j1} + a_{i2}A_{j2} + \cdots + a_{in}A_{jn} = 0 \quad (i \neq j).$$

同样,对列的情形有

$$a_{1i}A_{1j} + a_{2i}A_{2j} + \cdots + a_{ni}A_{nj} = 0 \quad (i \neq j).$$

综合定理 8-2 及其推论,有展开式

$$\sum_{k=1}^{n} a_{ki}A_{kj} = \begin{cases} D, & i = j \\ 0, & i \neq j \end{cases};$$

$$\sum_{k=1}^{n} a_{ik}A_{jk} = \begin{cases} D, & i = j \\ 0, & i \neq j \end{cases}.$$

在计算上,若直接应用定理 8-2 展开行列式,一般情况并不能减少计算量,除非行列式中某一行(列)有较多的元素为零. 若将 n 阶行列式按第 i 行(列)展开,第 i 行(列)中多一个零元素,就少计算一个 $n-1$ 阶行列式,因此在具体计算时,总是先利用行列式的性质,将某一行(列)元素化成尽可能多的零元素,然后再应用定理 8-2 展开计算.

【例 8-13】　计算 $2n$ 阶行列式(行列式中未写出的元素全为 0)

$$D_{2n} = \begin{vmatrix} a & & & & & & & b \\ & a & & & & & b & \\ & & \ddots & & & \cdots & & \\ & & & a & b & & & \\ & & & c & d & & & \\ & & \cdots & & & \ddots & & \\ & c & & & & & d & \\ c & & & & & & & d \end{vmatrix}.$$

解　按第 1 行展开,得

$$D_{2n}=a\cdot\begin{vmatrix} a & & & & b & 0 \\ & \ddots & & \ddots & & \\ & & a & b & & \\ & & c & d & & \\ & \ddots & & & \ddots & \\ c & & & & d & 0 \\ 0 & & & & 0 & d \end{vmatrix}+b(-1)^{1+2n}\begin{vmatrix} 0 & a & & & & b \\ & \ddots & & & \ddots & \\ & & a & b & & \\ & & c & d & & \\ & \ddots & & & \ddots & \\ 0 & c & & & & d \\ c & 0 & & & & 0 \end{vmatrix}$$

把这两个 $2n-1$ 阶行列式再按最后一行展开，有

$$D_{2n}=adD_{2n-2}-bcD_{2n-2}$$
$$=(ad-bc)D_{2(n-1)},$$

以此作为递推公式，可得

$$D_{2n}=(ad-bc)D_{2(n-1)}=(ab-bc)^2D_{2(n-2)}$$
$$=\cdots=(ad-bc)^{n-1}D_2$$
$$=(ad-bc)^{n-1}\begin{vmatrix} a & b \\ c & d \end{vmatrix}=(ad-bc)^n.$$

下面介绍一类重要的行列式.

【例 8-14】 证明范德蒙(Vandermonde)行列式

$$D_n=\begin{vmatrix} 1 & 1 & \cdots & 1 \\ a_1 & a_2 & \cdots & a_n \\ a_1^2 & a_2^2 & \cdots & a_n^2 \\ \vdots & \vdots & & \vdots \\ a_1^{n-1} & a_2^{n-1} & \cdots & a_n^{n-1} \end{vmatrix}=\prod_{1\leqslant j<i\leqslant n}(a_i-a_j).$$

证明 用数学归纳法.

当 $n=2$ 时

$$\begin{vmatrix} 1 & 1 \\ a_1 & a_2 \end{vmatrix}=a_2-a_1=\prod_{1\leqslant j<i\leqslant 2}(a_i-a_j),$$

结论成立.

假设结论对 $n-1$ 阶范德蒙行列式成立，下面证明结论对 n 阶范德蒙行列式也成立.

由 D_n 的最后一行开始，后行减去前行的 a_1 倍，得

$$D_n=\begin{vmatrix} 1 & 1 & 1 & \cdots & 1 \\ 0 & a_2-a_1 & a_3-a_1 & \cdots & a_n-a_1 \\ 0 & a_2(a_2-a_1) & a_3(a_3-a_1) & \cdots & a_n(a_n-a_1) \\ \vdots & \vdots & \vdots & & \vdots \\ 0 & a_2^{n-2}(a_2-a_1) & a_3^{n-2}(a_3-a_1) & \cdots & a_n^{n-2}(a_n-a_1) \end{vmatrix}$$

然后按第 1 列展开，并提出各列的公因子，得

$$D_n=(a_n-a_1)(a_{n-1}-a_1)\cdots(a_2-a_1)\begin{vmatrix} 1 & 1 & \cdots & 1 \\ a_2 & a_3 & \cdots & a_n \\ \vdots & \vdots & & \vdots \\ a_2^{n-2} & a_3^{n-2} & \cdots & a_n^{n-2} \end{vmatrix},$$

上式右端的行列式是 $n-1$ 阶范德蒙行列式,根据归纳假设,得

$$D_n = (a_n - a_1)(a_{n-1} - a_1)\cdots(a_2 - a_1)\prod_{2\leqslant j<i\leqslant n}(a_i - a_j)$$

$$= \prod_{1\leqslant j<i\leqslant n}(a_i - a_j).$$

【例 8-15】 证明

$$D_n = \begin{vmatrix} x & -1 & 0 & \cdots & 0 & 0 \\ 0 & x & -1 & \cdots & 0 & 0 \\ \vdots & \vdots & \vdots & & \vdots & \vdots \\ 0 & 0 & 0 & \cdots & x & -1 \\ a_n & a_{n-1} & a_{n-2} & \cdots & a_2 & a_1+x \end{vmatrix}$$

$$= x^n + a_1 x^{n-1} + \cdots + a_{n-1}x + a_n.$$

证明 证法 1 将 D_n 按第 1 列展开,得

$$D_n = x(-1)^{1+1}\begin{vmatrix} x & -1 & 0 & \cdots & 0 & 0 \\ 0 & x & -1 & \cdots & 0 & 0 \\ \vdots & \vdots & \vdots & & \vdots & \vdots \\ 0 & 0 & 0 & \cdots & x & -1 \\ a_{n-1} & a_{n-2} & a_{n-3} & \cdots & a_2 & a_1+x \end{vmatrix} +$$

$$a_n(-1)^{n+1}\begin{vmatrix} -1 & 0 & \cdots & 0 & 0 \\ x & -1 & \cdots & 0 & 0 \\ \vdots & \vdots & & \vdots & \vdots \\ 0 & 0 & \cdots & x & -1 \end{vmatrix}$$

$$= xD_{n-1} + a_n.$$

由此得到递推公式:$D_n = xD_{n-1} + a_n$,利用此递推公式可得

$$D_n = xD_{n-1} + a_n$$
$$= x(xD_{n-2} + a_{n-1}) + a_n$$
$$= x^2 D_{n-2} + a_{n-1}x + a_n$$
$$= \cdots$$
$$= x^{n-1}D_1 + a_2 x^{n-2} + \cdots + a_{n-1}x + a_n$$
$$= x^{n-1}|a_1+x| + a_2 x^{n-2} + \cdots + a_{n-1}x + a_n$$
$$= x^n + a_1 x^{n-1} + a_2 x^{n-2} + \cdots + a_{n-1}x + a_n.$$

证法 2 将 D_n 按最后一行展开,得

$$D_n = a_n(-1)^{n+1}\begin{vmatrix} -1 & 0 & \cdots & 0 & 0 \\ x & -1 & \cdots & 0 & 0 \\ \vdots & \vdots & & \vdots & \vdots \\ 0 & 0 & \cdots & x & -1 \end{vmatrix} +$$

$$a_{n-1}(-1)^{n+2}\begin{vmatrix} x & 0 & \cdots & 0 & 0 \\ 0 & -1 & \cdots & 0 & 0 \\ \vdots & \vdots & & \vdots & \vdots \\ 0 & 0 & \cdots & x & -1 \end{vmatrix} + \cdots +$$

$$a_2(-1)^{n+(n-1)}\begin{vmatrix} x & -1 & 0 & \cdots & 0 \\ 0 & x & -1 & \cdots & 0 \\ \vdots & \vdots & \vdots & & \vdots \\ 0 & 0 & 0 & \cdots & -1 \end{vmatrix} +$$

$$(x+a_1)(-1)^{n+n}\begin{vmatrix} x & -1 & 0 & \cdots & 0 \\ 0 & x & -1 & \cdots & 0 \\ \vdots & \vdots & \vdots & & \vdots \\ 0 & 0 & 0 & \cdots & x \end{vmatrix}$$

$$=a_n(-1)^{n+1}(-1)^{n-1}+a_{n-1}(-1)^{n+2}x\cdot(-1)^{n-2}+\cdots+$$
$$a_2(-1)^{2n-1}x^{n-2}(-1)+(x+a_1)x^{n-1}$$
$$=x^n+a_1x^{n-1}+a_2x^{n-2}+\cdots+a_{n-1}x+a_n.$$

将行列式按(行)列展开计算时,一般选取零元素较多的行(或列),但有些情况要特别对待,如例 8-15 证法 2 按最后一行展开就不用递推.

【例 8-16】 计算 n 阶行列式

$$D_n=\begin{vmatrix} 2 & 1 & & & & \\ 1 & 2 & 1 & & & \\ & 1 & 2 & 1 & & \\ & & \ddots & \ddots & \ddots & \\ & & & 1 & 2 & 1 \\ & & & & 1 & 2 \end{vmatrix}.$$

解 将 D_n 按第 1 列展开,得

$$D_n=2D_{n-1}+(-1)^{1+2}\begin{vmatrix} 1 & 0 & 0 & \cdots & 0 & 0 \\ 1 & 2 & 1 & \cdots & 0 & 0 \\ 0 & 1 & 2 & \cdots & 0 & 0 \\ \vdots & \vdots & \vdots & & \vdots & \vdots \\ 0 & 0 & 0 & \cdots & 1 & 2 \end{vmatrix},$$

再将右端第二个行列式按第 1 行展开,得

$$D_n=2D_{n-1}-D_{n-2},$$

即

$$D_n-D_{n-1}=D_{n-1}-D_{n-2}.$$

由此递推得

$$D_{n-1}-D_{n-2}=D_{n-2}-D_{n-3}=\cdots$$
$$=D_2-D_1=3-2=1.$$

因此

$$D_n=D_{n-1}+1=D_{n-2}+2=\cdots$$
$$=D_1+n-1=n+1.$$

行列式的计算方法灵活多样,技巧性也很强,前面的例题只是给出众多方法中的几种,要想能够熟练计算行列式,必须熟记行列式的性质及按行(列)展开法则,多做习题加以巩固.

习题 8.5

1. 计算下列行列式：

$(1) D_n = \begin{vmatrix} x & y & & & \\ & x & y & & \\ & & \ddots & \ddots & \\ & & & x & y \\ y & 0 & \cdots & 0 & x \end{vmatrix}.$

$(2) \begin{vmatrix} 1 & 2 & 2 & \cdots & 2 \\ 2 & 2 & 2 & \cdots & 2 \\ 2 & 2 & 3 & \cdots & 2 \\ \vdots & \vdots & \vdots & & \vdots \\ 2 & 2 & 2 & \cdots & n \end{vmatrix}.$

$(3) \begin{vmatrix} 1 & a_1 & & & & \\ -1 & 1-a_1 & a_2 & & & \\ & -1 & 1-a_2 & a_3 & & \\ & & \ddots & \ddots & \ddots & \\ & & & -1 & 1-a_{n-1} & a_n \\ & & & & -1 & 1-a_n \end{vmatrix}.$

$(4) \begin{vmatrix} a_1+\lambda & a_2 & a_3 & \cdots & a_n \\ a_1 & \lambda+a_2 & a_3 & \cdots & a_n \\ a_1 & a_2 & \lambda+a_3 & \cdots & a_n \\ \vdots & \vdots & \vdots & & \vdots \\ a_1 & a_2 & a_3 & \cdots & \lambda+a_n \end{vmatrix}.$

$(5) D_{2n} = \begin{vmatrix} a_n & & & & & b_n \\ & \ddots & & & \ddots & \\ & & a_1 & b_1 & & \\ & & c_1 & d_1 & & \\ & \ddots & & & \ddots & \\ c_n & & & & & d_n \end{vmatrix}.$

$(6) D_n = \det(a_{ij})$，其中 $a_{ij} = |i-j|$.

$(7) D_n = \begin{vmatrix} 1+a_1 & 1 & \cdots & 1 \\ 1 & 1+a_2 & \cdots & 1 \\ \vdots & \vdots & & \vdots \\ 1 & 1 & \cdots & 1+a_n \end{vmatrix}$，其中 $a_1 a_2 \cdots a_n \neq 0$.

2. 计算 5 阶行列式

$$D_5 = \begin{vmatrix} 2 & 1 & 0 & 0 & 0 \\ 1 & 2 & 1 & 0 & 0 \\ 0 & 1 & 2 & 1 & 0 \\ 0 & 0 & 1 & 2 & 1 \\ 0 & 0 & 0 & 1 & 2 \end{vmatrix}$$

3. 利用范德蒙行列式的计算结果证明：

$$D_4 = \begin{vmatrix} 1 & 1 & 1 & 1 \\ a & b & c & d \\ a^2 & b^2 & c^2 & d^2 \\ a^4 & b^4 & c^4 & d^4 \end{vmatrix}$$

$$= (b-a)(c-a)(d-a)(c-b)(d-b)(d-c)(a+b+c+d).$$

8.6 克拉默法则

设含有 n 个未知数 $x_1, x_2, \cdots, x_n$ 的 n 个方程的线性方程组为

$$\begin{cases} a_{11}x_1 + a_{12}x_2 + \cdots + a_{1n}x_n = b_1 \\ a_{21}x_1 + a_{22}x_2 + \cdots + a_{2n}x_n = b_2 \\ \qquad\qquad\qquad \vdots \\ a_{n1}x_1 + a_{n2}x_2 + \cdots + a_{nn}x_n = b_n \end{cases}, \tag{1}$$

其系数行列式为

$$D = \begin{vmatrix} a_{11} & a_{12} & \cdots & a_{1n} \\ a_{21} & a_{22} & \cdots & a_{2n} \\ \vdots & \vdots & & \vdots \\ a_{n1} & a_{n2} & \cdots & a_{nn} \end{vmatrix}$$

与二元、三元线性方程组类似,若 n 元线性方程组(1)的系数行列式 $D \neq 0$,它的解也可以用 n 阶行列式表示.

关于 n 元线性方程组(1)的解有下面的克拉默(Cramer)法则.

定理 8-3 (克拉默法则)若线性方程组(1)的系数行列式 $D \neq 0$,则方程组(1)有唯一解

$$x_1 = \frac{D_1}{D}, x_2 = \frac{D_2}{D}, \cdots, x_n = \frac{D_n}{D}, \tag{2}$$

其中 $D_j (j=1,2,\cdots,n)$ 是把系数行列式 D 中第 j 列的元素用方程组右端的常数列 b_1, $b_2, \cdots, b_n$ 代替后所得到的 n 阶行列式,即

$$D_j = \begin{vmatrix} a_{11} & \cdots & a_{1(j-1)} & b_1 & a_{1(j+1)} & \cdots & a_{1n} \\ a_{21} & \cdots & a_{2(j-1)} & b_2 & a_{2(j+1)} & \cdots & a_{2n} \\ \vdots & & \vdots & \vdots & \vdots & & \vdots \\ a_{n1} & \cdots & a_{n(j-1)} & b_n & a_{n(j+1)} & \cdots & a_{nn} \end{vmatrix} \tag{3}$$

证明 若方程组(1)有解,用 D 的第 j 列元素的代数余子式 $A_{1j}, A_{2j}, \cdots, A_{nj}$ 分别乘以式(1)的 n 个方程,得

$$\begin{cases} a_{11}A_{1j}x_1 + a_{12}A_{1j}x_2 + \cdots + a_{1n}A_{1j}x_n = b_1A_{1j} \\ a_{21}A_{2j}x_1 + a_{22}A_{2j}x_2 + \cdots + a_{2n}A_{2j}x_n = b_2A_{2j} \\ \qquad\qquad\qquad \vdots \\ a_{n1}A_{nj}x_1 + a_{n2}A_{nj}x_2 + \cdots + a_{nn}A_{nj}x_n = b_nA_{nj} \end{cases}. \tag{4}$$

然后把上面 n 个方程的左、右两端分别相加,得

$$\left(\sum_{k=1}^{n} a_{k1}A_{kj}\right)x_1 + \cdots + \left(\sum_{k=1}^{n} a_{kj}A_{kj}\right)x_j + \cdots + \left(\sum_{k=1}^{n} a_{kn}A_{kj}\right)x_n = \sum_{k=1}^{n} b_kA_{kj},$$

由定理 8-2 及其推论知,上式左端 x_j 的系数等于 D,其余 $x_i(i \neq j)$ 的系数均为 0,而右端等于 D_j,从而

$$Dx_j = D_j \quad (j = 1, 2, \cdots, n).$$

当 $D \neq 0$ 时,方程组(1)有唯一的解(2).

下面再证方程组(1)的确有解.

因为 $D \neq 0$,所以 $\dfrac{D_1}{D}, \dfrac{D_2}{D}, \cdots, \dfrac{D_n}{D}$ 为 n 个数,将其代入方程组(1)第 i 个方程($i = 1, 2, \cdots, n$)的左端得

$$a_{i1}\frac{D_1}{D} + a_{i2}\frac{D_2}{D} + \cdots + a_{in}\frac{D_n}{D} = \frac{1}{D}(a_{i1}D_1 + a_{i2}D_2 + \cdots + a_{in}D_n),$$

将 D_1 按第 1 列展开,D_2 按第 2 列展开,$\cdots$,D_n 按第 n 列展开,则上面等式的左端等于

$$\begin{aligned} & \frac{1}{D}\big[a_{i1}(b_1A_{11} + b_2A_{21} + \cdots + b_nA_{n1}) + \\ & \quad a_{i2}(b_1A_{12} + b_2A_{22} + \cdots + b_nA_{n2}) + \cdots + \\ & \quad a_{in}(b_1A_{1n} + b_2A_{2n} + \cdots + b_nA_{nn})\big] \\ = & \frac{1}{D}\big[(a_{i1}A_{11} + a_{i2}A_{12} + \cdots + a_{in}A_{1n}) \cdot b_1 + \cdots + \\ & \quad (a_{i1}A_{i1} + a_{i2}A_{i2} + \cdots + a_{in}A_{in}) \cdot b_i + \cdots + \\ & \quad (a_{i1}A_{n1} + a_{i2}A_{n2} + \cdots + a_{in}A_{nn}) \cdot b_n\big] \\ = & \frac{1}{D}\big[0 \cdot b_1 + \cdots + D \cdot b_i + \cdots + 0 \cdot b_n\big] = b_i, \end{aligned}$$

从而

$$x_1 = \frac{D_1}{D}, x_2 = \frac{D_2}{D}, \cdots, x_n = \frac{D_n}{D}$$

满足方程组中的每一个方程.

综上可得,当 $D \neq 0$ 时,方程组(1)有唯一的解(2).

【例 8-17】 解线性方程组

$$\begin{cases} x_1 + 9x_2 + 4x_3 - 3x_4 = -6 \\ 5x_1 - 5x_2 - 3x_3 + 2x_4 = 10 \\ 12x_1 + 6x_2 - x_3 - x_4 = 12 \\ 9x_1 \qquad\quad - 2x_3 + x_4 = 12 \end{cases}.$$

解 由于

$$D = \begin{vmatrix} 1 & 9 & 4 & -3 \\ 5 & -5 & -3 & 2 \\ 12 & 6 & -1 & -1 \\ 9 & 0 & -2 & 1 \end{vmatrix} = -36 \neq 0,$$

从而方程组有唯一解.

$$D_1 = \begin{vmatrix} -6 & 9 & 4 & -3 \\ 10 & -5 & -3 & 2 \\ 12 & 6 & -1 & -1 \\ 12 & 0 & -2 & 1 \end{vmatrix} = -36,$$

$$D_2 = \begin{vmatrix} 1 & -6 & 4 & -3 \\ 5 & 10 & -3 & 2 \\ 12 & 12 & -1 & -1 \\ 9 & 12 & -2 & 1 \end{vmatrix} = 0,$$

$$D_3 = \begin{vmatrix} 1 & 9 & -6 & -3 \\ 5 & -5 & 10 & 2 \\ 12 & 6 & 12 & -1 \\ 9 & 0 & 12 & 1 \end{vmatrix} = 36,$$

$$D_4 = \begin{vmatrix} 1 & 9 & 4 & -6 \\ 5 & -5 & -3 & 10 \\ 12 & 6 & -1 & 12 \\ 9 & 0 & -2 & 12 \end{vmatrix} = -36.$$

所以方程组的解为

$$x_1 = 1, x_2 = 0, x_3 = -1, x_4 = 1.$$

【例 8-18】 设曲线 $y = a_0 + a_1 x + a_2 x^2 + a_3 x^3$ 通过四点 $(1,3),(2,4),(3,3),(4,-3)$,求系数 a_0, a_1, a_2, a_3.

解 把四个点的坐标代入曲线方程,得线性方程组

$$\begin{cases} a_0 + a_1 + a_2 + a_3 = 3 \\ a_0 + 2a_1 + 4a_2 + 8a_3 = 4 \\ a_0 + 3a_1 + 9a_2 + 27a_3 = 3 \\ a_0 + 4a_1 + 16a_2 + 64a_3 = -3 \end{cases},$$

其系数行列式

$$D = \begin{vmatrix} 1 & 1 & 1 & 1 \\ 1 & 2 & 4 & 8 \\ 1 & 3 & 9 & 27 \\ 1 & 4 & 16 & 64 \end{vmatrix}$$

是一个范德蒙行列式,按 §8.5 例 8-14 的结果,可得

$$D = 1 \times 2 \times 3 \times 1 \times 2 \times 1 = 12,$$

而

$$D_1 = \begin{vmatrix} 3 & 1 & 1 & 1 \\ 4 & 2 & 4 & 8 \\ 3 & 3 & 9 & 27 \\ -3 & 4 & 16 & 64 \end{vmatrix} \xrightarrow[\substack{c_3 - c_2 \\ c_1 - 3c_2}]{c_4 - c_3} \begin{vmatrix} 0 & 1 & 0 & 0 \\ -2 & 2 & 2 & 4 \\ -6 & 3 & 6 & 18 \\ -15 & 4 & 12 & 48 \end{vmatrix}$$

$$= (-1)^3 \begin{vmatrix} -2 & 2 & 4 \\ -6 & 6 & 8 \\ -15 & 12 & 48 \end{vmatrix} \xrightarrow{c_1 + c_2} - \begin{vmatrix} 0 & 2 & 4 \\ 0 & 6 & 18 \\ -3 & 12 & 48 \end{vmatrix}$$

$$= -(-3) \begin{vmatrix} 2 & 4 \\ 6 & 18 \end{vmatrix} \xrightarrow{r_2 - 3r_1} 3 \begin{vmatrix} 2 & 4 \\ 0 & 6 \end{vmatrix} = 36;$$

$$D_2 = \begin{vmatrix} 1 & 3 & 1 & 1 \\ 1 & 4 & 4 & 8 \\ 1 & 3 & 9 & 27 \\ 1 & -3 & 16 & 64 \end{vmatrix} = -18$$

$$D_3 = \begin{vmatrix} 1 & 1 & 3 & 1 \\ 1 & 2 & 4 & 8 \\ 1 & 3 & 3 & 27 \\ 1 & 4 & -3 & 64 \end{vmatrix} = 24$$

$$D_4 = \begin{vmatrix} 1 & 1 & 1 & 3 \\ 1 & 2 & 4 & 4 \\ 1 & 3 & 9 & 3 \\ 1 & 4 & 16 & -3 \end{vmatrix} = -6$$

因此,按克拉默法则,得唯一解

$$a_0 = 3, a_1 = -\frac{3}{2}, a_2 = 2, a_3 = -\frac{1}{2},$$

即曲线方程为

$$y = 3 - \frac{3}{2}x + 2x^2 - \frac{1}{2}x^3.$$

线性方程组(1)右端的常数项 $b_1, b_2, \cdots, b_n$ 不全为零时,线性方程组(1)叫作**非齐次线性方程组**. 当 $b_1, b_2, \cdots, b_n$ 全为零时,线性方程组(1)叫作**齐次线性方程组**.

对于齐次线性方程组

$$\begin{cases} a_{11}x_1 + a_{12}x_2 + \cdots + a_{1n}x_n = 0 \\ a_{21}x_1 + a_{22}x_2 + \cdots + a_{2n}x_n = 0 \\ \vdots \\ a_{n1}x_1 + a_{n2}x_2 + \cdots + a_{nn}x_n = 0 \end{cases}, \tag{5}$$

$x_1 = x_2 = \cdots = x_n = 0$ 一定是它的解,这个解叫作齐次线性方程组(5)的零解. 如果一组不全为零的数是(5)的解,则它叫作齐次线性方程组(5)的非零解. 齐次线性方程组(5)一定有零解,但不一定有非零解.

定理 8-4 如果齐次线性方程组(5)的系数行列式 $D \neq 0$,则齐次线性方程组(5)没有非零解.

推论 如果齐次线性方程组(5)有非零解,则它的系数行列式必为零.

【例 8-19】 问 λ 取何值时,齐次线性方程组

$$\begin{cases} (5-\lambda)x+2y+2z=0 \\ 2x+(6-\lambda)y=0 \\ 2x+(4-\lambda)z=0 \end{cases},$$

有非零解?

解 由定理 8-4 的推论可知,若所给齐次线性方程组有非零解,则其系数行列式 $D=0$.
而

$$D = \begin{vmatrix} 5-\lambda & 2 & 2 \\ 2 & 6-\lambda & 0 \\ 2 & 0 & 4-\lambda \end{vmatrix}$$

$$= (5-\lambda)(6-\lambda)(4-\lambda)-4(4-\lambda)-4(6-\lambda)$$

$$= (5-\lambda)(2-\lambda)(8-\lambda).$$

由 $D=0$,得 $\lambda=2$、$\lambda=5$ 或 $\lambda=8$.

不难验证,当 $\lambda=2$、5 或 8 时,所给齐次线性方程组确有非零解.

习题 8.6

1. 用克拉默法则解下列线性方程组:

$$(1)\begin{cases} x_1+4x_2-7x_3+6x_4=0 \\ 2x_2+x_3+x_4=-8 \\ x_2+x_3+3x_4=-2 \\ x_1+x_3-x_4=1 \end{cases}. \qquad (2)\begin{cases} x_1-x_2+3x_3+2x_4=2 \\ x_1+2x_2+6x_4=13 \\ x_2-2x_3+3x_4=8 \\ 4x_1-3x_2+5x_3+x_4=1 \end{cases}.$$

2. 问 λ,μ 取何值时,齐次线性方程组

$$\begin{cases} \lambda x_1+x_2+x_3=0 \\ x_1+\mu x_2+x_3=0, \\ x_1+2\mu x_2+x_3=0 \end{cases}$$

有非零解.

3. 问 λ 取何值时,齐次线性方程组

$$\begin{cases} (1-\lambda)x_1-2x_2+4x_3=0 \\ 2x_1+(3-\lambda)x_2+x_3=0, \\ x_1+x_2+(1-\lambda)x_3=0 \end{cases}$$

有非零解.

4. 设 $a_1,a_2,\cdots,a_n$ 为互不相等的常数,求解线性方程组

$$\begin{cases} x_1+a_1x_2+a_1^2x_3+\cdots+a_1^{n-1}x_n=1 \\ x_1+a_2x_2+a_2^2x_3+\cdots+a_2^{n-1}x_n=1 \\ \vdots \\ x_1+a_nx_2+a_n^2x_3+\cdots+a_n^{n-1}x_n=1 \end{cases}.$$

5. 已知 xOy 平面上不共一直线的 3 个点 $P_1(x_1,y_1)$,$P_2(x_2,y_2)$,$P_3(x_3,y_3)$.试求通过点 P_1,P_2,P_3 的圆的方程.

附录 部分习题参考答案

第1章

习题1.1

1. $A \cap B = \{2\}$, $A \cup B = \{1,2,3,4,5,6,8\}$

2. $A \cap B = \{1,2,3,5\}$, $\overline{A} = \{3,4,5,6\}$, $\overline{B} = \{2,4,6\}$

3. $\overline{A} = \{1,2,6,7,8\}$, $\overline{B} = \{1,2,3,5\}$, $\overline{A} \cap \overline{B} = \{1,2\}$, $\overline{A} \cup \overline{B} = \{1,2,3,5,6,7,8\}$

4. (1) 2,3,4. (2) 1.2

6. (1) 直线. (2) 圆

7. (1) 平面. (2) 球

8. {过 M、P 的圆}

习题1.2

1. $\overline{A} = \{x | x \leqslant -1\}$

2. $\{x | -2 < x < 6\}$

3. $S \cap T = \{x | x < 1\}$. $S \cup T = \{x | x \leqslant 3\}$

4. $\varnothing$, $\mathbf{R}$

5. (1) √. (2) ×. (3) √. (4) √

6. (1) $\{6,7\}$. (2) $\{3\}$. (3) $\{-4,-3,-2,-1,0,1,2,3,4\}$

7. (1) $\{x | 3 < x < 5, x \in \mathbf{N}\}$. (2) $\{x | 4 < x < 8, x \in \mathbf{N}\}$

8. (1) $A \cap \varnothing = \varnothing$. $A \cup \varnothing = A$. (2) $A \cap \mathbf{R} = A$. $A \cup \mathbf{R} = \mathbf{R}$. (3) $\overline{A} = \{x | x > 6\}$.
    (4) $A \cap \overline{A} = \varnothing$. $A \cup \overline{A} = \mathbf{R}$

习题1.3

1. $5x^2 + 1$

2. $9x^3 + x^2 - 7x - 8$

3. $ab^2 - 12a^2b + a^3 + 2b^3$

4. (1) $x + y$. (2) $2m - 2n$. (3) $9a^2 - 5b^2$

5. (1) $a^2 + b^2$. (2) $-3a - 7b$. (3) $-m^2 - 20mn$

6. (1) $6x^2 + 5xy - 6y^2$. (2) $a^4 - 7a^3b + 13a^2b^2 - 6ab^3$

7. (1) $x^6 + 1008x + 720$. (2) $2x^4 + 9x^3y + 3x^2y^2 - xy^3 + 12y^4$.
    (3) $2x^6 - 7x^5 + 6x^4 - 6x^3 + 9x^2 + 3x - 1$.
    (4) $6x^7 - 13x^6 + 7x^5 + 15x^4 - 34x^3 + 35x^2 - 21x + 5$

习题1.4

1. (1) $x^2 - 8x + 16$. (2) $a^4 + \dfrac{4}{3}a^2 + \dfrac{4}{9}$. (3) $9x^4 - 6x^3 + 16x^2 + 5x + 25$.
    (4) $8m^6 - 36m^4n^2 + 54m^2n^4 - 27n^4$

2. $(1)25x^2-y^2$. $(2)a^4-b^4$. $(3)1-x^4$. $(4)16-x^4$. $(5)x^4-2x^2+1$

3. $(1)y^3+64$. $(2)a^3+b^3$

5. $(1)(a+1)(b-1)$. $(2)x(x+1)(x^2+1)$. $(3)(a-b)(c-d)$.
$(4)(x-1)(x^3+1)$

6. $(1)(2x+y)(2x-y)$. $(2)(a+b-c)(a-b+c)$. $(3)(6m+n)(4m-n)$. $(4)4xR$

7. $(1)(x+1)^2$. $(2)-(a+1)^2$. $(3)-(x-3)^2$. $(4)(a+b-c)(a+b)$.
$(5)(1-2a)(1+2a+4a^2)$. $(6)-2b(3a^2+b^2)$

习题 1.5

5. $2(x-1)^2+7(x-1)+11$

6. $(2x+3)^2-2(2x+3)+4$

7. $(x^2+1)^2-2(x^2+1)$

8. $(x-1)(x-3)+3$

9. $a=-1,b=1,c=2$

习题 1.7

1. $(1)x^3+5x^2-2x-24$. $(2)x^4+4x^3-33x^2-76x+105$. $(3)x^3-6x^2y-xy^2+30y^2$

2. $(1)22$. $(2)-15$

3. $(1)1+12x+60x^2+160x^3+240x^4+192x^5+64x^6$
$(2)243x^5+810x^4y+1\,080x^3y^2+720x^2y^3+240xy^4+32y^5$
$(3)64x^6-152x^5y^2+240x^4y^4-160x^3y^6+60x^2y^8-12xy^{10}+y^{12}$
$(4)16+32\cdot\dfrac{1}{x}+24\cdot\dfrac{1}{x^2}+8\cdot\dfrac{1}{x^3}+\dfrac{1}{x^4}$

4. $(1)\dfrac{3\,465}{2}x^5$. $(2)C_9^4x^4,-C_9^5x^5$. $(3)462$

5. $(1)56$. $(2)15$

6. $-\dfrac{792x^9}{a^4},495$

第 2 章

习题 2.1

1. $(1)5x-6,0$. $(2)q(x)=x^4+2x^3-x^2+3x-2,r=-8$. $(3)q(x)=\dfrac{1}{3}x^2+\dfrac{20}{9}x-\dfrac{221}{27},r=\dfrac{125}{27}$
$(4)q(x)=x^2+ax+a^2,r=0$. $(5)q(x)=3x^2+9x+10$. $r=-39$

2. $3(x-2)^3+8(x-2)^2-4(x-2)-3$

3. $(1)a=2,b=3,c=2$. $(2)a=1,b=-3,c=-5,d=7$. $(3)a=3,b=10,c=4,d=2$

4. $(1)(f(x),g(x))=x(x+1),[f(x),g(x)]=x(x+1)(x^2+x+2)(x^2+2)$.
$(2)(f(x),g(x))=1,[f(x),g(x)]=(3x^3-2x^2-1)(3x^4-5x^3+4x^2-2x+1)$

5. $(1)\dfrac{x+2}{x+1}$. $(2)\dfrac{a+b-c}{a-b-c}$. $(3)\dfrac{x+1}{2x+3}$

6. $(1)\dfrac{1}{x^2-4x+3}$. $(2)\dfrac{2(a-b)}{b-c}$. $(3)\dfrac{(a+x)(x+y)}{2}$. $(4)\dfrac{x^2-9}{x-6}$

7. $(1)\dfrac{2}{x}$. $(2)\dfrac{5x+3}{3x+2}$ **8.** $(1)2$. $(2)-\dfrac{1}{5}$

习题 2.2

1. $(1)\dfrac{8}{5}\dfrac{1}{2x+1}+\dfrac{3}{5}\dfrac{1}{3x-1}$. $(2)\dfrac{2}{x}+\dfrac{5}{1-x}+\dfrac{3}{1+x}$. $(3)-\dfrac{1}{x-1}+\dfrac{11}{2}\dfrac{1}{x-2}-\dfrac{9}{x-3}+\dfrac{9}{2}\dfrac{1}{x-4}$
$(4)\dfrac{2}{x-2}+\dfrac{11}{(x-2)^2}+\dfrac{20}{(x-2)^3}+\dfrac{13}{(x-2)^4}$. $(5)\dfrac{1}{x-1}-\dfrac{1}{x+1}-\dfrac{4}{2x^2+1}$. $(6)\dfrac{x}{x^2+1}-\dfrac{x+1}{x^2+2}$

$(7)\dfrac{-x+\dfrac{3}{2}}{x^2-x+1}+\dfrac{2x+\dfrac{3}{2}}{x^2+x+1}.$　$(8)2x-4+\dfrac{2x+6}{x^2+x+1}-\dfrac{3x+1}{(x^2+x+1)^2}.$

2. $\dfrac{na}{x(x+na)}$

3. $(x-1)^3+2(x-1)^2+3(x-1)+2$

4. $(1)\dfrac{1}{x-2}-\dfrac{1}{x-1}.$　$(2)\dfrac{3}{x-3}-\dfrac{2}{x-2}.$　$(3)\dfrac{1}{2}\left(\dfrac{1}{x}-\dfrac{x}{x^2+2}\right).$　$(4)\dfrac{2}{x-3}+\dfrac{12}{(x-3)^2}+\dfrac{18}{(x-3)^3}.$

习题 2.3

1. $(1)2\sqrt[12]{2}.$　$(2)10.$　$(3)ab^3c^5a^{\frac{2}{3}}b^{\frac{5}{6}}c^{\frac{1}{2}}.$　$(4)\dfrac{1}{\sqrt[6]{ab}}.$　$(5)a^4.$　$(6)\sqrt[6]{a}.$　$(7)\sqrt{b\left(1-\dfrac{b^2}{a^4}\right)}$

2. $(1)1.$　$(2)ab+2b-a+1.$　$(3)a^{\frac{1}{3}}b^{\frac{1}{4}}.$　$(4)\dfrac{a+b+c}{\sqrt{abc}}.$　$(5)0.$　$(6)a+\sqrt{a}+1$

3. $(1)\sqrt{ax}(2x+3-2a).$　$(2)0$

4. $(1)\dfrac{x}{x+y}\sqrt[3]{3xy(x+y)}.$　$(2)-3\sqrt{3}-4.$　$(3)\dfrac{x^2+1+\sqrt[4]{x^4-1}}{2}.$　$(4)\dfrac{\sqrt[3]{a^2xy}}{a}$

5. $a-b$

习题 2.4

1. $(1)1.$　$(2)\dfrac{24x^4}{y^8}.$　$(3)1$

3. $(1)a^{\frac{3}{2}}b^{\frac{10}{3}}.$　$(2)x-y.$　$(3)a^{\frac{3}{2}}-b^{\frac{3}{2}}.$　$(4)a^2b+ab^2.$　$(5)2^{n+1}.$　$(6)\dfrac{x}{(1-x)^{\frac{1}{6}}}$

4. $(1)0.$　$(2)7.$　$(3)-5.$　$(4)2a^{\frac{1}{3}}b^{\frac{1}{3}}$　5. 1　6. 2　8. $\dfrac{1}{2\sqrt{5}+1}$

第 3 章

习题 3.1

1. (1)不同解. (2)同解

2. $x_1+x_2=-\dfrac{b}{a},x_1x_2=\dfrac{c}{a}$

3. $\dfrac{-c\pm(a-b)}{a+c-b}$

4. $(1)\dfrac{2}{3},9.$　$(2)0,-a,\dfrac{-a+\sqrt{57}a}{2},\dfrac{-a-\sqrt{57}a}{2}.$　$(3)\pm1,\dfrac{5}{3},-\dfrac{1}{3}.$　$(4)-1,\dfrac{1}{2},2.$

　$(5)-\dfrac{a+b}{2},-a,-b.$　$(6)6,-3$

6. (1)同解. (2)不同解

习题 3.2

1. $(1)x=-\dfrac{1}{3}.$　(2)无解.　$(3)x=2.$　$(4)x=0.$　(5)当 $a=b=c$ 时,x 为任意值

2. $(1)x=2.$　$(2)x=3.$　$(3)x=1.$　$(4)x=0$

3. $(1)x=\dfrac{5}{2},x=\dfrac{1}{2}.$　$(2)x=-\dfrac{9}{2},x=1.$　$(3)x=3.$　$(4)x=\dfrac{a-b}{2}.$　$(5)2\pm\dfrac{\sqrt{6}}{3}$

4. $a>0,x=\pm\sqrt{1+a^2}$

习题 3.3

1. $\begin{cases}x=0\\y=10\end{cases},\begin{cases}x=10\\y=0\end{cases}$

2. $\begin{cases} x=\dfrac{5}{2} \\ y=\dfrac{1}{2} \end{cases}$, $\begin{cases} x=2 \\ y=1 \end{cases}$, $\begin{cases} x=-\dfrac{1}{2} \\ y=-\dfrac{5}{2} \end{cases}$, $\begin{cases} x=-1 \\ y=-2 \end{cases}$

3. $\begin{cases} x=14 \\ y=\pm 4 \end{cases}$, $\begin{cases} x=4 \\ y=\pm 1 \end{cases}$

4. $\begin{cases} x=4 \\ y=-\dfrac{7}{2} \end{cases}$, $\begin{cases} x=-\dfrac{7}{2} \\ y=4 \end{cases}$

5. ± 1

6. $m=\pm\sqrt{11}$

7. $m=3$

8. $m=12$

习题 3.4

5. (1) $x<2,x>3$. (2) $(-1,5)$. (3) $x<\dfrac{m+2}{m-1}(m>1),x>\dfrac{m+2}{m-1}(m<1),x\in\mathbf{R}(m=1)$

(4) $x>\dfrac{1}{2}$

6. (1) $[1,2]$. (2) $(-\infty,3]\bigcup[1,+\infty)$. (3) $(1-\sqrt{6},2-\sqrt{7})$. (4) $x>1(x\neq 2)$

7. (1) (α_2,β_1). (2) (β_1,β_2)

习题 3.5

11. (1) $(7,9)$. (2) $\left(\dfrac{29}{2},+\infty\right)$ **12.** $(-\infty,-2),\left(\dfrac{1}{2},+\infty\right)$ **13.** $x=\dfrac{5}{17},y=-\dfrac{29}{17},z=\dfrac{16}{17}$

第 4 章

习题 4.1

1. (1) $\mathbf{R}$. (2) $\left[1,\dfrac{3}{2}\right)\bigcup\left(\dfrac{3}{2},2\right]$. (3) $\left(-\infty,-\dfrac{1}{2}\right)\bigcup\left(\dfrac{1}{2},0\right]$. (4) $[-1,0)\bigcup(0,1]$

2. $\varphi(0)=4,\varphi(1)=2,\varphi(-1)=6$

3. $f(1)=2,f(2)=3,f(f(1))=3$

4. $f(f(x))=\dfrac{1+\dfrac{1+x}{1-x}}{1-\dfrac{1+x}{1-x}}=\dfrac{1-x+1+x}{1-x-1-x}=\dfrac{2}{-2x}=-\dfrac{1}{x}$

5. $\varphi(x)=f(x)+f(-x),\varphi(-x)=f(-x)+f(x)=\varphi(x)$

7. (1) $\left(-\infty,\dfrac{2}{3}\right)$ 和 $\left(\dfrac{2}{3},+\infty\right)$, 单减. (2) $\varphi(x)=\dfrac{1}{3}\left(\dfrac{7}{3y-2}+2\right)$

8. (1) $bc>ad$, $\left(-\infty,-\dfrac{d}{c}\right)$ 和 $\left(-\dfrac{d}{c},+\infty\right)$ 单减. $bc<ad$, $\left(-\infty,-\dfrac{d}{c}\right)$ 和 $\left(-\dfrac{d}{c},+\infty\right)$ 单增 $bc>$ ad. (2) $a-d$

9. $a>0$, $\left(-\infty,-\dfrac{b}{2a}\right)$ 单减; $\left(-\dfrac{b}{2a},+\infty\right)$ 单增; $a<0$, $\left(-\infty,-\dfrac{b}{2a}\right)$ 单增; $\left(-\dfrac{b}{2a},+\infty\right)$ 单减;

$$f^{-1}(x)=\sqrt{\dfrac{x}{a}-\dfrac{4ac-b^2}{4a^2}}-\dfrac{b}{2a}$$

11. (1) $[1,+\infty)$. (2) $(1,2)$ 单增, $x=\dfrac{y^2}{4}+1$. (3) $[0,2]$

12. $f_n(x)=\sqrt{\dfrac{x^2}{1+nx^2}}$

14. $f(x)=\begin{cases}\dfrac{1}{2} & x=-1\\ x^2 & -1<x<0,\\ \dfrac{1}{2} & x=0\end{cases}f(x)=\begin{cases}\dfrac{1}{2} & x=1\\ x^2 & 1<x<2\\ \dfrac{1}{2} & x=2\end{cases}$

习题 4.2

1. $\left(\dfrac{3}{4},1\right]$ **2.** 4.2

3. (1) $\dfrac{\sqrt{a}\,(a+b)^2}{(a-b)^{\frac{2}{3}}}$.   (2) $\dfrac{\sqrt{m-n}}{\sqrt[3]{m+n}}$.   (3) $x=8$.   (4) $x=\left(\dfrac{1}{5}\right)^5$ 或 5

4. (1) 1.   (2) $\dfrac{25}{36}\log_2 3-\dfrac{5}{4}$.   (3) $3-\lg 3$.   (4) 2   **5.** $\left(1,\dfrac{11}{9}\right)$ **6.** $x=1$

8. (1) $(-\infty,-1)\downarrow,(-1,+\infty)\uparrow$.   (2) $\left(-\infty,-\dfrac{1}{2}\right)\downarrow,(3,+\infty)\uparrow$

10. $x=1,y=a$

11. $\dfrac{1}{2}(\log_a x+\log_a y)>\log_a\dfrac{x+y}{2}$

13. $(-2,-1)\cup(2,+\infty)$

15. $(1,2)$

习题 4.3

1. $\cos\alpha=-\dfrac{3}{5},\quad \tan\alpha=-\dfrac{4}{3}$

2. $\sin\alpha=-\dfrac{\sqrt{10}}{10},\cos\alpha=-\dfrac{3\sqrt{3}}{10};\quad \tan\alpha=\dfrac{1}{3}$

3. $-\dfrac{3}{2}m$

4. $\dfrac{\sqrt{3}+1}{2}$

6. (1) a^2+b^2.   (2) 2.   (3) $\dfrac{3}{2}$.   (4) $\dfrac{2}{\sin\theta}$.   (5) $-2\tan\theta$

7. $\dfrac{2\sqrt{2}-1}{3}$

9. $\cos\alpha\cos\beta=0,\quad \sin\alpha\sin\beta=\dfrac{4}{5}$

11. (1) $\dfrac{3}{4}$.   (2) $\dfrac{\sqrt{3}}{2}\cos x-\dfrac{1}{2}\sin x$.   (3) $\dfrac{\sqrt{2}}{2}$.   (4) 1

13. $-\dfrac{10}{11}$

16. $\dfrac{2\pi}{3},\dfrac{2\pi}{3}$

17. 等腰三角形

18. $AB=2+2\sqrt{3}$. $AC=2\sqrt{6}$. $BC=4$

习题 4.4

1. $\sin 2\theta=\dfrac{2\sqrt{2}}{3},\cos\dfrac{\theta}{2}=\dfrac{1}{\sqrt{3}}-\dfrac{1}{\sqrt{6}},\tan\dfrac{\theta}{2}=3+2\sqrt{2}$

2. $\sin\left(\theta+\dfrac{\pi}{6}\right)=\dfrac{12-5\sqrt{3}}{26},\sin 2\theta=-\dfrac{120}{169},\cos\dfrac{\theta}{2}=-\dfrac{5\sqrt{26}}{26},\cot\dfrac{\theta}{2}=-5$

3. 2

8. $\dfrac{\pi}{6},\dfrac{\pi}{3},\sqrt{3}$

10. $(1)2\pi.$ $(2)\dfrac{\pi}{2}$

11. $f(x)=\sin^2 x+2\sin x\cos x+3\cos^2 x=1+\sin 2x+2\cos^2 x=1+\sin 2x+1+\cos 2x$

$=2+\sqrt{2}\sin\left(2x+\dfrac{\pi}{4}\right).$ $(1)T=\pi.$ $(2)2-\sqrt{2}.$ $x=\dfrac{5}{8}\pi+k\pi$

12. $a=3+\dfrac{\sqrt{14}}{2},b=3-\dfrac{\sqrt{14}}{2}$

习题 4.6

1. π **2.** (1)偶函数. (2)奇函数. (3)都不是 **3.** $\left(-\infty,\dfrac{3}{2}\right)$ **4.** $\alpha\in(0,40°)\cup(140°,360°)$

8. $15,5$ **9.** $p^2-2q=1$ **10.** $(1)\left(0,\dfrac{3}{4}\pi\right)\uparrow,\left(\dfrac{3}{4}\pi,\dfrac{3}{2}\pi\right)\uparrow.$ $(2)-\sqrt{2},\sqrt{2}$

习题 4.7

1. $(1)[-3,-2]\cup[3,4].$ $(2)\left(0,\dfrac{1}{3}\right)$

2. $\left[\dfrac{1-\sqrt{5}}{2},\dfrac{1+\sqrt{5}}{2}\right],\left[0,\arccos\left(-\dfrac{1}{4}\right)\right]$

习题 4.8

3. $\sqrt{7}+\sqrt{3},\sqrt{7}-\sqrt{3}$

第 5 章

习题 5.1

1. $(1)z=\dfrac{3}{13}-\dfrac{2}{13}i.$ $(2)|z|=\dfrac{1}{\sqrt{13}},\bar{z}=\dfrac{3}{13}+\dfrac{2}{13}i.$ $(3)z=1,\bar{z}=1,|z|=1$

2. $(1)\begin{cases}x=4\\y=-6\end{cases}.$ $(2)\begin{cases}x=3\\y=1\end{cases}.$ $(3)\begin{cases}x=\dfrac{1}{2}\\x=2\end{cases},\begin{cases}y=1\\y=-2\end{cases}.$ $(4)\begin{cases}x=1\\y=11\end{cases}$

5. $(1)m=6.$ $(2)m=4.$ $(3)m=-1$

6. $(1)\dfrac{7}{6}-\dfrac{7}{6}i.$ $(2)(y-x)+(5y-5x)i.$ $(3)-25i.$ $(4)1$

7. $(1)(a^2+b)^2.$ $(2)a-b(1+i).$ $(3)3-6i$

10. $(1)(x+2i)(x-2i).$ $(2)(x^2-a)(x^2+a).$ $(3)(x+1+i)(x+1-i).$

$(4)\left(x+\dfrac{1}{2}+\dfrac{\sqrt{3}}{2}i\right)\left(x+\dfrac{1}{2}-\dfrac{\sqrt{3}}{2}i\right)$

11. $5-\dfrac{5}{2}i$ **12.** $z=\dfrac{3}{2}-\dfrac{1}{2}i,\bar{z}=\dfrac{3}{2}+\dfrac{1}{2}i$ **14.** $z=3+4i$

习题 5.2

1. $(1)|z|=2,\dfrac{\pi}{3}.$ $(2)|z|=\sqrt{2},\dfrac{3}{4}\pi.$ $(3)|z|=2,-\dfrac{7}{10}\pi.$ $(4)|z|=4,-\dfrac{\pi}{5}$

2. $(1)z=\sqrt{2}\left(\cos\dfrac{\pi}{4}+i\sin\dfrac{\pi}{4}\right),\sqrt{2}e^{i\frac{\pi}{4}}.$ $(2)z=\sqrt{2}\left(\cos\dfrac{3}{4}\pi+i\sin\dfrac{3}{4}\pi\right),\sqrt{2}e^{i\frac{3}{4}\pi}.$

$(3)z=\sqrt{2}\left[\cos\left(-\dfrac{\pi}{4}\right)+i\sin\left(-\dfrac{\pi}{4}\right)\right].$ $(4)\sqrt{2}e^{i\left(-\frac{\pi}{4}\right)}.$

$(5)z=\sqrt{3}(\cos 15°+i\sin 15°),\sqrt{3}e^{i15°}.$ $(6)z=\cos 4\theta-i\sin 4\theta,e^{i4\theta}$

3. $(1)-2+2\sqrt{3}i.$ $(2)-\sqrt{2}-\sqrt{2}i.$ $(4)-3i.$ $(4)-\sqrt{2}+\sqrt{2}i$

4. (1)$\sqrt{6}\left(\cos\dfrac{\pi}{4}+i\sin\dfrac{\pi}{4}\right)$.　(2)16.　(3)$\sqrt{2}(\sin\theta+i\cos\theta)$.　(4)$-\dfrac{\sqrt{2}}{2}-\dfrac{\sqrt{2}}{2}i$.

6. (1)$2\left(\cos\dfrac{13}{12}\pi+i\sin\dfrac{13}{12}\pi\right)$.　(2)$\dfrac{\sqrt{6}}{2}\cos(-75°)+\dfrac{\sqrt{6}}{2}\sin(-75°)i$.　(3)$\sqrt{2}-\sqrt{2}i$.　(4)$-\dfrac{\sqrt{3}}{2}+\dfrac{1}{2}i$

习题 5.3

1. (1)1.　(2)$-i$.　(3)2^5i.　(4)i.　(5)$\cos\dfrac{-\dfrac{\pi}{2}+2k\pi}{2}+\sin\dfrac{-\dfrac{\pi}{2}+2k\pi}{2}i,k=0,1$.

(6)$2\sqrt{2}\left(\cos\dfrac{\pi+2k\pi}{4}+\sin\dfrac{\pi+2k\pi}{4}i\right),k=0,1,2,3$

2. (1)$2\left(\cos\dfrac{2k\pi}{4}+i\sin\dfrac{2k\pi}{4}\right)$.　(2)$\cos\dfrac{2k\pi}{5}+\sin\dfrac{2k\pi}{5}i,k=0,1,2,3,4$.

(3)$\sqrt[6]{2}\left(\cos\dfrac{\dfrac{3}{4}\pi+2k\pi}{3}+i\sin\dfrac{\dfrac{3}{4}\pi+2k\pi}{3}\right),k=0,1,2$.

(4)$\sqrt[10]{8}\left(\cos\dfrac{-\dfrac{\pi}{4}+2k\pi}{5}+i\sin\dfrac{-\dfrac{\pi}{4}+2k\pi}{5}\right),k=0,1,2,3,4$

5. $s=23$　**7.** $\dfrac{1}{2}-\dfrac{\sqrt{3}}{2}i$

习题 5.4

1. (1)1.　(2)$729i$.　(3)$32i$.　(4)i 及 $-i$.　(5)$\dfrac{\sqrt{2}}{2}+\dfrac{\sqrt{2}}{2}i,\dfrac{\sqrt{2}}{2}-\dfrac{\sqrt{2}}{2}i$.

(6)$2\sqrt{2}\left(\dfrac{\sqrt{2}}{2}+\dfrac{\sqrt{2}}{2}i\right),2\sqrt{2}\left(-\dfrac{\sqrt{2}}{2}+\dfrac{\sqrt{2}}{2}i\right),\quad 2\sqrt{2}\left(-\dfrac{\sqrt{2}}{2}-\dfrac{\sqrt{2}}{2}i\right),2\sqrt{2}\left(\dfrac{\sqrt{2}}{2}-\dfrac{\sqrt{2}}{2}i\right)$.

2. (1)$2,2i,-2,-2i$.

(2)$1,\cos\dfrac{2\pi}{5}+i\sin\dfrac{2\pi}{5},\cos\dfrac{4\pi}{5}+i\sin\dfrac{4\pi}{5},\quad \cos\dfrac{6\pi}{5}+i\sin\dfrac{6\pi}{5},\cos\dfrac{8\pi}{5}+i\sin\dfrac{8\pi}{5}$.

(3)$\sqrt[6]{2}\left(\dfrac{\sqrt{2}}{2}+i\dfrac{\sqrt{2}}{2}\right),\sqrt[6]{2}\left(-\dfrac{\sqrt{2}}{2}+i\dfrac{\sqrt{2}}{2}\right),\sqrt[6]{2}\left(-\dfrac{\sqrt{2}}{2}-i\dfrac{\sqrt{2}}{2}\right),\sqrt[6]{2}\left(\dfrac{\sqrt{2}}{2}-i\dfrac{\sqrt{2}}{2}\right)$.

(4)$\sqrt[5]{8}\left(\cos\dfrac{-\pi}{20}+i\sin\dfrac{\pi}{20}\right),\quad \sqrt[5]{8}\left(\cos\dfrac{7\pi}{20}+i\sin\dfrac{7\pi}{20}\right),\sqrt[5]{8}\left(\cos\dfrac{15\pi}{20}+i\sin\dfrac{15\pi}{20}\right),$

$\sqrt[5]{8}\left(\cos\dfrac{23\pi}{20}+i\sin\dfrac{23\pi}{20}\right),\sqrt[5]{8}\left(\cos\dfrac{35\pi}{20}+i\sin\dfrac{35\pi}{20}\right)$.

第6章

习题 6.1

1. (1)9.　(2)$\dfrac{1}{32}$.　**3.** $n=5$.　**4.** (1)$n=5$.　(2)$n=7$.　**6.** (1)120.　(2)96.　(3)54.　**7.** 480.

习题 6.2

1. (1)4 060.　(2)999.　**2.** $x=10$.　**4.** 220.　**5.** 60.　**6.** (1)64446024.　(2)442320.　(3)444648.

习题 6.3

1. (1)$\Omega=\{2,3,4,\cdots,12\}$.　(2)$\Omega=\{(1),(0,1),(0,0,1),(0,0,0,1),\cdots\}$.
(3)$\Omega=\{0,1,2,3,\cdots\}$.

3. (1)$A\overline{B}\overline{C}$ 或 $A-B-C$.　(2)$AB\overline{C}$ 或 $AB-C$.　(3)ABC.　(4)$\overline{A}\overline{B}C$.　(5)$\overline{A\cdot B\cdot C}$.
(6)$A\cup B\cup C$.　(7)$\overline{A}BC\cup A\overline{B}C\cup AB\overline{C}\cup \overline{A}\overline{B}C$.
(8)$AB\cup BC\cup CA$ 或 $ABC\cup\overline{A}BC\cup A\overline{B}C\cup AB\overline{C}$.

习题 6.4

1. $1-p$.　**2.** 0.6.　**3.** (1)0.5.　(2)0.2.　(3)0.8.　(4)0.2.　(5)0.9.

4.(1)$\dfrac{5}{8}$. (2)$\dfrac{3}{8}$. 5.(1)当$A+B=\Omega$时,$P(AB)$最小为,0.1. (2)当$A\subset B$时,$P(AB)$最大为,0.6.

习题6.5

1.(1)$\dfrac{1}{8}$. (2)$\dfrac{3}{8}$. (3)$\dfrac{7}{8}$. 2.(1)$\dfrac{6\times5\times4\times3\times2\times1}{10\times9\times8}$. (2)$\dfrac{5\times4\times3\times2\times1}{10\times9\times8}$.

3.(1)$\dfrac{1}{6}$. (2)$\dfrac{1}{6}$. (3)$\dfrac{1}{6}$. 4.(1)$\dfrac{3}{10}$. (2)$\dfrac{3}{5}$. (3)$\dfrac{1}{5}$. 8.$1-\dfrac{p_{12}^2}{12^4}$.

习题6.6

1.$\dfrac{12}{25}$. 2.$\dfrac{3}{8}$. 3.(1)$\dfrac{8}{45}$. (2)$\dfrac{16}{45}$. (3)$\dfrac{28}{45}$. (4)$\dfrac{1}{45}$. 4.(1)$\dfrac{3}{10}$. (2)$\dfrac{3}{5}$. 5.(1)18%.

(2)50%. 6.(1)$\dfrac{21}{800}$. (2)$\dfrac{20}{21}$. 7.(1)$\dfrac{18}{25}$. (2)$\dfrac{1}{9}$.

习题6.7

2.$\dfrac{2}{3}$. 3.$\dfrac{3}{5}$. 5.$(1-10^{-5})^{520}=0.9948$. 8.$\dfrac{1}{2}$. 9.$1-(1-a)(1-b)(1-c)$.

第7章

习题7.1

4.$\overline{AB}:\overline{BC}=3:2$,$\overline{CB}:\overline{BA}=2:3$,$\overline{AC}:\overline{CB}=5:2$,$\overline{BC}:\overline{CA}=2:5$,$\overline{BA}:\overline{AC}=3:5$,
$\overline{CA}:\overline{AB}=5:2$

5.$c_1\left(\dfrac{x_1+x_2+x_3}{3},\dfrac{y_1+y_2+y_3}{3}\right)$

习题7.2

1.$\dfrac{x^2}{25}+\dfrac{y^2}{9}=1$ 2.$x^2+y^2=a^2$ 3.$\dfrac{(x+a)^2}{4}+\dfrac{y^2}{4}=m^2$

4.$\sqrt{(x+2)^2+(y+2)^2}-\sqrt{(x-2)^2+(y-2)^2}=4$

5.$A(a,0)$

6.$(3x-2a)^2+(3y)^2=1$

7.(1)x,y,原点. (2)原点. (3)不对称. (4)x.

10.$k=5$时一个交点,$k<5$时两个交点,$k>5$时没有交点

习题7.3

1.(1)$x-y+5=0$. (2)$y=5$. (3)$x=\dfrac{1}{3}$. (4)$4x-3y-6=0$.

(5)$11x-2y+32=0$. (6)$2x-y+4=0$.

2.(1)$k=1$,$b=5$. (2)$k=-\dfrac{1}{2}$,$b=-2$.

4.$x+4y-1=0$.

6.(1)交于一点. (2)不交于一点.

11.(1)$\dfrac{3}{2}$. (2)$-\dfrac{2}{3}$.

13.$y^2=4ax$.

习题7.4

1.(1)$(x-5)^2+(y-6)^2=10$,上,外,内. (2)$(4,-3)$,5. (3)$(x+1)^2+(y-1)^2=25$.

2.$(x-5)^2+(y+1)^2=25$.

4.$k=\pm\dfrac{\sqrt{3}}{3}$,相切,$k\in\left(-\dfrac{\sqrt{3}}{3},\dfrac{\sqrt{3}}{3}\right)$,相交. $k\in\left(-\infty,-\dfrac{\sqrt{3}}{3}\right)\cup\left(\dfrac{\sqrt{3}}{3},\infty\right)$,相离.

5.$4x+6y+2b=0$.

6. $3x+4y-5=0,3x+4y+20=0$.

7. $(1)y$　10.　$(2)6$　$4\sqrt{2}$　$(0,1)(0,-1)$　$\dfrac{1}{3}$.　$(3)\dfrac{x^2}{10}+\dfrac{y^2}{9}=1$.

8. $(1)\dfrac{x^2}{25}+\dfrac{y^2}{9}=1$.　$(2)\dfrac{x^2}{25}+\dfrac{y^2}{16}=1$.　$(3)\dfrac{x^2}{16}+\dfrac{y^2}{25}=1$.　$(4)\dfrac{x^2}{36}+\dfrac{y^2}{10}=1$.

9. $\left(\pm\dfrac{5}{4}\sqrt{7},\pm\dfrac{9}{4}\right)$.

10. $\sqrt{(x+2)^2+(y+2)^2}-\sqrt{(x-2)^2+(y-2)^2}=4$.

11. $(1)8$　6　$(4,0)(-4,0)$　$y=\pm\dfrac{3}{4}x$.　$(2)(0,5)(0,-5)$.　$(3)\dfrac{5}{4}$.

12. $(1)\dfrac{y^2}{9}-\dfrac{x^2}{4}=1$.　$(2)\dfrac{x^2}{20}-\dfrac{y^2}{4}=1$.　$(3)\dfrac{5x^2}{27}-\dfrac{5y^2}{48}=1$.

13. 实　6　虚　8　$(5,0)(-5,0)$　$e=\dfrac{5}{3}$　$y=\pm\dfrac{4}{3}x$

14. $\dfrac{x^2}{3}-\dfrac{y^2}{5}=1$

15. $(1)y^2=16x$.　$(2)y^2=-8x$.　$(3)x^2=12y$.

16. $(9,6)(9,-6)$

习题 7.6

1. $(1)\begin{cases}x=2+\dfrac{\sqrt{3}}{2}t\\y=-1+\dfrac{1}{2}t\end{cases}$.　$(2)\begin{cases}x=1+4\cos\theta\\y=2+4\sin\theta\end{cases}$.　$(3)\begin{cases}x=3\cos\theta\\y=2\sin\theta\end{cases}$或$\begin{cases}x=2\cos\theta\\y=3\sin\theta\end{cases}$.　$(4)\begin{cases}x=4\sec\varphi\\y=5\tan\varphi\end{cases}$

2. $(1)y=\sqrt{x+b}-3$　$(x\geqslant-6)$.　$(2)\dfrac{(x-3)^2}{4}+\dfrac{(y+2)^2}{25}=1$.

$\quad(3)\left(\dfrac{x}{a}\right)^{\frac{2}{3}}+\left(\dfrac{y}{a}\right)^{\frac{2}{3}}=1-a\leqslant x\leqslant a$.　$(4)y=x^3$　$(x>0)$

3. $(1)\begin{cases}x=\dfrac{1}{2}(t+3)\\y=\dfrac{1}{2}t(t+3)\end{cases}$.　$(2)\begin{cases}x=2\cos\varphi\\y=\sin\varphi\end{cases}$.

4. $\begin{cases}x=at\\y=b\sqrt{1-t^2}\end{cases}$.

5. (1)圆.　(2)直线.

7. $\left(\dfrac{3+\sqrt{31}}{2},\dfrac{1-\sqrt{31}}{2}\right),\left(\dfrac{3-\sqrt{31}}{2},\dfrac{1+\sqrt{31}}{2}\right)$.

8. $k=\pm\sqrt{2+12\sqrt{5}}$.

9. $(x+y)_{\max}=4+\sqrt{2},(xy)_{\max}=\dfrac{9}{2}+2\sqrt{2}$

习题 7.7

2. 极轴：$\left(6,\dfrac{5\pi}{3}\right)$，极点：$\left(6,\dfrac{4\pi}{3}\right)$.

3. $\sqrt{(\rho_1\cos\theta_1-\rho_2\cos\theta_2)^2+(\rho_1\sin\theta_1-\rho_2\sin\theta_2)^2}$.

4. $\rho=2r\sin\theta$.

5. $\rho=\cos\theta$.

6. (1)不同.　(2)不同.　(3)相同.

7. $(1)\left(2\sqrt{3},\dfrac{\pi}{6}\right)$.　$(2)\left(6,\dfrac{\pi}{3}\right)$.

8. $A(1,\sqrt{3})$, $B\left(-\dfrac{3\sqrt{3}}{2},\dfrac{3}{2}\right)$, $C(-2,-2\sqrt{3})$, $D(-2\sqrt{2},-2\sqrt{2})$.

9. $(2,\pi)$, $\left(2,\dfrac{11\pi}{6}\right)$, $\left(\dfrac{\sqrt{10}}{6},\arctan\dfrac{1}{3}\right)$, $\left(3,\dfrac{\pi}{2}\right)$.

10. $\rho=12\cot\theta$, $\rho=4\cos\theta$, $\rho^2\cos\theta=20$.

11. $2x+y-6=0$, $y=10$, $x^2-y^2=-1$.

第 8 章

习题 8.1

1. (1)0.　(2)$3abc-a^3-b^3-c^3$.　(3)$1+a+b+c$.　(4)$-2(x^3+y^3)$.

2. (1)$x_1=a\cos\theta=b\sin\theta$, $x_2=b\cos\theta-a\sin\theta$.　(2)$x=\dfrac{5}{2}$, $y=-6$.　(3)$x=1$, $y=2$, $z=7$.

　(4)$x_1=\dfrac{1}{2}$, $x_2=1$, $x_3=-\dfrac{1}{2}$.

3. B　4. C

习题 8.2

1. (1)6.　(2)9.　(3)11.　(4)$n(n-1)$.

2. (1)负号；　(2)负号.

习题 8.3

1. x^3 的系数为 -4. x^4 的系数为 1.

2. $-a_{11}a_{23}a_{32}a_{44}$ 和 $a_{11}a_{23}a_{34}a_{42}$.

3. 提示:展开式的一般项为

$$(-1)^{\tau(j_1\cdot j_2\cdot j_3\cdot j_4\cdot j_5)}a_{1j_1}a_{2j_2}a_{3j_3}a_{4j_4}a_{5j_5}.$$

习题 8.4

1. (1)0.　(2)0.　(3)$4abcdef$.　(4)$abcd+ab+cd+ad+1$.

2. (1)-3 或 $\pm\sqrt{3}$.　(2)a, b 或 c.

4. $x=-6$.

5. 提示:利用反对称行列式的结构特点,即主对角线元素全为零.

习题 8.5

1. (1)$x^n+(-1)^{n+1}y^n$.　(2)$-2(n-2)!$.　(3)1.　(4)$\lambda^{n-1}\left(\lambda+\sum\limits_{i=1}^{n}a_i\right)$.　(5)$\prod\limits_{i=1}^{n}(a_id_i-b_ic_i)$.

　(6)$(-1)^{n-1}(n-1)2^{n-2}$.　(7)$a_1a_2\cdots a_n\left(1+\sum\limits_{i=1}^{n}\dfrac{1}{a_i}\right)$.

2. 6.

3. 提示:在第三与第四行之间添加一行,并在所得行列式右边再添上一列,便可得一个 5 阶范德蒙行列式.

习题 8.6

1. (1)$x_1=3$, $x_2=-4$, $x_3=-1$, $x_4=1$.　(2)$x_1=1$, $x_2=0$, $x_3=-1$, $x_4=2$.　2. $\lambda=1$ 或 $\mu=0$.

3. $\lambda=0,2$ 或 3.　4. $x_1=1$, $x_2=0,\cdots,x_n=0$.　5. $\begin{vmatrix} x^2+y^2 & x & y & 1 \\ x_1^2+y_1^2 & x_1 & y_1 & 1 \\ x_2^2+y_2^2 & x_2 & y_2 & 1 \\ x_3^2+y_3^2 & x_3 & y_4 & 1 \end{vmatrix}=0$.